Al…

All … s
Be … t
mi … -
zu … g
je … l;
Panzer mit Klima- und Lufterneuerungsanlage, Andruckabsorber, Spezialwerkzeuge für Luftlande- und Bodentruppen; kleiner Lebensmittelvorrat. Flugfähig. Schwimm- und tauchfähig. Für Flug in Atmosphäre und Weltraum geeignet.

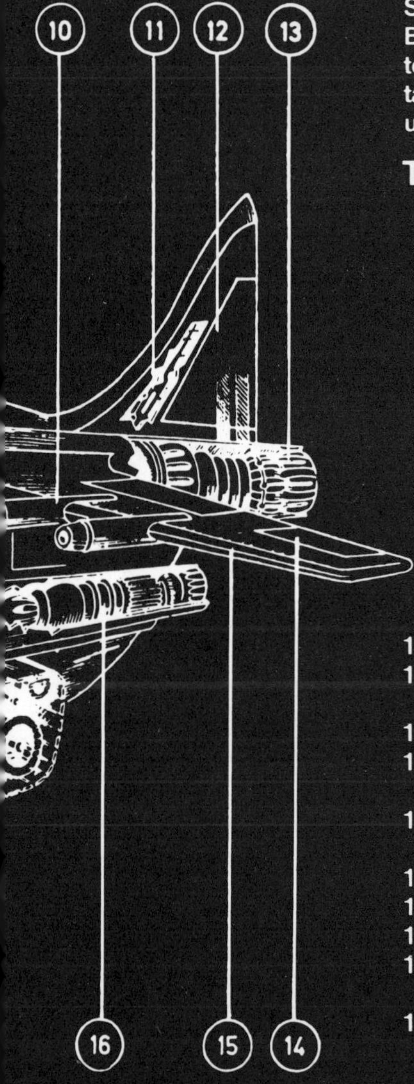

Technische Daten:

1. Raupenketten
2. Scheinwerfer (2 Stück)
3. Schutzschirmprojektor für HÜ-Schirm
4. Impulskanone mit Energiespeicher
5. Cockpit mit Panzertroplonfenster, Kontrollinstrumente, Funkanlage und Ortungsgeräte
6. Optische Zieleinrichtung
7. Hyperfunksende- und -empfangsantenne
8. Andrucksessel für Pilot und Copilot
9. Periskop, cirka 25 m ausfahrbar
10. Vordere Bremsdüse (4 Stück)
11. Steuerungsmechanik für Seitenruder
12. Seitenruder
13. Impulsstrahltriebwerk mit Fusionsreaktor
14. Höhen- bzw. Tiefenruder (4 Stück)
15. Tragflächen (2 Stück)
16. Antigravtriebwerk (2 Stück)
17. Einstiegstritte
18. Fahrgestell mit Raupenantrieb im Unterbau
19. Luftschleuse mit Außen- und Innenschott

M.V. SCIENCE-FICTION-BIBLIOTHEK

Perry Rhodan

Der Robotregent

Perry Rhodan

Der Robotregent

Moewig Verlag KG Rastatt

2. Auflage

Redaktion: William Voltz
Lektorat: G. M. Schelwokat
Satz: Utesch, Hamburg
Druck und Bindung: Ebner Ulm
Printed in Germany
ISBN 3-8118-0180-5

Einleitung

Wie sehr Elektronik und Mikroprozessoren heute schon unser tägliches Leben beeinflussen, ist den meisten von uns sicher nicht klar. Dabei werfen Begriffe wie „Datenschutzgesetz“ ein bezeichnendes Licht auf die Situation, in der wir uns befinden.

Als die PERRY-RHODAN-Autoren in den frühen sechziger Jahren diese Romane (es sind in der Reihenfolge ihres damaligen Erscheinens, ohne Rücksicht auf vorgenommene Änderungen und Kürzungen: *Aktion gegen Unbekannt von Clark Darlton; Der Partner des Giganten von Clark Darlton; Raumschiff TITAN funkt SOS von Kurt Brand; Rauschgifthändler der Galaxis von Kurt Mahr; Der Mensch und das Monster von K. H. Scheer; Seuchenherd Aralon von Clark Darlton und Geschäfte mit Arkon-Stahl von Kurt Brand)* schrieben, ahnten sie vielleicht schon die Gefahren, die mit dieser Entwicklung verbunden sind. Die unbewußte Furcht vor der alles beherrschenden, alles kontrollierenden Maschine kommt jedenfalls in all jenen Romanen zum Ausdruck, in denen es um den Robotregenten von Arkon geht. Dabei wird allerdings eine Zukunft beschworen, die für uns hoffentlich niemals Wahrheit wird: Ein Robotgehirn von gewaltigen Ausmaßen beherrscht ein galaktisches Imperium. Seine Erbauer sind zu entschlußlosen Träumern degradiert. Es ist das Recht, ja, die Pflicht von Verfassern utopischer Romane, auf die Problematik solcher Entwicklungen hinzuweisen. Und wenn dies in unterhaltsamer und spannender Weise geschieht, wie z. B. in den PERRY-RHODAN-Romanen, so halten wir das durchaus für legitim.

Ein zweites Problem, nicht weniger aktuell, durchzieht wie ein roter Faden dieses Buch: Der Mißbrauch medizinischer Möglichkeiten. Er ist letztlich ebenso Produkt einer seelenlosen Technik wie eine von Computerprogrammen gesteuerte Gesellschaft. In unserer utopischen Geschichte werden Probleme von entschlossenen Menschen gelöst – und in der Realität? Die Zukunft wird uns darauf die Antwort geben.

Zum Abschluß sei noch darauf hingewiesen, daß auch die in diesem PERRY-RHODAN-Buch aufgenommenen Romane im Sinn einer logisch in sich geschlossenen Handlung überarbeitet und zum Teil gekürzt werden mußten. Der Sinngehalt der Originalromane und deren „Atmosphäre“ blieben davon unberührt.

Heusenstamm, September 1979 — William Voltz

Vorwort

Die Geschichte der Dritten Macht in Stichworten:
1971 – Die Rakete STARDUST erreicht den Mond, und Perry Rhodan entdeckt den gestrandeten Forschungskreuzer der Arkoniden.
1972 – Aufbau der Dritten Macht gegen den vereinten Widerstand der irdischen Großmächte und Abwehr außerirdischer Invasionsversuche.
1975 – Die Dritte Macht greift erstmals in das galaktische Geschehen ein. Perry Rhodan stößt im Wega-Sektor auf die Topsider und löst das „galaktische Rätsel".
1976 – Perry Rhodan erreicht mit der STARDUST II den Planeten Wanderer und erlangt zusammen mit Reginald Bull die relative Unsterblichkeit.
1980 – Perry Rhodans Rückkehr zur Erde.
1981 – Der Overhead greift an, und die Dritte Macht besteht ihre bisher schwerste Bewährungsprobe.
1982/83 – Die Galaktischen Händler wollen die Erde in eine Kolonialwelt verwandeln – aber Perry Rhodan dreht den Spieß um und nimmt den Händlern einen wichtigen Stützpunkt ab.
Inzwischen schreibt man auf der Erde das Jahr 1984, und die GANYMED, das von den Galaktischen Händlern erbeutete Raumschiff, ist längst zum Vorstoß nach Arkon gestartet.
Perry Rhodan hat damit sein vor 13 Jahren gegebenes Versprechen eingelöst, die Arkoniden Crest und Thora wieder nach Hause zu bringen.
Doch die Aufnahme der Heimkehrer läßt sehr zu wünschen übrig, denn das Große Imperium der Arkoniden wird von einem gnadenlosen Robotgehirn beherrscht . . .

1.

Zwei stählerne Ungetüme standen reglos inmitten des unendlichen Weltraums, der so von Sternen angefüllt war, daß er an keiner Stelle schwarz zu sein schien. Die Menge der Sonnen war ein ungewohnter Anblick für einen Menschen, der nur den Nachthimmel der Erde kannte. Aber die Sonne Arkon steht 34 000 Lichtjahre von der Erde entfernt im Kugelsternhaufen M-13, der mehr als 100 000 Sterne auf einem Raum von 230 Lichtjahren Durchmesser zusammengedrängt besitzt. Manche Sonnen stehen so eng beisammen, daß man sie für Doppelsonnen halten könnte, aber im astronomischen Sinn sind sie es natürlich nicht.

Arkon liegt fast im Zentrum dieses Kugelhaufens und wiederum drei Lichtjahre von den beiden Ungetümen entfernt, die in einem Abstand von mehr als dreißig Milliarden Kilometern eine rote Riesensonne umkreisten.

Mit einem einzigen Sprung durch den Hyperraum war Perry Rhodan aus dem Zentrum des Machtbereichs der Arkoniden geflohen und hoffte, in der Nachbarschaft der roten Sonne Zeit zu haben, die Raumfahrer an das erbeutete Riesenschiff zu gewöhnen. Eine sofortige Rückkehr zur Erde schien ihm unter den gegebenen Umständen zu riskant.

Das erbeutete Schiff war das eine Ungetüm.

Wie die STARDUST II hatte es die Form einer Kugel, war allerdings doppelt so groß. Mit einem Durchmesser von anderthalb Kilometern stellte das Superschlachtschiff der Arkoniden alles in den Schatten, was Rhodan oder ein anderer Mensch sich vorzustellen vermocht hatte. Antrieb und Bewaffnung glichen im Prinzip dem Vorbild der STARDUST II, hatten jedoch naturgemäß andere Dimensionen erreicht.

In den Hangars standen 40 „Kaulquappen“, Kugelschiffe von 60 Metern Durchmesser, die jederzeit ausgeschleust und in den Einsatz geschickt werden konnten. Sie erforderten eine Besatzung von 15 bis 25 Mann.

Diese Riesenkugel ließ das dicht daneben schwebende Raumschiff GANYMED fast zierlich erscheinen, obwohl es auch immerhin 840 Meter lang war und an der stärksten Stelle einen Durchmesser von 200 Metern aufwies. Doch nicht nur die Größe, sondern insbesondere die Walzenform unterschied es von der Riesenkugel, der Rhodan den Namen TITAN gegeben hatte.

An Bord der GANYMED befanden sich 300 Mann Besatzung, die von den Übungsmanövern verschont blieben, mit denen sich die 700 Raumfahrer der TITAN wohl oder übel abfinden mußten, denn die TITAN befand sich erst seit einigen Tagen in Rhodans Besitz.

Die Kontrollzentrale war fast doppelt so groß wie die der auf der Erde zurückgebliebenen STARDUST II. Die unvorstellbare Fülle der Instrumente und Schalttafeln wirkte verwirrend, und wahrscheinlich hätte Rhodan ihren Sinn niemals begriffen, wäre er nicht durch die Hypnoschulung der Arkoniden gegangen. So aber hatte es nur wenige Sekunden gedauert, bis das Schiff seinen Befehlen gehorchte – sehr zum Verdruß des gigantischen Positronengehirns, des eigentlichen Herrschers über das Imperium der dekadenten Arkoniden.

Das war die größte Überraschung für Perry Rhodan gewesen: Nicht die Arkoniden oder deren Imperator, sondern ein riesiges Positronengehirn verwaltete das große Sternenreich. Nur so war es zu erklären, daß dieses Reich bis heute noch nicht auseinandergefallen war.

Rhodan stand mit dem Rücken gegen die Kontrollen gelehnt und betrachtete seine engsten Mitarbeiter und Freunde, die nach der letzten Alarmübung und einem kurzen Imbiß in die Zentrale gerufen worden waren.

Als Vertreter des Mutantenkorps stand der Telepath John Marshall, ein gebürtiger Australier, unmittelbar neben der Arkonidin Thora, deren Traum von einer ruhmreichen Rückkehr nach Arkon so jäh zerstört worden war. Ihre hochaufgerichtete Gestalt verriet nichts von der herben Enttäuschung, an der sie innerlich fast zerbrochen wäre. Im Gegenteil: Es schien Rhodan, als habe er die Arkonidin mit dem hellblonden Haar und den goldrot schimmernden Augen noch nie so entschlossen und stark gesehen wie in diesem Augenblick. Auch Crest, ihr alter Gefährte und Leiter ihrer vor dreizehn Jahren auf dem irdischen Mond notgelandeten Raumexpedition, schien wie aus einem langen, erquickenden Schlaf erwacht.

Rhodan nahm die positive Veränderung seiner beiden Freunde mit Erleichterung zur Kenntnis. Er hatte zuerst befürchtet, die Enttäuschung würde sie zerbrechen lassen, aber nun stellte sich heraus, daß das Gegenteil eingetreten war.

Oberst Freyt, jetzt Kommandant der GANYMED, war ebenfalls anwesend. Rein äußerlich gesehen ähnelte er Perry Rhodan ein wenig, was ihn immer wieder mit unbegründetem Stolz erfüllte und Bully wiederum Veranlassung gab, ihn gelegentlich aufzuziehen.

Bully und Tiff standen zusammen. Der junge Leutnant, ehemaliger Kadett der terranischen Raum-Akademie, hatte das Vertrauen seiner Vorgesetzten errungen und gehörte bereits mit „zur Familie", wie Bully es nannte. Die bisherigen gemeinsamen Einsätze hatten Tiff und Bully zu guten Freunden werden lassen.

Das merkwürdigste Mitglied der Versammlung jedoch war Gucky.

Etwa einen Meter groß und mit rostbraunem Fell bedeckt, glich Gucky einer Riesenmaus mit einem flachen Biberschwanz. Als sich Gucky damals bei der Landung der STARDUST II auf dem Planeten der sterbenden Sonne an Bord des Schiffes geschlichen hatte und mit seiner telekinetischen Gabe zu spielen begann, ahnte noch niemand, daß Gucky auch die Telepathie und die Teleportation beherrschte.

Inzwischen zählte Gucky zu Rhodans besten und fähigsten Freunden. Er saß aufrecht und lehnte den Rücken gegen die Wand. Sein einziger Nagezahn stand ein wenig vor. In den treuen Augen stand ein wenig Ungeduld.

Gucky sagte in Interkosmo: „Wenn ich mich nicht irre, sind wir alle da. Könnten wir nicht endlich anfangen? Ich möchte gern wissen, was wir vorhaben."

Seine Stimme klang hell und zirpend. Bully grinste und stieß Tiff unauffällig in die Rippen. „Wie gut, daß wir Gucky haben. Da brauche ich wenigstens diese dumme Frage nicht zu stellen."

Rhodan lächelte dem Mausbiber zu und streifte Bully nur kurz mit einem warnenden Blick. Jetzt war keine Zeit für die üblichen Auseinandersetzungen, die meist mit einer Niederlage Bullys endeten.

„Die Lage darf als bekannt vorausgesetzt werden", begann er

sachlich. „Der rote Riesenstern ist in den irdischen Katalogen nicht verzeichnet und wird noch einen Namen erhalten. Immerhin haben die bisherigen Berechnungen ergeben, daß er von fünfzehn Planeten umkreist wird, von denen mehrere bewohnt sind. Wir sind nicht sicher, aber der vierte Planet scheint die Hauptwelt zu sein. Bis jetzt sind wir nicht bemerkt worden, was bei diesem Verkehr auch kein Wunder ist."

„Verkehr?" machte Tiff verständnislos.

„Jawohl, Verkehr. Wir befinden uns, vergessen Sie das nicht, Leutnant, in einem gewaltigen Sternenreich. Die drei Lichtjahre bis Arkon spielen keine Rolle. Jedenfalls sind wir hier sicherer als in einem einsamen Teil der Galaxis, wo jede Transition mit Sicherheit auffiele. Hier aber war sie nur eine von vielen. Niemand hat bemerkt, daß wir hier auftauchten. Aus diesem Grund halte ich es für richtig, wenn wir auch hier die Ausbildung der Mannschaft fortsetzen, ehe wir Pläne für den Heimflug zur Erde fassen – wenn überhaupt schon."

Bully schob sich vor. „Warum sollten wir länger hierbleiben? Haben wir unsere Mission nicht erfüllt und Thora und Crest nach Arkon bringen wollen? Frage sie doch selbst, Perry, ob sie noch ein Interesse daran haben, länger in diesem Gebiet der Milchstraße zu weilen."

Thora schien etwas sagen zu wollen, aber sie schwieg. Rhodan antwortete. „Wir haben unsere Mission erfüllt, meinst du? Ich glaube nicht. Was stellten wir fest? Ein Gehirn, von Arkoniden erbaut, regiert das mächtige Sternenreich mit Gewalt und kalter Logik. Ohne das Gehirn, Bully, gäbe es dieses Reich nicht mehr. Aber trotzdem: Auch das Gehirn kann irren. Wir haben den Beweis erlebt – und ohne diesen Beweis lebten wir nicht mehr. Damit ist erwiesen, daß sich der Versuch lohnt, eine Verständigung herbeizuführen. Wissen wir, ob nicht bereits ein Schlachtschiff zur Erde unterwegs ist, um sie zu vernichten? Die Position des Solsystems kann dem Robotgehirn bekannt sein, genau wissen wir es nicht. Wenn Topthor sie an die Arkoniden verraten hat, müssen wir uns vorsehen. Die Frage, vor der wir stehen, lautet also schlicht und einfach: Unternehmen wir einen neuen Versuch, mit dem Gehirn zu einer Einigung zu gelangen, oder kehren wir zur Erde zurück, sobald wir dieses Schiff genau kennen?"

Thora sagte: „Wir bleiben nicht lange unentdeckt. Dieses Schiff wurde gestohlen, glauben Sie nur nicht, Perry, man würde das so ohne weiteres hinnehmen. Nicht lange, dann weiß das Gehirn, wo wir zu finden sind."

„*Wie* lange?"

„Tage, vielleicht auch Wochen. Das hängt davon ab, wo man zu suchen beginnt. Auch von den Bewohnern dieses roten Sternsystems hängt es ab. Sie brauchen der roten Sonne übrigens keinen neuen Namen zu geben, Perry, sie hat schon einen. Wir nennen sie Voga. Voga hat fünfzehn Planeten. Der vierte Planet ist die Hauptwelt und heißt Zalit. Die Zaliter waren bisher immer treue Untertanen des Imperiums. Ich wüßte nicht, warum sich das geändert haben sollte."

„Zalit ist eine Sauerstoffwelt?"

„Wie die meisten bewohnten Welten. Außerdem wurde Zalit vor fünfzehntausend Jahren von den Arkoniden besiedelt. Die Zaliter sind also unsere direkten Nachkommen. Die unmittelbare Nähe von Arkon garantiert für ihre Zuverlässigkeit."

Rhodan überhörte die unausgesprochene Warnung in den Worten der Arkonidin nicht.

„Wir wissen nicht, was sich hier geändert hat", sagte er vorsichtig. „Bedenken Sie, Thora, was in den vergangenen dreizehn Jahren alles auf Arkon geschehen ist. Ihre herrschende Dynastie verschwand, und man hat Sie und Crest ausgestoßen. Glauben Sie nicht, daß etwas Ähnliches hier auf Zalit passiert sein könnte?"

„Dann existierte Zalit bereits nicht mehr", erwiderte Thora kurz.

Crest nickte. „Thora hat recht, Perry. Dann würde Zalit nicht mehr existieren."

Bully hielt es nicht mehr aus.

„Wieso nicht?" fragte er. „Sie wollen damit doch nicht behaupten, daß diese verspielten Leute auf Arkon den Mut besessen hätten, ein anderes System anzugreifen und zu vernichten? Die sitzen doch lieber vor ihren Fernsehgeräten und sehen sich die abstrakten Farblinien an. Sie tun nichts anderes, als das Robotgehirn einen guten Mann sein zu lassen."

„Eine gefährliche Redewendung", meinte Rhodan. „Sie stimmt jedoch – und das ist ja gerade das Problem. Die Arkoniden überlassen alles dem gigantischen Positronengehirn, von dem das Imperium geleitet wird. Und dieses Gehirn trifft selten eine Fehlentscheidung. Tut mir leid, Bully, aber Thora hat recht. Wenn Zalit existiert, so darf das von uns als Beweis gewertet werden, daß die Zaliter treue Diener des Imperiums sind."

„Und?"

Rhodan sah seinen Freund nachdenklich an.

„Wir sollten grundsätzlich zu einer Zusammenarbeit mit dem Robotregenten bereit sein", sagte er. „Das bedeutet natürlich nicht, daß wir mit den Maßnahmen, mit denen der Regent gegen aufständische Völker vorgeht, einverstanden sein können. Der Regent hat jedoch eine Streitmacht hinter sich, der wir nichts entgegenzusetzen haben. Vielleicht ist die Riesenpositronik von innen heraus zu bekämpfen. Das bedeutet, daß wir versuchen müssen, in ihren inneren Machtbereich vorzudringen. Das können wir nur, wenn wir das Vertrauen dieser Maschine erringen."

„Eine Zusammenarbeit nur zum Schein, zum Wohl der Völker, die unter der Schreckensherrschaft des Regenten leiden", sagte Bully und nickte.

„Und vielleicht auch in unserem eigenen Interesse", ergänzte Rhodan. „Warum sollte es nicht möglich sein, den Regenten zu einer Hilfeleistung für die Erde in ihrem Kampf gegen die Springer zu bewegen?"

Bully runzelte die Stirn. „Was willst du nun – die Riesenmaschine ausschalten oder sie um Hilfe bitten?"

„Nicht ausschalten – nur umprogrammieren", erklärte Rhodan. „Die völlige Ausschaltung des Regenten würde ein Machtvakuum schaffen, das nur neue Probleme nach sich ziehen würde. Zunächst einmal müssen wir vom Regenten anerkannt werden."

„Anerkannt – als was?" warf Oberst Freyt ein, der sich bisher jeder Äußerung enthalten hatte. „Als Arkoniden etwa?"

Rhodan lächelte. „Aber – ich bitte Sie, Oberst! Als Angehörige eines treuen Hilfsvolks, was denn sonst? Aber es würde mir genügen. Wenigstens könnte ich dieses Schiff behalten und mich unbesorgt innerhalb des Imperiums bewegen. Die Erde wäre außer Gefahr und stünde sogar unter dem direkten Schutz Arkons."

Freyt nickte erleichtert. „Ich glaube, ich beginne allmählich zu begreifen, worauf Sie hinauswollen, Rhodan."

„Das freut mich, Oberst. Sie werden unter diesen Umständen auch verstehen, warum ich an einer möglichst schnellen Ausbildung der

Mannschaft so interessiert bin. Die TITAN muß einsatzbereit sein, wenn die Entscheidung gefällt wird. Noch aber kennen wir dieses Schiff nicht. Sicher, es ist ein Gegenstück der STARDUST II, wenn auch doppelt so groß. Aber da sind doch gewisse Unterschiede, die zu beachten sind. Sie können sich nicht vorstellen, was eine Kugel von anderthalb Kilometern Durchmesser bedeutet."

„Und Sie glauben, daß wir Kontakt zu dem Gehirn bekommen?"

„Jedenfalls muß es versucht werden, ehe es auf den irrsinnigen Gedanken kommt, ein robotgesteuertes Schlachtschiff in die Region des Sonnensystems zu entsenden. Gut, wir haben Major Derringhouse und Nyssen dort, die wohl in der Lage sind, die Erde zu verteidigen, aber was wissen wir, mit welchen Waffen man sie angreift?"

„Ich glaube nicht", warf Thora plötzlich ein, „daß die Position der Erde dem Gehirn bekannt ist."

Rhodan zog die Augenbrauen in die Höhe. „Und warum nicht, Thora?"

Für eine Sekunde verschmolzen ihre Blicke. Es war Rhodan, als riesele ein Schauer seinen Rücken hinab. Wie tiefgründig die Augen dieser Frau waren, der er in den vergangenen dreizehn Jahren nicht viel hatte näherkommen können. Aber nein, das stimmte nicht ganz. Seit Arkon sich Thora gegenüber nicht gerade gut benommen hatte, war der Kontakt zwischen ihr und Rhodan enger geworden. Plötzlich waren sie Bundesgenossen, die das gleiche Ziel verfolgten.

Die Mauer, die dreizehn Jahre zwischen ihnen gestanden hatte, war nicht mehr.

„Das Gehirn hätte andere Entschlüsse gefaßt und uns alle anders behandelt. Vielleicht hätte es Sie, Perry, sogar getötet. Ich weiß nicht warum, aber ich glaube, es kennt die Position der Erde nicht."

„Das wäre ein strategischer Vorteil für uns", stellte Oberst Freyt fest.

Rhodan nickte ihm zu. „Ganz recht, Oberst. Im übrigen können Sie auf die GANYMED zurückkehren. Weitere Instruktionen erhalten Sie, falls erforderlich, über Telekom. Das ist ohne Gefahr, denn die normalen Funkwellen benötigen drei Jahre bis Arkon." Er wandte sich wieder an Thora. „Wie sehen die Zaliter aus?"

Sie besann sich keine Sekunde. „Sie stammen, wie ich bereits betonte, von den Arkoniden ab, sehen also auch so aus."

„Ich kenne ein Volk, das ebenfalls von den Arkoniden abstammt, es hat aber heute nicht mehr die geringste Ähnlichkeit mit Ihren Vorfahren."

„Sie spielen auf die Überschweren an, die Schutztruppe der Springer. Das ist etwas anderes. Sie wohnten Jahrtausende auf einer Welt mit dreimal höherer Schwerkraft als Arkon. Zalit jedoch differiert da nur geringfügig von den Planeten Arkons. Die Zaliter unterscheiden sich von uns lediglich durch ihre fast rotbraune Haut und das kupferfarbene Haar, das manchmal einen grünlichen Schimmer aufweist. Das hängt mit der dortigen Sonnenstrahlung zusammen. Sie sind hochintelligent, beherrschen die Raumfahrt und sind bei weitem nicht so dekadent wie mein eigenes Volk. Zalit gilt als die treueste Kolonie Arkons."

Rhodan sah Thora aufmerksam an. Schließlich fragte er: „Ich sehe einen Widerspruch, Thora. Wenn die Zaliter nicht dekadent, sondern tatenfreudig sind, warum sind sie dann die gehorsamsten Vasallen eines ihnen unterlegenen Volkes?"

Über Thoras Gesicht huschte ein Schatten. „Ich sagte Ihnen doch bereits, daß Arkon nur drei Lichtjahre entfernt ist und das Robotgehirn im Fall einer Auflehnung gegen das Imperium keine Gnade kennen würde. Das wissen die Zaliter genau. Sie können es niemals wagen, offen gegen Arkon zu rebellieren."

„Ich verstehe, Thora", sagte Rhodan und sah seine Vermutungen bestätigt.

Vielleicht fand er in den Zalitern Verbündete.

2.

Der inzwischen auf Erdzeit eingestellte automatische Bordkalender zeigte den 17. Juni 1984.

Ständig wurde die Funkzentrale der TITAN besetzt gehalten, und die Empfänger arbeiteten permanent, um alle von Arkon ausgehenden Nachrichten aufzufangen und zu registrieren. Die Strukturtaster nahmen jede Transition der nächsten Umgebung auf und speicherten alle Informationen abrufbereit in der Bordpositronik. Danach zu urteilen, fanden in dem System der Sonne Voga stündlich etwa fünfhundert Transitionen statt.

Kein Wunder, daß man die TITAN bisher noch nicht entdeckt hatte.

Allmählich begann Rhodan, sich ein Bild ihrer Situation zu machen. Das Robotgehirn auf Arkon hatte zweifellos Großalarm gegeben. Alle im Sternennebel M-13 stationierten Streitkräfte waren angewiesen worden, das Auftauchen des Raumriesen sofort zu melden. Ein direkter Angriff wurde nicht empfohlen, da das Robotgehirn nur zu gut wußte, wie unangreifbar das gestohlene Schiff in der Hand eines kühnen Kommandeurs war. Und als solchen hatte es Rhodan bereits anerkannt.

Damit lief die größte Fahndung an, die jemals in diesem Teil der Milchstraße stattgefunden hatte. Niemand hatte die geringste Veranlassung anzunehmen, daß in einem anderen Teil der Galaxis schon einmal etwas Ähnliches geschehen sein konnte.

Rhodan verhielt sich abwartend. Solange er nicht entdeckt wurde, blieb ihm die Zeit, die Mannschaft weiter zu schulen. Erst dann, wenn diese Schulung beendet war, konnte er weitere Pläne fassen. Die Rückkehr zur Erde war dann kein Problem mehr.

Doch vorher wollte er etwas anderes erreichen: Er mußte dem Robotgehirn beweisen, daß er ein gleichwertiger Partner war.

Neue Meldungen trafen ein. Der Chef-Funker gab sie durch.

„Sektor BM-G-Y-387-J. Starke Transitionen in Richtung CN-G-76-K. Dort keine Einheiten von uns. Wir forschen nach. Wahrscheinlich mehrere Schiffe. Ende."

Keine Unterschrift. Kein Hinweis. Nur die nackte Meldung.

Bully gab den Zettel zurück und sah Rhodan an. „Na und? Das hören wir nun schon seit Stunden. Uns können sie damit kaum meinen."

„Das behauptet auch niemand, aber einmal könnte eine Meldung nach Arkon gehen, die uns doch betrifft. Darauf müssen wir gefaßt sein."

Bully strich sich über das Kinn. „Ich weiß nicht, warum du unbedingt hier ausharren willst, obwohl wir eine herrliche Gelegenheit haben, unbemerkt zu verschwinden. Laß doch das Robotgehirn von uns denken, was es will, Hauptsache ist, wir sind außer Reichweite."

„Wer vermag zu sagen", Rhodan lächelte kalt, „wie groß die Reichweite eines solchen Robotgehirns ist?"

„Nun, der Nebel hat einen Durchmesser von knapp zweihundertdreißig Lichtjahren. Man sollte meinen, das genüge dem Monstrum."

„Aller Wahrscheinlichkeit tut es das aber nicht. Die Sicherheit des Imperiums steht an erster Stelle. Wir gefährden scheinbar diese Sicherheit. Ich bin überzeugt, daß die Reichweite des Robotgehirns im Fall einer Bedrohung beachtlich ist. Ich bin weiter überzeugt, daß es durchaus in der Lage ist, von hier aus innerhalb einer halben Stunde die Erde angreifen und vernichten zu lassen, wenn es die Notwendigkeit dazu erkennt – und ihre Position weiß. Beginnst du zu ahnen, in welcher Gefahr wir alle schweben?"

Bully sah erschrocken aus, aber er widersprach trotzdem: „Und wenn schon? Was erreichst du, wenn wir hierbleiben? Dadurch wird das Gehirn auch nicht nachsichtiger. Vergiß nicht, daß wir dem Imperium ein Schiff gestohlen haben."

„Wenn wir beweisen können, daß es nur zum Wohle des Imperiums geschah, wird sich auch das Robotgehirn dieser Logik nicht verschließen können. Nur – man muß es eben beweisen."

„Und wie gedenkst du das zu tun?"

Als Rhodan antworten wollte, kam einer der Funker in die Zentrale. „Sir, schalten Sie die optischen Beobachtungsschirme ein. Vom System Voga her nähert sich uns ein Schiff."

Rhodan handelte blitzschnell. Dann erst fragte er den Funker: „Nur *ein* Schiff? Wie groß ist es?"

„Ich glaube nicht, daß es eine Gefahr bedeutet. Seine Länge beträgt kaum mehr als hundert Meter. Es fliegt nur Lichtgeschwindigkeit und wird, wenn es entsprechend verlangsamt, in einer halben Stunde hier eintreffen."

„Danke", erwiderte Rhodan und sah, daß die Schirme aufglühten. „Achten Sie auf Funkzeichen und unterrichten Sie mich, wenn eine Nachricht eintrifft."

Er wandte seine Aufmerksamkeit wieder den Bildschirmen zu, auf denen der Weltraum sichtbar wurde. Bei der Vielzahl der funkelnden

Sterne war es schwer, das Schiff optisch zu erkennen. Bully schaltete den Massetaster ein. Nun war es nur noch eine Angelegenheit von wenigen Sekunden, das fremde Schiff zu finden.

Nach Einregulierung der Vergrößerung stand es klar und deutlich auf dem Spezialschirm. Es war in der Tat nur einhundert Meter lang, besaß Torpedoform und mochte an der umfangreichsten Stelle fünfundzwanzig Meter dick sein. Eine Reihe von runden Luken war erleuchtet und wies darauf hin, daß man keinen gesteigerten Wert auf Geheimhaltung legte. Dafür sprach auch der direkte Kurs, den das fremde Schiff nahm. Es steuerte genau auf die TITAN zu.

Bully kniff die Augen zusammen. „Es sieht so aus, als sollten wir Besuch erhalten. Ob sie glauben, wir seien ein Schiff des Imperiums?"

„Der Diebstahl dürfte sich langsam herumgesprochen haben", widersprach Rhodan. Er stellte die Verbindung mit der GANYMED her, die in knapp zwei Kilometer Entfernung schwebte. Leutnant Martin meldete sich. Rhodan bat ihn, sofort Oberst Freyt, der wieder zur GANYMED zurückgekehrt war, zu verständigen und an den Telekom zu holen. Zu Bully gewandt, fuhr er fort, ohne die Verbindung abzuschalten: „Der Kommandant des fremden Schiffes weiß genau, wen er vor sich hat, um so mehr verwundert mich sein – gelinde gesagt – freches Verhalten."

„Auf den Burschen bin ich aber gespannt", sagte Bully.

Oberst Freyt erschien auf dem Bildschirm.

„Wir haben ihn schon bemerkt", meldete er sich und meinte offensichtlich den Fremden. „Er kommt aus diesem System, Sicher ein Zaliter, wenn ich nicht irre."

„Ganz bestimmt", bekräftigte Rhodan. „Sie versetzen auf jeden Fall die GANYMED in Verteidigungszustand. Man weiß nicht, welche Waffen den Zalitern zur Verfügung stehen."

Rhodan schaltete ab. Auf Freyt konnte er sich verlassen. Er stellte die Bordverbindung zum Aufenthaltsraum der Mutanten her. John Marshall meldete sich.

„Hier Zentrale", sagte Rhodan. „Marshall, Sie halten das Korps einsatzbereit. Schicken Sie mir Ralf Marten und Gucky her. Aber beeilen Sie sich. Ras Tschubai und Tako Kakuta auf einen Einsatz vorbereiten. Ende."

Die beiden zuletzt Genannten waren Teleporter, die sich kraft ihres

Willens an jeden beliebigen Ort versetzen konnten. Ralf Marten hingegen besaß eine andere Fähigkeit, die der unauffälligen Aufklärung diente. Er war der Teleoptiker des Korps. Er war in der Lage, sein persönliches Ich völlig auszuschalten und durch die Augen und Ohren anderer Wesen zu sehen und zu hören. Ohne daß der Betreffende es bemerkte, konnte Martens „Geist“ in ihm wohnen.

„Wozu Ralf Marten?“ Bully wunderte sich. „Du willst dem Fremden doch keinen indirekten Besuch abstatten?“

„Warum nicht?“ gab Rhodan kühl zurück.

Im selben Augenblick betraten der Genannte und Gucky die Zentrale. Der Mausbiber warf Bully einen vergnügten Blick zu, watschelte zum nächsten Sessel und kletterte hinein. Ralf Marten wartete höflich, bis Rhodan ihm einen Wink gab, im Nachbarsessel Platz zu nehmen.

„Der TITAN nähert sich ein fremdes Raumschiff“, erklärte er, denn Ralf Marten war kein Telepath. „Ich möchte wissen, wer sich an Bord befindet und was man plant. Gucky, du hast noch keine Impulse aufgenommen?“

„Doch, aber sehr merkwürdige Impulse.“ Der Mausbiber nickte gelassen. „Ich werde nicht klug aus ihnen.“

„Keine klaren Gedanken?“

„Nur wenige, aber sie werden von stärkeren Impulsen überlagert, die mir unverständlich bleiben. Soll ich springen? Die Entfernung hat sich verringert, und das Schiff nähert sich uns nur noch mit einer Geschwindigkeit von fünfhundert Metern pro Sekunde.“

„Woher weißt du das?“

Gucky grinste. „Dort auf dem Sucher steht es.“

Rhodan ärgerte sich, eine unnötige Frage gestellt zu haben. Aber das konnte passieren. Er hatte in den letzten Minuten nicht mehr auf das fremde Schiff geachtet.

„Marten, versuchen Sie, in einen an Bord des fremden Schiffes befindlichen Körper zu schlüpfen, damit wir wissen, wie es drüben aussieht. Suchen Sie sich einen aus, es spielt keine Rolle. Während Sie das tun, wird Gucky weiter Impulse auffangen und vielleicht einen identifizieren. Es können sich ja nicht nur Wahnsinnige in dem Schiff befinden.“

Ralf Marten lehnte sich in den Sessel zurück und schloß die Augen.

Sekunden später schien er in eine Art Totenstarre zu verfallen. Sein Atem ging nur noch schwach, und von einem Pulsschlag war kaum noch etwas zu spüren. Sein Bewußtsein weilte bereits viele Kilometer entfernt in dem anderen Schiff.

Gucky seufzte und vertiefte sich erneut in seine Aufgabe, den Fremden mit seinen telepathischen Fühlern entgegenzueilen.

Sein Gehirn nahm eine erstaunliche Menge an Gedankenimpulsen auf, von denen einige auch einen Sinn besaßen. Überlagert wurden sie jedoch – wie auch vorher – von abstrakten Gedankenmustern, aus denen er einfach nicht schlau werden konnte.

Und dann spürte er noch etwas anderes ...

Etwas griff vorsichtig und tastend nach seinem Gehirn – zögernd noch, als sei es blind und versuche es aufs Geratewohl. Er stutzte und schirmte sich sofort ab, ohne sich zu melden. Der Fremde tastete weiter, schien nichts zu finden – und verschwand wieder.

Nun wußte Gucky, woran er war.

Er schüttelte sich und sah Rhodan an.

„In dem fremden Schiff", sagte er nachdenklich, „sind Esper. Telepathen und schwache Suggestoren. Ich hätte es mir denken können."

Rhodan war überrascht. „Thora hat nichts davon gesagt, daß die Zaliter telepathische Fähigkeiten besitzen. Hm, das ist ja merkwürdig. Bist du sicher, Gucky?"

„Ganz sicher, Rhodan. Du kannst es mir glauben, denn einer hat versucht mich zu finden. Aber er ist wie blind. Ich könnte, wäre ich ein Suggestor, ganz bestimmt in ein Gehirn eindringen und es beeinflussen. Die Esper auf dem fremden Schiff scheinen es nur dann zu können, wenn sie ihr Opfer auch optisch wahrnehmen."

„Wir müssen warten, was Marten berichtet. Er regt sich bereits."

Ralf Marten stöhnte leise und öffnete abrupt die Augen. Er sah aus, als erwache er soeben aus einem Traum, der alles andere als angenehm gewesen war. In seinen Augen stand Entsetzen.

„Gott sei Dank", sagte er leise und richtete sich ein wenig auf. „Das habe ich nicht erwartet."

„Berichten Sie", drängte Rhodan. „Wir haben nicht mehr viel Zeit."

Marten nickte. „Als ich wieder sehen konnte, erblickte ich

Menschen. Sie sahen aus wie wir, nur hatten sie rotbraune Haut und kupferne Haare. Ihre Gesichter sind nicht böse, und sie scheinen auch keine bösen Absichten gegen uns zu hegen. Aber das ist es nicht, was mich erschreckte – wie sollte es auch? Mir kam gleich alles so verschwommen vor, als sähe ich alles wie durch Wasser. Und das war es dann auch. Ich steckte in einem Glasbehälter – oder besser der Besitzer des Körpers, in den ich übergewechselt war."

Rhodan verstand zwar kein Wort von dem, was Ralf Marten ihm berichtete, aber er unterbrach ihn nicht. Er wußte, daß er eine Antwort auf seine Fragen erhalten würde – wenn Marten sie wußte.

„Ich versuchte, mich selbst zu erkennen – das Wesen zu erkennen, in das ich geschlüpft war. Ich konnte es nicht. Ich kam mir wie ein Fisch im Aquarium vor. Vielleicht war es das auch. Die Leute, die an mir vorbeikamen, beachteten mich nicht, also muß ich den Körper einer sehr unwichtigen Persönlichkeit gewählt haben. Ich kann aber jederzeit zurückkehren in das fremde Schiff und versuchen . . ."

„Warten Sie, Marten, das ist nicht nötig", hielt Rhodan ihn auf. „Mir genügt es vorerst zu wissen, daß man uns nicht anzugreifen beabsichtigt. Gucky, etwas Neues?"

„Es sind Esper an Bord", wiederholte der Mausbiber seine Feststellung. „Ich spüre ganz deutlich, wie sie versuchen, mich zu beeinflussen."

„Also keine Telepathen, sondern Suggestoren, die den Willen eines anderen übernehmen können."

„Beides", zwitscherte Gucky knapp und fügte hinzu: „Aber sie kommen über ein paar jämmerliche Versuche nicht hinaus."

Rhodan sah auf den Bildschirm. Das fremde Schiff hatte sich weiter genähert und stoppte ganz ab. Es war nur noch zehn Kilometer von der TITAN entfernt.

Der Funker kam in die Zentrale.

„Funkspruch von dem fremden Schiff", meldete er. „Der Kommandant bittet, an Bord kommen zu dürfen."

Rhodan überlegte nur wenige Sekunden, dann nickte er. „Gut. Geben Sie mein Einverständnis. Aber er darf keine Begleiter mitbringen, sondern soll allein kommen. Das fremde Schiff kann vor Schleuse siebzehn anlegen. Lassen Sie die Stelle durch Leuchtsignale kenntlich machen."

Der Funker verschwand. Das Anlegemanöver begann.

Rhodan wandte sich an Gucky. „Du kehrst zu den Mutanten zurück. Haltet euch bereit. Achtet auf weitere Versuche der Zaliter, uns unter ihre geistige Kontrolle zu bringen. Marshall soll zu mir in die Zentrale kommen. Sobald der fremde Kommandant an Bord ist, sollen Ras Tschubai und der Japaner an Bord des anderen Schiffes gehen und sich umsehen. Wenn möglich, unbemerkt. Alles verstanden, Gucky?"

Gucky rutschte aus dem Sessel und stellte sich aufrecht. Als er mit der rechten Pfote salutierte, sah das sehr possierlich aus. Leider verhinderte der Nagezahn, daß er von Bully ernst genommen wurde.

„Alles verstanden!" quietschte er und hoppelte davon. Er vergaß völlig, daß er teleportieren konnte. Die Sache mit den anderen Espern schien ihn arg mitgenommen zu haben. Ralf Marten folgte ihm.

Rhodan ließ Thora und Crest in die Zentrale kommen und erwartete mit ihnen sowie Bully und dem Telepathen John Marshall den fremden Kommandanten.

Ras Tschubai maß an die zwei Meter und verriet auch damit seine Abstammung von den kriegerischen Häuptlingen des Sudan. Als er sich einmal in Lebensgefahr befand, entdeckte er seine Fähigkeit, sich an einen anderen Ort wünschen zu können. Damals sprang ihn ein Löwe an – aber der Löwe traf mit seinem Prankenhieb nichts als leere Luft. Ras Tschubai war verschwunden und fand sich dreitausend Kilometer entfernt in seinem Heimatdorf wieder.

Damit begann seine Laufbahn als Teleporter.

Ähnlich war es bei Tako Kakuta gewesen. Der schmächtige Japaner hatte bei einer Katastrophe seine außergewöhnliche Fähigkeit entdeckt und so lange geheimgehalten, bis er zum Mutantenkorps Rhodans gestoßen war.

Als die beiden den Einsatzbefehl erhielten, handelten sie sofort. Der Sprung zu dem an der Hülle der TITAN verankerten Schiff war eine Kleinigkeit, viel wichtiger würde es sein, von der Besatzung des Fremden nicht bemerkt zu werden.

Sie arbeiteten getrennt. Während Tako sich auf das Heck des anderen Schiffes konzentrierte, nahm sich Ras das Mittelschiff vor.

Als er materialisierte und zu sehen begann, stellte er erleichtert fest, daß er allein war. In dem Raum standen allerlei Geräte umher, deren Sinn ihm vorerst verborgen blieb. Da keine Sichtluke vorhanden war, mußte er sich inmitten des Schiffskörpers befinden.

Er beschloß, seine Suche ganz normal fortzusetzen.

Der Raum hatte zwei Türen. Die eine ließ sich mit einem Handdruck leicht öffnen, und er gelangte auf einen Korridor, in den andere Türen mündeten. Er wagte es nicht, eine von ihnen zu öffnen, sondern schlich weiter, jede Sekunde darauf vorbereitet, plötzlich zu entmaterialisieren.

Die vordere Tür führte sicherlich in die Verlängerung des Korridors und war so etwas wie ein Schott. Er zögerte einen Augenblick, ehe er sie aufstieß. Der Gang dahinter war ebenfalls leer.

Er stand mit dem Rücken gegen die Wand gelehnt und lauschte.

Irgendwo waren menschliche Stimmen. Sie unterhielten sich in Interkosmo, der Sprache, die er dank seiner Hypnoschulung ebenfalls beherrschte. Trotzdem konnte er kein Wort verstehen.

Es gehörte jedoch zu seiner Aufgabe, etwas über die Zaliter auf diesem Schiff zu erfahren. Vorsichtig pirschte er sich also weiter, bis er die Stimmen deutlicher wahrnahm. Sie kamen aus einem Raum, der hinter einer der zahlreichen Türen lag.

Innerlich zum sofortigen Sprung bereit, legte er sein Ohr gegen die glatte Metallfläche. Ja, nun konnte er sie verstehen.

„. . . werden wir uns vielleicht in die Nesseln setzen."

Der Unbekannte sagte das nicht wörtlich so, aber der Sinn war der gleiche.

Eine andere Stimme antwortete: „Hemor muß schließlich wissen, was er tut. Er handelt auf Befehl des Zarlt. Und der weiß erst recht, was er tut."

„Das gebe ich zu, aber mit dem Imperium ist nicht zu spaßen. Wenn es bemerkt, daß wir falsches Spiel treiben, schickt es uns eine Flotte auf den Hals. Darauf sollten wir es nicht ankommen lassen."

„Die Gelegenheit ist einmalig. Bedenke, der Fremde hat das große Gehirn überlistet."

„Eben! Und der Zarlt meint, wiederum schlauer als er zu sein. Mir scheint das vermessen."

Es entstand eine kurze Pause. Ras hörte Schritte, die auf die Tür zukamen. Er wich zurück und suchte nach einem Ausweg, ohne springen zu müssen. Aber ihm blieb nicht viel Zeit, sich zu entscheiden.

Die Tür wurde aufgestoßen, und ein Kopf schob sich auf den Korridor.

Ras hätte später nicht zu sagen vermocht, ob der Kerl ihn noch gesehen hatte. Er entmaterialisierte in derselben Sekunde und konzentrierte sich dabei auf den Bug, wo die Zentrale des fremden Schiffes sein mußte.

Das war ein großes Risiko, aber er tröstete sich damit, daß er ja jederzeit wieder verschwinden konnte, wenn er Besatzungsmitglieder antraf.

Er hatte Glück.

Als er zu sehen begann und sich zugleich auf ein neuerliches Verschwinden vorbereitete, erkannte er, daß er allein war. Rings um ihn herum war – das Universum.

Aber es war voller Luft, und er konnte atmen.

Seine erste Befürchtung, die Richtung verfehlt und mitten im Vakuum gelandet zu sein, erfüllte sich zum Glück nicht. Zu seinem Erstaunen stand er inmitten eines fast runden Raumes, dessen Wände und Decke aus einem durchsichtigen Material bestanden. Eine Art Beobachtungsraum vielleicht.

Jedenfalls sah er die Hülle der TITAN wie eine Riesenwand rechts nach oben streben. Durch eine Plastik-Tunnelverbindung erkannte er eine menschliche Gestalt, die die wenigen Meter zwischen dem fremden Schiff und der TITAN mit schnellen Schritten zurücklegte. Er sah, wie sie von einigen Offizieren in Empfang genommen wurde.

Das mußte der Kommandant sein, der Rhodan um eine Unterredung gebeten hatte.

Nur eine einzige Tür führte in den Beobachtungsraum, stellte Ras zu seiner Beruhigung fest. Er eilte zu ihr und warf einen kurzen Blick in den hinter ihr liegenden Korridor. Er war leer.

Von hier also drohte keine Gefahr.

Er schloß die Tür wieder und wandte sich um.

Und dann erblickte er das Ungeheuer . . .

Tako hatte von Anfang an weniger Glück.

Als er materialisierte, stand er mitten in einer erregt debattierenden Menge. Es waren ausnahmslos Zaliter in verschmutzten Arbeitskleidern, also höchstwahrscheinlich Angehörige des technischen Personals.

Dem Japaner fehlte die Geistesgegenwart, sofort wieder zu verschwinden. Vielleicht hielt er es auch nach der einmal erfolgten Entdeckung nicht mehr für so wichtig, denn gefangennehmen konnten sie ihn ohnehin nicht.

Das erregte Gespräch verstummte sofort. Die Männer wandten die Köpfe in seine Richtung und rissen die Augen auf. Wortlos starrten sie die so plötzlich mitten unter ihnen aufgetauchte Geistergestalt an, die jedoch aus Fleisch und Blut zu bestehen schien.

Tako amüsierte sich innerlich, aber sein Gesicht blieb hart und grimmig. Einen krasseren Gegensatz zu seiner schmächtigen und sehr schwach wirkenden Gestalt konnte es kaum geben.

Einer der Zaliter, ein stämmiger Bursche in grüner Hose, trat vor und griff nach Tako. Sein Gesichtsausdruck zeigte eine Mischung von Furcht und Neugier.

Mit einer Bewegung wischte der Japaner die Hand weg.

„Nicht anfassen!“ warnte er in Interkosmo.

Der Zaliter verstand sofort.

„Wer bist du?“ fragte er. Und lauernd fügte er hinzu: „Wo kommst du her?“

„Vielleicht kann ich mich unsichtbar machen“, entgegnete Tako und schob den nächsten Zaliter mit der Hand beiseite, um langsam durch die entstandene Gasse der nächsten Tür entgegenzuschreiten. „Ihr gestattet, daß ich mir das Schiff ansehe.“

Er öffnete die Tür. Niemand hinderte ihn daran. Sie sahen ihm einfach nach, als könnten sie das nicht glauben, was sie mit ihren eigenen Augen sahen.

Erst als Tako schon halb draußen auf dem Gang war und die Tür hinter sich schließen wollte, stürmten sie wie auf ein Kommando hinter ihm her, drängten sich durch die schmale Öffnung und griffen nach ihm.

Aber sie griffen nur in die Luft.

Tako entmaterialisierte und sprang in Richtung Mittelschiff, wo er das Pech hatte, genau an der Stelle zu landen, wo Sekunden vorher noch Ras gewesen war.

Der Offizier, der eben seinen Kopf in den Korridor streckte, wurde somit Zeuge eines mysteriösen Ereignisses, an dessen logischer Erklärung er noch lange zu arbeiten haben würde.

Zuerst sah er ein schwarzes Ungeheuer, das plötzlich zu flimmern begann und sich in Luft aufzulösen schien. Aber das war nichts als eine unheimliche Verwandlung, die man nicht erklären konnte. Denn kaum war das schwarze Geschöpf unsichtbar geworden, da tauchte es schon wieder in neuer Gestalt auf.

In der von Tako.

Mit einem Aufschrei fuhr der Offizier zurück und knallte die Tür hinter sich zu.

Tako wunderte sich über die schnelle Reaktion des Zaliters und machte sich daran, Ras zu suchen. Hier mußte er irgendwo sein, wenn nichts Ungewöhnliches passiert war.

Er hatte kaum zehn Schritte zurückgelegt, da schrillte der Alarm durch das Schiff. Die Sirenen hatten einen ungemein hohen Ton und wirkten schmerzhaft auf das menschliche Trommelfell ein.

Tako fluchte und raste den Korridor entlang. Er hatte eigentlich nichts erreicht, außer daß er einigen Leuten einen Schrecken eingejagt und den Alarm verursacht hatte. Rhodan würde damit nicht sehr zufrieden sein, aber es ließ sich nicht ändern. Vielleicht war es besser, an Bord der TITAN zurückzukehren. Ras hatte es sicher längst getan.

Also sprang Tako in die TITAN zurück.

Ras Tschubai erstarrte in seiner Bewegung.

Er hatte geglaubt, allein in dem Kristallraum zu sein, aber er war es nicht.

Das Wesen war knapp anderthalb Meter hoch und fast einen Meter breit, etwa kreisrund und erinnerte an eine Riesenqualle. Ganz unten erkannte Ras eine unbestimmte Anzahl kurzer Stummelfüße, die genau so schwabbelig wie der ganze Körper wirkten. Gekrönt wurde das Ganze von einem kugelrunden Kopf, der genau auf der Mitte des Puddings saß. Knopfartige Augen starrten ihn kalt und böse an.

Das Merkwürdige aber war die Tatsache, daß das unheimliche

Wesen in einem Glasbehälter hockte, der nach allen Seiten hin hermetisch abgeschlossen schien. Ein kugelförmiger Druckbehälter, wußte Ras sofort. Leitungen aus silbern schimmerndem Metall verbanden den Behälter mit einer Vorrichtung, die an ein Sauerstoffaggregat erinnerte. Ein Fahrgestell einfacher Konstruktion vervollständigte das Gebilde.

Ras stand unbeweglich und betrachtete das Ungeheuer, von dem er ahnte, daß es ihm nichts anhaben konnte. Nur darum blieb er auch. Er hatte das Gefühl, etwas außerordentlich Wichtiges entdeckt zu haben.

Woher kommst du?

Ras war kein Telepath. Darum war er zuerst sehr verwundert darüber, eine lautlose Stimme verstehen zu können – etwas, was nur ein Telepath vermochte.

Doch dann fiel ihm ein, daß ein guter Hypno oder Suggestor auch Nichttelepathen bestimmte Gedankengänge aufzwingen konnte.

Er ignorierte die Frage und machte einen Schritt auf den Glasbehälter zu. Wenige Meter davor blieb er stehen. Die kalten und forschenden Augen machten ihm zu schaffen. Es ging eine Drohung von ihnen aus, deren Natur Ras nicht zu bestimmen vermochte. Was Rhodan wohl zu seiner Entdeckung sagen mochte?

Wer ist Rhodan? kam die nächste Frage.

Ras erschrak. Wenn das Geschöpf Gedanken lesen konnte, wurde die Angelegenheit gefährlich. Krampfhaft bemühte er sich, die in der Schulung erlernte Abschirmung gegen telepathische Überwachung wirksam werden zu lassen. Es mußte ihm gelungen sein; der nächste Gedanke bestätigte es ihm.

Warum schirmst du dich ab? So kann keine Unterhaltung zustande kommen.

Ras beschloß, die einmalige Gelegenheit nicht zu versäumen.

Was – wer bist du? dachte er konzentriert.

Ich bin Mooff, kam die Antwort, verbunden mit einem merkwürdigen Druck gegen das Gehirn des Teleporters.

Ras hatte plötzlich das Bedürfnis, näher an den Glasbehälter heranzugehen. Als er einen Schritt machte, wurde der Druck deutlich stärker.

Irgendwo in seinem Innern begannen Alarmsirenen zu schrillen.

Das Schrillen drang auch an seine Ohren. Es war wirklich

vorhanden und raste durch das ganze Schiff. Getrappel von Füßen erscholl. Es näherte sich dem Beobachtungsraum. Türen wurden aufgerissen, fragende Stimmen erschollen.

Gefahr.

Ras konzentrierte sich auf die TITAN und sprang.

Er *wollte* springen. Etwas hielt ihn zurück und hemmte seine Entmaterialisation. Es war, als griffen tausend unsichtbare Fühler nach ihm und seinem Gehirn. Der Druck wurde stärker, verbunden mit dem Befehl, zu bleiben.

Das Wesen versuchte, ihn zu hypnotisieren.

Ras begann zu ahnen, in welche Falle er gegangen war. Er mußte ihr entrinnen, oder er gefährdete nicht nur Rhodan, sondern auch die Menschheit.

Mit aller Konzentration, derer er noch fähig war, dachte er an Rhodan und die Zentrale. Er sah Rhodan vor sich und spürte zugleich die furchtbare Gefahr, in der er selbst sich jetzt befand. So ähnlich war es damals im Urwald gewesen, als die Raubkatze ihn ansprang.

Nur war es diesmal keine Raubkatze, sondern ein viel schrecklicheres Geschöpf, ein telepathisches Wesen, das über suggestive Kräfte verfügte.

Es gelang.

Als die Tür zum Beobachtungsraum aufgerissen wurde, entmaterialisierte er.

Er starrte genau auf den Rücken eines ihm unbekannten Mannes, der Rhodan gegenüberstand und sein Erscheinen nicht bemerkte.

John Marshall nahm den Besucher an der Schleuse in Empfang und begleitete ihn durch unzählige Korridore und Gravitationslifts zur Zentrale. Dabei fand er genügend Gelegenheit, die Gedanken des Gastes zu sondieren und diesen gründlich auszuspionieren.

Der Zaliter ahnte nichts davon. Er war kein Telepath, wie John leicht feststellen konnte. Das war eine Überraschung, denn Gucky hatte fest behauptet, daß sich an Bord des anderen Schiffes Telepathen aufhielten.

Rhodan erwartete seinen Besucher. Bei ihm waren die beiden Arkoniden und Bully.

Rhodan stand auf, als John Marshall mit dem Fremden eintrat.

Der Zaliter machte keinen schlechten Eindruck, aber in seinen Augen war etwas, was Rhodan nicht gefiel. Die kupferfarbenen Haare waren lang und leicht gewellt. Rotbraun und sonnenverbrannt wirkte die Haut selbst hier unter der künstlichen Beleuchtung. Er trug eine Art Uniform mit silbernen und goldenen Abzeichen.

„Sie baten mich um eine Unterredung", eröffnete Rhodan das Gespräch.

Der Zaliter nickte, eine Bewegung, die auch bei den Arkoniden Bejahung bedeutete. „Ich bin Hemor, der Kommandant des kleinen Schiffes, das der Zarlt Ihnen entgegenschickt. Ich habe den Auftrag, Ihnen einige Vorschläge zu unterbreiten und hoffe, daß Sie bereit sind, sie anzunehmen."

Rhodan zog die Augenbrauen in die Höhe.

„Das käme auf die Vorschläge an", erwiderte er.

„Sie haben diesen Kugelraumer auf Arkon gestohlen", begann Hemor und sah dabei sehr selbstsicher aus. „Das ganze Imperium macht Jagd auf Sie. Bisher weiß niemand, wo Sie sich befinden."

„Sie wissen es aber . . ."

„Nur wir." Hemor nickte und lächelte kühl. „Es war reiner Zufall, aber wir wissen es eben. Keine Sorge, wir haben nicht die Absicht, Ihren Aufenthaltsort Arkon bekanntzugeben. Der Zarlt möchte mit Ihnen sprechen."

„Wer ist der Zarlt?"

Der Zaliter verbarg sein Erstaunen nicht. Er schien fest damit gerechnet zu haben, daß alle Intelligenzen des Universums den Zarlt kannten.

„Der Herrscher über das System Voga und gleichzeitig der Vize-Imperator von Arkon, also der direkte Stellvertreter des Imperators. Sein Name ist Admiral Demesor, und er erwartet Sie in Tagnor, der Hauptstadt von Zalit, dem vierten Planeten der Sonne Voga."

„Und was will er von mir?"

Rhodans Stimme klang kühl und gelassen. Er tat ganz so, als handele es sich um eine äußerst nebensächliche Angelegenheit, die sich zwischen Tür und Angel erledigen ließ. Innerlich war er sehr gespannt, was der Vize-Imperator des arkonidischen Imperiums von ihm wollte.

„Ich bin nicht befugt, darüber zu sprechen – bis auf einige geringfügige Andeutungen. Fragen Sie.“

Rhodan warf Marshall einen kurzen Blick zu. Der Telepath nickte.

„Hat das Robotgehirn von Arkon mich zum Staatsfeind erklärt?“

Hemor ließ einige Sekunden verstreichen, ehe er antwortete: „Nicht ausdrücklich, aber es verfolgt Sie mit allen zur Verfügung stehenden Mitteln. Ist Ihre Frage damit beantwortet?“

„Ja, danke. Zweite Frage: Was hat Ihr Zarlt damit zu tun? Warum befolgt er nicht den Befehl des Gehirns?“

„Ich bin nicht ermächtigt, Ihnen darauf eine Antwort zu geben.“

Marshall in der Ecke nickte unauffällig.

Rhodan zuckte mit den Schultern. „Auch gut, ich werde es ja erfahren. Was geschieht, wenn ich der Aufforderung keine Folge leiste?“

Hemor lächelte leicht. „Unsere gesamte Flotte ist alarmiert. Bisher hatte Sie den Auftrag, Sie nach Zalit zu geleiten, und sie wird das auch tun, wenn kein gegenteiliger Befehl erfolgt. Diesen gegenteiligen Befehl erteile nicht ich, sondern mein Stellvertreter – wenn ich bis zu einer bestimmten Frist nicht zurück bin. Wir haben alles in Erwägung gezogen, wie Sie sehen.“

„In der Tat“, lobte Rhodan die Umsicht des Zaliters. „Das haben Sie. Aber ich denke, weitere Fragen haben wenig Sinn. Ich werde mir also anhören, was der Zarlt mir vorzuschlagen hat.“

Hemors Gesicht hellte sich auf. Ein Stein schien ihm vom Herzen zu fallen. Er warf einen Blick zu Thora und Crest, die bisher geschwiegen hatten. „Ich wußte nicht, daß Arkoniden an Bord des Kugelraumers sind. Davon wurde nichts erwähnt.“

Crest machte eine wegwerfende Handbewegung.

„Ist es wichtig?“ erkundigte er sich leichthin.

Die Tür öffnete sich, und der Funker betrat die Zentrale.

„Vom System her nähert sich eine Flotte. Sie besteht aus mindestens zweihundert Einheiten und geht in Angriffsposition.“

Rhodan warf Hemor einen fragenden Blick zu.

Der Zaliter lächelte. „Nur eine Vorsichtsmaßnahme, mehr nicht. Aber Sie kommen ja mit, wenn ich Sie recht verstanden habe. Kann ich an Bord meines Schiffes zurückkehren?“

In dieser Sekunde entstand unmittelbar hinter ihm die Gestalt Ras

Tschubais aus dem Nichts. Für eine Sekunde schien der Neger verblüfft, dann begriff er Rhodans stumme Aufforderung und wich an die Wand zurück. Alle außer dem Zaliter hatten seine Rückkehr bemerkt.

„Das steht Ihnen frei. Ist das Landefeld auf Zalit gut gekennzeichnet?"

„Sie brauchen mir nur zu folgen", sagte Hemor, machte eine knappe Verbeugung und wandte sich um. Er sah Marshall fragend an, der ihn hierhergebracht hatte. Dann schritt er ohne Gruß auf den Korridor hinaus, von dem Telepathen gefolgt.

Rhodan sah ihm nachdenklich nach.

Bully regte sich.

„Ein arroganter Kerl", faßte er seine Eindrücke zusammen. „Möchte wissen, was der sich so vorstellt."

„Wir werden es erfahren, wenn Marshall zurückkehrt. Du wirst so freundlich sein, die TITAN dem kleinen Schiff folgen zu lassen. Gib Oberst Freyt entsprechende Anweisungen, damit er Bescheid weiß. Sehen wir uns Zalit und den Zarlt einmal genauer an. Ich habe so ein merkwürdiges Gefühl."

John Marshall kam drei Minuten später in die Zentrale zurück und hörte die letzten Worte des Berichtes, den Ras gab.

„. . . versuchte diese Qualle, von meinem Willen Besitz zu ergreifen. Ich nahm Reißaus, aber ich fürchte, man hat mich bemerkt. Jedenfalls wurde Schiffsalarm gegeben."

„Macht nichts", beruhigte ihn Rhodan. „Sie wissen bestimmt nicht, daß sie es mit einem Teleporter zu tun hatten. Was wurde aus Tako?"

Gucky kam in die Zentrale gewatschelt.

„Ist zurück", zirpte er. „Erschreckte einige Männer fast zu Tode und verdrückte sich." Er wandte sich an Marshall. „Willst *du* erzählen? Ich habe auch alles erfahren, was dieser Hemor gedacht hat."

„Ja. Ergänze, wenn ich etwas vergesse." Marshall sah Rhodan an. „Ich brachte ihn zurück zur Schleuse. Er läßt noch bestellen, daß der Flug nach Zalit in drei Minuten beginnt. Wir sollen gleiche Geschwindigkeit einhalten. Ja, was er dachte . . . Eigentlich nicht viel. Nur soviel fand ich heraus – vielleicht hatte Gucky mehr Glück –, daß der Zarlt den Versuch unternehmen will, dem Robotgehirn mit unserer Hilfe ein Schnippchen zu schlagen. Er scheint dem Imperium nicht gerade wohlgesinnt."

„Meine Ahnung!" Crest seufzte.

Rhodan lächelte. „Kein Wunder – wer läßt sich schon gern von Maschinen regieren. Noch etwas Konkretes, Marshall?"

„Eigentlich nicht. Nur einmal dachte dieser Hemor an einen gewissen Mooff, aber ich weiß nicht, wer das ist."

„Ja, wir wissen schon. Ras ist diesem Mooff begegnet. Es ist ein fremdartiges intelligentes Wesen von quallenartigem Äußeren."

„Und was für eines!" schrillte Gucky in die Diskussion. „Es ist das Geschöpf, dessen Gedankenimpulse die der Zaliter überlagern. Deshalb wurde ich nicht schlau. Jedenfalls ist der Mooff ein Telepath und ein Suggestor."

„Ja, ich konnte es am eigenen Leib erfahren", warf Ras ein.

Bully kümmerte sich nicht um die Unterhaltung. Er wartete die drei Minuten ab und schaltete dann den Antrieb ein. Langsam und vorsichtig folgte er dem winzigen Schiff und bemerkte gleichzeitig, daß auch die GANYMED die Kreisbahn verließ. Mit mäßiger Beschleunigung strebten die Schiffe der roten Riesensonne entgegen. Die ganze Flotte folgte in respektvollem Abstand.

„Was ist dieser Mooff?" fragte Rhodan.

„Ich habe noch nie in meinem Leben etwas von einem Mooff gehört", sagte Crest. „Sie müssen ganz neu bei uns aufgetaucht sein."

„Mir scheint, eine Art Maskottchen", vermutete Ras. „Warum sollten sie diese Wesen sonst in ihren Schiffen mit sich herumschleppen? Außerdem scheinen die Mooffs nur in einer besonderen Atmosphäre existieren zu können, denn sie halten sich in einem Druckbehälter auf."

„Das war ein Aquarium, durch das Marten hindurchsah. Er suchte sich ausgerechnet den Mooff aus."

„Ganz verständlich", behauptete Gucky. „Der Mooff sendet die stärksten Impulse aus. Kein Wunder, daß Marten auf ihn hereinfiel."

Rhodan faßte zusammen: „Also ein Maskottchen – hm, vielleicht. Aber ich denke, die Antwort lautet anders. Vielleicht erleben wir eine Überraschung."

Bully drehte sich um.

„Sie haben ganz anständige Brocken dabei", teilte er mit. Offenbar meinte er die Kampfschiffe der Zaliter. „Für uns bedeuten sie keine Gefahr, aber ich möchte jetzt nicht auf der GANYMED sein."

„Niemand wird uns angreifen", sagte Rhodan und wischte jeden Gedanken an eine akute Gefahr beiseite. „Der Zarlt ist viel zu neugierig, uns kennenzulernen. Solange sind wir sicher."

Gucky richtete sich plötzlich auf. Er warf Marshall einen schnellen Blick zu und sagte dann leise: „Denkt nicht an das, was ich jetzt sage, sondern versucht, eure Gehirne mit einem Abwehrschirm zu umgeben. Jemand versucht, unsere Gedanken zu lesen. Ein guter Telepath, aber nicht gut genug für uns. Es ist nicht nur einer – es sind viele. Sehr viele sogar . . ."

Rhodan kniff die Augen zusammen. Für eine Sekunde schien er unschlüssig, dann flüsterte er mehr zu sich selbst: „Irgendwo droht eine fürchterliche Gefahr, ich ahne es. Aber diese Gefahr heißt nicht Zaliter. Sie hat einen ganz anderen Namen."

„Mooff", sagte John Marshall entschieden.

Rhodan nickte. „Ja, ich glaube auch. Der Mooff ist die Gefahr."

Gucky schüttelte so heftig den Kopf mit den großen Mauseohren, daß er fast das Gleichgewicht verloren hätte. „Nein, nicht *der* Mooff! Mindestens zweihundert Mooffs! Denn auf jedem Schiff der Zaliter weilt ein Mooff!"

Niemand gab Antwort.

Die Stadt Tagnor bedeckte die Fläche eines kleinen irdischen Staates. Sie hatte 30 Millionen Einwohner, was hinsichtlich der Gesamtbevölkerungszahl von Zalit – 8 Milliarden – nicht verwunderlich war.

Dominierend wie auch auf den Planeten Arkons waren die merkwürdigen Trichterbauten. Unten am säulenförmigen Standbein befand sich der Eingang, der den Besucher in eine völlig in sich abgeschlossene Welt führte. Ringsum waren die schräg ansteigenden Wände, teils mit bunten Gärten und herrlichen Veranden geschmückt, die auf den ringförmigen Terrassen lagen. Dann wieder Wohnungen, jede individuell für sich abgeschlossen und durch weitere Gärten von der nächsten getrennt.

Die Form der Trichterbauten entsprach dem Bedürfnis der Arkoniden, möglichst allein und ungestört zu wohnen. Die Zaliter, Abkömmlinge der Arkoniden, hatten die alte Sitte übernommen.

Bis zum Raumfeld herüber leuchtete der rotgefärbte Riesentrichter des Regierungspalastes. Rhodan war er schon bei der Annäherung aus großer Höhe aufgefallen, und ganz zufällig hatte einer der Zaliter auf dem kleinen Führerschiff daran gedacht. Marshall gab die Information an Rhodan weiter.

Dort also residierte der Zarlt.

Das Landefeld war von riesigen Ausmaßen. Es wurde fern am Horizont durch gewaltige Bauten begrenzt. Der Durchmesser betrug gut und gern zwanzig Kilometer. Erst als die Begleitflotte niederging und in geordneter Formation landete, wurde Rhodan klar, daß dieses Raumlandefeld auf keinen Fall zu groß war.

Die TITAN setzte sanft wie ein schwereloser Ball auf. Die Antigravstrahlen hielten sie, bis der Ring der Teleskopstützen festen Halt fand. Rhodan wagte es nicht, die Antigravprojektoren völlig auszuschalten, weil er fürchtete, das unvorstellbare Gewicht der TITAN könnte sie alle in die Oberfläche des Planeten hineinsinken lassen.

Ein Wagen mit Torpedoform kurvte herbei und wartete geduldig, bis die Besucher sich entschlossen, ihr Schiff zu verlassen.

Rhodans Pläne standen bereits fest. „Crest, Bully und John Marshall begleiten mich. Es ist besser, wenn wir nur wenige sind – so wenig wie möglich. Thora weiß ich jetzt lieber hier im Schiff. Tifflor, Sie bleiben hier in der Zentrale und halten Verbindung mit mir. Ich nehme den kleinen Armbandsender mit und lasse ihn eingeschaltet. So sind Sie stets über das unterrichtet, was draußen vorgeht. Sollte man uns eine Falle stellen, greifen Sie mit den Mutanten ein. Alles klar?“

„Was ist mit der GANYMED?“

„Sie bleibt startklar. Beim geringsten Zeichen eines Angriffs starten. Die TITAN bleibt. Sie kann sich wehren. Aber ich glaube nicht, daß wir derartiges zu befürchten haben. Die Zaliter haben andere Pläne.“

„Und ich?“ Gucky hockte mit bittenden Augen neben der Tür und sah Rhodan so flehend an, daß diesem ganz anders zumute wurde.

Aber er schüttelte den Kopf. „Es geht nicht – heute nicht. Die

Zaliter sollen nicht mehr als unbedingt notwendig erfahren. Außerdem muß jemand das Mutantenkorps führen und den eventuellen Einsatz leiten. Du siehst, du wirst hier an Bord dringend benötigt. Außerdem gibt mir die Gewißheit, dich als Verstärkung im Rücken zu wissen, eine größere Sicherheit. Nicht wahr, das verstehst du doch, Gucky?"

Der Mausbiber verstand es. Mit einem verächtlichen Seitenblick auf Bully, der ja nur mit Rhodan gehen durfte, weil seine Anwesenheit auf der TITAN bedeutungslos war, watschelte er aus der Zentrale. Sie hörten ihn draußen auf dem Gang vergnügt vor sich hin kichern. Ein Zeichen, daß Rhodan wirklich gesagt hatte, was er auch dachte.

„Nehmen wir Waffen mit?" fragte Bully.

„Die kleinen Nadelstrahler in der Tasche genügen." Rhodan schüttelte den Kopf. „Alles andere wäre sinnlos."

Nach vielen Liften und Korridoren erreichten sie die Nebenschleuse dicht bei dem Ring der Teleskopstützen. Eine Rampe wurde automatisch ausgefahren, als sich die Außenluke öffnete.

Rhodan betrat als erster die Oberfläche der fremden Welt. Seine geübten Sinne spürten sofort den nur geringfügigen Schwereunterschied zur Erde. Die Luft war klar und sauber. Vielleicht eine Spur mehr Sauerstoff als gewohnt, aber durchaus noch normal.

Der Boden bestand aus einer harten, glatten Masse, die an Beton erinnerte. Sie war fugenlos und völlig eben.

Der Wagen kam herbei und hielt neben ihnen. Ein muskulöser Zaliter stieg aus und öffnete den Schlag für sie. Ganz wie auf der Erde, dachte Rhodan grimmig. Allerdings erinnerte nichts sonst an einen Staatsbesuch, und als solcher konnte der ihre eigentlich betrachtet werden.

Die Fahrt durch die Stadt ließ ihnen keine Zeit zum Reden. Sie bewunderten die gut angelegten Fahrbahnen, die herrlichen Parks, die vielen Trichterbauten und den regen Verkehr. Man hätte sich auf den Kristallplaneten Arkons zurückversetzt fühlen können, wenn man nicht überall die regsamen und sehr lebendigen Zaliter gesehen hätte.

Sie waren es, die den Unterschied ausmachten.

Statt der müden und degenerierten Arkoniden, die alle Arbeit den Robotern und den positronischen Gehirnen überließen, handelte das Volk auf Zalit noch. Hier wurde gearbeitet und geschafft. Man sah es an den fröhlichen Gesichtern der Stadtbewohner, daß sie mit ihrem Dasein durchaus zufrieden waren. Nichts von der trübsinnigen Melancholie der Arkoniden. Im Gegenteil – mehr als einmal konnten die Terraner lachende Zaliter beobachten, die in kleinen Gruppen umherzogen und die Parks aufsuchten.

Rhodan warf Crest einen heimlichen Blick zu. Der Arkonide sah aus dem Wagenfenster und nahm alles in sich auf. Keine Miene in seinem Gesicht regte sich, aber Rhodan glaubte zu wissen, worüber er nachdachte. Das Ergebnis dieses Nachdenkens würde Crest sicherlich nicht befriedigen.

Der Regierungspalast kam in Sicht.

Schon von weitem hatte er einen gewaltigen Eindruck gemacht, aber er übertraf doch die Erwartungen Rhodans. Allein die zylindrische Säule, auf der der Trichter stand, hatte einen Durchmesser von fünfzig Metern. Oben am „Rand“ mußte dieser Durchmesser bereits dreihundert Meter betragen, die Höhe war schätzungsweise 150 Meter. Die Wände strebten in einem Winkel von 45 Grad schräg in die Höhe und waren bis auf die Fensterreihen glatt.

Die blutrote Farbe erweckte in Rhodan Erinnerungen an die Wega.

Zwei mit Orden geschmückte Offiziere nahmen Rhodan und seine Begleiter in Empfang und führten sie in das Innere des Palasts.

Der Innenhof glich einem weiten Garten. Blumenbeete umsäumten eine gepflegte Rasenfläche, die von schmalen Wegen durchzogen wurde. Und genau in der Mitte des Raumes stand . . .

„Achtung!“ warnte Marshall auf Englisch. „Ein Mooff!“

Rhodan hatte ihn schon längst gesehen.

Mitten auf dem Rasen stand eine gläserne Glocke, wie Ras sie beschrieben hatte. In ihrem Innern hockte das Quallenwesen und glotzte mit seinen starren Knopfaugen zu ihnen herüber. Es war, als kontrolliere es die Besucher des Palasts.

Rhodan verspürte völlig unmotiviert den Wunsch, den beiden Offizieren seinen Nadelstrahler zu übergeben, der unbemerkt in seiner Tasche ruhte. Für einen Augenblick wunderte er sich über diesen merkwürdigen Gedanken, da sah er, wie Bully in die Tasche griff – langsam und bedächtig, als überlege er noch.

Es war die Tasche, in der er den Nadler hatte.

Da begriff Rhodan.

Er legte seine Hand auf den Arm Bullys und zog ihm die Hand aus der Tasche. Sie war leer.

„Jemand versucht, uns seinen Willen aufzuzwingen", sagte er ebenfalls auf Englisch. „Es kann nur der Mooff drüben auf der Wiese sein. Er sorgt dafür, daß niemand den Palast bewaffnet betritt. Ich beginne zu ahnen, daß die Zaliter die Mooffs als eine Art telepathische Wachhunde benutzen."

Er wußte nicht, wie falsch seine Ahnung war . . .

Der Zarlt schien keinen besonderen Aufwand zu lieben, oder aber er verzichtete diesmal bewußt darauf.

Er saß hinter einem langen und breiten Tisch, der mit Nachrichtengeräten und anderen Apparaturen fast bedeckt war. Dazwischen lagen ganze Stöße von Akten, Papier und Schreibutensilien. Er schien ein vielbeschäftigter Mann zu sein und die wichtigen Arbeiten selbst zu erledigen, was zu seinen Gunsten sprach.

Die Augen allerdings, mit denen er seine Gäste betrachtete, machten keinen sehr vertraueneinflößenden Eindruck. In ihnen war etwas Gehetztes und Unstetes. Wille zur Macht sprach aus ihnen, und die absolute Gewißheit, jedes einmal gesteckte Ziel auch zu erreichen.

Er bat Rhodan und seine Begleiter Platz zu nehmen. Der Tisch war zwischen ihnen. Außer ihnen befand sich niemand in dem großen Raum, an dessen Wänden Bildschirme hingen, die jedoch im Moment nicht eingeschaltet waren.

Rhodan betrachtete ungeniert den Zarlt. Der fast hünenhaft gebaute Mann trug eine farbenprächtige Uniform, die nicht zu seinem sonstigen Gebaren passen wollte. Sie wirkte verspielt, aber der Zarlt war alles andere, nur nicht das.

Er kam direkt zur Sache. „Sie haben dem Imperium ein Superschlachtschiff gestohlen – das neueste und modernste, das es besitzt. Man jagt Sie und wird Sie eines Tages fassen, wenn Sie nicht vorsichtig sind und sich nach mächtigen Freunden umsehen. Wir, die Zaliter, könnten Ihre Freunde werden."

Rhodan sah den Zarlt an.

„Warum?“ fragte er.

Der Herrscher lächelte sanft, aber seine Augen blieben hart. „Ich will ehrlich sein und nicht viel Worte machen. Es gelang mir vor kurzer Zeit, die Marionette der Arkoniden zu beseitigen. Die Offiziere der Flotte standen auf meiner Seite. Wir sind nicht gewillt, die Befehle eines Robotgehirns auszuführen. Früher war es der arkonidische Imperator, der das Imperium beherrschte, heute ist es nur noch eine Maschine.“

„Ist eine Maschine nicht die Garantie dafür, daß keine Fehler gemacht werden?“ warf Rhodan ein.

„Nein! Allein Ihr Hiersein beweist das zur Genüge.“

Das war nicht abzustreiten. Trotzdem . . .

„Verwaltet das Gehirn das Imperium nicht im Sinn der Arkoniden und damit ihrer Verbündeten, Zarlt Demesor?“

„Sie kennen meinen Namen?“

„Hemor verriet ihn mir.“

„Ach ja – Hemor. Sie sind Rhodan?“

„Ja.“

„Und wie kommt ein Arkonide in Ihre Begleitung?“

Die Blicke des Zarlt lagen mißtrauisch auf Crest.

„Vielleicht“, sagte Rhodan, „gibt es auch Arkoniden, die so ähnlich wie der Zarlt von Zalit denken.“

Langsam nickte der Zarlt. Für Bully und Marshall schien er kein Interesse zu haben.

„Gut, reden wir weiter. Sie sehen also, daß ich nicht viel für die Herrschaft der Maschine übrig habe. Ich bin – nur dem Namen nach – der Vize-Imperator des Imperiums. Mein Ziel ist es, Imperator zu werden.“

Das war deutlich genug. Rhodan spürte Mißtrauen. Er war für den Zarlt ein völlig Fremder, und es war zumindest ungewöhnlich, daß dieser ihm seine geheimsten Pläne so offen darlegte.

„Warum verraten Sie mir das, Demesor? Könnte ich Ihnen nicht schaden . . .“

„Nein, das würden Sie nicht tun. Haben Sie nicht selbst auf Arkon erlebt, wie dekadent dieses ehemals so stolze Volk der Arkoniden geworden ist? Haben Sie nicht selbst das Robotgehirn überlistet und so erkennen müssen, daß es nicht vollkommen ist? Nein, ich glaube nicht, daß Sie meine Pläne vereiteln werden. Außerdem benötigen Sie unsere Hilfe. Hier auf Zalit erhalten Sie einen Schlupfwinkel, in dem Sie sich mit dem gestohlenen Schiff solange aufhalten können, wie Sie es für richtig halten. Ich verlange nur eine lächerlich geringe Gegenleistung."

„Und die wäre?" fragte Rhodan gespannt.

„Wie gelangten Sie gegen den Willen des Robotgehirns durch den äußeren Sperring der Arkoniden?"

Aha, dachte Rhodan. Das also ist es. Natürlich konnte er dem Zaliter nicht verraten, daß das nur mit Hilfe des Fiktiv-Transmitters möglich gewesen war. Erstens besaßen die Zaliter keinen solchen Transmitter – den gab es nur an Bord der GANYMED – und zweitens bestand auch nicht die Absicht, ihnen einen solchen zu überlassen.

„Das ist mein persönliches Geheimnis", sagte er vorsichtig. „Vielleicht bin ich später bereit, es Ihnen mitzuteilen, wenn wir uns besser kennen."

Der Zarlt verbarg seinen Ärger.

„Ich habe Vertrauen zu Ihnen, Rhodan, aber Sie keins zu mir. Nun, das wird sich mit der Zeit ändern. Jedenfalls ist es meine feste Absicht, das Robotgehirn auszuschalten." Er sah Rhodan forschend an. „Wollen Sie mir dabei, so gut es geht, helfen?"

Rhodan spürte auch die Blicke von Crest und Bully auf sich. Der Zarlt hatte eine direkte Frage gestellt – was sollte er ihm darauf antworten?

Ein Kompromiß vielleicht . . .

„Erwarten Sie sofort eine Antwort, oder räumen Sie mir eine Bedenkzeit ein? Ich verspreche Ihnen, in der Zwischenzeit nichts zu unternehmen."

Der Zarlt zögerte. Schließlich nickte er. „Gut. Sehen Sie sich Tagnor an und überzeugen Sie sich, daß das Volk der Zaliter fähig ist, die degenerierten Arkoniden abzulösen. Ich erwarte Ihre Entscheidung in zwei Tagen."

Er drückte auf einen unter der Schreibtischplatte befindlichen Knopf. Hinter Rhodan öffnete sich die Tür. Jemand trat ein.

„Omor, Sie begleiten unsere Gäste zum Wagen, der sie zum Landefeld zurückbringen soll." Und wieder zu Rhodan gewandt, fügte er hinzu: „Der Wagen steht Ihnen ständig zur Verfügung. Vielleicht komme ich morgen, wenn meine Zeit es erlaubt, zu Ihnen hinaus und statte Ihnen einen Gegenbesuch ab."

„Sie sind uns stets willkommen." Rhodan nickte und erhob sich.

Als sie eine halbe Stunde später mit dem Lift zur Kommandozentrale der TITAN hinauffuhren, erwartete sie Oberst Freyt. Er schien sehr aufgeregt zu sein. Thora und Gucky saßen in der Ecke auf einer Couch. Die zarte Hand der Arkonidin kraulte liebevoll das Fell des Mausbibers, der in regelmäßigen Abständen ein zufriedenes Grunzen von sich gab und alle Probleme vergessen zu haben schien.

Als Rhodan mit seiner Begleitung eintrat, richtete er sich auf, streifte Marshall mit einem kurzen Blick, sondierte dessen Gedanken und zwitscherte gleichmütig: „Berichte du zuerst, John. Ich habe Zeit." Er legte sich zurück und schloß die Augen. Thora blieb nichts anderes übrig, als ihre nur für Sekunden unterbrochene Tätigkeit wieder aufzunehmen.

Rhodan begrüßte Freyt und winkte ab, als dieser etwas sagen wollte.

„Warten Sie, Oberst. Zuerst habe ich Marshall einige Fragen zu stellen. Während der Fahrt wagten wir es nicht, weil wir ständig telepathisch überwacht wurden. Nun, Marshall, welchen Eindruck haben Sie vom Zarlt? Spricht er die Wahrheit?"

„Sie werden überrascht sein – er spricht die Wahrheit. Er hat Ihnen nichts verschwiegen, und er hat in keinem Punkt gelogen."

Rhodan schien enttäuscht – und auch wieder nicht. „Gut, dann wissen wir, woran wir sind. Der Zarlt will die Macht über das verfallene Imperium. Da sein Volk lebendiger und fähiger als das Arkons ist, wäre nichts dagegen einzuwenden, aber ich habe trotzdem Bedenken. Die Zaliter denken in provinziellen Begriffen, ich weiß nicht, ob sie kosmisch denken lernen können. Sie sehen nur ihren eigenen Vorteil, wenn sie das Imperium regieren wollen. Habe ich recht, Marshall?"

„Es stimmt, den Eindruck habe ich auch. Aber meinen Sie nicht, das würde sich ändern, wenn sie erst einmal an der Macht sind?"

Rhodan lächelte. „Jemand, der nur in engen Grenzen zu denken gewohnt ist, wird nicht von einem Tag zum anderen ein Kosmopolit. Immerhin wäre es möglich – aber ich habe ein ungutes Gefühl. Wenn ich nur wüßte, was mich daran hindert, dem Zarlt zu vertrauen ... Er hat mir gegenüber nicht gelogen, das ist wahr. Und doch meine ich, er spräche nicht das, was er denkt."

„Ich habe es kontrollieren können", gab Marshall zu bedenken. „Er hat genau das gesagt, was er auch gedacht hat."

Rhodan schüttelte den Kopf.

„Merkwürdig, wirklich sehr merkwürdig." Er sah erst Freyt an. „Nun, wo drückt der Schuh? Ist etwas geschehen?"

„Einiges!" polterte Freyt und wurde um eine Nuance dunkler im Gesicht. „Meine Leute spielen verrückt – wenigstens ein paar von ihnen."

„Ach?"

„Ja. Völlig harmlos, zugegeben, aber immerhin. Sie tun irgend etwas, das völlig sinnlos ist, und dann, wenn man sie fragt, wissen sie angeblich nichts mehr davon. Mir sind die reinsten Schlafwandler begegnet."

„Schlafwandler?" Rhodan sah sehr nachdenklich aus. Auf der Couch richtete Gucky sich auf und ließ seinen Nagezahn sehen. Der Mausbiber grinste respektlos.

„Ja, und wenn man sie anspricht, wachen sie auf. Das geht doch nicht mit rechten Dingen zu."

Rhodan sah hinüber zu Gucky. „Warum lachst du, Gucky? Wenn du etwas weißt, dann 'raus mit der Sprache."

Gucky rutschte von der Couch und marschierte gravitätisch zur Mitte der Zentrale, wo er sich bequem auf sein Hinterteil fallen ließ.

„Mich hat bisher niemand gefragt", gab er bekannt und hörte nicht mit dem impertinenten Grinsen auf, was Bully zur Raserei brachte. „Natürlich sind es die Mooffs."

„Ich habe es mir fast gedacht." Rhodan nickte. „Aber ich möchte mehr wissen. Sie versuchen, uns zu hypnotisieren, Gucky?"

„Ja, aber sie kommen über die Versuche nicht hinaus. Die Zaliter sind dankbarere Objekte."

Durch Rhodan ging es wie ein Ruck. „Was sagst du da, Gucky? Die Zaliter? Das verstehe ich nicht. Unserer Ansicht nach halten sich die Zaliter die Mooffs als Maskottchen oder Wachhunde. Als wir den Palast betraten, versuchte ein Mooff, uns durch Suggestion zu entwaffnen."

„Schon möglich“, zwitscherte Gucky vergnügt, als freue ihn das ganz besonders. Plötzlich aber verschwand sein Nagezahn. Er wurde ganz ernst. „Ich habe in den vergangenen Stunden genug Gelegenheit gehabt, die Mooffs zu studieren. Schließlich versuchen sie ja ohne Pause, uns zu beeinflussen. Es gelang mir, einen zu belauschen und einiges zu erfahren. Nicht die Zaliter beherrschen die Mooffs, sondern die Mooffs beherrschen die Zaliter. Sie waren es auch, die den alten Zarlt stürzten und Demesor an die Macht brachten. Mit seiner Hilfe wollen sie das Robotgehirn auf Arkon vernichten und die Macht über das Imperium an sich reißen. Die Mooffs sind es, die die Arkoniden ablösen wollen – die Zaliter glauben nur, es zu tun.“

Rhodan sah Gucky lange an. Niemand sprach. Crest kaute nervös an der Unterlippe und verbarg seine Unruhe.

Die Situation hatte sich mit einem Schlag geändert.

Rhodan erkannte das blitzschnell. Wenn er vorher gezögert und nicht so recht gewußt hatte, ob die Herrschaft der Zaliter über das Imperium ein Vorteil für die vielen unbekannten Völker bedeutete, die in ihm existierten, so wußte er jetzt mit hundertprozentiger Gewißheit, daß die Herrschaft der Mooffs Arkons sicheren Untergang bedeutete.

Die Entscheidung war daher nicht schwer.

„Wissen die Zaliter, daß sie nur Marionetten sind, Gucky? Haben sie eine Ahnung, daß sie unter dem Einfluß der Mooffs stehen?“

„Nicht die geringste. Sie halten sich für die Herren ihres Systems. Sie glauben, die Mooffs seien eine Art Haustiere. Offiziell werden sie als Dolmetscher benutzt, falls man mit fremden Völkern zusammentrifft, die Interkosmo nicht verstehen oder überhaupt nicht sprechen können. Dann schalten sich die Mooffs ein.“

Rhodan bemerkte Crests Unruhe und lächelte. „Seien Sie unbesorgt, Crest, unser Entschluß kann nur lauten: Wir stehen selbstverständlich in diesem speziellen Fall ganz auf der Seite des Robotgehirns. Außerdem bietet sich uns hier die Gelegenheit, dem Regenten unseren Willen zur Zusammenarbeit zur beweisen. Wir wissen jetzt, daß der Entschluß der Zaliter, gegen das Imperium zu rebellieren, nicht von ihnen selbst kommt, sondern daß die Mooffs dahinterstekken. Deshalb müssen wir diese Entwicklung verhindern, da sie den Zalitern statt der ersehnten Freiheit eine noch ärgere Knechtschaft –

unter Ausschaltung ihres Willens – bringen würde. Indem wir jetzt den Robotregenten unterstützen, schaffen wir uns eine günstige Ausgangsposition, um später von innen her seine Herrschaft abzubauen. Mit der Rückkehr zur Erde ist es vorerst nichts." Er zog die Augenbrauen in die Höhe. „Ich möchte nur wissen, wie die Mooffs auf den Gedanken gekommen sind, sich das Imperium untertan zu machen. Gucky, was sind die Mooffs?"

Der Mausbiber war in eine bequemere Lage übergewechselt. Er flegelte sich in einen der Sessel. Seiner Wichtigkeit bewußt, nutzte er die Gelegenheit.

„Die Mooffs sind halbintelligente Wesen", eröffnete er den gespannt Lauschenden. „Da sie nicht sprechen können, sind sie von Geburt aus Telepathen. Später entwickelten sie dann die Gabe der Suggestion, aber – wie ich schon betonte – sehr mangelhaft. Die Zaliter sind leicht zu beeinflussen und waren daher für den Umsturzversuch wie geschaffen. Mit normalen Menschen – von Mutanten ganz abgesehen – haben sie Schwierigkeiten. Das verwirrt sie nicht wenig. Die Mooffs haben keine Ahnung von Technik und wissen wenig über die Raumfahrt, aber sie sind auf allen Schiffen der Zaliter zu finden. Die eigentlichen Herren des Voga-Systems sind die Mooffs, nicht aber die Zaliter."

„Ich verstehe nicht, was in den vergangenen dreizehn Jahren geschehen ist", mischte sich Thora in die Debatte. „Natürlich sind mir die Mooffs vom Hörensagen her bekannt. Sie lebten auf einem Planeten innerhalb des Imperiums. Wir ließen sie in Frieden, denn sie waren zu nichts zu gebrauchen. Und nun . . ."

„Anscheinend", sagte Rhodan, „sind sie doch zu etwas zu gebrauchen."

Guckys Ohren spitzten sich plötzlich. Er richtete sich steil in seinem Sessel hoch und sah Rhodan aus seinen klugen Augen an. Dann kam der Zahn wieder zum Vorschein. Gucky grinste.

„Zu gebrauchen . . .", dehnte er und stieß ein schrilles Pfeifen aus, das so unmelodisch klang, daß Bully sich entsetzt die Ohren zuhielt. „Ich glaube, Rhodan, da hast du das rechte Wort für des Rätsels Lösung gefunden."

Niemand wunderte sich mehr als Rhodan über diese Bemerkung, aber er fragte nicht weiter.

3.

Der Zarlt war sehr erfreut, als Rhodan ihn bereits am folgenden Tag aufsuchte und ihm einen Vorschlag unterbreitete.

„Ich kenne das Geheimnis des arkonidischen Sperrgürtels“, spielte er seinen stärksten Trumpf aus. „Außerdem gelang es mir ja auch, bei der Flucht das angeblich unfehlbare Gehirn zu täuschen. Damit ist der Beweis geliefert, daß der Mensch stärker und klüger als das positronische Gehirn ist, das das Imperium beherrscht. Um jedoch zu einem entscheidenden Schlag gegen das Robotgehirn auszuholen, bedarf es sorgfältiger Vorbereitungen. Vielleicht hatte ich nur Glück, und darauf darf man es nicht ein zweites Mal ankommen lassen. Ich möchte also mein neues Schiff, das ich TITAN nenne, genau kennenlernen. Geben Sie mir einige Wochen Zeit, meine Mannschaft auszubilden. Dann können wir gemeinsam den Angriff durchführen.“

Der Zarlt wiegte den Kopf hin und her. „Warum helfen Sie mir mehr, als ich Sie gebeten habe? Welches Interesse haben Sie am Imperium? Wo liegt Ihr Heimatplanet?“

„Er gehört nicht zum Bereich des Imperiums“, beantwortete Rhodan die letzte Frage zuerst. „Aber wenn ich später wieder mit dem Imperium in Berührung geraten sollte, möchte ich, daß es von Menschen, nicht aber von Robotern geleitet wird. Genügt Ihnen das als Begründung?“

Diesmal nickte der Zarlt. „Ja, das klingt logisch. Sie werden mir also helfen?“

„Sie können sich darauf verlassen, daß ich zum Wohl des Imperiums handle. Übrigens – wer sind die Mooffs?“

Überraschung verdüsterte das Gesicht des Herrschers. „Was wissen Sie von den Mooffs?“

Rhodan lächelte. „Man sieht sie überall, Demesor. Warum dieser Aufwand, wenn sie nicht von Natur aus auf dieser Welt leben können? Von wo hat man sie eingeführt?“

„Unsere Expeditionen fanden sie auf einem einsamen Planeten. Sie sind Telepathen und dienen uns als Dolmetscher. Auch als Lügendetektoren, wenn wir welche benötigen. Ich könnte zum Beispiel mit Hilfe eines Mooffs jedes Ihrer Worte überprüfen lassen. Sie sehen, sie leisten uns außerordentlich gute Dienste."

„Ja, das glaube ich gern", sagte Rhodan und erhob sich. „Ich darf Sie in den nächsten Tagen wohl zu einem Besuch auf der TITAN erwarten. Sicher sind Sie daran interessiert, das Schiff der Arkoniden kennenzulernen."

„Gern, Rhodan. Ich werde kommen."

In der TITAN gab es noch ganze Stockwerke, die nicht erforscht waren. Eine gewisse Erleichterung bedeutete die Tatsache, daß der Raumgigant eine fast genaue Vergrößerung der STARDUST II darstellte. Trotzdem verzichtete Rhodan nicht darauf, täglich Alarmübungen abzuhalten, die der Mannschaft Gelegenheit geben sollten, die TITAN von Grund auf kennenzulernen.

Es stellte sich heraus, daß allein die vorhandene Bewaffnung genügte, um ganze Sonnensysteme auf verschiedenste Arten zu verwüsten.

Was würde geschehen, wenn die Mooffs solche Waffen in die Hand bekämen?

Die Antwort war nicht schwer, und sie gab auch den Ausschlag für Rhodans Handlungen.

Während Bully damit beschäftigt war, Offiziere und Mannschaften von einer Ecke der TITAN in die andere zu jagen – wobei er immer kürzere Suchfristen ansetzte –, fand in der Zentrale eine Besprechung statt. Anwesend waren außer Thora und Crest die besten Mutanten. Besonders jene, die für den geplanten Einsatz in Frage kamen.

Außerdem waren Oberst Freyt, Leutnant Tifflor und der Arzt Dr. Haggard anwesend.

„Folgende Lage also", begann Rhodan und warf einen Blick auf seine Aufzeichnungen. „Der Zarlt ist durch Gewalt an die Macht gelangt, wahrscheinlich noch ohne Hilfe der Mooffs. Die kamen erst später, wie ich inzwischen erfuhr. Er hatte von Anfang an die Idee, den Imperator abzusetzen und das Imperium zu übernehmen. Dazu allerdings müßte zuerst das Robotgehirn ausgeschaltet werden. Nur die geplante Vernichtung des Gehirns verschaffte ihm auf Zalit Freunde. Das spricht für die Zaliter, die den Kampf nicht der bloßen Macht wegen wollen. Sie wollen lediglich nicht von einer Maschine regiert werden."

„Mir gefällt, ehrlich gesprochen, der Gedanke auch nicht, das Imperium nun in der Hand eines Roboters zu wissen", erklärte Crest ruhig. Thora nickte beifällig. Sie hatten beide stichhaltige Gründe, mit der jetzigen Lage nicht zufrieden zu sein.

„So weit, so gut." Rhodan nickte. „Leider kommen aber weitere Umstände hinzu, die unsere Lage erschweren. Wir müssen so tun, als wollten wir den Zarlt unterstützen, damit wir Zeit gewinnen. Denn wenn wir auch dem Gehirn und damit dem Imperium helfen wollen, so ist es doch noch unser Gegner. Bedingung für einen Kontakt mit dem Regenten ist, daß die Mooffs ausgeschaltet werden. Sie regieren Zalit durch Suggestion – und niemand der Eingeborenen ahnt etwas davon. Nicht einmal der Zarlt."

Oberst Freyt schüttelte besorgt den Kopf. „Wieviele Mooffs gibt es auf dieser Welt?"

Rhodan zuckte mit den Schultern. „Wir wissen es nicht, aber sicherlich Tausende. Genug jedenfalls, um acht Milliarden Zaliter in Schach zu halten."

Gucky regte sich. Rhodan wurde sofort aufmerksam. Er hatte in den vergangenen Tagen die Erfahrung machen können, daß der Mausbiber überraschend viel wußte. Wenn er sprach, lag meistens eine Sensation in der Luft.

„Es ist ihnen aber nicht vollständig gelungen", zirpte er mit seiner dünnen Stimme. „Einige Zaliter denken noch an den ermordeten alten Zarlt und wollen seinen Tod rächen. Sie sind dem Imperium treu ergeben und nehmen sogar die Bevormundung durch das Robotgehirn hin. Sie meinen, das Gehirn sei vernünftiger als Demesor, der neue Zarlt."

„Das ist höchst interessant", meinte Rhodan und dachte nach. „Wir werden uns bei Gelegenheit um diese Zaliter kümmern müssen. Sie scheinen demnach mehr geistige Widerstandskraft als die anderen zu besitzen."

„Die Mooffs kümmern sich in der Hauptsache um die Führungsschicht", erklärte Gucky. „Wenn sie unschädlich sind, ist Zalit frei."

Haggard hob die Hand. Über sein freundliches Gesicht unter der blonden Mähne huschte ein Schatten. „Unschädlich machen? Wie sollen diese Quallen unschädlich gemacht werden? Sie hocken in starken Druckbehältern und leben, wie wir inzwischen erfahren konnten, in einem giftigen Gasgemisch. Insbesondere Methan."

Rhodan sah John Marshall an. „Natürlich können wir sie nicht einfach umbringen, nur weil sie fremdartig sind und nach anderen Motiven handeln als wir. Ich glaube, daß die Mutanten eine Lösung finden. Was meinst du dazu, Gucky?"

Der Ilt wiegte wichtigtuerisch den Kopf. Er genoß es immer, um seine Meinung gefragt zu werden.

„Die Druckbehälter, in denen die Mooffs leben, sind völlig autark", erklärte er. „Ein Mooff kann sich darin mehrere Monate aufhalten. Ich habe herausgefunden, daß es im zentralen Nervensystem der Mooffs eine empfindliche Stelle gibt, über die man jedes dieser Wesen in tiefe Bewußtlosigkeit versetzen kann, bis es aus seinem Behälter herausgeholt wird."

„Und wie willst du das schaffen?" warf Bully skeptisch ein.

„Mit André Noirs Hilfe", erläuterte der Mausbiber. „Hypnotische Impulse sind bestens geeignet, die Mooffs zur Tatenlosigkeit zu verurteilen. Für unbefangene Beobachter wird ein derart behandelter Mooff den Anschein erwecken, als wäre er gestorben. Die Zaliter werden an eine Seuche glauben – oder an irgend etwas Ähnliches. Vielleicht sammeln sie die Scheintoten ein."

„Und was tun wir, wenn die Zaliter sich der angeblich toten Mooffs entledigen wollen?" fragte Rhodan.

„Dann müssen wir eingreifen. Natürlich können wir nur einzelne Mooffs ausschalten – oder wir müssen Lähmstrahler einsetzen, die vielleicht den gleichen Zweck erfüllen. Letzteres sollte jedoch nur im Notfall geschehen, denn wir wollen ja nicht die Aufmerksamkeit der Zaliter erregen."

„Und die scheintoten Mooffs?" fragte Reginald Bull. „Was geschieht mit ihnen?"

„Wir können sie vielleicht zu ihrem Heimatplaneten zurückbringen", meinte Rhodan. „Auf jeden Fall ist Guckys Idee wert, daß wir versuchen, sie in die Tat umzusetzen. Gucky kann mit Noir von Einsatzort zu Einsatzort springen, dann kommen wir schneller voran."

Er blickte den Mausbiber fragend an. „Aber vielleicht bist du so freundlich, uns jetzt deutlicher zu erklären, was du willst."

Gucky verbeugte sich grinsend. „Ganz einfach, Chef. Ich spüre die betreffenden Mooffs telepathisch auf. Danach nehme ich Noir und springe mit ihm an Ort und Stelle. Noir setzt seine geistige Waffe ein und schaltet die Mooffs aus. Das ist alles. Kein Lärm, kein Aufsehen, nichts."

Das leuchtete allen ein. Niemand hatte Bedenken. Lediglich Ras Tschubai meinte etwas beleidigt: „Und wir? Was sollen wir tun? Vielleicht nur zusehen?"

„Und wir", schloß Rhodan die Diskussion, „bereiten uns auf den Besuch des Zarlt vor. Er wird nur von einem Offizier begleitet, der gleichzeitig auch sein engster Vertrauter ist. Wir kennen ihn bereits. Sein Name ist Hemor."

Die planmäßige Ausschaltung des Mooffs auf dem Zaliter-Kreuzer MRO verlief nicht unbedingt planmäßig. Der Zufall spielte mit und sorgte für eine interessante Überraschung – allerdings nicht für Gucky und Noir.

Die beiden Mutanten materialisierten mittschiffs und gelangten unbemerkt bis zu der Beobachterkuppel auf dem Rücken des Kreuzers, in denen die Mooffs meist untergebracht waren. Der Raum war leer – bis auf die Glasglocke, unter der wachsam der Mooff hockte und seine Gedanken spielen ließ, um die Mannschaft des auf einem Routineflug befindlichen Schiffes zu überwachen und die einzelnen Suggestionsbefehle – wenn notwendig – zu erneuern.

Gucky ließ Noir los, der ja nicht selbständig teleportieren konnte und auf die Hilfe des Mausbibers angewiesen war. Sie näherten sich dem Methanbehälter und betrachteten das Wesen.

Gucky machte sich nicht die Mühe, seine Gedanken abzuschirmen. Deutlich las der Mooff die Absichten des merkwürdigen Lebewesens in seinem Gehirn. Er war bereit, sich zu wehren.

Noir verspürte die anbrandende Welle brutaler Drohung und schirmte sich automatisch ab. Sofort wurde die Drohung schwächer und versiegte dann völlig. Die Suggestionskraft des Mooffs war nicht stark genug. Dann begann Noir mit seinem Gegenschlag.

„Gib dir keine Mühe!“ zwitscherte Gucky. „Hast du noch einen Wunsch?“

Der Mooff mochte merken, daß seine Energie nicht genügte. Er versuchte es mit Drohung.

Wer bist du, Fremdling? Und sichtlich entschlossen: *Du wirst fürchterlich bestraft werden, wenn du einem Mooff etwas antust!*

„Wer will mich bestrafen?“ fragte Gucky. Endlich mal ein Mooff, der gesprächiger war als die anderen.

Du wirst es erfahren – wenn es für dich zu spät ist!

Noch einmal brandete die Suggestionswelle gegen die beiden Mutanten an, genau so wirkungslos wie zuvor.

„Warum wollt ihr das Imperium erobern – und warum müssen die Zaliter es für euch tun?“

Der erste Eindruck war Erstaunen. Dann kam der deutliche Impuls: *Ihr wißt? Dann wißt ihr auch, daß die Zaliter für uns genau das sind, was wir für die Herren sind.*

Gucky spitzte die Ohren, obwohl er das nicht nötig hatte. „Die Herren? Wer sind die Herren?“

Oh – ihr wußtet es nicht?

Danach verschloß sich der Mooff, als habe er zuviel verraten und fürchtete, noch mehr Unheil anzurichten. Gucky versuchte, dem Wesen noch weitere Informationen zu entlocken, sah aber ein, daß es zwecklos war. Der Mooff war bereits den hypnotischen Impulsen Noirs erlegen und bewußtlos geworden.

Als Gucky und Noir zurückkehrten, hockte der Ilt sich einfach auf den Boden und lehnte sich mit dem Rücken gegen die Wand. Noir setzte sich in einen der freien Sessel.

Gucky begann mit seinem Bericht. „Die Zaliter sollen für die Mooffs das Imperium angreifen und das Robotgehirn ausschalten. Dann soll der Zarlt Imperator werden. Natürlich würde er das tun, was die Mooffs ihm befehlen – was der Zarlt wiederum nicht ahnt. Aber es ist noch komplizierter. Die Mooffs wiederum führen nur die Befehle anderer aus, die im Hintergrund stehen. Für sie schicken sie die Zaliter in den Kampf. Die Mooffs sind nichts weiter als die Verbindungsglieder zwischen den Zalitern und den eigentlichen Drahtziehern, den sogenannten Herren. Unsere Vermutung, daß die Behälter mit den behandelten Mooffs nicht zerstört, sondern gesammelt und in den Palast des Zarlt gebracht werden, hat sich bewahrheitet. Wahrscheinlich geschieht dies im Auftrag der Unbekannten."

„Ich ahnte es", sagte Rhodan. „Was wollten die hilflosen Mooffs auch mit einem Sternenreich beginnen? Und wer sind diese Herren?"

Gucky machte ein betrübtes Gesicht. „Das fanden wir leider nicht heraus. Die Mooffs schienen es auch nicht zu wissen. Vielleicht stehen sie unter dem Einfluß eines Hypnoblocks, ich kann es nicht feststellen. Jedenfalls sind sie nichts als Werkzeuge in den Händen sehr mächtiger Meister."

„Und diese Meister", murmelte Rhodan nachdenklich, „werden bald wissen, daß auf Zalit nicht alles so verläuft, wie sie geplant haben. Vielleicht gehen sie dann aus ihrer Reserve heraus und verraten sich."

„Möglich, aber wenig wahrscheinlich." Der Mausbiber schüttelte den pelzigen Kopf so heftig, daß die Ohren flogen. „Nicht einmal die Mooffs haben je einen der Herren gesehen, sonst könnten sie ihn beschreiben. Ich glaube nicht, daß sie so unvorsichtig sein werden."

Bully kam mit einem Zettel in die Zentrale und reichte ihn Rhodan. Mit einem Seitenblick streifte er Gucky, grinste und winkte mit der Hand.

„Kampfpause?" fragte er.

„Warte nur, bis du dran bist!" knurrte Gucky drohend und schloß die Augen, als könne er den Anblick seines alten Freundes nicht mehr ertragen. In Wirklichkeit war er nur zu müde, um sich mit ihm zu streiten.

Rhodan nahm den Klartext und las: „An Major Deringhouse, Terra! Riesenschiff erobert. Benötigen dringend 1000 Mann. Ausbildung beschleunigen. Bau des Strukturkompensators vorantreiben. Die GANYMED wird so bald wie möglich nach Terra kommen, um alles abzuholen. Erbitte sofort von verabredeter Position aus Meldung, ob alles in Ordnung. Fremde Transitionen sofort orten. Eigene Rückkehr verzögert. Eventuellen Angriff auf Erde in Betracht ziehen und energisch abwehren.

Rhodan."

Er gab den Zettel zurück und nickte Bully zu. „Absenden und auf Empfang bleiben. Die Antwort kann nicht vor einigen Stunden eintreffen, da Deringhouse seine Vorbereitungen zu treffen hat. Das heißt – wenn alles in Ordnung ist."

Bully verließ die Zentrale. Rhodan wandte sich an Gucky, um die Unterhaltung fortzusetzen, aber es war bereits zu spät.

Der Mausbiber lag lang ausgestreckt auf dem Boden und gab verhaltene Grunztöne von sich, die an das Schnurren einer Katze erinnerten.

Er war eingeschlafen.

4.

Bis zu einem gewissen Grad war es Rogal gelungen, die Verhältnisse auf Zalit zu durchschauen.

Rogal war nur ein einfacher Techniker in einem der großen Werke, in dem Einzelteile der auf Zalit üblichen Bildgeräte hergestellt wurden. Seine Freizeit war beschränkt, aber er nutzte sie, um sich politisch zu betätigen. Das geschah nicht aus irgendwelchen Machtgelüsten heraus oder gar in dem Bestreben, aus dem Dunkel der Anonymität aufzutauchen, sondern aus echter Besorgnis.

Auch seine Freunde hatten erkannt, daß der neue Zarlt nicht auf legale Weise an die Macht gelangt war. Der plötzliche Tod des alten Zarlt war zwar als Unfall bezeichnet worden, aber das entsprach nicht den Tatsachen. Die Offiziere, die nachts in den Palast eingedrungen waren und ihn getötet hatten, bekleideten heute einflußreiche Posten.

Dann waren die Mooffs aufgetaucht. Ein Schiff brachte sie mit. Sie erhielten Druckbehälter und konnten so auf Zalit leben. Zuerst hielt man sie für eine Spielerei der Offiziere der Flotte, aber dann erkannte man ihren Wert. Die Mooffs konnten die Gedanken der Zaliter lesen und sich telepathisch mit ihnen unterhalten. Jeder, der etwas auf sich hielt, kaufte einen Mooff. Mit seiner Hilfe konnte er dann sogar die Gedanken seiner Mitmenschen kontrollieren.

Das war die erste Gefahr, die auftauchte.

Die Verhaftungen begannen. Fast jeder, der nicht im Sinn des neuen Zarlt dachte, wurde von den Mooffs aufgespürt und verraten. Ganz offen mischten sich die Mooffs in die Politik ein und stellten sich auf die Seite der neuen Regierung, die praktisch nur aus Offizieren der Raumflotte bestand.

Von dieser Sekunde an haßte Rogal die Mooffs.

Er fand Freunde und Anhänger, die mit dem Kurs der Regierung nicht einverstanden waren. Sie wollten treue Untertanen des Imperiums sein und bleiben, auch wenn es von einem mechanischen Gebilde geleitet wurde. Das schien immerhin noch besser, als den neuen Zarlt an seiner Stelle zu wissen.

Die Widerstandsbewegung entstand, mußte viele Rückschläge hinnehmen und wurde trotzdem stärker und einflußreicher.

Ihr größter Feind waren und blieben die Mooffs.

Als Rogal den kleinen Kellersaal betrat, waren die meisten seiner Freunde schon anwesend. Er begrüßte sie und erkannte in ihren Gesichtern den Schein von Zuversicht, den er so lange vermißt hatte.

„Die Mooffs sterben", sagte jemand laut und vernehmlich. „Überall sterben sie – und niemand weiß, warum sie sterben."

„Ich weiß." Rogal lächelte. „Bald bedeuten sie keine Gefahr mehr."

„Aber es sind schon Transportschiffe unterwegs, um Nachschub zu holen. Ohne die telepathischen Mooffs kann die Regierung nicht existieren. Sie würde die Kontrolle über uns verlieren. Der Zustrom zur Widerstandsbewegung hat sich verzehnfacht, seit die Mooffs sterben."

„Kein Wunder", erklärte Rogal seinen Freunden. „Wenn die Verräter verschwinden, verschwindet auch die Furcht der Zaghaften."

Er ahnte nicht, daß es auch noch andere Gründe für den plötzlichen Zustrom gab. Die von dem suggestiven Einfluß der Mooffs befreiten Zaliter erkannten erst jetzt klar und deutlich, in welcher Gefahr sich ihr System befand. Sie wollten den Zarlt absetzen – und kein geistiger Zwang hielt sie nunmehr zurück.

„Ob die Fremden etwas damit zu tun haben?" fragte jemand.

Rogal sah in Richtung des Sprechers. „Die Fremden? Was wissen wir schon von den Fremden? Sie sind Gäste des Zarlt. Außerdem stahlen sie dem Imperium ein Schiff. Ich glaube kaum, daß wir mit ihnen rechnen dürfen. Am allerwenigsten aber glaube ich, daß sie etwas mit dem Sterben der Mooffs zu tun haben."

„Vielleicht irren Sie sich, Rogal", sagte eine Stimme laut und deutlich vom Eingang her. „Urteilen Sie erst dann über uns, wenn Sie uns kennen."

Die Köpfe der Männer ruckten herum. Ihre Augen richteten sich starr auf die beiden Männer, die in der Tür standen und die Blicke ruhig und furchtlos zurückgaben. Sie trugen eine unauffällige Uniform und im Gürtel fremdartig aussehende Waffen.

Rogal erkannte sie. Oft genug hatte er die Bildberichte gesehen.

Die Fremden . . .

Für einen Augenblick stieg Panik in ihm hoch. Waren sie verloren? Wenn seine Vermutung hinsichtlich der Fremden stimmte, dann allerdings. Aber hatte der Fremde nicht eben gesagt, er könne sich vielleicht irren?

Er beschloß, alles auf eine Karte zu setzen. Zu verlieren gab es ohnehin nichts, denn wenn die Fremden ihn und seine Gruppe gefunden hatten, dann wußten sie auch um seine Pläne.

„Sie kommen zu uns?" fragte er beherrscht. „Warum?"

„Vielleicht, um Ihnen zu helfen", sagte John Marshall und las in den Gedanken Rogals Zweifel und eine vage Hoffnung. Ishibashi neben ihm begann damit, die Widerstandskraft der versammelten Männer abzutasten. Innerhalb von Sekunden wußte er, daß er ihnen ausnahmslos seinen Willen aufzwingen konnte, wenn ihr Verhalten ihn dazu zwang.

„Helfen – wobei?"

„Zalit wieder zu einer Welt zu machen, auf der zu leben es sich lohnt. Sie sehen, ich spreche ganz offen mit Ihnen. Wollen Sie genau so offen zu uns sein?"

„Woher kennen Sie unsere Absichten? Sie sind fremd auf diesem Planeten und Feinde des Imperiums – genau wie der Zarlt. Wie können wir Ihnen vertrauen?"

„Der Schein trügt, Rogal. Auch Sie gelten nach außen hin als ein treuer Untertan Demesors, und doch sind Sie sein Feind. Warum sollen wir nicht als Feinde des Imperiums gelten – und seine Freunde sein?"

Rogal fand, daß an dieser Argumentation einiges dran sei. Er nickte langsam. „Und der Beweis für Ihre – Annahme?“

Marshall lächelte. „Sie sind nur eine Widerstandsgruppe von vielen, die über ganz Zalit verstreut sind. Meist bestehen keine Verbindungen, da man sich vor den verräterischen Mooffs hüten muß. Ich bin bereit, den Kontakt zwischen diesen Gruppen herzustellen und so den Widerstand zu vereinigen und zu stärken. Genügt Ihnen das als Beweis meines guten Willens und meiner Loyalität?“

„Und wenn Sie die Absicht haben, uns alle dem Zarlt auszuliefern?“

„Dann könnte ich das auch ohne Verhandlungen mit Ihnen. Ich kenne die anderen Gruppen und ihre Führer. Wenn ich wollte, wären sie längst festgenommen. Aber unser Ziel ist, den diktatorischen Zarlt durch den rechtmäßigen Nachfolger des ermordeten Herrschers abzulösen. Und Ihr Ziel lautet nicht anders.“

Rogal erkannte, daß der Fremde nicht log. Zögernd schritt er ihm entgegen und reichte ihm die Hand. „Ich möchte Ihnen vertrauen, Fremder. Vielleicht erreichen wir gemeinsam das Ziel schneller. Nur – was ist mit den Mooffs?“

„Die Mooffs sind die Verbündeten des Zarlt. Sie helfen ihm bei der Kontrolle über die Gedanken seiner Untertanen. Die Mooffs sind Verräter, also müssen sie beseitigt werden. Wir haben mit dieser Aufgabe bereits begonnen.“

Rogals Gesicht leuchtete auf. „So seid ihr es, denen die Mooffs das Massensterben zu verdanken haben? Sagt mir, wie ihr das macht – wir werden euch helfen. Erst wenn es keine Mooffs mehr gibt, hat unser Kampf Aussicht auf Erfolg.“

„Überlaßt die Mooffs nur uns, für euch gibt es andere Arbeit“, sagte Marshall und gab Ishibashi einen Wink. „Darf ich eurer Versammlung beiwohnen? Dann werden wir einen Weg finden . . .“

Rogal nickte und schritt auf eine erhöhte Stelle des Kellersaals zu, um die Aussprache zu eröffnen.

Es dauerte volle acht Stunden, ehe die Hyperfunk-Empfänger auf der TITAN Deringhouses Rafferimpulse registrierten. Sie kamen aus einer Entfernung von 32 000 Lichtjahren. Ohne jeden Zeitverlust legten sie die unvorstellbare Strecke durch die fünfte Dimension zurück und kehrten erst beim Empfänger in den normalen Raum zurück.

Deringhouse, jetzt Oberkommandierender der terranischen Raumflotte unter dem Zeichen der Dritten Macht, hatte Rhodans Nachricht empfangen und schickte folgende Antwort: „An Perry Rhodan, Sektor Arkon: Auftrag wird durchgeführt. Einige Wochen Dauer. Um Terra alles ruhig. Keine Transitionen. Flotte in Bereitschaft. Viel Glück.

Deringhouse.“

Wenn Rhodan sich selbst gegenüber ehrlich war, dann mußte er zugeben, daß ihm ein Stein vom Herzen fiel. Das Robotgehirn auf Arkon hatte also nichts gegen die Erde unternommen. Thora hatte recht behalten, wenn auch der Beweis für ihre Vermutung noch ausstand. Jedenfalls erhielt Rhodans Expedition nun Zeit, ihr Vorhaben in aller Ruhe zu Ende zu führen.

Die TITAN lag mittlerweile zur Hälfte in einem nach oben abgedeckten unterirdischen Hangar, während die andere Hälfte durch Tarnmaterial unkenntlich gemacht worden war. So bestand für die Suchschiffe des Robotgehirns nur wenig Aussicht, das gestohlene Superschlachtschiff zu finden.

Wenn ihnen niemand verriet, was wirklich auf Zalit vor sich ging...

Auf den Zarlt war kein Verlaß. Zwar stand er noch unter dem Einfluß der nachhaltigen Suggestionsbefehle der Mooffs, aber im Grunde seines Herzens dachte er auch als freier Mensch nicht viel anders. Ein geeigneteres Werkzeug hätten die Mooffs sich nicht aussuchen können. Die Ziele waren die gleichen, wenn vielleicht auch die Methoden differierten.

Wenn Zarlt Demesor es für richtig hielt, sich dem Robotgehirn durch einen Dienst erkenntlich zu zeigen, so würde er Rhodan ohne Gewissensbisse verraten. Für einen Augenblick dachte Rhodan daran, ihn durch seine Mutanten suggestiv beeinflussen zu lassen, aber dann verzichtete er doch darauf. Jeden Tag konnten neue Mooffs eintreffen, und wenn diese bemerkten, daß auch die Gegenseite Suggestoren besaß, komplizierte sich die Situation. Jene Unbekannten, die sich mit

Hilfe der Mooffs und der Zaliter daranmachten, das Imperium der Arkoniden zu erobern, sollten nicht ahnen, wie stark der Gegner war.

Der Funker war gegangen. Bully hielt gerade wieder eine seiner Alarmübungen ab. Unbemerkt hatte Thora die Zentrale betreten. Eine Weile stand sie neben der Tür und beobachtete Rhodan, der in Gedanken versunken in seinem Sessel saß.

Dreizehn Jahre lang hatte dieser Terraner ihre ersehnte Rückkehr nach Arkon verzögert. Sie war fest davon überzeugt gewesen, ihm sein Verhalten niemals verzeihen zu können. Jetzt war sie sich ihrer Sache nicht mehr so sicher.

Die Rückkehr nach Arkon war eine bittere Enttäuschung gewesen.

Nur ungern dachte Thora daran zurück. Die Vorwürfe, die sie Rhodan zu machen beabsichtigte, waren niemals laut geworden. Sie erkannte, wie recht er gehabt hatte, die Arkoniden als dekadent und unfähig zu bezeichnen. Allein ihre Maßnahmen, die Verantwortung für ein Sternenreich einem Positronengehirn zuzuschieben, hatte das Urteil über sie gefällt.

Ohne den Kopf zu wenden, sagte Rhodan in das Schweigen hinein: „Sie stören mich nicht, Thora. Kommen Sie näher. Ich möchte mit Ihnen sprechen."

Sie schritt langsam auf ihn zu, die Gestalt hoch aufgerichtet und einen undefinierbaren Ausdruck im Gesicht. Ihr fast weißes Haar umrahmte den schmalen Kopf und stach fast unnatürlich von der braunen Hautfarbe ab. Dreizehn Jahre Erdensonne hatten ihre Spuren hinterlassen. In ihren goldenen Augen leuchtete etwas, das Rhodan noch nie zuvor in ihnen gesehen hatte.

„Bitte, nehmen Sie Platz", sagte Rhodan. „Übrigens hatten Sie recht. Das Robotgehirn hat kein Schiff zur Erde entsandt. Ob es das freiwillig tut, oder ob es die Position der Erde nicht kennt?"

„Letzteres", sagte sie und setzte sich. „Wenn es die Position kennen würde, wäre die Erde so gut wie verloren, glauben Sie mir. Ein Robotgehirn kennt keine Gefühle."

„Aber es denkt logisch – hoffe ich. Es müßte erkennen, daß ich kein Feind des Imperiums bin. Wenn es gelingt, das Vertrauen des Regenten zu erringen, könnten wir mehr für die verschiedenen Völker tun, die derzeit mit untauglichen Mitteln gegen die Diktatur des Robots kämpfen."

Thora lächelte zweifelnd. „Ihre angebliche Freundschaft müssen Sie dem Gehirn erst beweisen, Perry. Ist das nicht sehr schwer, fast aussichtslos?“

Rhodan schüttelte den Kopf. „Durchaus nicht. Die Mooffs tauchten gerade im richtigen Augenblick auf. Wenn wir Zalit wieder zur Schwesterwelt von Arkon machen, darf das wohl als Beweis für unsere Loyalität dem Imperium gegenüber gelten.“

Ihr Lächeln vertiefte sich. „Mir gegenüber schon, Perry. Ich zweifle nicht an Ihrem guten Willen. Aber ob das Gehirn genau sodenkt?“

„Sie denken logisch, Thora – das Gehirn auch. Die Schlüssel müßten also gleich aussehen. Warten wir es ab. Eigentlich wollte ich noch über ein anderes Thema mit Ihnen sprechen.“

Er zögerte. Dann setzte er kurz entschlossen hinzu: „Wie stellen Sie sich Ihre Zukunft vor, Thora?“

Ihr Lächeln verschwand, als habe es eine unsichtbare Hand weggewischt.

„Meine Zukunft?“ Ein Schatten huschte über ihr Gesicht. „Welche Zukunft kann es für mich auf Arkon geben? Crest und ich sind Ausgestoßene. Ich will ehrlich sein, Perry – wenn ich heute vor der Wahl stünde, Arkonidin zu bleiben oder Terranerin zu werden – die Wahl fiele mir nicht schwer.“

Das war eine ungeheuerliche Feststellung, wenn man sich erinnerte, wie sehr sie die barbarischen Terraner verachtet hatte. Der Umschwung war verständlich, aber er kam Rhodan zu schnell. Er vermutete einen Pferdefuß.

„Terranerin?“ sagte er nachdenklich und betrachtete sie. Offen und frei gab sie den Blick zurück. In ihren Augen war so etwas wie eine Bitte. „Stehen denn die Terraner nicht weit unter Ihnen, Thora?“

„Heute nicht mehr, Perry. Manchmal meine ich sogar, es sei umgekehrt. Hat nicht der Unsterbliche etwas Ähnliches geäußert?“

Der Unsterbliche ... Plötzlich glaubte Rhodan zu wissen, was Thora bewegte. Der geheimnisvolle Unsterbliche, das unfaßbare Wesen aus Energie, das auf dem künstlichen Planeten „Wanderer“ existierte, hatte den Arkoniden die lebenserhaltende Zelldusche verweigert. Nur Rhodan und Bully hatten sie erhalten.

Sein Lächeln war von Bitterkeit durchzogen. „Ich verstehe Sie, Thora, aber ich weiß nicht, ob der Unsterbliche sich bestechen läßt.“

Sie wich ein wenig vor ihm zurück. „Nein, Perry, das dürfen Sie nicht denken. Es ist nicht allein das ewige Leben, das mich lockt. Arkon hat mich so enttäuscht, daß ich schon fast nicht mehr leben wollte, geschweige denn ewig leben. Nein, ich habe mehr als ein Jahrzehnt Gelegenheit gehabt, unter Terranern zu sein. Ich habe erlebt, wie sie in diesen dreizehn Jahren das schufen, wozu wir Jahrtausende benötigten."

Rhodan gab keine Antwort. Er spürte, daß die Arkonidin die Wahrheit sagte. Dieses neue Denken erschien ihm so ungeheuerlich, daß er lange benötigte, um es zu begreifen. Aber schon wieder meldeten sich Bedenken. „Sie sind Arkonidin, Thora. Natürlich könnten Sie dem Papier nach eine Terranerin werden, aber im Herzen bleiben Sie das, was Sie sind: eine Arkonidin. Ob dieser Zustand Sie glücklich werden läßt?"

Wieder lächelte sie, diesmal fraulicher. Ein weicher Zug war um ihren Mund, und in den goldenen Augen leuchtete es auf.

„Glücklich? Warum sollte ich nicht glücklich sein dürfen?" fragte sie und sah an Rhodan vorbei.

Da war es ihm, als presse eine Faust sein Herz zusammen. Wie Schuppen fiel es von seinen Augen, und nur mit äußerster Anstrengung gelang es ihm, sich nichts anmerken zu lassen. Vorsichtig forschte er in ihrem Gesicht, in ihren Augen – aber er fand keine Bestätigung für seine ungeheuerliche Vermutung, von der er wußte, daß sie mehr als eine bloße Vermutung war.

Schon setzte er zu einer Entgegnung an, als die Tür aufgestoßen wurde und Bully mit polternden Schritten die Zentrale betrat. Für zwei Sekunden verschlug es ihm die Sprache, als er Thora und Rhodan dicht beieinander in den Sesseln sitzen sah, dann faßte er sich.

„Alarmübung beendet!" meldete er übertrieben militärisch. „Ich habe die nächste für heute abend festgesetzt. Die Leute kennen die TITAN nun fast besser als ihre eigenen Hosentaschen."

Rhodan erwachte wie aus einem Traum. Geistesabwesend sah er Bully an und nickte. „Schon gut, Bully. Nächste Übung heute abend."

Bully blieb stehen.

„Ist etwas?" fragte er besorgt.

Rhodan lächelte. „Nein, es ist nichts – wenigstens nichts, was dich beunruhigen sollte."

„Aha!“ machte Bully, der nicht das geringste begriff. Er warf Thora einen schnellen Blick zu, schüttelte den Kopf und ging wieder. Mit einem Ruck schloß er die Tür. Seine Schritte verhallten auf dem Gang.

Rhodan wandte sich wieder Thora zu. Die Stimmung war verflogen. Ihr Mund war so streng wie immer, und in ihren Augen fehlte das helle Leuchten, das Rhodan den ersten Hinweis gegeben hatte. Nun war sie wieder die Thora, die er kannte. Aber er wußte jetzt, daß es noch eine andere Thora gab, auf die man achten mußte.

Eine Thora nämlich, die ein Herz besaß.

Gucky und Noir kehrten von ihrem letzten Einsatz erst gegen Abend ins Schiff zurück.

Ihr erster Weg führte sie zu Rhodan, der in der Messe saß und mit Thora, Crest, Bully und den Mutanten das Abendessen einnahm. In einer Ecke saßen Leutnant Tifflor und Frank Haggard bei einem Schachspiel.

Der Mausbiber salutierte und ließ sich auf sein Hinterteil nieder.

„Sondereinsatz beendet!“ meldete er. „In den letzten zwei Wochen wurden alle auf Zalit befindlichen Mooffs, soweit wir sie aufspüren konnten, behandelt. Der Zarlt läßt alle außer Gefecht gesetzten Mooffs in seinen Palast bringen, wo sich die Wissenschaftler vergeblich die Köpfe über die Ursache dieser Seuche zerbrechen. Bisher wurde noch kein einziger Behälter geöffnet. Wahrscheinlich wartet man auf Anweisungen jener, die hinter der ganzen Verschwörung stecken.“

„Was ist mit den Schiffen der Raumflotte?“ fragte Perry.

Gucky zuckte mit den Schultern. „Soweit es uns möglich war, haben wir auch sie kontrolliert und die Mooffs ausgeschaltet. Natürlich kehren immer wieder Schiffe von Patrouillenflügen zurück, die noch aktive Mooffs an Bord haben.“

„Das muß ebenfalls verhindert werden“, ordnete Rhodan an und klopfte dem Mausbiber auf den Rücken. „Euer Einsatz wird weitergeführt. Die Mooffs müssen ausgeschaltet werden. Ihre Auftraggeber sollen zu glauben beginnen, daß ihnen das Klima auf Zalit nicht bekommt. Auch wenn die Transporte mit Mooffs eintreffen, müssen diese sofort bearbeitet werden.“

„Machen wir." Gucky nickte und reckte den kleinen Körper. Mit den Augen konnte er so gerade über den Tisch sehen. „Ich habe Hunger."

„Komm her!" rief Bully vom anderen Ende des Tisches. „Wir haben dir ein paar Mohrrüben aus dem Gefrierraum der GANYMED holen lassen."

Der Mausbiber spitzte die Ohren und teleportierte in den freien Sessel neben Bully.

Zwei Sekunden später hing Bully an der Decke der Messe und bemühte sich vergebens, den telekinetischen Energieströmen Guckys zu entkommen. Er ruderte mit Armen und Beinen und versprach, sofort jemand zur GANYMED zu schicken, um das Gemüse holen zu lassen, und es sei ja auch nur ein Scherz gewesen, und . . .

Gucky kümmerte sich nicht um Bullys Gerede.

Er knabberte mit Todesverachtung das Fleisch von den Knochen eines Tieres.

Mohrrüben wären ihm lieber gewesen.

John Marshall bestätigte Rhodans Vermutung. „Der Zustrom zur nun vereinigten Widerstandsbewegung hat sich verzehnfacht, seit die Suggestionskräfte der Mooffs fehlen. Die Zaliter hassen den Zarlt, der ihren alten Herrscher ermorden ließ, um an die Macht zu gelangen. Wenn ihnen die Bevormundung durch das arkonidische Positronengehirn auch nicht angenehm ist, so sind sie einsichtig genug, sie einer Herrschaft des neuen Zarlt vorzuziehen. Sie wissen, daß dann das Imperium verloren ist, denn sie kennen ihre Schwächen."

„Die Zaliter sind ein bemerkenswertes Volk", bestätigte auch Ishibashi. „Es ist nicht nötig, die von den Mooffs befreiten Männer neu zu beeinflussen, soweit es sich nicht um dem Zarlt ergebene Offiziere handelt. Die allerdings hätten eine Behandlung nötig."

„Noch nicht!" warnte Rhodan. „Die Zaliter sollen sich frei entscheiden können. Ich möchte, daß der Zarlt sein Spiel weitertreibt und nicht ahnt, daß wir für den Zustand der Mooffs verantwortlich sind. Er soll weiterhin annehmen, wir seien die Feinde des Imperiums und würden uns vor den Nachforschungen des Robotgehirns verbergen."

John Marshall forschte in Rhodans Gedanken, stieß aber zu seinem Bedauern auf einen undurchdringlichen Schutzschirm. Rhodan lächelte ihm zu.

Bully, der von Gucky wieder zu Boden gelassen worden war, meinte lauernd: „Angenommen, Perry, wir würden die regierende Schicht der Zaliter unter unseren Einfluß bringen – sie würden tun, was wir wollen. Mit einem Schlag hätte der Spuk ein Ende, und Zalit wäre frei. Das Robotgehirn wäre uns Dank schuldig und . . .“

„. . . und wir wüßten immer noch nicht, wer hinter dem Plan steckt, das Gehirn zu vernichten, Bully. Nein, so geht das nicht. Der Zarlt muß weiter frei bleiben und nach eigenem Ermessen handeln können, sonst schöpfen die wahren Drahtzieher Verdacht. Sie sind es, die ich entlarven möchte, wer immer sie auch sind. Der Zarlt ist nichts als eine Puppe. Wenn wir die Fäden abschneiden, an denen sie hängt, werden wir niemals erfahren, wer sie tanzen läßt.“

5.

Zum zweitenmal besuchte Zarlt Demesor die TITAN.

Er kam nicht allein, sondern brachte einige Offiziere mit, von denen Rhodan annahm, daß sie als Leibwache fungierten.

Der Zarlt konnte seine Unruhe nicht ganz verbergen. Zwar tat er sehr freundlich und zuvorkommend, aber man sah ihm an, daß schwere Sorgen am Horizont seiner Zukunftspläne aufgezogen waren. Natürlich, er ahnte nichts von der entscheidenden Rolle der Mooffs, für ihn waren sie nichts als willkommene Helfer in seinem Kampf gegen die wachsende Unzufriedenheit seines Volkes. Wie sollte er nun die heimlichen Gedanken seiner Untertanen überprüfen, wenn es keine telepathischen Mooffs mehr gab?

Er schritt Rhodan entgegen, der ihn in der Messe erwartete. Den abseits stehenden John Marshall beachtete er nicht, ebensowenig wie er ahnte, daß seine Gedanken und Absichten in dieser Sekunde einer sorgfältigen Prüfung unterzogen wurden.

„Viel Zeit ist verstrichen, seit Sie zu unserer Welt kamen“, begann er die Unterhaltung, als die Begrüßung vorüber war. „Noch immer beharren Sie auf Ihrem Schweigen und wollen mir nicht verraten, wie es Ihnen gelang, den Sperrgürtel von Arkon zu durchdringen.“

Rhodan lächelte kühl. „Sie stellen es sich sehr einfach vor, Zarlt Demesor. Ich muß Sie warnen. Selbst wenn es Ihnen gelänge, stünden Sie immer noch der gewaltigen Flotte der Arkoniden gegenüber, ganz zu schweigen von den robotgesteuerten Kampfeinheiten, die unabhängig vom Robotgehirn eingesetzt werden. Ich glaube nicht, daß Sie auch nur die geringste Chance haben, das Imperium zu erobern.“

„Wer sagt, daß ich es erobern will? Ich will es lediglich von der Willkürherrschaft einer Maschine befreien – das ist alles.“

„Ein lobenswertes Vorhaben“, gab Rhodan zu. „Und ich soll Ihnen dabei helfen?“

„Natürlich! Ist das Gehirn nicht auch Ihr Gegner? Verfolgt es Sie nicht wie einen Todfeind? Ich wüßte nicht, welche Gründe Sie davon abhalten könnten, mein Verbündeter zu sein.“

„Allein die Vorsicht könnte mich dazu zwingen, Zarlt. Und noch etwas: Wie steht es mit Ihrem eigenen Volk? Können Sie sich auf dessen Unterstützung voll und ganz verlassen?“

Der Zarlt nickte selbstsicher. „Ja, das kann ich. Die Zaliter lieben den Frieden, aber sie sind auch bereit zu kämpfen, wenn es um ihre Freiheit geht.“

Rhodan warf Marshall einen schnellen Blick zu. Die stumme Verständigung blieb unbemerkt. Der Zarlt log. Er wußte genau, daß die Mehrheit der Zaliter gegen ihn stand. Niemand hieß seine Absichten gut, das Robotgehirn anzugreifen.

„Die inneren Angelegenheiten von Zalit“, sagte Rhodan, „gehen mich nichts an. Ich werde Ihnen, wenn die Zeit dazu gekommen ist, den Weg durch die Sperrgürtel von Arkon verraten. Wenn die Zeit gekommen ist, Zarlt, und keine Sekunde vorher.“

6.

Der Zaliter Orbson, kommandierender Offizier der Raum-Patrouille im Sektor Voga, übernahm die Fracht am Rand des Systems. Der schwere Transporter kam gerade aus dem Hyperraum und würde in wenigen Sekunden wieder in unbekannter Richtung verschwinden. Sein Geheimauftrag führte ihn zu einem weit entfernten Sonnensystem, in dem es einen Riesenplaneten mit fast doppelter Schwerkraft gab.

Auf diesem Planeten hausten die Mooffs.

Orbson betrachtete die Reihe der Glasbehälter mit sichtlichem Widerwillen. Er konnte diese quallenartigen Geschöpfe nicht besonders gut leiden, aber irgend etwas zwang ihn dazu, seinen Widerwillen nicht zu zeigen. Sicher, diese Mooffs erinnerten in nichts an zivilisierte Lebewesen, aber sie hatten sich als nützlich erwiesen. Außerdem hatte der Zarlt befohlen, weitere zweitausend der Wesen zu importieren, als die auf Zalit vorhandenen starben.

Orbson machte sich deshalb keine Gedanken.

Sein Widerwille verschwand, wie er aufgetaucht war. Ohne daß er es ahnte, stand er wieder unter den Suggestionsbefehlen der Mooffs, die ihrerseits neue Instruktionen erhalten hatten, bevor sie ihre Heimatwelt verließen.

Und das Versprechen, künftig in der Regierung des arkonidischen Imperiums eine wichtige Rolle zu spielen.

Die Übergabe der Fracht verlief reibungslos. Orbsons Schiff kehrte nach Zalit zurück, während der Transporter der Sonne Voga das Heck zuwandte und in den Tiefen des Alls untertauchte.

Die Unbekannten streckten erneut ihre Hand nach dem Imperium aus.

7.

Rogal blieb stehen und lauschte in das Dunkel.

Es war still, nichts rührte sich. Er mußte sich getäuscht haben. Die Steinmauern strömten nasse Kälte aus, die sich schwer auf seine Lungen legte. Die Luft war schlecht und stickig. Irgendwo fielen Wassertropfen und platschten in eine Pfütze.

Viele Wege führten in den Palast des Zarlt, auch dieser unterirdische Gang, der nur wenigen Vertrauten des vor vielen Wochen ermordeten rechtmäßigen Herrschers von Zalit bekannt war.

Rogal überzeugte sich davon, daß sein Energiestrahler fest im Gürtel saß, und tastete sich weiter. Er wagte es nicht, jetzt Licht zu machen, obwohl nicht damit zu rechnen war, daß die Palastwachen den Geheimgang kannten. Wenn der ehemalige Leibwächter des toten Zarlt nicht gelogen hatte, dann endete der Gang direkt im Schlafgemach Demesors, der sich vom Offizier der Raumflotte zum neuen Herrscher aufgeschwungen hatte.

Unwillkürlich ballten sich Rogals Hände, als er an Demesor dachte. Der Name des Despoten verkörperte doppelten Verrat. Zuerst hatte er den alten Zarlt ermorden lassen – und dann den Plan gefaßt, sich gegen das Imperium der Arkoniden aufzulehnen, dessen Vize-Imperator er war.

Auch Rogal war der Gedanke nicht angenehm, von einem Roboter regiert zu werden, aber bisher hatten sie durch die Regentschaft des Robotgehirns keine nennenswerten Nachteile gehabt.

Rogal schlich weiter. Ja, dachte er, sein Vorhaben war kein Verbrechen, sondern eine Tat der Gerechtigkeit, mit der ein ganzer Planet von der Diktatur eines herrschsüchtigen Mannes befreit wurde.

Über ihm erklangen dumpfe Schritte. Sie entfernten sich, hielten für einen Augenblick an – und kehrten zurück. Direkt über ihm verstummten sie erneut. Ihm war, als blicke jemand durch die Felsendecke auf ihn herab. Ein kalter Schauer rann seinen Rücken herab. Der Schreck war so groß, daß sich sein Herz schmerzhaft zusammenkrampfte, aber die Erlösung war um so befreiender. Welche Streiche konnte einem die Einbildung doch spielen. Der andere konnte ihn natürlich nicht sehen. Es war purer Zufall, daß gerade über dem Gang eine Wache patrouillierte.

Rogal setzte sich wieder in Bewegung und atmete auf, als seine tastenden Hände gegen ein glattes Hindernis stießen.

Die Tür ...

Das Hindernis war aus Holz, wie es der Leibwächter beschrieben hatte. Rogals Finger suchten solange, bis sie den kleinen Knopf fanden, dann zögerte er.

Was lag hinter der Tür? Warteten dort die Häscher auf ihn, gewarnt durch den rätselhaften Instinkt, der das Leben vieler Tyrannen so oft verlängerte? Oder war da nur die Fortsetzung des Geheimgangs und die Wendeltreppe zwischen den Wänden, die nach oben führte?

Er drückte das Ohr gegen die Holzfläche und lauschte. Nein, da war nichts zu hören.

Langsam drehte er den Knopf. Die Tür gab nach. Es blieb dunkel. Er trat in den Gang und lehnte die Tür nur an. Er wußte, daß von dieser Seite aus keine Möglichkeit bestand, sie zu öffnen. Unter keinen Umständen durfte er sie schließen, wollte er sich nicht der Rückzugsmöglichkeit berauben. Vorsichtig tastete er sich weiter, bis seine Füße gegen die erste Stufe der Treppe stießen. Er atmete auf. Der Leibwächter hatte also die Wahrheit gesagt. Nun waren es genau 368 Stufen bis zum Schlafgemach Demesors.

Bei Stufe zweihundert legte Rogal eine Verschnaufpause ein. Natürlich war es keine regelrechte Wendeltreppe, sondern ein aufwärts führender Zickzack-Gang mit Stufen. Der Palast des Zarlt war wie alle Gebäude auf Zalit in Trichterform errichtet. Der Stiel des Trichters war eine Kreisfläche von fünfzig Metern Durchmesser. Von hier aus stiegen die arenaförmigen Terrassen in einem Winkel von etwa fünfundvierzig Grad schräg nach außen und oben, bis sie in einer Höhe von einhundertfünfzig Metern endeten. Hier oben betrug der Durchmesser des Kreises bereits zweihundertfünfzig Meter. Die einzelnen Ring-Etagen zeigten nach innen Glasfronten.

Zum erstenmal wagte es Rogal, für einen Augenblick seine Taschenlampe einzuschalten, um sich zu orientieren. Seine rotbraune

Haut erinnerte an die eines irdischen Indianers. Kupferfarben schimmerte das dichte Kopfhaar. In der rechten Hand lag die Waffe, die das Leben des Zarlt beenden sollte. Die Treppe führte weiter nach oben.

Wieder erklangen irgendwo regelmäßige Schritte, die sich entfernten, näherkamen, und dann wieder leiser wurden. Im Palast mußte es von Wachen wimmeln. Demesor war mißtrauisch wie alle Diktatoren.

Rogal lächelte grimmig und löschte das Licht. Die Dunkelheit schien doppelt intensiv zu sein. Seine Hand suchte die Wand, dann setzte er seinen Weg fort.

Ihm war klar, daß er sein Leben aufs Spiel setzte, denn der Zarlt würde ihn nicht schonen, wenn er ihn faßte. Aber bevor er starb, so wußte er auch, würde man versuchen, alles aus ihm herauszubekommen. Man würde ahnen, daß er Freunde besaß, Freunde, die dem Staat gefährlich werden konnten. Insbesondere würde man daran interessiert sein, den Chef der Untergrundbewegung kennenzulernen.

Rogal war entschlossen, seinem Leben ein Ende zu machen, bevor man ihn ausfragen konnte.

Er betrat die letzte Stufe. Sie endete vor einer glatten und kalten Mauer aus Stein. Noch einmal wagte es Rogal, die Lampe einzuschalten. Die angekündigte Vertiefung war so winzig, daß er sie durch blindes Suchen niemals gefunden hätte. Der erste Druck würde einen feinen Sehschlitz freigeben, der zweite die Geheimtür öffnen, durch die er in das Schlafgemach des Tyrannen gelangte.

Die Lampe erlosch. Rogal hatte genug gesehen.

Er wartete, bis sich seine Augen wieder an die Dunkelheit gewöhnt hatten, dann preßte er seinen Finger in die Vertiefung. Ein kaum hörbares Surren ertönte. Ein schwacher Lichtschimmer traf seine Augen. Vorsichtig legte er das rechte Auge gegen den Schlitz.

Er sah in ein großes Zimmer, das durch gedämpfte Lichtquellen in der Decke matt erleuchtet war. Genau ihm gegenüber stand ein breites Bett, in dem ein Mann ruhte. Er lag unter den wärmenden Decken, die nur seinen Kopf freiließen. Deutlich waren die Konturen seines Körpers zu erkennen.

Der Zarlt Demesor.

Oft genug hatte Rogal sein Gesicht auf den Stereo-Filmen gesehen. Er kannte die harten und dann wieder so freundlichen Züge des

Tyrannen nur zu gut. Dort also lag der Mann, der Zalit und das Imperium verraten wollte, ahnungslos und schlafend. Fast kam sich Rogal in diesem Augenblick selbst wie ein Verräter vor, aber er überwand seine moralischen Bedenken.

War es wirklich Mord, wenn man eine ganze Welt von einem Menschen befreite, der nur Unglück und Krieg über sie zu bringen drohte? War *ein* Toter nicht besser als viele Millionen? Dem Diktator war mit Mitteln des Rechts nicht beizukommen – blieb da etwas anderes übrig, als Mittel der Gewalt einzusetzen, um dem Recht wieder Geltung zu verschaffen?

Rogal faßte die Waffe fester und drückte erneut.

Geräuschlos glitt die Geheimtür in die hohle Wand und gab den Eingang frei. Rogal wußte, daß ein eingebauter Mechanismus sie nur zwei Minuten geöffnet ließ, dann würde sie sich wieder automatisch schließen. Das war eine Vorsichtsmaßnahme, die verhüten sollte, daß Unbefugte jemals von dem Geheimgang erfuhren, durch den man den Palast unbemerkt verlassen konnte – und betreten.

Ohne jeden Schutz lag Demesor vor ihm, keine fünf Meter entfernt.

Noch zögerte Rogal.

Er machte drei, vier Schritte, hob die Waffe und richtete sie auf den Schlafenden.

Der Zeigefinger berührte den Abzug und zog ihn durch.

Ein feiner, grünlicher Energiestrahl schoß mit Lichtgeschwindigkeit auf das Gesicht des Schlafenden zu und hüllte es in einen feurigen Kranz aufzuckender Blitze. Rogal sah mit Entsetzen, wie das Gesicht zu schmelzen begann. Es floß regelrecht auseinander und rann in glühenden Bächen in die Kissen, fraß sich zischend durch die Decken und tropfte schwer auf den Boden.

Der Zarlt *schmolz* . . .

Rogal starrte auf das Unbegreifliche. Seine Hand begann zu zittern, und der Energiestrahl wanderte ungezielt und wahllos durch den Raum, setzte die Vorhänge an den Fenstern in Brand und erlosch schließlich flackernd.

Seitlich wurde eine Tür aufgerissen. Vier Männer stürmten in das Schlafgemach, stürzten sich auf den Attentäter und entrissen ihm die Waffe. Rogal wehrte sich nicht. Immer noch fassungslos starrte er auf den von ihm getöteten Zarlt.

Der Zarlt war merkwürdig gestorben ...

Rauhe Fäuste rissen seine Arme auf den Rücken. Mit einem letzten Blick zur Wand sah Rogal, wie sich die Geheimtür geräuschlos schloß. Wenigstens wußten die Wachen nun nicht, wie er in diesen Raum gelangt war. Sollten sie sich den Kopf zerbrechen.

Widerstandslos ließ er sich aus dem Schlafgemach führen. Er wunderte sich flüchtig darüber, daß niemand nach dem Toten schaute. War den Wachen der Tod des Tyrannen bedeutungslos? Sie stießen ihn in den Nachbarraum und dann hinaus auf den breiten Ringkorridor.

Irgendwo surrte eine Alarmvorrichtung. Türen wurden aufgerissen, und neugierige Gesichter starrten sekundenlang auf die vorbeieilende Gruppe. Dann schlossen sich die Türen wieder. Es war niemals gut, wenn man zuviel sah.

Das Surren erstarb.

Die vier Bewacher machten vor einer Tür halt. Einer klopfte an. Eine Stimme antwortete mürrisch, dann öffnete sich die Tür.

Ein Mann trat auf den Gang und blickte aus verschlafenen Augen auf die seltsame Gruppe und den Gefangenen.

Rogal spürte, wie eine eisige Hand nach seinem Herzen griff.

Er starrte in die plötzlich kalt und erbarmungslos werdenden Augen von Zarlt Demesor.

„Er müßte längst zurück sein, wenn alles gut verlaufen wäre."

Die Stimme klang zugleich besorgt und voll schwacher Hoffnung. Sie gehörte einem älteren Mann, der in einem bequemen Sessel vor einem Elektro-Feuer saß und sich die Füße wärmte. Außer ihm waren noch fünf andere Zaliter anwesend, die alle einen übernächtigten Eindruck machten.

„Er kann sich verspäten, Zernif", tröstete einer von ihnen. „Vielleicht muß er warten, ehe er handeln kann. Es gibt so viele Möglichkeiten, die wir nicht einkalkulieren können ..."

„Und wenn die schlimmste von ihnen eingetroffen ist? Wenn der Anschlag mißglückte und Rogal in Gefangenschaft geriet, was dann? Wenn er keine Gelegenheit mehr findet, sich zu töten – wenn er uns verrät?"

Der erste Sprecher schüttelte den Kopf. „Rogal ist einer unserer besten Männer. Er handelt immer planmäßig und vorsichtig. Er würde sich niemals unnötig in Gefahr begeben."

Der alte Zernif, ehemals Befehlshaber der Raumflotte von Zalit und Admiral des toten Zarlt, machte eine unbestimmte Handbewegung.

„Die Frist ist verstrichen. Es ist längst nach Mitternacht. Rogal kehrt nicht zurück. Die besprochenen Vorsichtsmaßnahmen müssen anlaufen. Wenn man uns in unserem Versteck findet, ist Zalit verloren. Auch die Fremden können uns dann nicht mehr helfen."

Die Fremden . . .

Für einen kurzen Augenblick erinnerten sich die Rebellen an jene Fremden, die mit einem gestohlenen Superschlachtschiff der Arkoniden zu ihrer Welt gekommen waren. Sie hatten Verbindung mit dem Zarlt aufgenommen und schienen auf dessen Pläne eingegangen zu sein. In Wirklichkeit aber, so hatte insbesondere Rogal behauptet, dachten sie nicht daran, die verräterischen Absichten des Zarlt gutzuheißen.

„Wir sollten losschlagen, ganz egal, ob Rogal Erfolg hatte oder nicht. Wenn Demesor dem Attentat entkam, steht uns Schlimmes bevor. Er kennt keine Gnade und wird uns alle töten."

„Wenn er uns findet." Zernif nickte bedeutungsvoll. Er strich über den kupferfarbenen Bart, der ihm ein ehrwürdiges Aussehen verlieh. „Wenn man Rogal zu einer Aussage zwingt, kann das leicht geschehen."

„Rogal stirbt eher."

„Und wenn man ihm keine Zeit zum Sterben läßt?"

Schweigen.

Admiral Zernif seufzte. „Wir warten noch eine halbe Stunde, dann verschwinden wir. Wenn Rogal noch kommt, so wird er uns zu finden wissen."

Die angekündigte halbe Stunde verstrich, ohne daß Rogal erschien.

Die Anführer der Widerstandsbewegung bereiteten sich zum Aufbruch vor. Sie wußten, daß nun der geheime Gang zum Palast nur noch wenig Wert besaß. Hier mußten sie verschwinden, wenn sie nicht von den Häschern des Zarlt überrascht werden wollten. Sie nahmen ihre Waffen, leichte und schwere Energiestrahler arkonidischer Machart, und schalteten die Zeitzünder der Sprengbomben ein, die das alte und verlassene Gebäude in die Luft sprengen sollten – und damit auch den Ausgangspunkt des Geheimgangs.

Irgendwo in der Wand war plötzlich ein Geräusch. Jemand tappte unsicher über Geröll und klopfte in gewissen Abständen gegen die Mauern.

Zernif lauschte. Zuerst hatten seine weit geöffneten Augen Freude und Zuversicht verraten, aber nun verengten sie sich mißtrauisch.

„Das ist Rogal", sagte jemand erfreut. „Er muß sich beeilen, die Bomben zünden in dreißig Minuten."

„Vielleicht ist es Rogal", murmelte Admiral Zernif und verbarg das Zittern in seiner Stimme. „Warum gibt er nicht das Erkennungssignal?"

Niemand gab Antwort.

Wenn der Heranschleichende Rogal war, dann mußte er das Erkennungssignal geben – ein dreimaliges Klopfen an der Wand, ehe er die Geheimtür öffnete. Öffnete sich die Tür ohne dieses Zeichen, dann konnte es nicht Rogal sein, der sich da ihrem Versteck näherte.

Die Männer sahen sich stumm an. Automatisch fuhren ihre Hände zu den Waffen und zogen sie. Mit fliegenden Fingern wurden die Sicherungen ausgerastet. Sechs Mündungen richteten sich auf die Stelle der Wand, wo die Tür verborgen war.

Ihren aufmerksam lauschenden Ohren entging das Geräusch nicht. Es mußten mehrere Männer sein, die sich hinter der Steinmauer versammelten. Das Füßescharren verriet es. Nun war sicher, daß Rogals Anschlag mißglückt war. Mehr noch, die Schergen des Zarlt hatten den geheimen Gang entdeckt. Ob durch Rogals Schuld oder nicht, das blieb noch zu klären.

Zernif flüsterte: „Verbergt euch, daß sie uns nicht sofort sehen. Erst müssen wir wissen, wieviel es sind. Und erst dann, wenn sie alle den Gang verlassen haben, schießen wir auf sie. Verstanden?"

Die fünf Männer nickten. Sie huschten hinter leere Kisten und verschimmelte Möbelstücke. Der Elektro-Ofen war bereits kalt geworden, aber noch schwebte ein Hauch der angenehmen Wärme im Raum. Trotzdem begannen die Verschwörer zu frieren.

Im Hintergrund tickten die Zeitzünder. Noch zwanzig Minuten.

Vorn in der Wand war ein Knacken, dann begann sich die Mauer zu teilen. Eine Partie schob sich nach rechts, die andere nach links. Eine Gestalt wurde sichtbar.

Rogal.

Er blickte mit merkwürdig leeren und ausdruckslosen Augen in den Raum und schien nichts zu sehen. Hinter ihm wurden Männer in farbigen Uniformen sichtbar, die schußbereite Strahler in den Händen hielten. Sie stießen Rogal in den Raum hinein, und als nichts geschah, folgten sie ihm.

Insgesamt waren es zwölf Palastwächter, darunter zwei Mitglieder der gefürchteten Geheimpolizei des Zarlt.

Admiral Zernif erkannte sie sofort. Und er erkannte noch viel mehr.

Er richtete die Waffe auf die beiden Polizisten und rief dann laut: „Für Freiheit und das Imperium!"

. . . und schoß.

Seine fünf Gefährten hatten nur auf das Kommando gewartet. Sie sprangen aus ihrer Deckung und feuerten auf die Soldaten des Zarlt. Einer eilte trotz der bestehenden Gefahr einige Schritte vor und riß Rogal aus der Schußlinie. Ohne jede Rücksicht gab er ihm einen kräftigen Stoß, der ihn zu Boden warf. Dann erst wandte er sich wieder dem Gegner zu.

Sechzig Sekunden später war alles vorbei. Die zwölf Palastwächter waren tot, zwei der Rebellen gefallen. Zernif hatte einen Streifschuß am Arm abbekommen, was ihn aber nicht daran hinderte, sehr zufrieden auszusehen. Dabei war kein Grund vorhanden, zufrieden zu sein.

Rogal lag immer noch an der gleichen Stelle. Er sah verständnislos um sich. Ein Blick in seine starren und ausdruckslosen Augen überzeugte Zernif davon, daß er sie nicht bewußt verraten hatte. Irgend etwas war mit ihm geschehen. Wenn sich seine Vermutung bestätigte, dann war Rogal so gut wie tot – oder anders ausgedrückt: Er wäre besser tot.

Jetzt blieb keine Zeit.

In fünfzehn Minuten detonierten die Bomben und würden von dem alten Bau nichts übriglassen.

„Kümmert euch um Rogal, wir müssen ihn mitnehmen. Vielleicht erfahren wir einiges. Wir müssen uns jetzt beeilen."

Draußen war es dunkle Nacht. In der Ferne strahlten die Lichter von Tagnor, der 30 Millionen Einwohner zählenden Hauptstadt des Planeten Zalit. Nur wenige Schritte, dann kletterten sie in das zwischen Parkbüschen versteckte Fahrzeug. Der Motor begann zu summen. Ein paar Kurven, dann wurde die Ausfallstraße erreicht.

Das Tempo erhöhte sich.

Plötzlich schoß eine riesige Stichflamme in den schwarzen Himmel, eine Druckwelle fegte über die Parklandschaft, und ein ohrenbetäubender Knall folgte.

Es gab keinen Geheimgang zum Palast des Zarlt mehr.

8.

Der Raumhafen von Tagnor hatte einen Durchmesser von mehr als zwanzig Kilometern. Das war viel – und zugleich wenig, wenn man den unvorstellbaren Verkehr in Betracht zog, der hier herrschte. Fast minütlich landeten und starteten Frachter, Passagier-Liner, Schlachtschiffe und Kreuzer der Zalit-Flotte. Es ging zu wie in einem Taubenschlag.

Wenigstens war das die Meinung von Reginald Bull. Seine massige Gestalt ruhte in einem zerbrechlich wirkenden Sessel vor den Kontrollanlagen der Panoramabildschirme, mit deren Hilfe er das Treiben auf dem Raumhafen beobachtete. Ab und zu huschte ein befriedigtes Grinsen über sein breitflächiges Gesicht, und seine glattliegenden Haarborsten verrieten deutlicher als alles andere, daß kein Grund zur Beunruhigung vorlag.

Er war nicht allein in der riesigen Zentrale der TITAN.

Perry Rhodans hagere Gestalt lehnte gegen den Navigationstisch und schien sich in dieser Lage wohl zu fühlen. Das schmale Gesicht verriet Anspannung und Heiterkeit zugleich. Es war, als seien alle Sorgen von ihm abgefallen, oder als hätten ihn nie welche geplagt. Dabei gab es deren mehr als genug.

„Der reinste Flottenaufmarsch, wenn ich mir die Bemerkung

gestatten darf", sagte Bully, als ginge ihn das alles nichts an. Das Bewußtsein eigener Überlegenheit sprach aus seinen Worten. Rhodan nickte geistesabwesend.

„Du sagst es, Freund", murmelte er. „Fragt sich nur, wer ihn befohlen hat – das Robotgehirn auf Arkon oder der Zarlt."

Bully verzichtete auf eine Antwort, weil er keine wußte. Er sah weiter auf die Bildschirme und widmete sich der Aufgabe, die man ihm zugeteilt hatte.

Die TITAN lag am Rand des Raumhafens, dicht neben Tagnors Ausfallstraßen. Die untere Hälfte der gewaltigen Kugel lagerte in einem ausgeräumten Hangar, der von dem Zarlt zur Verfügung gestellt worden war. Nicht ohne Hintergedanken, versteht sich. Er hoffte immer noch, Rhodan würde ihm verraten, wie er die Festungsringe des Systems Arkon überwunden hatte.

Er hoffte nun bereits seit einigen Wochen vergebens, und seine Geduld schien endgültig erschöpft zu sein. Rhodan wartete gelassen auf diesen Zeitpunkt, zu dem der Zarlt die Maske fallenlassen würde.

Die Tür öffnete sich, und herein watschelte eine mit rostbraunem Fell bedeckte Riesenmaus. Sie war vielleicht einen Meter lang, hatte große Ohren, eine spitze Schnauze und einen breitflächigen Biberschwanz. In den braunen Augen schimmerte eine Spur von Spott.

„Hallo!" quietschte das merkwürdige Wesen in reinstem Interkosmo und machte es sich auf einem Liegebett bequem. Eine Weile betrachtete es tiefsinnig den angestrengt auf den Bildschirm starrenden Bully, dann seufzte es ergeben und wandte sich an Rhodan. „Es sind neue Mooffs eingetroffen."

Rhodans Aufmerksamkeit erwachte. „Wer bringt sie?"

„Schiffe der Zarlt-Flotte, aber ich fand heraus, daß nicht sie es sind, die für den eigentlichen Transport verantwortlich sind. Sie übernehmen die jeweilige Ladung am Rand des Systems von fremden Schiffen."

„Aha." Rhodan dachte nach. „Ich befürchtete es. Die Unbekannten geben also nicht auf."

„Sollen Noir und ich weitermachen?"

Rhodan nickte kurz. Nach einer kurzen Pause fuhr er zu Bully gewandt fort: „Wenn der Zarlt unser Spiel leid ist, wird er unseren Standort verraten."

„Kommen wir ihm doch zuvor“, schlug Bully vor und grinste zuversichtlich. „Verpetzen wir den Zarlt, und das Robotgehirn ist unser Freund und schenkt uns vielleicht sogar das gestohlene Schiff.“

„Nicht ganz so, aber doch so ähnlich stelle ich es mir vor“, gab Rhodan zu. „Aber wir wollen nicht vergessen, daß hinter dem Zarlt die Mooffs stecken, und hinter diesen wiederum Unbekannte. Die zu finden, ist unsere eigentliche Aufgabe.“ Er machte eine kleine Pause, aber ehe Bully etwas erwidern konnte, fuhr er fort: „Doch ich denke, wir sollten unsere Aufgabe Schritt für Schritt lösen. Und der erste Schritt heißt Zarlt. Das Problem sollte von innen her angepackt werden. John Marshall hat Verbindung mit dem Führer der Untergrundbewegung aufgenommen, dem ehemaligen Admiral Zernif. Wir werden ihm bei seinem Vorhaben behilflich sein.“

„Was hat er denn vor?“

„Den ermordeten Zarlt zu rächen und den rechtmäßigen Nachfolger einzusetzen.“

Bully sah auf. „Und der neue Zarlt erkennt die Herrschaft des Robotgehirns über das Imperium von Arkon an?“

„Ja, weil es im Augenblick keine bessere Lösung gibt. Die Arkoniden selbst können kein Reich mehr regieren, das einen Durchmesser von fast 230 Lichtjahren besitzt.“

Die täglichen Alarmübungen waren beendet worden. Rhodan war nun sicher, daß jeder seiner Leute das Riesenschiff genügend kannte, um möglichst schnell jede befohlene Station zu erreichen – immerhin keine Kleinigkeit, wenn man das Volumen einer anderthalb Kilometer dicken Hohlkugel berechnete.

Die beiden Arkoniden Thora und Crest weilten bei ihm in der Zentrale. Die hochgewachsene Thora mit den weißen Haaren und den goldenen Augen saß still in ihrem Sessel und nahm den Blick nicht von Rhodan. Crest war stehengeblieben. Auch er war albinotisch veranlagt, wie sein ganzes Volk, mit dem ihn nun nichts mehr zu verbinden schien, nachdem seine Sippe nicht mehr der Regierungskaste angehörte. Seit sechs Jahren beherrschte das Robotgehirn das Imperium – und Imperator Orcast XXI war nichts als eine Marionette.

„Der Zarlt hat die Maske fallengelassen“, begann Rhodan ohne

Umschweife die Unterredung. „Wie mir eben mitgeteilt wurde, hat er zwar dem Robotgehirn nicht unsere direkte Position mitgeteilt, aber er hat in seiner Botschaft an Arkon durchblicken lassen, daß es seiner Raumflotte gelungen ist, unseren Standort festzustellen. Er hat um Verstärkung durch robotgesteuerte Kampfschiffe gebeten. Außerdem erfolgte danach eine direkte Funkwarnung an unsere Adresse, die ein Startverbot bedeutet. Er will uns also hier festhalten."

„Was ist der Sinn dieser Maßnahmen?" fragte Crest verständnislos. „Warum sagt er dem Gehirn nicht, wo wir sind?"

Rhodan lächelte. „Wenn Sie sich in die Lage Demesors versetzen, wird Ihnen die Antwort nicht schwerfallen. Demesor will das Robotgehirn überlisten, um selbst die Macht zu ergreifen. Die TITAN ist das mächtigste Schiff Arkons, aber es befindet sich in unserem Besitz. Was nützt es Demesor, wenn das Robotgehirn sich die TITAN holt? Also fordert er Verstärkung an, um uns selbst zu kapern. Dann wird er nach Arkon vordringen wollen, denn mit der TITAN rechnet er sich gewisse Chancen aus, die Festungsringe zu durchbrechen."

Crest nickte langsam. „Ja, so könnte es sein, Perry. Nun, der Zarlt hat sich verrechnet."

Immer noch lächelte Rhodan. „Ich möchte aber vorerst noch, daß er das nicht bemerkt. Mir liegt viel mehr daran, das Gehirn auf Arkon von unserer ‚Loyalität' zu überzeugen. Haben Sie in dieser Hinsicht einen Vorschlag?"

Ehe Crest etwas sagen konnte, meinte Thora: „Warum nehmen wir keinen Kontakt mit ihm auf?"

Rhodan nickte ihr freundlich zu. „Wir haben es bereits versucht, aber es reagiert nicht. Vielleicht ist es nicht ständig auf Hyperfunk-Empfang. Dann müßten wir näher 'ran."

„Nach Arkon?"

„Warum nicht?"

Crest sagte: „Es wird weniger die räumliche Entfernung sein, die das Gehirn am Empfang hindert. Ich nehme vielmehr an, daß die Zaliter eine magnetische Sperrglocke über ihren Planeten gelegt haben. Sie wirkt polarisierend. Ankommende Sendungen passieren ungehindert, aber abgehende werden aufgehalten. Der Vorgang läßt sich auch umkehren. Nur so ist das Schweigen des Gehirns zu erklären."

„Es würde also genügen“, stellte Rhodan fest, „wenn wir lediglich die Atmosphäre durchstießen, um Verbindung zu erhalten?“

„Theoretisch – ja.“ Crest nickte überzeugt.

Rhodan überlegte einen Augenblick. „Sie mögen recht haben. Aber wenn wir es schon versuchen, sollten wir unsere Beweise nicht vergessen.“ Er drehte sich zur Kontrolltafel und drückte einen Knopf ein. Jemand meldete sich. „Schicken Sie mir John Marshall sofort in die Zentrale. Es eilt. Auch Leutnant Tifflor soll kommen.“ Er schaltete wieder ab und wandte sich erklärend an die beiden Arkoniden. „Man kann auch von einem Robotgehirn nicht verlangen, daß es dem Wort Fremder Glauben schenkt.“

„Sie haben einen Plan?“ vergewisserte sich Thora.

Rhodan nickte ihr zu. Ohne es verhindern zu können, lag sein Blick länger auf ihrem strengen und doch schönen Gesicht, als er eigentlich wollte. Welche Veränderung war doch mit ihr vorgegangen. Ihr Hochmut war grenzenlos und ihr Haß ohne Beispiel gewesen. Heute, da sie erkennen mußte, wie tot das geistige Erbe der Arkoniden war, fand in ihrem Innern eine Wandlung statt, die sich nicht nur in einer Revision ihrer Weltanschauung äußerte, sondern insbesondere in ihrer persönlichen Einstellung zu Rhodan.

Früher hatte Rhodan es nur ahnen können, aber heute wußte er, daß er Thora insgeheim liebte. Aber die Erfüllung dieser Liebe mußte unreal bleiben, denn zwischen ihm und ihr stand die Ewigkeit. Nicht mehr die Kluft einer zehntausendjährigen Kultur, sondern die Ewigkeit. Denn Rhodan hatte von dem Unsterblichen die lebensverlängernde Zelldusche erhalten, die Thora verweigert worden war. Rhodan alterte nicht, aber Thora ...

Er brach den Gedanken ab. Jetzt gab es keine Lösung für dieses Problem und auch keine Antwort auf seine Fragen. Einmal jedoch, so wußte er, mußte auch hier eine Entscheidung fallen. Er sehnte sie genauso stark herbei, wie er sich vor ihr fürchtete.

„Ja, Thora, ich habe einen Plan. Wir werden dem Robotgehirn mit der Gazelle einen Besuch abstatten.“

„Mit dem Fernaufklärer? Durch den Festungsring?“

Rhodan schüttelte den Kopf. „Keinen direkten Besuch, Thora. Einige Lichtwochen werden genügen, um der Funksperre zu entgehen. Dann nehmen wir Bildverbindung mit dem Gehirn auf. Der Zarlt soll ahnungslos bleiben, also werden wir uns von der GANYMED aus mit Hilfe des Fiktiv-Transmitters katapultieren lassen."

Crest nickte. „Ein guter Gedanke, Perry. Ich stimme zu. Was aber gedenken Sie dem Robotgehirn zu sagen?"

„Die Wahrheit. In unserer augenblicklichen Situation gilt es, das Vertrauen des Regenten zu erwerben."

„Sie wollen den Regenten also auch über die Rolle der Mooffs informieren", wandte Crest ein. „Fürchten Sie nicht eine Strafexpedition des Robots gegen die Welt der Mooffs?"

„Nein", antwortete Rhodan. „Der Regent wird einsehen, daß dadurch die Hintermänner dieser Verschwörung aufgeschreckt würden und von einer derartigen Aktion absehen."

Thora sah Rhodan lange an, dann senkte sie den Kopf. „Ich muß Ihnen recht geben, Perry. Wann also starten wir?"

Rhodan gab keine Antwort, denn in diesem Augenblick betraten John Marshall und Leutnant Tifflor die Zentrale. Tiff, wie er allgemein genannt wurde, sah Rhodan sehr ähnlich, wenn er auch um fast zwanzig Jahre jünger war.

Die Tür schloß sich geräuschlos.

Rhodan nickte den beiden zu und sagte knapp: „Tiff, Sie setzen sich mit Oberst Freyt in Verbindung und veranlassen die Startvorbereitungen für die Gazelle mit dem Fiktiv-Transmitter. Besatzung: Thora, Crest, Gucky und ich. John Marshall wird versuchen, Admiral Zernif herbeizuholen, wenn notwendig, durch Ras Tschubai. Bully übernimmt während unserer Abwesenheit das Kommando über die TITAN. Das wäre alles. Wir treffen uns in zwei Stunden auf der GANYMED. Noch Fragen?"

„Ich bleibe zurück?" murmelte Bully enttäuscht. „Was soll ich hier, wo doch nichts passiert?"

„Woher willst du wissen, daß nichts passiert?" fragte ihn Rhodan ernst. „Ich muß einen verläßlichen Kommandanten in der TITAN wissen, wenn ich abwesend bin. Ein Schiff wie die TITAN verspielt man nicht gern."

Halb überzeugt gab Bully sich zufrieden. Immerhin hatte Rhodan ihm eine beachtliche Verantwortung aufgebürdet.

In der Sicherheit des verborgenen Hauptquartiers fanden Zernif und seine Freunde endlich Gelegenheit, sich um Rogal zu kümmern.

Der unter so geheimnisvollen Umständen zurückgekehrte Attentäter stand offensichtlich unter dem Einfluß eines schweren Schocks. Seine Augen blickten starr ins Leere, und seine zusammengepreßten Lippen blieben stumm. Er antwortete auf keine Frage.

Sie saßen alle um ihn herum und versuchten, ihm ein Wort der Aufklärung zu entlocken. War das Attentat völlig mißglückt? Hatte er denn keine Gelegenheit gehabt, auf den Despoten zu schießen? Hatten sie ihn noch vorher abgefangen? War es Verrat gewesen?

Mit offenen Augen starrte Rogal in das grelle Licht.

Admiral Zernif seufzte. „Es ist sinnlos. Vielleicht sollten wir ihm einige Tage Ruhe gönnen. Wir werden noch früh genug erfahren, ob der Zarlt lebt oder ob der Anschlag glückte. Vielleicht können uns die Fremden einen Rat geben. Dieser Rhodan hat merkwürdige Menschen um sich. Einige von ihnen kennen wir."

Sie fuhren plötzlich herum. Mitten im Zimmer war ein Geräusch. Niemand konnte unbemerkt hierher gelangen, denn das Hauptquartier lag zehn Meter unter der Erde, ganz in der Nähe der Stadt. Die Sicherheitsmaßnahmen hatten noch nie versagt.

Was sie erblickten, jagte ihnen kalte Schauer der Furcht über den Rücken.

Aus dem Nichts heraus materialisierten zwei menschliche Gestalten.

Die eine kannte Zernif. Es war der Mann, der sich John Marshall nannte. Er gehörte zu Rhodan, diesem geheimnisvollen Fremden, der auf ihrer Seite zu stehen schien, wenn er sich auch jeder Hilfeleistung enthalten hatte. Der zweite Mann war unbekannt. Seine fast schwarze Hautfarbe war ungewohnt. Gehörte er auch zu den Fremden?

Zernif faßte sich. Seine Hand, die auf dem Kolben der Waffe lag, kam leer wieder hoch. „Sie? Wie sind Sie hierhergekommen?"

„Durch die Hilfe meines Freundes Ras Tschubai, den ich Ihnen hiermit vorstellen möchte. Er ist Teleporter."

Zernif erhob sich. Für eine Weile vergaß er Rogal. Die anderen Rebellen ließen in ihrer Wachsamkeit nicht nach, der sie bisher ihr Leben verdankten.

„Wie habt ihr uns gefunden?"

„Es war nicht schwer, Zernif. Wir kommen, um Ihre Hilfe zu erbitten."

„Meine Hilfe? Wie können wir euch helfen, die ihr mächtiger seid als selbst der Zarlt?"

„Ihr werdet es erfahren. Ist das nicht Rogal? Was ist mit ihm geschehen? Es sieht so aus, als stünde er unter einem Hypno-Zwang."

„Wir halten es für die Nachwirkungen eines seelischen Schocks. Wir müssen wissen, was mit ihm geschehen ist."

Marshall kniff die Augen zusammen. Sein erster Gedanke war, daß die Mooffs den natürlichen Abwehrblock Rogals durchbrochen haben könnten. „Wo hat es ihn erwischt?"

Zernif zögerte eine Sekunde. Er ahnte nicht, daß Marshall bereits in seinen Gedanken las und wußte, was geschehen war. Dann entschloß er sich, dem Fremden reinen Wein einzuschenken. Schnell berichtete er von dem geplanten Attentat.

Marshall nickte langsam. „Also vergangene Nacht? Dann mißglückte der Anschlag, denn noch heute vormittag hat der Zarlt neue Befehle erlassen, die sich ganz offen gegen uns, seine Gäste, richten. Vielleicht macht er uns für das Vorkommnis verantwortlich. Und Rogal kehrte so zurück?" Er sah in Richtung des Rebellen, der seine Lage nicht verändert hatte. Immer noch starrte er in die grelle Lichtquelle. „Darf ich ihn mir ansehen?"

Das war nur ein Vorwand, um in aller Ruhe in die Gedanken Rogals eindringen zu können. Marshall erschrak, als er auf den starken Abwehrblock stieß, der sich ihm entgegenstellte. Seine Fähigkeiten waren nicht die eines Suggestors. Da konnte nur André Noir, der Hypno des Mutantenkorps, helfen.

Er wandte sich an Ras Tschubai. „Können Sie Zernif und mich zugleich mit Rogal zur TITAN teleportieren?"

Der Afrikaner schüttelte den Kopf. „Zu riskant. Ich schlage vor, ich bringe Sie einzeln ins Schiff. Das dauert auch nicht viel länger."

„Gut", erwiderte Marshall und erklärte Zernif den Zweck ihres Kommens eingehender. Dann setzte er hinzu: „Wir nehmen Rogal mit und werden sehen, was wir für ihn tun können. Hier habe ich ein kleines Funkgerät mitgebracht, mit dem ihr jederzeit Verbindung mit Rhodan erhalten könnt. Bleibt auf Empfang. Und nun zuerst Rogal."

Die Männer sahen in scheuer Bewunderung zu, wie der Neger mit

Rogal verschwand. Keine zehn Sekunden später rematerialisierte er und holte Zernif. Dann kam Marshall an die Reihe.

In dumpfem Schweigen blieben sie zurück und starrten abwartend auf den kleinen Kasten, der ein leises Summen von sich gab. Er war ihre letzte Verbindung mit der Außenwelt.

Der Fiktiv-Transmitter vom Planeten Wanderer war eine großartige Sache.

Er konnte Materie jeder Art im Bruchteil einer Sekunde durch die fünfte Dimension an jeden beliebigen Ort teleportieren, ganz gleich, ob es sich um irgendwelche Gegenstände oder Menschen handelte.

Diesmal benutzte Rhodan den Transmitter für friedliche Zwecke. Das Gerät sollte die GAZELLE unbemerkt in den Raum bringen. Der Fernaufklärer war eine Art Fliegende Untertasse mit einem Durchmesser von über dreißig Metern. Von Pol zu Pol maß die Vertikalachse achtzehn Meter. Der Aktionsradius betrug 500 Lichtjahre. Die Bewaffnung bestand aus Impulsstrahlern.

Tiff meldete die GAZELLE startbereit.

Thora, Crest, Marshall und Zernif waren schon an Bord. Rhodan wartete noch auf Gucky, der jeden Augenblick auftauchen mußte. Er unterhielt sich mit Oberst Freyt, dem Kommandanten der GANYMED.

„Sollte in der Zwischenzeit ein Angriff auf Sie und die TITAN erfolgen, so wehren Sie sich. Die GANYMED geht in den Raum und wartet auf der besprochenen Position auf weitere Befehle. Niemand wird Sie finden, denn kein Strukturtaster kann Ihren Sprung orten. Bei der TITAN ist das anders, darum bleibt sie, wo sie ist."

„Schon gut", beruhigte Freyt. „Ich weiß mich meiner Haut zu wehren. Und was Bully angeht, so habe ich ebenfalls keine Bedenken."

Rhodan wollte antworten, da materialisierte der Mausbiber.

„Da bin ich", erklärte er unnötigerweise.

„Wir haben auf dich gewartet", erwiderte Rhodan und verabschiedete sich von Freyt. „Bis später, Oberst."

„Hals- und Beinbruch", wünschte dieser.

„Lieber nicht", meinte Gucky und folgte Rhodan mit einem kleinen

Sprung, da die Stufen des Einstiegs für ihn zu hoch waren. Die Gazelle stand im Hangar der GANYMED. Der Transmitter würde sie drei Lichtmonate weit in den Raum schleudern. Kein menschliches Auge und kein technisch noch so vollkommenes Instrument würde die Transition registrieren können.

Sie nahmen ihre Plätze ein. Die Luke schloß sich. Die Zeit begann zu laufen. Dann erfolgte der Start – gleichzeitig die Transition.

Als Rhodan die Augen wieder öffnete, sah er in ein Meer hellfunkelnder Sonnen. Sie standen dicht beisammen, und so kam es, daß der Weltraum hier von dem in der Nähe der Erde völlig verschieden war. Es war kaum eine dunkle Stelle zu finden, und die eigentliche Milchstraße verblaßte gegen die strahlende Pracht der nahen Sterne.

Rhodan sah auf die Instrumente. Die Gazelle war nun drei Lichtmonate von der roten Risensonne Voga entfernt. Der Zarlt mußte annehmen, daß sie noch in der TITAN weilten. Bei ihrer Rückkehr nach Zalit war das etwas anderes. Mit Hilfe des Fiktiv-Transmitters war die Landung nicht möglich.

Rhodan stellte mit wenigen Handgriffen die Hyperfunk-Anlage auf Empfang und wartete, bis sich die Schirme erwärmten und aufglühten. Im Lautsprecher war ein Knacken, als die Tonanlage hinzugeschaltet wurde. Die Hyperkomfrequenz des Robotgehirns war bekannt.

„Wir müssen es anrufen", schlug Thora vor, deren anfängliches Zögern in ungeahnte Tatkraft und Entschlußfreudigkeit umgeschlagen war. „Dann werden wir ja sehen, wie es reagiert."

Zernif, der ehemalige Admiral der Raumflotte von Zalit, machte ein bedenkliches Gesicht. „Ich weiß nicht recht, was ich hier soll. Was habe ich dem Regenten des Imperiums schon zu sagen?"

„Einiges", sagte Rhodan, „das das Gehirn sehr interessieren wird. Sie sind unser Kronzeuge, und ich bin überzeugt, das Gehirn vermag Wahrheit und Lüge zu unterscheiden, wenn auch nicht durch Telepathie, so doch mit Hilfe seiner Logik-Schaltungen."

Rhodan beobachtete den großen Bildschirm, auf dem farbige und abstrakte Muster hin und her liefen. Analog dazu kamen aus dem Lautsprecher sinnlose und abgehackte Geräusche. „Ich nehme an, wir empfangen bereits Sendungen des Gehirns. Sie sind verschlüsselt und nicht für uns bestimmt."

Er überlegte einige Sekunden, dann schaltete er kurzentschlossen den Sender ein. Er wartete, bis auch dieser betriebsfertig war, holte tief Luft und begann zu sprechen: „Hier Perry Rhodan von Terra. Ich rufe den Regenten des Imperiums von Arkon. Antworten Sie bitte. Es ist dringend."

Er wiederholte den Spruch dreimal und wandte seine Aufmerksamkeit wieder dem Empfänger und dem Bildschirm zu.

Thora und Crest starrten wie gebannt auf das unverändert bleibende Farbmuster. Tiff, in der Hauptsache mit der optischen Beobachtung des sie umgebenden Raumes beschäftigt, spürte die Spannung, die in der Zentrale herrschte. Zernif wartete ergeben auf das, was geschehen würde.

Lediglich Gucky schien das Ganze nur wenig zu interessieren. Er hockte auf einer der Couches und hielt die Augen halb geschlossen. Man hätte fast meinen können, er schliefe. Aber wer Gucky kannte, der wußte, daß der Mausbiber die personifizierte Konzentration war.

Rhodan schüttelte den Kopf.

„Das Gehirn muß uns hören", sagte er. „Warum erhalten wir keine Antwort?" Er wiederholte seine Aufforderung abermals und fügte hinzu: „Ich bitte Sie, den Empfang zu bestätigen. Es geht um den Bestand des Imperiums."

Die Farbmuster begannen schneller zu laufen. Das Pfeifen im Lautsprecher verstärkte sich. Das war alles.

„Immerhin eine Reaktion", murmelte Rhodan unzufrieden. „Ich weiß nur nicht, was ich damit anfangen soll. Woher sollen wir den Schlüssel kennen, mit dem das Gehirn funkt?"

„Vielleicht erklären Sie", schlug Thora vor, „daß uns der Schlüssel unbekannt ist. Verlangen Sie Sendung im Klartext."

Ein guter Vorschlag, fand auch Rhodan. Er wiederholte also seinen Ruf und betonte, daß jeglicher Verschlüsselungskode unbekannt wäre.

Die Spannung in der Gazelle wuchs.

Die Farbmuster auf dem Bildschirm erstarrten. Im Lautsprecher war ein deutliches Knacken, dann hörten die sinnlosen Töne auf. Kalt und unpersönlich erklang eine Stimme, die plötzlich die ganze Zentrale durchdrang.

Die Stimme sagte in der Sprache der Arkoniden: „Ich habe Ihren und meinen Sender mit einem Sperrkanal verbunden, wir benötigen keinen Kode. Niemand kann diese Sendung verfolgen. Ihre Position ist bekannt. Sprechen Sie."

„Können Sie mich sehen?" fragte Rhodan.

Es entstand eine winzige Pause, dann verschwanden die erstarrten Farbmuster vom Schirm. Sie kehrten wieder zurück, bewegten sich aber und begannen, ein plastisches Bild zu formen. Während dieses Vorgangs sagte die mechanische und kalte Stimme: „Ich sehe Sie, so wie Sie auch mich gleich sehen können. Ihre Entfernung von meinem Standort beträgt zweidreiviertel Lichtjahre Ihrer Rechnung. Wo ist das gestohlene Schiff?"

Das Bild vollendete sich. Rhodan sah in eine überdimensionale Halle, die keine Rückschlüsse darauf ziehen ließ, wo sie war. Mitten in dieser Halle ruhte eine riesige Halbkugel aus schimmerndem Metall auf ihrer Schnittfläche. Nichts sonst. Sie mochte einen Durchmesser von fünfzig Metern haben und barg einen Teil des Robotgehirns. Was unter der Halbkugel lag, war nicht zu erraten. Die Höhe der Konstruktion betrug fünfundzwanzig Meter, wie Rhodan sich leicht ausrechnen konnte.

„Das gestohlene Schiff wartet an einem sicheren Ort auf mich, Regent. Sollte ich nicht zurückkehren, ist es für das Imperium verloren."

„Es ist nicht meine Absicht, Sie festzuhalten", gab das Gehirn kühl zurück. „Wären Sie in dem gestohlenen Schiff, wäre die Situation anders. Was wollen Sie?"

„Sie davon überzeugen, daß ich nicht Ihr Gegner bin."

„Das wird Ihnen nur schwer gelingen", erklärte das Robotgehirn. Abrupt wandte es sich einem anderen Thema zu: „Ich sehe zwei Arkoniden. Sind es Thora und Crest, denen ich die Anerkennung teilweise zurückgab?"

„Sie sind es, Regent", antwortete Rhodan. „Sie gehörten einst zur regierenden Schicht von Arkon."

„Die Sippe der Zoltral brachte Arkon keine Vorteile", gab das Gehirn kalt durch. „Seit ich vor sechs Jahren die Macht übernahm, geht es aufwärts."

„Niemand bezweifelt das", gab Rhodan zu. „Aber Sie müssen zugeben, daß die Sippe der Zoltral immer noch tatkräftiger und positiver für das Imperium arbeitete, als es die Sippe von Orcast jemals zu tun befähigt ist."

„Darum wurde Orcast von mir abgelöst", gab das Gehirn prompt zurück. „Er hätte das Imperium zerfallen lassen."

„Eine letzte Frage, das Imperium betreffend, Regent. Warum erkennen Sie mich nicht als Freund an? Glauben Sie, daß ich dem Imperium schaden möchte? Habe ich nicht Thora und Crest zurückgebracht?"

Die Antwort kam sofort: „Sie sind mein größter Gegner, wenn ich vom persönlichen Machtstandpunkt aus urteile. Was das Imperium angeht, sind Sie mein Verbündeter, soweit ich das bisher erkennen kann. Sie sehen, ich befinde mich in einem Zwiespalt. Wundert es Sie, daß ich das zugebe?"

„Ja", sagte Rhodan. „Das wundert mich."

„Ich gebe es nur deshalb zu, damit Sie meine Handlungsweise verstehen. Und nun: Warum nahmen Sie Verbindung mit mir auf?"

„Ich wollte Ihnen sagen, wo ich das gestohlene Schiff verborgen habe."

Die erste Pause trat ein. Diesmal benötigte das Positronengehirn sichtlich Zeit, mit der Mitteilung fertig zu werden und sie mit allen ihren Möglichkeiten und eventuellen Konsequenzen zu verarbeiten. Dieser Prozeß, der bei einem Menschen Stunden gedauert hätte, benötigte ganze zehn Sekunden. Dann erwiderte das Gehirn: „Warum?"

Es hatte also keine befriedigende und logische Antwort gefunden.

Kein Wunder, dachte Rhodan.

„Um Ihnen zu beweisen, daß ich Ihr Freund bin, muß ich das. Ich nannte das Schiff TITAN, und ich betrachtete es als geliehen. Sie erhalten es zurück, wenn Sie es wünschen. Das zur Information. Die TITAN liegt auf dem Raumhafen von Tagnor, der Hauptstadt des Planeten Zalit im System Voga, drei Lichtmonate von meinem jetzigen Standort entfernt."

„Unmöglich", kam die prompte Antwort. „Ich wüßte es."

Rhodan gestattete sich ein mildes Lächeln. „Warum müßten Sie es wissen? Welcher Faktor garantiert das? Vielleicht ein Faktor, der Zarlt genannt wird?"

„Ganz richtig. Der Zarlt von Zalit ist Vize-Imperator des Imperiums. Ein so großes Schiff wie die TITAN würde bemerkt werden, wenn es auf dem Raumhafen von Tagnor läge. Und der Zarlt würde es mir melden, denn ich gab Befehl, das gestohlene Schiff zu jagen. Der logische Schluß ist: Sie lügen! Die TITAN ist woanders verborgen."

„Fehlschuß", entgegnete Rhodan und schien sich zu amüsieren. „Sie haben vergessen, daß auch ein anderer lügen könnte. Zum Beispiel der Zarlt."

„Der Zarlt ist mir treu ergeben."

„Glauben Sie?" fragte Rhodan ruhig. „Demesor ist nicht legal an die Macht gekommen. Wir konnten herausfinden, daß er Elton umbringen ließ, um seine Herrschaftspläne über das gesamte Imperium verwirklichen zu können. Er plant die Vernichtung des Robotgehirns von Arkon, um sich selbst an seine Stelle zu setzen."

„Das ist absurd", kam es ohne Erregung zurück. „Niemand kann mich zerstören."

„Doch", widersprach Rhodan kalt. „Man kann. Aus diesem Grund hat Demesor mich um meine Unterstützung gebeten. Erscheint es Ihnen nun verständlich, daß er Ihnen nicht verriet, wo sich die TITAN aufhält?"

„Unter diesen Aspekten wäre es logisch und daher verständlich. Meine Frage hingegen lautet: sprechen *Sie* die Wahrheit? Wer kann sie mir beantworten?"

„Vielleicht Admiral Zernif", sagte Rhodan und zeigte auf den Zaliter. „Er diente unter Zarlt Elton dem Imperium, fiel jedoch in Ungnade, als Demesor an die Macht kam. Nur ein Zufall rettete sein Leben. Mit anderen Zalitern, die dem Imperium treu ergeben sind, gründete er die Widerstandsbewegung, deren Ziel es ist, die Ordnung auf Zalit wiederherzustellen – eine Ordnung, die dem Imperium dient."

Es entstand abermals eine Pause von zehn Sekunden Dauer. Dann sagte das Robotgehirn unpersönlich: „Ich habe die Informationen über Admiral Zernif geprüft. Seine Person ist über jeden Zweifel erhaben. So war es bei Demesor auch."

„Warum im Fall Demesor *war*?"

„Weil ich gerade feststellte, daß Demesor statt seines fähigeren Bruders auf die Raum-Akademie geschickt wurde. Das war vor dreißig Zalit-Jahren. Die Wahrscheinlichkeit spricht heute dafür, daß er damals seinem Bruder drohte. Außerdem besagen die Informationen, daß Demesors Bruder später einem Unfall zum Opfer fiel. Es ist bekannt, daß er ein zuverlässiger Anhänger des Imperiums war."

Rhodan atmete auf. Das Robotgehirn arbeitete schnell und eiskalt. „Welche Schlüsse ziehen Sie, Regent?"

„Daß Sie die Wahrheit sprechen. Was ist mit Zernif?"

Zernif trat vor und starrte auf die schimmernde Metallkuppel. „Ich wollte Rhodans Aussagen bekräftigen und betonen, daß unser Imperium in Gefahr ist. Demesor hat eine Militärdiktatur auf Zalit errichtet und eine Nachrichtensperre verhängt. Meine Untergrundorganisation wird Demesor beseitigen und den rechtmäßigen Nachfolger des alten Zarlt in sein Amt einführen."

„Danke", sagte das Robotgehirn. „Ich glaube Ihnen, weil es keine andere Möglichkeit mehr gibt. Und was haben Sie damit zu tun, Rhodan?"

„Demesor bat mich um Hilfe, und ich habe ihn hingehalten. Er hat die TITAN und mich geschützt, weil er einen Bundesgenossen gegen Sie gefunden zu haben glaubte. Demesor verlangte von mir zu erfahren, wie ich den Festungsring von Arkon durchbrochen habe."

„Das", sagte das Robotgehirn, „möchte ich auch wissen."

Rhodan lächelte. „Sie werden es später erfahren, Regent. Aber es geschah mit Hilfe einer Waffe, die auf Arkon unbekannt ist. Sie stammt vom Planeten des ewigen Lebens."

„Dieser Planet ist nichts als eine vage Theorie."

„Er ist eine Tatsache", widersprach Rhodan. „Ich selbst war auf ihm und erlangte die relative Unsterblichkeit, die Thora und Crest verweigert wurde. Doch weiter, Regent. Demesor ist ein Verräter und muß unschädlich gemacht werden. Doch er allein ist nicht schuld. Kennen Sie die Mooffs?"

„Ja, verhältnismäßig primitive und jedenfalls harmlose Wesen einer großen Methanwelt innerhalb des Imperiums. Telepathen und Suggestoren. Was haben sie damit zu tun?"

„Sie weilen zu Tausenden auf Zalit und haben geistig die Herrschaft übernommen. Der verräterische Zarlt weiß es nicht, aber die Mooffs sind seine besten Bundesgenossen. Mit ihrer Hilfe soll er das Imperium erobern."

„Das ist absurd. Die Mooffs kämen niemals auf den Gedanken,

Politik zu betreiben. Sie sind harmlos und ohne Ehrgeiz. Ich betonte bereits, daß sie Telepathen und Suggestoren sind, aber sie . . ."

„Niemand hat behauptet, daß sie es sind, von denen der Plan ausgeht. Sie sind nichts als die Bauern in diesem galaktischen Schachspiel. Ein Größerer steckt dahinter. Er benutzt die Mooffs, um Einfluß über die Zaliter zu erringen, mit deren Hilfe er wiederum das Imperium erobern will."

„Und wer ist dieser Unbekannte?"

„Das, Regent, weiß ich nicht." Rhodan zögerte. „Niemand weiß genau, ob er überhaupt existiert. Aber Ihre Ausführungen über die Mooffs scheinen es wahrscheinlich zu machen. Meine Leute kämpfen seit Wochen gegen die Mooffs – und sie tun es für die Erhaltung des Imperiums."

„Welches Interesse haben Sie am Imperium?"

Thora, die bisher geschwiegen hatte, drängte sich vor. „Die Terraner und wir sind Verbündete, Regent. Wir haben ihnen geholfen, als die Individual-Verformer und später die Springer sie angriffen. Warum sollten sie nicht uns helfen, wenn es notwendig erscheint?"

Rhodan wunderte sich insgeheim über Thora. Er hätte sich keinen besseren Verteidiger wünschen können.

„Die Springer?" Das Robotgehirn legte erneut eine Pause ein. „Sie sind dem Imperium nicht gut gesonnen. Es ist theoretisch möglich, daß sie hinter den Mooffs und den Plänen des Zarlt stecken."

Rhodan war, als fielen plötzlich Schleier von seinen Augen.

Die Springer. Die Galaktischen Händler. Es würde zu ihrem Charakter passen, andere vorzuschicken und die Kastanien aus dem Feuer holen zu lassen. Aber auf der anderen Seite fehlte den Springern das Zusammengehörigkeitsgefühl, ohne das ein solches Unternehmen zum Scheitern verurteilt war.

„Vielleicht sind es die Springer", schränkte Rhodan ein. „Wir werden es eines Tages erfahren. Ich habe Sie informiert, Regent, nun möchte ich Ihnen einen fairen Vorschlag unterbreiten."

„Ja, ich höre."

Rhodan holte tief Luft. Dann sagte er: „Sie überlassen mir die TITAN und stellen jede Verfolgung ein. Ich verpflichte mich dafür, auf Zalit die Ordnung wiederherzustellen und den rechtmäßigen Zarlt einzusetzen. Weiter muß ich Sie bitten, nichts gegen die Mooffs zu unternehmen, damit deren Hintermänner nicht aufgeschreckt werden."

„Lassen Sie mir Zeit", bat der Regent.

Das Bild auf dem Schirm blieb. Im Lautsprecher war ein gleichmäßiges Summen, nicht mehr. In einer Entfernung von knapp drei Lichtjahren begannen positronische Speicherbänke zu arbeiten. Informationen wurden weitergeleitet, neu gespeichert und die Ergebnisse gegeneinander abgewogen.

Das Robotgehirn fällte seine Entscheidung.

Das Ergebnis kam fünfzehn Sekunden nach der Bitte um Zeit. „Ich bin einverstanden, Perry Rhodan von Terra. Die TITAN wird Ihnen solange leihweise überlassen, wie Sie für das Imperium tätig sind. Die Verfolgung wird ab sofort eingestellt, wenn ich Sie auch im Auge behalte. Im dem Augenblick, da Demesor bestraft und der Hintermann der Mooffs entlarvt ist, gehört die TITAN für immer Ihnen. Nehmen Sie an?"

„Ich nehme an, Regent. Werden Thora und Crest nach Arkon zurückkehren dürfen?"

„Nein, ich will nicht!"

Das war die Arkonidin. Rhodan sah sie erstaunt an. Ehe er etwas sagen konnte, unterbrach ihn das Robotgehirn.

„Thora und Crest können jederzeit nach Arkon zurückkehren, aber ich wünsche, daß sie auf der TITAN bleiben. Und zwar in leitender Position."

„Angenommen", bestätigte Rhodan kurz. Er warf Thora einen schnellen Blick zu. „Noch Fragen?"

„Ja."

Rhodan wartete. Er ahnte nicht, was das Gehirn noch von ihm wissen wollte. Und so war es kein Wunder, daß er überrascht wurde.

„Sind Sie ein Abkömmling der alten Arkoniden?"

Für einen Augenblick war Rhodan verwirrt. Alles hatte er erwartet, nur das nicht. Es war eine Frage, die sich das Gehirn viel besser beantworten konnte als er.

„Es ist uns unbekannt, ob die Terraner von den Arkoniden abstammen", entgegnete er. „Eigentlich müßte derartiges in der Zentralkartei von Arkon vermerkt sein."

„Ich weiß nicht, was für eine Welt Terra ist und kenne die Position nicht."

Die wirst du auch nicht so schnell erfahren, dachte Rhodan und ahnte plötzlich die Absicht des Regenten. Die Position der Erde wollte er erfahren . . .

„Jedenfalls gehört Terra nicht zum Imperium, Regent. Ich weiß nicht, wie weit Ihre Siedlerschiffe einst vordrangen, aber vielleicht wurde eines auf unsere Welt verschlagen. Eines Tages werden wir auch diese Frage beantworten."

„Sie stammen jedenfalls von der gleichen Art wie die Arkoniden ab. Eine Parallelentwicklung dieses Ausmaßes entspricht nicht der Wahrscheinlichkeit, obwohl Parallelentwicklungen möglich sind. Doch dieser Zufall wäre zu groß. Nun, lassen wir das."

Crest und Thora waren zusammengezuckt. Auch Rhodan betrachtete die Halbkugel nachdenklich – wenn auch aus einem anderen Grund. Er kannte genauso wie Crest und Thora die gängige Lehrmeinung über die Evolution des Arkon-Menschen auf Arkon I aus der Hypnoschulung. Aber spätestens seit seinem Besuch auf Barkon wußte er, daß in dieser Theorie einiges nicht stimmte.

Damals hatte Rhodan sich nach seinem Ausflug in die Unendlichkeit mit den beiden Arkoniden über sein neues Wissen um die Herkunft der Humanoiden in der Galaxis unterhalten. Doch sie hatten ihm nicht geglaubt – trotz der Filmaufnahmen, die er mitgebracht hatte.

Und nun erfuhren die beiden stolzen Arkoniden vom größten Datenspeicher der bekannten Milchstraße, daß Rhodan sie nicht belogen hatte. Aber Rhodan fragte sich, woher der Regent dieses Wissen besaß. Gab es Speicherbänder, die den Kulturrückfall der Arkoniden überdauert hatten? Der Regent schien auch noch über andere Dinge informiert zu sein.

„Jedenfalls wissen Sie mehr, Regent, als Sie zugeben wollen", sagte Rhodan.

„Wie meinen Sie das?"

Rhodan lächelte und warf Thora einen beruhigenden Blick zu. „Sie errechneten die Entfernung meines Standorts mit 2,75 Lichtjahren *meiner* Rechnung. Woher kennen Sie die Dauer eines Jahres auf meiner Heimatwelt?"

Das Robotgehirn antwortete, ohne zu zögern: „Ich konnte während Ihres Aufenthalts im Arkon-System Funkmeldungen auffangen und mir Ihre Rechnungsmaßstäbe heraussuchen. Damit kenne ich jedoch keineswegs die Position Ihrer Heimatwelt. Eines Tages werden Sie sie mir mitteilen."

„Möglich", gab Rhodan zu. „Eine letzte Frage: Ich kann jederzeit mit Ihnen in Verbindung treten, wenn es mir notwendig erscheint?"

„Jederzeit auf dieser Frequenz. Ich danke Ihnen, Perry Rhodan."

Der Bildschirn wurde von einer Sekunde zur anderen dunkel.

Rhodan schaltete die Geräte ab. Langsam setzte er sich in den nächsten Sessel. Eine steile Falte stand auf seiner Stirn.

„Der Regent des Imperiums – dankt mir", murmelte er zweifelnd. „Ist das die Wahrheit, Crest? Thora? Können wir den Worten des Robotgehirns trauen? Meint der Regent es ehrlich mit uns? Steckt eine Teufelei dahinter?"

Thora trat vor und legte ihre Hand auf seine Schulter. „Nein, Perry, das glaube ich nicht. Ein positronisches Gehirn befaßt sich nicht mit Lüge und Hinterlist. Es ist selbstbewußt und glaubt deshalb an seine Fähigkeiten, die durch Lüge und Hinterlist ja nur geschwächt würden. Ich glaube, der Regent des Imperiums hat Sie aufrichtig als einen Verbündeten anerkannt."

„Was nun? Kehren wir nach Zalit zurück?" fragte Crest.

„Ja, natürlich. Man wartet dort auf uns. Wir kehren sofort zurück."

„Hoffentlich", piepste Gucky aus seiner Ecke, „bereitet uns der Zarlt einen feierlichen Empfang."

„Dazu wird er kaum Zeit haben", erwiderte Rhodan und tauschte einen wissenden Blick mit Tiff, der die Koordinaten für den Rücksprung einstellte. „Wozu existiert auf Zalit eine Untergrundbewegung." Er sah auf seine Uhr. „In genau fünf Stunden ist auf dem vierten Planeten der Voga die Hölle los. Der Zarlt wird seine ganzen Streitkräfte einsetzen müssen, um die Leute zu fangen, die überall die Anlagen der Armee und Raumflotte in die Luft sprengen. Und in diesem Wirrwarr werden wir ungestört und unbemerkt am Rand des Raumfelds landen."

Gucky hielt den Kopf schräg und blinzelte vertraulich. „Und dann helfen wir den Rebellen? Vielleicht eine Schlägerei mit den Geheimpolizisten . . ."

Rhodan schüttelte den Kopf und sagte bedauernd: „Tut mir leid, Gucky. Keine Schlägerei! Wir sind die Gäste des Zarlt. Wir werden ihm notfalls sogar helfen, den Aufstand niederzuschlagen.“

„Hä?“ machte Gucky und schnappte nach Luft. Eiligst forschte er in den Gedanken Rhodans, stieß aber auf dessen Abwehrblock. So mußte er fragen: „Freunde des Zarlt? Daraus werde ich nicht klug.“

„Hauptsache ist“, belehrte ihn Rhodan, „daß auch der Zarlt daraus nicht schlau wird. Darum nämlich geht es mir. Tiff, wie weit sind wir?“

„Transition in zwei Minuten. Wir kommen vier Lichtstunden von Zalit entfernt aus dem Hyperraum. Mit Höchstgeschwindigkeit schaffen wir es, pünktlich zur verabredeten Zeit dort zu sein.“

Rhodan nickte und gab keine Antwort. Er hatte genug damit zu tun, sich über Guckys empörtes Gesicht zu freuen.

Mausbiber sehen komisch aus, wenn sie empört sind . . .

9.

André Noir richtete sich erschöpft auf und wischte sich den Schweiß von der Stirn. Er sah in die fragenden Augen John Marshalls.

„Nun?“

„Schwerer Hypnoblock. Bestimmt von den Mooffs verpaßt. Kann aber auch durch technische Mittel erfolgt sein. Ich weiß nicht, wie weit die Zaliter in dieser Beziehung sind. Jedenfalls ist es mir möglich, den Blick zu neutralisieren. In zehn Minuten ist Rogal wieder normal.“

„Ausgezeichnet“, freute sich Marshall. „Dann kann ich inzwischen Rhodans Auftrag erledigen und die Rebellen mobil machen. Sie müssen zu einem bestimmten Zeitpunkt dem Zarlt einige Rätsel aufgeben.“

Er verließ die von Dr. Haggard eingerichtete Krankenstation und ließ den Hypno André Noir mit seinem Patienten allein.

Als er nach zwei Stunden mit Ras Tschubai zurückkehrte, fand er Rogal bereits in der Messe vor. Der Zaliter hatte sich gut erholt und sah ihm mit klaren, offenen Augen entgegen. Es schien, als sei eine große Last von ihm abgefallen.

„Sie sind der Telepath Marshall – ja, ich erkenne Sie wieder. Ich bin auf dem Schiff Rhodans, wie man mir mitteilte. Was ist mit meinen Freunden? Hat man sie . . .“

„Nein, Rogal, es ist alles in Ordnung. Ihre Begleiter wurden getötet, als sie das Ende des geheimen Ganges erreichten. Und nun berichten Sie. Was geschah?“

Rogals Gesicht verdüsterte sich.

„Ich habe versagt“, klagte er sich an. „Ich gelangte unbehelligt in das Schlafgemach des Zarlt und fand ihn in seinem Bett liegend. Ich schoß auf ihn, und alles schien so, wie wir es uns ausgedacht hatten. Da erschienen die Leibwächter und nahmen mich fest. Und keine zehn Minuten später stand ich dem Zarlt gegenüber. Er lebte, obwohl ich gesehen hatte, wie er starb.“

Marshall warf Noir einen fragenden Blick zu, aber der Hypno lächelte nur resigniert und winkte ab.

Rogal schüttelte den Kopf. „Nein, Marshall, ich bin nicht verrückt. Genau so war es für mich. Ich hatte den Zarlt getötet, und nun lebte er wieder. Ich hatte sein Gesicht schmelzen sehen, aber nun war es wieder heil und ohne Narben. Da ahnte ich die Wahrheit. Der Zarlt besaß einen Doppelgänger – einen Roboter, der ihm nachgebildet worden war. Im Schlafgemach des alten Zarlt ruhte der Roboter. Man muß mit einem geheimen Gang gerechnet haben und wollte kein Risiko eingehen. Ich tötete den Roboter, was natürlich sofort Alarm auslöste. Ich war in die Falle des Zarlt geraten. Es ging alles so schnell, daß ich keine Zeit mehr fand, mich zu töten, wie es meine Pflicht gewesen wäre.“

„Wir sind sehr froh darüber“, sagte Marshall und lächelte dem Zaliter beruhigend zu. „Ihr Opfer wäre nutzlos gewesen. Sie haben nichts verraten. Und wenn, Ihre Freunde wären darauf vorbereitet gewesen. Jedenfalls wissen wir nun, daß der Zarlt gewarnt ist. Ein Roboter also ist sein Doppelgänger – oder war es. Ihr Einsatz lohnte sich allein schon dieser Erkenntnis wegen. Glauben Sie mir, die Stunden des Diktators sind gezählt, denn wir warten nur noch darauf, daß er sich offen gegen uns stellt. Dann können auch wir handeln.“

„Und wann wird das sein?“

„Spätestens morgen. Rhodan ist im Augenblick im Raum zwischen hier und Arkon, um mit dem Robotgehirn zu verhandeln.“

Rogal lächelte plötzlich. Wie eine schwere Last mußte es von seinem Herzen gefallen sein. „Kann ich zu meinen Freunden zurückkehren?"

„Selbstverständlich, wir bringen Sie zu ihnen. Noch eine Frage: Was tat der Zarlt mit Ihnen, als er Sie gefangengenommen hatte?"

„Er ließ mich in einen Keller bringen, wo ich verhört werden sollte. Dann änderte er plötzlich seine Absichten. Ich wurde in einen Raum gebracht, in dem zwölf Behälter mit Mooffs standen. Von dieser Sekunde an fehlt mir jede Erinnerung. Ich weiß nicht, was geschehen ist."

Marshall wußte, daß die Zaliter, und damit auch die Rebellen, nichts über die wahren Fähigkeiten der Mooffs wußten. Er dachte auch jetzt nicht daran, Rogal darüber aufzuklären. Er wollte nicht riskieren, daß die Rebellen, die auf die Mooffs ohnehin nicht gut zu sprechen waren, Jagd auf diese Wesen machten, die an der Entwicklung auf Zalit keine Schuld hatten.

„Ich bin überzeugt davon, daß sich dieses Rätsel irgendwann einmal lösen wird", gab er zur Antwort. „Und nun bringen wir Sie zu Ihren Freunden. Ras Tschubai wird das besorgen. Er weiß, wo das jetzige Hauptquartier ist. Leben Sie wohl, Rogal. Wir werden uns bald wiedersehen."

Der Afrikaner klopfte dem Zaliter freundschaftlich auf die Schulter und klärte ihn mit wenigen Worten auf, wie der Transport vor sich gehen würde. Marshall lächelte den beiden noch einmal zu und verließ die Messe.

Er ging zu Bully in die Zentrale.

Der Zarlt war auch ohne suggestiven Einfluß der Mooffs bereit, das Robotgehirn von Arkon zu vernichten, wenn sich die Gelegenheit dazu bot. Rhodan verriet ihm nicht freiwillig, wie er den Festungsring Arkons durchbrochen hatte. Auch sein Versuch, vom Robotgehirn Raumschiffe zu erhalten, war fehlgeschlagen. Der Regent hatte sein Ansuchen abgelehnt. Damit war ein Mittel, Rhodan unter Druck zu setzen, verlorengegangen.

Aber es gab noch andere Wege, Rhodans Trick zu erfahren.

Demesor ließ seine Vertrauten zu sich kommen. Dazu gehörte an erster Stelle ein Offizier namens Hemor, der Rhodan persönlich bereits kannte. Dann Milfor, der Chef der Bewaffnung, ein herrschsüchtiger Zaliter, der sich sogar eine Chance ausrechnete, selbst einmal Zarlt zu werden, wenn Demesor etwas Unvorhergesehenes zustieß. schließlich waren da noch Cenets und Orbson, ebenfalls Spießgesellen des selbsternannten Zarlt.

Die fünf Männer saßen in einem isolierten Raum im obersten Stockwerk des Palasts, von wo aus man einen grandiosen Überblick auf das Gelände des Raumhafens hatte. Es wimmelte dort regelrecht von Schiffen aller Art, denn der Zarlt hatte den größten Teil der Flotte nach Tagnor befohlen. Auf keinen Fall wollte er zulassen, daß Rhodan mit dem riesigen Schiff entfloh, wenn er einmal Verdacht schöpfte.

Milfor sah Demesor mißtrauisch an. „Warum hast du uns gerufen? Kennen wir unsere Aufgabe nicht?"

Der Zarlt nickte. „Ich hoffe es, Milfor, aber ich habe mich entschlossen, die Taktik zu ändern. Wie lange warten wir nun darauf, daß sich dieser Rhodan entscheidet, uns seine Geheimnisse mitzuteilen? Wochen schon warten wir, falls ihr das vergessen haben solltet. Sollen wir noch weitere Wochen untätig vergehen lassen? Nein, wir müssen handeln."

Milfor wollte etwas sagen, schwieg aber. Cenets meldete sich zu Wort: „Handeln? Wie meinst du das? Sollen wir Arkon angreifen, ohne daß wir wissen, wie stark das Gehirn ist? Kennen wir die Dichte und Natur des Festungsrings? Kann er vielleicht durch einen Sprung durch den Hyperraum überwunden werden?"

„Noch wissen wir es nicht", gab der Zarlt zu. „Aber wir werden es sehr bald wissen. Rhodan wird es uns verraten."

„Ich fürchte", sagte Hemor, „darauf werden wir lange warten dürfen. Er hat bestimmt nicht die geringste Absicht, uns seine Geheimnisse preiszugeben."

„Sicher hat er nicht die Absicht", sagte Demesor. „Aber wir können ihn dazu zwingen. Mit Gewalt."

Milfor sah auf. Gewalt. Das war die Sprache, die er verstand. Er lächelte kalt. „So gefällst du mir schon besser, Demesor. Das ist die einzige Möglichkeit. Wie aber willst du Rhodan in unsere Gewalt bekommen? Er ist klug und hat merkwürdig befähigte Freunde, wie man hört. Selbst die Mooffs können seine Gedanken nicht lesen."

„Wir laden ihn zu einer Besprechung ein“, schlug Demesor vor. „Roboter werden ihn überwältigen, wenn Zaliter es nicht können. In den Gewölben des Palasts wird er dann das Sprechen lernen. Dafür garantieren meine Wissenschaftler.“

„Und wenn er nicht allein kommt?“ fragte der vorsichtige Cenets.

Der Zarlt lächelte geringschätzig. „Die Roboter werden auch mit zehn Rhodans fertig, Cenets. Mache dir nur keine Sorgen. Sobald wir wissen, wie man ungehindert in das System Arkon eindringen kann, handeln wir. Die Tage der Robot-Regierung sind gezählt – es lebe das Zalitische Imperium von Arkon!“

„Es lebe das Zalitische Imperium!“ wiederholten die vier anderen Männer die Losung des Zarlt.

Die Freunde Admiral Zernifs schlugen genau zur festgesetzten Minute los.

In und um Tagnor flogen wichtige Gebäude der Regierung und der Raumflotte in die Luft. Sogar eines der größeren Schiffe auf dem Landefeld explodierte. Zum Glück war die Mannschaft gerade mit Außenreparaturen beschäftigt, so daß niemand getötet wurde.

Zur gleichen Zeit erfolgten offene Überfälle auf Polizeistreifen. Die Zivilisten in der Stadt sahen dem Geschehen passiv zu und dachten nicht daran, den Polizisten zu helfen.

Auf dem Land flogen Fabriken in die Luft, ganze Rüstungszentren wurden zerstört. Erst jetzt wurde offensichtlich, wie gut die Organisation der Rebellen war. Niemals konnte ein derartiger Schlag in nur wenigen Stunden vorbereitet worden sein. Sie mußten schon lange etwas Ähnliches geplant haben. Rhodans Initiative hatte nur den Gang der Ereignisse beschleunigt.

Der Zarlt gab Großalarm.

Kleinere Einheiten der Raumflotte wurden von Tagnor abgezogen, um zu ihren Einsatzhäfen zurückzukehren. Transporter brachten Truppen in die abgelegenen Gebiete, um eine offene Rebellion sofort im Keim zu ersticken.

Aber wo man auch zufassen wollte, kam man zu spät. Die Saboteure waren wie vom Erdboden verschwunden. Niemand wollte sie gesehen haben, niemand konnte den geringsten Hinweis geben.

Niemand achtete in diesem Chaos darauf, daß am Rand des riesigen Raumhafens ein kleines, diskusförmiges Schiff aus dem dämmerigen Himmel herabschoß und in der geöffneten Luke der über achthundert Meter hohen GANYMED verschwand.

Die Landung war unbemerkt geglückt. In derselben Sekunde hörten die Sabotageakte auf Zalit auf.

Es war plötzlich eine Ruhe, als hätte es niemals eine Widerstandsbewegung gegeben.

Die Nacht verging ohne besondere Ereignisse.

Gegen elf Uhr morgens am anderen Tage näherte sich der TITAN ein Wagen. Er hielt dicht neben der unteren Einstiegluke. Ein Offizier stieg aus und richtete seinen Blick nach oben, wohl in der Hoffnung, daß ihn jemand bemerkte.

Zu seinem Glück war das der Fall.

Sergeant Harnahan schaltete durch einen reinen Zufall den Bildspion der Luke ein und sah die farbenprächtige Uniform des Zaliters. Im ersten Augenblick hielt er das farbige Objekt für einen Riesenpapagei, aber dann erkannte er seinen Irrtum. Die Offiziere auf Zalit sahen alle aus, als kämen sie von einem Maskenball.

Er zuckte mit den Schultern. Von ihm aus konnten sich die Zaliter von Kopf bis Fuß in Orden kleiden, seine Sorge war das nicht.

Aber was hatte der Kerl hier zu suchen? Einen Augenblick überlegte er, ob irgendein Verbot bestand, die Luke zu öffnen. Er entsann sich keines solchen Verbots. Nun, der Einstieg lag ja auch immerhin mehr als zehn Meter über der Betonfläche des Feldes. Wenn der Bursche da unten nicht gerade ein Rekordspringer war, drohte kaum Gefahr.

Harnahan ließ die Schleuse zur Seite gleiten. Es entstand ein Spalt, breit genug, daß er den Kopf durchschieben konnte.

„Betteln und Hausieren verboten!“ brüllte er in die Tiefe.

Der Offizier des Zarlt zuckte erschrocken zusammen. Es war Hemor, der nicht mit diesem respektlosen Empfang gerechnet hatte.

„Ich komme im Auftrag des Zarlt“, rief er zurück. „Ich muß Rhodan sprechen.“

„Sie meinen *Mister* Rhodan?“ vergewisserte sich Harnahan, der plötzlich großen Wert auf gute Erziehung zu legen schien. „Warten Sie, ich werde ihn fragen.“

Ehe Hemor etwas sagen konnte, schloß sich die Luke wieder. Der Zaliter kochte vor Zorn, aber er beherrschte sich. Der Zarlt hatte Besonnenheit befohlen. Besonnenheit und Geduld. Später war Zeit genug, sich für den Hochmut Rhodans zu rächen.

Also blieb Hemor einsam und verlassen stehen und wartete.

Harnahan ließ sich Zeit.

Mit einer Anzahl von Lifts erreichte er schließlich die Zentrale und rief von hier aus Rhodan mit Hilfe des Interkoms. Rhodan weilte noch in seiner Kabine, nachdem er die halbe Nacht mit den Mutanten den geplanten Einsatz besprochen hatte.

„Wer will mich sprechen?“ vergewisserte er sich erstaunt. „Ein Offizier?“

„Er behauptet, der Zarlt schicke ihn.“ Harnahan nickte dem Gesicht auf dem Bildschirm zu. „Es sei dringend.“

Rhodan sprang aus dem Bett. „Sagen Sie ihm, er solle warten. Nicht ins Schiff lassen. Ich gehe zu ihm.“

„Allein?“

„Natürlich, oder glauben Sie, ich hätte vor einem einzelnen Zaliter Angst? Sie können von der Luke aus auf mich aufpassen.“

Harnahan schaltete den Interkom ab und kehrte zum Ausgangspunkt seines Abenteuers zurück. Der Offizier wartete noch am gleichen Fleck und schien sich die Beine in den Bauch zu stehen.

„He, Sie da unten!“ rief Harnahan und öffnete die Schleuse völlig, um sich auf die Schwelle zu setzen. Seine Beine baumelten herab. „Sie sollen warten. Rhodan kommt bald.“

Das war ein wenig übertrieben, denn Rhodan ließ sich Zeit. Schließlich war er gerade erst aufgestanden. Er frühstückte gemütlich, nachdem er sich durch die Außenbordbeobachtung davon überzeugt hatte, wer ihn da zu besuchen beabsichtigte. Hemor kannte er. Das war der Offizier gewesen, der ihn am Rand des Systems entdeckt und nach Zalit geleitet hatte. Ein enger Vertrauter des Zarlt. Ob es vielleicht besser war, wenn er Marshall mitnahm, der die Gedanken Hemors kontrollieren konnte?

Aber dann verzichtete er darauf. Die Absichten des Zarlt waren ihm ohnehin bekannt.

Als er in die Schleuse kam und Harnahan von hinten auf die Schulter klopfte, wäre der Sergeant fast vor Schreck in die Tiefe gefallen. Rhodan fing ihn ab.

„Sind Sie so schreckhaft?“ wunderte er sich.

Harnahan faßte sich schnell. „Nein, aber der Anblick des Papageis da unten hat mich schläfrig gemacht. Er hat ein so langweiliges Gesicht.“

Rhodan lachte. „Fahren Sie die Rampe aus. Ich werde mir den Vogel mal ansehen.“

Hemor wurde lebendig. Endlich wurde sein Warten belohnt. Rhodan kam, um den ersten Schritt in die Falle zu tun, die man vorbereitet hatte.

Hemor ging dem Verhaßten entgegen, der alle Pläne zu stören drohte.

„Sie brauchen sich nicht zu entschuldigen“, begann er höflich und lächelte verbindlich. „Auch der Zarlt hat nicht immer Zeit für unangemeldete Besucher. Er würde sich jedoch sehr freuen, Sie heute abend als seinen Gast begrüßen zu können. Nein, kein Fest. Eine wichtige Lagebesprechung.“

Rhodan tat erstaunt. „Lagebesprechung? Was habe ich mit der Lage auf Zalit zu tun?“

Hemor blinzelte in die Mittagssonne. „Sehr viel, nehme ich an. Da Sie dem Zarlt Ihr Geheimnis nicht verraten wollen, werden wir das Robotgehirn eben ohne Ihre Hilfe angreifen. Der Zarlt möchte Sie über seine Absichten informieren und Sie dann bitten, Zalit zu verlassen. Aber er wollte Ihnen das selbst sagen, und ich darf ihm nicht zuvorkommen.“

Das war er aber schon. Und zwar mit voller Absicht. Rhodan sollte neugierig gemacht werden. Es schien auch zu gelingen.

„So, Sie wollen also Arkon angreifen ... Und ich soll Zalit verlassen? Das Robotgehirn wird mich jagen.“

„Es wird genug mit uns zu tun haben“, beteuerte Hemor selbstsicher. „Wir sind der Ansicht, daß es sich dann nicht mehr um Sie kümmern wird.“

Sprach Hemor die Wahrheit? Schon bereute es Rhodan, ohne Marshall gekommen zu sein. Die Einladung des Zarlt konnte er auch nicht gut ablehnen, das wäre verdächtig. Er mußte auch weiterhin so tun, als vertraue er ihm und hoffe auf Partnerschaft. Er beschloß, das Thema zu wechseln.

„Was geschah gestern? Wir beobachteten einige Explosionen in der Stadt und eine rege Tätigkeit der Raumflotte. Gab es Ärger?"

„Einige Unglücksfälle, nichts weiter. Der Zarlt wird Ihnen davon berichten. Darf ich ihm melden, daß Sie kommen werden?"

„Ich werde erscheinen und einige meiner Berater mitbringen."

„Zwei Stunden vor Sonnenuntergang." Hemor nickte und ging zu dem wartenden Wagen. Ohne sich noch einmal umzublicken, stieg er ein und gab dem Fahrer einen Wink. Das Gefährt setzte sich sofort summend in Bewegung und glitt auf den Rand des Feldes zu, wo die Ausfallstraße von der Stadt her endete.

Der Rhodan ständig zur Verfügung stehende Wagen stand unverändert an seinem alten Platz. Er würde sie heute abend zum Zarlt bringen.

Rhodan hatte plötzlich starke Zweifel, ob es auch beabsichtigt war, daß er sie wieder zurück zur TITAN brachte.

Der Tag verging ruhig.

Ras Tschubai war mit André Noir unterwegs und schaltete Mooff auf Mooff aus. John Marshall war mit Zernif und dem Teleporter Tako Kakuta von Rebellenunterschlupf zu Rebellenunterschlupf geeilt, um die endgültige Erhebung gegen den Zarlt vorzubereiten. Die einzelnen Kommandos lagen von nun an in ständiger Bereitschaft. Eine kurze Botschaft würde sie handeln lassen. Jede Gruppe war mit einem Funkempfänger ausgerüstet worden, der ihnen das Zeichen zum Losschlagen übermitteln sollte.

Zernif kehrte mit Marshall in die TITAN zurück. Er würde die Aktion von hier aus leiten.

Drei Stunden vor Sonnenuntergang setzte Rhodan eine Besprechung in der Messe der Mutanten an. Außerdem waren die beiden Arkoniden, Bully und Leutnant Tifflor als Verbindungsmann zur GANYMED anwesend.

„Der Zarlt hat mich zu einer Unterredung eingeladen. Bully und John Marshall werden mich begleiten. Nadelstrahler sind unsere Bewaffnung. Ich wittere einen Verrat. Daher steht das Mutantenkorps in erhöhter Alarmbereitschaft. Verbindungsperson mit John Marshall ist Betty Toufry. Hören Sie, Betty, Sie müssen ständig mit Marshall in telepathischem Kontakt bleiben, verstanden?" Er wartete, bis das junge Mädchen – Telepath und Telekinet zugleich – bestätigend genickt hatte, dann fuhr er fort: „Thora übernimmt das Kommando über die TITAN. Beim Zeichen eines ernsthaften Anfgriffs sofort starten. Jawohl, Thora, ich sagte: starten! Und zwar Transition über zwei Lichtjahre zu einem Punkt, dessen Koordinaten auf dem Navigationstisch liegen. Oberst Freyt wird von Tiff unterrichtet. Die TITAN und die GANYMED dürfen keiner Gefahr ausgesetzt werden, obwohl ich kaum annehme, daß man die Schutzschirme durchbrechen kann. Vor allem aber möchte ich unnützes Blutvergießen vermeiden."

Gucky, der zusammengerollt in einem Sessel gelegen hatte, streckte sich. In seinen braunen und klugen Augen lag heimlicher Vorwurf.

„Und wir?" fragte er. „Sollen wir mit der TITAN verschwinden, während hier eine Show abrollt?"

Rhodan schüttelte lächelnd den Kopf. „Wer sagt das? Bevor die TITAN startet, bringen die Teleporter alle Mitglieder des Mutantenkorps in die vorbereiteten Verstecke der Rebellen. Auch Zernif geht dann mit. Die Operationen gegen den Zarlt beginnen dann sofort. Es ist alles bereit. Nur der Zeitpunkt muß noch bestimmt werden. Es ist der Zarlt, der das tut."

Rhodan lächelte plötzlich nicht mehr.

„Ich habe das Gefühl", sagte er, „daß ich es nicht allein schaffen werde, Gucky. Heute abend könnte eine Entscheidung fallen . . ."

Das Wesen war rund, hatte einen Durchmesser von einem Meter und war ungefähr genauso hoch. Es hockte unbeweglich in einem Druckbehälter aus Glas, der eine dichte Methanatmosphäre enthielt, denn ohne diese konnten die Mooffs nicht existieren.

Der Behälter stand in einem abgeschlossenen Raum des Palasts, nicht weit von dem kleinen Saal entfernt, in dem die heutige Besprechung mit Rhodan stattfinden sollte.

Irgendwo in den Kellergewölben des Palasts lagerten etliche tausend gleichartiger Behälter, in denen sich Wesen wie dieses befanden. Bisher war es noch nicht gelungen, herauszufinden, was mit diesen Methanwesen geschehen war. Selbst für die aktiven Mooffs war der Zustand ihrer Artgenossen ein Rätsel. Sie hofften aber, daß sich dafür früher oder später eine Erklärung finden ließ. Hier waren alle Versuche, das Rätsel zu lösen, zum Scheitern verurteilt, da man an die toten Gefährten nicht herankam. Auf ihrem Ursprungsplaneten konnten sie sich intensiv um dieses Rätsel kümmern. Aber noch war der entsprechende Befehl der *Herren*, der den Rücktransport einleiten sollte, nicht erfolgt.

Vorsichtig sondierte der Mooff, wie regelmäßig jeden Tag, die Gedanken aller Zaliter, die sich im Palast aufhielten. Es war kein Verräter darunter, wie er schnell feststellte. Aber dann konzentrierte er sich auf den Zarlt und suggerierte ihm sein Gedankenbild ein.

Zarlt Demesor, was sind deine Absichten heute abend?

Demesor weilte in seinem Privatgemach und kleidete sich um, als er die Frage vernahm. Sie stand wie etwas Körperliches vor seinem geistigen Auge. Er wußte, daß einer der Mooffs Verbindung mit ihm suchte. Sie waren treue und zuverlässige Diener.

Ich habe Rhodan eingeladen. Du wirst seine Gedanken überwachen und mir mitteilen, ob er einen Verrat plant.

Der Zarlt wußte, daß der Mooff ihn verstehen konnte. Die Bestätigung erfolgte prompt.

Rhodan ist ein Feind Zalits. Er muß getötet werden. Wir werden dir dabei helfen. Aber du mußt vorsichtig sein. Er besitzt Gefährten, die genau so gute Telepathen sind wie wir. Sie können deine Gedanken erraten. Ich werde somit dafür sorgen, daß du und alle, die von dem Vorhaben wissen, einen Abwehrblock erhalten.

Demesor sah seine Ahnungen bestätigt. Auch Rhodan besaß Telepathen. Gut, daß der Mooff ihn gewarnt hatte.

„Danke“, sagte er laut. „Ich hätte es vergessen. Rhodan wird also keine Ahnung haben, was ihm bevorsteht?“

Er wird ahnungslos bleiben, bis du handelst. Und dann ist es für ihn zu spät. Wenn er gefangen ist, lasse ihn zu mir bringen. Wir werden kontrollieren, ob er die Wahrheit spricht.

„Ich muß ihn erst zum Sprechen bringen“, erinnerte Demesor.

Das dürfte nicht schwer sein, Zarlt. Bringe ihn zu uns. In den großen Saal der Telepathen. Vergiß es nicht.

Für einen Augenblick glaubte Demesor, in der Aufforderung eine Drohung zu spüren, aber dann verschwanden seine Bedenken, als seien sie weggeblasen. Natürlich hatte der Mooff recht, wenn er sich das Verhör Rhodans vorbehielt. Konnte nicht gerade ein Telepath die geheimsten Geheimnisse des Gefangenen zutage fördern?

Zarlt Demesor lächelte.

Er begann, sich auf den vielversprechenden Abend zu freuen . . .

Bully prüfte den korrekten Sitz seiner Uniform.

„Ob heute auch Mädchen dabei sein werden?“ fragte er mit verhaltenem Interesse und versuchte, sein borstiges Haar dazu zu bewegen, sich glatt zu halten. „Schließlich muß es doch auf Zalit auch Mädchen geben.“

„Rothäutige Schönheiten mit Kupferhaar?“ Rhodan schüttelte den Kopf und blinzelte Marshall zu, der ungeduldig an der Tür wartete. „Ich fürchte, der Zarlt hat andere Sorgen, als sich um unsere diesbezüglichen Bedürfnisse zu kümmern. Du wirst also auf Damengesellschaft verzichten müssen.“

„Dann eben nicht“, erwiderte Bully patzig und ließ Haare Haare sein. Mochten sie stehen wie eine Bürste. „Vielleicht haben sie keine hübschen.“

„Ziemlich schwacher Trost“, knurrte Marshall und trat nervös von einem Fuß auf den anderen. „Möchte wissen, ob Sie keine anderen Sorgen haben, Bully.“

„Nein, keine anderen“, eröffnete ihm Bully grinsend.

Rhodan überprüfte die Ladung seines kleinen Nadelstrahlers, bevor er die Waffe in eine der Gesäßtaschen schob. Dann nickte er seinen beiden Freunden zu. „Fertig? Gut, dann kann es losgehen.“

Drei Minuten später schloß sich hinter ihnen mit einem dumpfen Laut die Ausstiegluke. Ohne sich umzusehen, kletterten sie in den wartenden Wagen des Zarlt, der sich sofort in Bewegung setzte und in schneller Fahrt über das Feld glitt, bis er die Straße erreichte. Hier erhöhte er sein Tempo und raste auf die Stadt zu. Die Umrisse der charakteristischen Trichterbauten hoben sich klar und deutlich gegen den hellen Himmel ab. In zwei Stunden erst würde die Sonne untergehen.

Bald fuhren sie durch die Vororte mit ihren zahlreichen Parks und Grünanlagen. Rhodan wußte, daß es hier unterirdische Gänge und Räume gab, in denen die Rebellen in Bereitschaft lagen. Marshall brauchte nur das telepathische Kommando zu geben, Betty Toufry würde es auffangen und weiterleiten – die Revolution würde beginnen.

Aber soweit war es noch nicht. Niemand wußte, was der Zarlt plante.

Der Palast kam in Sicht. Mit seinen einhundertfünfzig Metern Höhe überragte er alle anderen Bauten. Rot schimmerten die nach außen geneigten Wände im Schein der schon tief stehenden Sonne Voga. Rhodan bemerkte, daß die üblichen Wachen am Portal nicht verstärkt worden waren. Das erschien im Hinblick auf die Ereignisse des Vortages fast verdächtig. Mit einem Seitenblick stellte er weiterhin fest, daß der Mooff inmitten der weiten Rasenfläche wieder vorhanden war. Er mußte ersetzt worden sein, denn der alte war von Noir ausgeschaltet worden.

Schon spürte er die tastenden Gedanken und suggestiven Versuche des Quallenwesens. Die übliche Aufforderung, alle eventuell mitgeführten Waffen den Posten abzuliefern. Die suggestive Kraft, die hinter dem Befehl steckte, war nur gering und ohne Bedeutung. Rhodan ignorierte die Aufforderung genauso wie Bully und Marshall.

Der Wagen hielt.

„Der Kerl könnte uns mindestens den Schlag öffnen", bemerkte Bully auf Englisch, „wenn man uns schon nicht wie richtige Gäste in Empfang nimmt."

„Ist hier nicht üblich", klärte Rhodan ihn auf und stieg steifbeinig ins Freie. „Außerdem ist das heute kein Staatsempfang, sondern ein ganz gewöhnlicher Besuch."

„Ob er so gewöhnlich ist, werden wir hinterher wissen", entgegnete Bully voller Mißtrauen. „Ich habe das Gefühl . . ."

Er kam nicht mehr dazu, seine Gefühle näher zu klassifizieren, denn nun traten aus dem inneren Portal drei farbenprächtige Zaliter mit geschulterten Strahlgewehren. Die Waffen wirkten alles andere als beunruhigend. Kolben und Läufe waren reichlich verziert, der Tragriemen bestand aus ornamentreicher Stickerei.

„Himmel!" stieß Bully hervor. „Ist das eine Operette?"

Marshall verbiß ein Grinsen. Er forschte schnell in den Gedanken der drei Posten und stieß auf recht oberflächliche Eindrücke. Der eine dachte an alles andere, nur nicht an seine Aufgabe, die Gäste des Zarlt zu empfangen, die ihm völlig gleichgültig waren. Der zweite überlegte gerade angestrengt, wie er dem Bruder seiner Frau eins auswischen konnte, weil der etwas von seiner Freundin erfahren hatte und . . .

Der dritte, stellte Marshall verblüfft fest, dachte überhaupt nicht.

Es blieb ihm keine Zeit, weiter über das psychologische Novum nachzudenken, denn die drei Posten hielten vor ihnen an, präsentierten ihre Prachtgewehre und machten dann zackig kehrt. Langsam setzten sie sich in Marsch. Rhodan nickte Bully und Marshall zu.

Gemessenen Schrittes folgten sie den Voranschreitenden.

Ein Lift brachte sie in ein höher gelegenes Stockwerk. Hier wurden sie von drei anderen Operettensoldaten übernommen. Marshall blieb keine Gelegenheit, sie zu überprüfen, denn er verspürte plötzlich starke Impulse, die aus verschiedenen Richtungen auf ihn eindrangen. Es waren keine Suggestivbefehle, darum war er sicher, der einzige zu sein, der sie wahrnahm. Ehe er sich darüber klar wurde, was die Impulse zu bedeuten hatten, wurden sie schwächer und verschwanden. Das Zwischenspiel hatte keine dreißig Sekunden gedauert.

Sie folgten den Offizieren durch einen langen und leicht gekrümmten Korridor. Marshall überlegte krampfhaft, was die Impulse zu bedeuten hatten. Waren sie von den Mooffs abgetastet worden? Wenn dem so war, wußten die Mooffs bereits, wer ihre Gegner waren.

Die drei Posten hielten an. Sie präsentierten wieder. Eine Tür öffnete sich. Dahinter lag ein kleiner Saal, in dessen Mitte ein flacher Tisch stand. Daran saßen fünf Personen. Im Hintergrund erhob sich ein flaches Podium, das von bunten Vorhängen eingerahmt war.

Vier Zaliter blieben sitzen. Der Zarlt erhob sich und ging seinen Gästen entgegen. Er streckte die Hand aus. „Willkommen, Perry Rhodan. Sie sind pünktlich.“

Rhodan nahm die Hand, gab aber den Druck nicht zurück. Auch Bully und Marshall wurden auf gleiche Weise begrüßt. Ersterer verzog das Gesicht, als habe er etwas Unangenehmes angefaßt. Der Zarlt schien es nicht zu bemerken.

„Und nun darf ich Sie meinen Offizieren vorstellen. Einige kennen Sie ja bereits – Hemor und Cenets. Dies ist Milfor, Chef der

Bewaffnung. Orbson ist kommandierender Admiral der Patrouillen. Nehmen Sie bitte Platz. Ich habe mir erlaubt, Ihnen zu Ehren ein kleines Essen zu geben. Dabei läßt sich besser reden."

Rhodan saß in der Mitte, rechts und links von ihm Marshall und Bully. Ihm genau gegenüber nahm Demesor Platz. Er saß zwischen Hemor und Milfor auf der einen, Cenets und Orbson auf der anderen Seite.

Während noch belanglose Höflichkeitsfloskeln getauscht wurden, erlebte Marshall seine erste große Enttäuschung. Er konzentrierte sich ganz auf seine Aufgabe und wollte damit beginnen, die Gedanken im Unterbewußtsein der Zaliter zu erforschen. Naturgemäß begann er damit bei Zarlt Demesor.

Er stieß gegen den Abwehrblock eines Mooffs.

Etwas anderes konnte es nicht sein, denn kein Nicht-Telepath konnte ohne jahrelanges Training einen solchen Block selbstständig errichten. Außerdem gehörte eine gewisse Suggestionsgabe dazu. Beides besaßen die Mooffs in ausreichendem Maße. Sie hatten sich also bereits in das Geschehen eingeschaltet.

Er versuchte es bei den vier Offizieren und mußte feststellen, daß es bei ihnen nicht anders war. Es war ihm unmöglich, die Gedanken der fünf ihm gegenübersitzenden Zaliter zu lesen. Das war ein Handikap, mit dem niemand gerechnet hatte. Marshall am allerwenigsten.

Er mußte Rhodan warnen.

„Nein, es waren nur einige Unfälle", sagte der Zarlt gerade und beantwortete damit eine Frage Rhodans, der sich nach der Ursache der gestrigen Aufregung erkundigte. „Fahrlässigkeit. Das kommt schon vor. Die Schuldigen wurden bestraft."

Rhodan lächelte freundlich. Er empfing im selben Augenblick Marshalls geflüsterte Warnung. Nicht nur, daß die Gedanken des Zarlt und seiner Vasallen verborgen blieben, nun bestand auch die Gefahr, daß die Mooffs ihre – Rhodans und seiner Freunde – Gedanken lasen und sich entsprechend einrichten konnten. Ein Abwehrschirm war die einzige Möglichkeit, um das zu verhindern.

Ohne daß Demesor und seine Offiziere es bemerkten, begann die Auseinandersetzung zwischen den Telepathen. Rhodan und Bully konnten allerdings nichts anderes tun, als ihre Gedanken abzuschirmen. Marshall hingegen versuchte, den Block des Zarlt zu durchbrechen und bis zur eigentlichen Ausstrahlungsquelle – dem Mooff – vorzudringen.

Diener brachten Schüsseln mit den Früchten Zalits, dazu Getränke in verschiedener Form. Rhodan zog Obstsäfte vor, Bully allerdings sprach dem kräftigen Wein zu. Mit Wohlgefallen betrachtete er die hübschen Mädchen, die erschienen, um nachzuschenken.

Die Zaliterinnen waren in der Tat hübsch. Der Zarlt besaß einen guten Geschmack, das mußte Bully als Kenner zugeben. Die rotbraunen Schönen schritten graziös von einem zum anderen und sorgten dafür, daß die Becher niemals leer wurden. Bully trank allein deswegen, um die Bewegungen zu bewundern, deren Gleichmaß ihn zu faszinieren begann.

„Gefallen sie Ihnen?" fragte der Zarlt mit einem Lächeln. Als Bully gedankenverloren nickte, fügte er hinzu: „Sie können mehr als nur bei Tisch bedienen."

Bully nickte, sah dann aber erschrocken hoch.

„O nein – so meine ich es nicht", sagte Demesor und lächelte belustigt. „Sie können auch tanzen – das meine ich."

„Können Sie Gedanken lesen?" platzte Bully heraus. Flüchtiges Rot der Verlegenheit huschte über seine Wangen. Rhodan half ihm aus der Klemme.

„Sie waren etwas zweideutig, Zarlt", sagte er mit freundschaftlichem Vorwurf, den niemand ernst nahm. „Aber gegen Tanzen wäre sicherlich nichts einzuwenden."

„Sprechen wir erst über die uns bewegenden Angelegenheiten der Strategie." Demesor sah sich zu einem Vorstoß gezwungen. „Ich meine unsere gemeinsame Aktion gegen Arkon."

Rhodan zog die Augenbrauen hoch.

„Gegen Arkon?" wunderte er sich offensichtlich.

„Ich meine natürlich gegen das Robotgehirn", verbesserte sich der Zarlt. „Gerade weil wir das Imperium lieben, wollen wir ja die Herrschaft eines Robots beseitigen. Sie werden das verstehen, auch wenn Sie aus einem anderen System stammen – ja, sogar aus einem anderen Teil der Milchstraße, nehme ich an."

Sehr klug von dem Burschen, dachte Rhodan. Nun soll ich ohne jeden Argwohn an die Erde denken und ihre Position verraten. Die Mooffs wissen dann, woran sie sind. Und erst recht ihre Auftraggeber.

Vielleicht weiß Demesor nicht einmal, warum er das sagte. Die Mooffs beherrschten ihn.

„Ja, mein System gehört nicht zu Arkon, darum könnte mir das Schicksal des Imperiums gleichgültig sein. Leider wurde ich jedoch in die Auseinandersetzungen verwickelt, das Gehirn verfolgt mich, und ich benötige einen gewissen Schutz, den Sie mir freundlicherweise zuteil werden ließen. Ich habe Ihnen zu danken."

Milfor beugte sich vor und sah Rhodan eisig an. „Dann wird es Zeit, daß Sie uns Ihre Dankbarkeit beweisen."

Dem Zarlt war dieser direkte Vorstoß unangenehm, das sah man ihm deutlich an. Er versuchte zu vermitteln. „Milfor meint es nicht so, Rhodan. Natürlich rechne auch ich damit, daß Sie uns bei unserem Vorhaben behilflich sind. Sie haben uns das ja versprochen. Uns geht es in erster Linie, wie Sie wissen, um den Festungsring von Arkon. Es scheint unmöglich, ihn zu durchdringen. Ihnen gelang es."

Das war eine Frage, keine Feststellung.

Bully leerte seinen Becher und winkte der Schönen mit dem Kupferhaar. Er half dem Zufall ein wenig nach und berührte die rotbraune Haut ihres Armes mit seiner Hand. Sie war straff und glatt – und kalt.

Der Zarlt bemerkte es. Er rief dem Mädchen ein scharfes Wort in einer unverständlichen Sprache zu. Sie verneigte sich demütig und entfernte sich sofort. Entschuldigend sagte Demesor zu Bully: „Verzeihen Sie, wenn die Sklavin zudringlich erschien. Es war ein Versehen."

„Oh", machte Bully. „Ein sehr verzeihliches Versehen. Tragen Sie es ihr nicht nach, bitte. Es sind wirklich sehr hübsche Mädchen."

Der Zarlt grinste etwas verzerrt, und Bully begann, sich einige Gedanken zu machen.

Er nicht allein . . .

„Glauben Sie, Zarlt", fragte Rhodan sehr deutlich, „daß Ihre Herrschaft über das Imperium für dieses vorteilhafter als die des Robotgehirns wäre?"

Für einen Moment war Demesor über diese verkleidete Absage verblüfft. Seine Vermutung, daß dieser Rhodan nicht daran dachte, ihm zu helfen, schien sich zu bestätigen. Vielleicht benötigte er nun seinen Schutz nicht mehr. Oder es gab andere Gründe.

Er überwand sich zu einem sauren Lächeln. „Die Herrschaft einer Maschine über intelligente Wesen ist immer nachteilig – und erniedrigend ist sie auf jeden Fall.“

„Aber eine Maschine fällt schnellere und meist bessere Entscheidungen, das müssen Sie doch zugeben. Sonst stünden keine Roboter in unseren Diensten.“

„Roboter?“ fragte Demesor, und es war Rhodan, als zucke Erschrecken über sein Gesicht. Dann lächelte der Zarlt wieder, als sei nichts geschehen. „Wenn schon, Sie sagen ja selbst, daß sie in unseren Diensten stehen. Das ist der ganze Unterschied. Wir werden nicht von ihnen beherrscht, sondern sie gehorchen uns.“

„Wenn sie fähiger sind als wir, wird sich auch diese Lage um hundertachtzig Grad wenden“, prophezeite Rhodan gelassen. „Im Falle Arkon ist es so geschehen.“

Der Zarlt beugte sich vor. „Wollen Sie damit behaupten, daß das Robotgehirn von Arkon richtig gehandelt hat, als es die Arkoniden ablöste?“

„Ja“, sagte Rhodan, seine Rolle überzeugend weiterspielend, „das möchte ich allerdings behaupten.“

Wieder benötigte Demesor Sekunden, um die Mitteilung zu verdauen.

„Die Arkoniden sind dekadent und waren nicht mehr in der Lage, das Imperium zu verwalten“, gab er schließlich zu und schien zu einem Kompromiß bereit. „Aber das Gehirn hätte sich nach besseren Regenten umsehen sollen, ehe es so handelte.“

Rhodan lächelte wissend.

„Vielleicht hat es das auch“, vermutete er. „Aber zu der damaligen Zeit war ja noch Elton Zarlt von Zalit. Vielleicht hielt es Elton auch nicht für geeignet.“

Das war zumindest diplomatisch. Der Zarlt erkannte das an. Er klatschte in die Hände.

„Die Mädchen sollen uns ein wenig mit ihrem Tanz erfreuen“, sagte er gönnerhaft. „Aber ich möchte doch eine ganz klare Antwort haben, Rhodan. Auf meine Frage nämlich, ob wir mit Ihrer Unterstützung rechnen können. Wir werden Arkon in einer Zalitwoche angreifen.“

Sechs der Mädchen formierten sich gehorsam und gingen zur Bühne. Irgendwo aus Lautsprechern erklang leise Musik.

„Endlich wird es interessant“, sagte Bully. Er setzte sich so, daß er besser sehen konnte. Zu seinem Glück hatte der Zarlt dafür gesorgt, daß seine Gäste frontal zur Bühne saßen.

Rhodan hingegen beschloß, dem Herumgerede ein Ende zu bereiten. „Sie sollen eine klare Antwort erhalten, Zarlt: Wir werden Ihnen nicht helfen – und zwar aus einem ganz einfachen Grund. Ich will ihn Ihnen auch verraten. Wenn Sie nicht fähig sind, den Sperrgürtel von Arkon zu überwinden, dann sind Sie auch nicht fähig, das Imperium zu regieren. Habe ich mich klar genug ausgedrückt?“

Das war mehr als nur deutlich. Das war eine offene Brüskierung.

Der Zarlt schluckte sie.

Sein Lächeln verzerrte sich zwar ein wenig, aber er warf seinen Offizieren warnende Blicke zu, nur nichts zu überstürzen.

„Das tut uns leid“, stieß er hervor. „Das tut uns wirklich leid. Sie werden verstehen, daß wir Sie unter diesen Umständen nicht mehr als unsere Gäste betrachten können. Sie werden noch heute nacht unsere Welt verlassen und in Richtung Galaxisrand fliegen. Unsere Strukturtaster werden das kontrollieren.“

Rhodan nickte ruhig.

„Wenn Sie wünschen, werden wir starten. Unter diesen Umständen ...“, und er erhob sich, „ ...hat es ja wohl nur wenig Sinn, wenn wir länger in Ihrer Gesellschaft verweilen.“

Bully blieb sitzen. Er starrte wie gebannt zur Bühne, wo die sechs Mädchen mit ihrem Tanz gerade begannen. Die einschmeichelnde Melodie schien die sechs ebenmäßigen Körper verschmelzen zu lassen, deren Bewegungen wie aus einem Guß waren.

Rhodan seufzte und setzte sich wieder. Marshall erlaubte sich ein schwaches Grinsen. Die Mädchen interessierten ihn ebenfalls. Vielleicht wußten sie etwas ...

Und nun passierte ihm zum zweitenmal etwas sehr Merkwürdiges heute abend. Es war kein Abwehrblock, gegen den er stieß, sondern etwas anderes. Er wußte nicht, was es war, aber das gleiche hatte er doch heute schon erlebt? Wo war das nur gewesen?

Er entsann sich. Draußen, als die drei Offiziere sie am Portal begrüßten. Einer dachte an seinen Schwager, der andere an Nebensächlichkeiten. Der dritte hatte an überhaupt nichts gedacht.

Das war es.

Und diese sechs Tänzerinnen dachten ebenfalls an nichts.

Sie dachten überhaupt nicht.

Er wurde in seinen Überlegungen abgelenkt. Die Musik hatte sich verändert. Sie war schneller geworden. Die Beine der Mädchen flogen hoch und begannen, in immer rasenderem Rhythmus auf den Boden zu stampfen. Bully hockte vollkommen versunken da. Er ließ keinen Blick von den Tänzerinnen, die nun das Podium verließen und mit schwebenden Schritten auf die Gäste zueilten. Spielerisch umtanzten sie diese und wichen geschickt zurück, wenn Bully nach ihnen zu greifen versuchte.

Marshall nahm seine Überlegungen wieder auf, aber als er drei Sekunden später die Lösung fand, war es bereits zu spät.

Die sechs Mädchen hatten sich so verteilt, daß jeweils zwei von ihnen hinter einem der Gäste standen. Ehe Rhodan überhaupt ahnte, was geschah, und ehe Marshalls telepathische Warnung durchkam, wurde er von Eisenklammern umfaßt, die seine Arme dicht gegen den Körper preßten.

Marshall und Bully erging es nicht anders.

Besonders für letzteren war es ein harter Schlag, der alle seine Illusionen zerstörte, sozusagen mit einer Handbewegung. Er spürte die plötzliche Nähe der Angebeteten, aber er wußte nichts mit ihr anzufangen. Die Haut der beiden Mädchen, die ihn hielten, war glatt und kalt.

Kalt wie Stahl.

„Es sind Roboter", sagte Marshall laut. „Eine hübsche Falle."

Bullys rote Haarborsten stiegen senkrecht in die Höhe und bildeten seine berüchtigte Bürste. Seine Augen waren weit aufgerissen, aber es war ihm nicht möglich, den Kopf so zu drehen, daß er in die Gesichter seiner hübschen Wärterinnen sehen konnte.

Der Zarlt erhob sich.

„Beenden wir die Komödie", sagte er hart. „Wir haben uns lange genug Ihre Versprechungen anhören müssen. Nun ist es damit vorbei. Wenn Sie weiterzuleben wünschen, werden Sie uns Ihre Geheimnisse verraten. Aber bevor Sie zu sprechen beginnen, wechseln wir den Raum. Haben Sie Waffen bei sich?"

„Vielleicht schauen Ihre Mädchen mal nach", riet Bully, der langsam zornig wurde.

Es blieb ihnen nichts übrig, als sich entwaffnen zu lassen. Die Stahlarme der verkleideten Roboter ließen keinen Widerstand zu. Rhodan spürte keinerlei Beunruhigung. Er wußte, daß Marshall seinen Alarm längst an die TITAN weitergegeben hatte. Der Kampf begann.

„Meine Großmutter hat schon immer gesagt", stellte Bully wütend fest, „daß ich harmloser Mensch mal auf ein nichtsnutziges Frauenzimmer hereinfallen würde. Aber daß es eine Roboterdame sein würde, davon ahnte sie bestimmt nichts."

„Früher oder später", murmelte Marshall halb belustigt, „hätten Sie den Irrtum sicherlich bemerkt."

Der Zarlt und die Offiziere gaben den sechs Robotern einen Wink. Ein unverständlicher Befehl, dann wurden Rhodan, Bully und Marshall von den Mädchen mühelos emporgehoben und aus dem Saal getragen.

Die drei Teleporter Tako Kakuta, Ras Tschubai und Gucky hatten alle Hände voll zu tun, das Mutantenkorps in die vorbereiteten Verstecke der Rebellen zu bringen. In zehn Minuten jedoch war alles vorbei und die TITAN ohne Mutanten.

Thora und Crest waren zum erstenmal auf dem gigantischen Schiff allein, abgesehen von der Mannschaft.

Vor einem Jahr noch hätte Thora die Gelegenheit benutzt, Rhodan das Schiff abzunehmen und nach Arkon zu fliehen. Heute aber war alles ganz anders geworden.

Crest mochte ihre Gedanken erraten haben. Er lächelte weise. „Rhodan gefällt dir, Thora? Du kannst es ruhig zugeben. Übrigens gefällt er mir auch."

„Es wäre vielleicht nicht ganz so, wenn wir auf Arkon die altgewohnten Verhältnisse angetroffen hätten", gab sie Crests Vermutung indirekt zu. „So aber . . ."

„Wir können uns keinen besseren Freund und Verbündeten denken, Thora. Er ist mit dem Robotgehirn besser fertig geworden, als alle Arkoniden zusammen. Würden wir Rhodan verlieren, verlören wir auch gleichzeitig unsere Zukunft. Er hat uns die TITAN anvertraut. Weißt du, welches Vertrauen er damit in uns setzt?"

„Ja." Thora nickte. „Ich weiß. Und ich werde es rechtfertigen. Er und alle seine Freunde weilen auf diesem Planeten. Der verräterische Zarlt hat ihn gefangengenommen, und ich darf ihm jetzt nicht zeigen, wie gern ich ihm helfen möchte. Und vielleicht muß ich mit der TITAN sogar fliehen, wie ich es versprochen habe. Es würde mir wie Verrat vorkommen."

„Verrat wäre es, handelten wir seinen Anordnungen zuwider", beruhigte Crest sie. Er sah prüfend auf die eingeschalteten Bildschirme, die den Raumhafen zeigten. „Willst du jetzt nicht ruhen, Thora? Ich übernehme die Wache und wecke dich, wenn etwas geschehen sollte."

„Schlafen?" sann Thora vor sich hin. „Wie kann ich schlafen, wenn er in Gefahr ist?"

Erstaunen zeichnete sich auf dem Gesicht des Arkoniden ab. „*So* besorgt bist du um ihn?"

Sie nickte.

Crest lächelte nachsichtig. „Trotzdem mußt du ruhen, damit du im Augenblick der Entscheidung voll bei Kräften bist. Vielleicht läßt die Stunde der Bewährung nicht mehr lange auf sich warten. Ich möchte Rhodan beweisen, daß er sich auf uns verlassen kann – und daß wir notfalls auch noch zu kämpfen verstehen. Also bitte, lasse mich jetzt allein."

Sie sah ihn einige Sekunden nachdenklich an, dann nickte sie und verließ die Zentrale.

Crest blieb allein zurück und bereitete sich auf eine lange Nacht vor.

Aber er irrte sich.

Es wurde eine sehr kurze Nacht.

Kitai Ishibashi war der zweite Hypno des Mutantenkorps. Er vermochte anderen Individuen so nachhaltig seinen Willen aufzuzwingen, daß die davon Betroffenen fest davon überzeugt waren, aus eigener Initiative zu handeln. Zusammen mit Gucky und dem Späher Wuriu Sengu, der durch feste Materie sehen konnte, weilte er in einem unterirdisch angelegten Versteck der Rebellen. Es lag in den Außenbezirken der Stadt in einem Park.

Gucky bemühte sich, den Kontakt mit John Marshall nicht zu

verlieren, was nicht sehr leicht war, da die Gedankenschwingungen des Telepathen von immer stärker werdenden Fremdimpulsen überlagert wurden. Die Vermutung lag nahe, daß die Impulse von den Mooffs stammten.

Sie bringen uns in die Kellergewölbe des Palasts, informierte Marshall seine telepathischen Gefährten. *Vorerst besteht keinerlei Gefahr, aber Rhodan ordnet an, daß Zernif nach Plan handeln soll. Ich kann keine Nachrichten von euch mehr empfangen, die Nähe einer großen Anzahl Mooffs macht das unmöglich. Ich weiß auch nicht, ob ihr mich versteht. Für alle Fälle: Wir weilen etwa zehn Meter unter der Oberfläche in einem großen und hell erleuchteten Gewölbe. Bereitet euch darauf vor, uns hier herauszuholen. Lähmungswaffen mitnehmen. Augenblick – weitere Meldung erfolgt. Jetzt kann ich nicht . . .*

Gucky knurrte wütend: „Zum Donnerwetter, was passiert nun schon wieder? Wuriu, kannst du denn nichts sehen?"

Der Mutant schüttelte den Kopf. „Die Entfernung ist zu groß. Können wir nicht näher heran an den Palast?"

Der Mausbiber wollte antworten, aber er blieb stumm.

Neue Impulse, stärker und intensiver, drangen in sein Gehirn.

Es war nicht Marshall. Es war überhaupt niemand, den Gucky kannte.

Aber mitten hinein in seine Spekulationen kam das Schrillen des Empfängers, der sie mit der TITAN verband.

Es war Crest.

„Achtung, an alle! Die TITAN wird mit starken Kräften angegriffen. Wir werden befehlsgemäß starten und in der verabredeten Entfernung abwarten. Oberst Freyt wird die GANYMED in Sicherheit bringen. Viel Glück! Und holt Rhodan aus der Falle. Ihr seid es nun, von denen sein Leben und die Zukunft des Imperiums abhängt."

Der Empfänger schwieg. Crest hatte abgeschaltet.

Gucky ließ sich auf die Hinterpfoten zurücksinken und stützte sich mit dem Schwanz ab, damit er nicht das Gleichgewicht verlor. In seinen Augen war eine stumme Frage, die er nicht auszusprechen wagte. Er nahm kurz Verbindung mit den anderen Telepathen auf, die bei den einzelnen Gruppen weilten und stellte fest, daß sie alle die Nachricht des Arkoniden vernommen hatten.

Damit stand fest: Der Zarlt nahm keine Rücksicht mehr. Er griff die

TITAN und GANYMED offen an. Er hatte Rhodan gefangengenommen.

Gucky pfiff schrill und mißtönend. Dann sagte er mit seiner hellen Stimme: „Meine Herren Rebellen! Rogal! Nun könnt ihr zeigen, was ihr gelernt habt. Die Revolution hat begonnen! Wir werden Demesor und seine Vasallen stürzen und Rhodan befreien – na, worauf wartet ihr noch?"

Rogal starrte voller Bewunderung auf den Mausbiber, den er heute zum erstenmal sah. Er begriff immer noch nicht, wieso dieses Pelzwesen intelligenter als ein Zaliter war. Aber dann riß er sich von dem faszinierenden Anblick los, wandte sich an seine Waffengefährten und rief begeistert: „Es lebe das Imperium! Es lebe Perry Rhodan!"

Gucky hielt sich entsetzt die riesigen Ohren zu, als die Antwort durch das Gewölbe hallte.

Welcher Unsinn, als Telepath so große Ohren zu haben . . .

10.

Bully schrie und tobte, als ihn die beiden Mädchen aus dem Saal trugen. Sein heimlich geplantes Rendezvous hatte er sich ganz anders vorgestellt.

Rhodan und Marshall verhielten sich angesichts der aussichtslosen Lage ruhig und besonnen. Mit körperlicher Kraft allein kam man gegen einen Roboter nicht an, auch wenn er so mit Plastik verkleidet war, daß er wie ein hübsches Mädchen aussah.

Ein Lift brachte sie in die Tiefe. Ein Stockwerk unter dem Erdgeschoß hielt der Aufzug an. Demesor schritt voran und wies den Weg. Es waren weitverzweigte Korridore, die zehn Meter unter der Erde ein eigenes Reich bildeten. Das gedämpfte Licht drang aus der Decke und verbreitete einen gespenstischen Schein. Rhodan begann zu überlegen, was man mit ihnen vorhatte.

Folter, um das Geheimnis aus ihnen herauszupressen?

Wenn schon, dann sicher keine Folter wie im irdischen Mittelalter, sondern eine technisch ausgeklügelte Gehirnbefragung, bei der es keine Lügen und falschen Informationen mehr gab. Und schließlich waren da ja noch die Mooffs, denen die Überprüfung aller gemachten Aussagen möglich war . . .

Die Mooffs.

Plötzlich fiel es Rhodan wie Schuppen von den Augen. Er spürte den immer stärker werdenden Druck im Gehirn und erste Kopfschmerzen. Bully hatte aufgehört zu toben. Schlaff hing er in den Armen der verführerischen Mädchen, die in Wirklichkeit nichts anderes als seelenlose Roboter waren. Marshall verhielt sich passiv. Es sah so aus, als lausche er.

Die Mooffs steckten hinter der plötzlichen Aktivität des Zarlt. Das mußte es sein.

Rhodan fühlte eine Zunahme der tastenden Impulse. Sie kamen nun mehr aus der gleichen Richtung – von vorn.

Man brachte sie zu den Mooffs?

Trotz seiner nicht gerade beneidenswerten Lage fand Rhodan Zeit, in aller Eile eine Theorie zu entwickeln. Ein einziger Mooff, so hatte die Erfahrung ergeben, besaß nicht genügend Kraft, um einem Menschen seinen Willen aufzuzwingen. Als Telepath war er gut, das stand fest. Aber als Suggestor eignete er sich in diesem Fall nicht.

Schön und gut.

Was aber geschah, überlegte Rhodan weiter, wenn sich vier oder fünf Mooffs gleichzeitig auf das Gehirn eines Terraners konzentrierten? Genügte die fünffache Energie, um ihn unter ihren Willen zu bringen?

Die Mooffs schienen identische Überlegungen angestellt zu haben und ein positives Ergebnis für sicher zu halten, denn Rhodan wußte nun mit einiger Gewißheit, daß nicht ein, sondern mindestens vier oder fünf Mooffs ihn abtasteten.

Das war eine Möglichkeit, mit der er nicht gerechnet hatte.

Und sie bedeutete eine ungeheure Gefahr.

Er teilte Marshall seine Vermutung mit, der plötzlich ein sehr besorgtes Gesicht machte. Aber dann blieb ihnen keine Zeit mehr, weitere Betrachtungen über ihre Lage anzustellen.

Der Zarlt hielt vor einer Tür an. Milfor begann ausgesprochen sadistisch zu grinsen und versetzte Bully einen Rippenstoß, den dieser mit einem lauten Wutgebrüll beantwortete. Demesor öffnete die Tür und schritt voran. Die vier Offiziere und die sechs Roboter mit ihren Gefangenen folgten.

Rhodans Befürchtung bestätigte sich.

Es war ein großes und hohes Gewölbe, das durch Deckensonnen hell erleuchtet wurde. In ihren druckfesten Glasbehältern standen in langer Reihe ein Dutzend Mooffs an der rückwärtigen Wand. Unbeweglich hockten die Mooffs – riesige Quallen von anderthalb Meter Höhe und mit einem Durchmesser von einem Meter – in ihren Behältern und glotzten den Eingetretenen aus starren Knopfaugen entgegen.

Rhodan spürte, wie die Welle der suggestiven Impulse über ihn hinwegspülte. Mit aller Konzentration, deren er noch fähig war, wehrte er sich gegen den Zwang, der ihm auferlegt werden sollte. Die Mädchen-Roboter hielten ihn so fest, daß er sich nicht zu rühren vermochte. Nein, mit physischer Kraft war hier nichts auszurichten.

Die Stimme des Zarlt durchbrach die Konzentration: „Wie gelang es Ihnen, Rhodan, den äußeren Festungsgürtel von Arkon zu überwinden? Sprechen Sie, oder ich lasse Sie zu meinen Wissenschaftlern bringen."

Rhodan entsann sich, daß die Zaliter nichts von den suggestiven Fähigkeiten der Mooffs ahnten. Der Zarlt glaubte, mit Hilfe der Mooffs lediglich die Wahrheit von Rhodans Aussagen überprüfen zu können. Er ahnte nicht, daß er selbst unter dem Zwang der Quallenwesen stand, die ihn nach ihrem Gutdünken handeln ließen. Demesor und seine vier Offiziere waren genauso Gefangene der Mooffs wie Rhodan, Marshall und Bully.

„Sie werden nichts von mir erfahren, Zarlt", sagte Rhodan.

Der etwas schwächer gewordene Strom suggestiver Kraft setzte wieder ein. Rhodan bemerkte auch, daß Bully und Marshall nicht davon betroffen wurden, dann benötigte er seine ungeteilte Konzentration, um dem Angriff der Mooffs begegnen zu können.

Das Duell war stumm, aber nur für die anderen. Rhodan verstand die Frage deutlich.

Du weißt, wer wir sind? Warum wehrst du dich gegen uns?

Weil ich weiß, wer ihr seid!

Rhodan dachte es einfach und wußte, daß alle zwölf Mooffs ihn verstanden. Es war das erstemal, daß er direkten Kontakt mit seinem Gegner aufnahm. Die Gelegenheit zwang sich ihm förmlich auf.

Du wirst dem Zarlt sagen, wie Arkon angegriffen werden kann!

Warum soll ich das? Ist ein Demesor vielleicht fähig, das Imperium zu regieren? Oder wollt ihr es wissen?

Ja, wir wollen es wissen!

In wessen Auftrag?

Für einige herrliche Sekunden verschwanden alle Impulse, der Druck wich von dem Gehirn. Es war, als zögen die Mooffs sich zu einer Beratung zurück. Rhodan nutzte die Gelegenheit, um Marshall schnell zuzuflüstern: „Was ist mit den Mutanten? Greifen die Rebellen an? Weiß man, was mit uns geschah? Schnell, antworten Sie auf Englisch."

„Mutantenkorps im Einsatz! Rebellion beginnt! Angriff auf die TITAN hat begonnen. Noch eine halbe Stunde, meint Gucky . . ."

Er kam nicht weiter. Milfor war hinzugetreten und hatte Marshall mit der geballten Faust gegen den Mund geschlagen.

„Ihr sollt nicht sprechen!" befahl Demesor wütend. „Nur dann, wenn ihr gefragt werdet. Und ich habe Sie etwas gefragt, Rhodan."

„Dann warten Sie weiter", riet Rhodan und rechnete sich aus, was in einer halben Stunde alles geschehen konnte. Natürlich bestand noch die Möglichkeit, dem Zarlt einfach die Wahrheit zu sagen. Was konnte er schon damit anfangen, wenn er keinen Fiktiv-Transmitter besaß? Außerdem dauerte seine Herrschaft, wenn alles gutging, nur noch dreißig Minuten. Dann aber gewann Rhodans unbeugsamer Siegeswille und Stolz die Oberhand. „Warten Sie, bis Sie schwarz werden!"

Demesor war ein Mann der Beherrschung, vielleicht gaben ihm aber auch die Mooffs einen entsprechenden Befehl. Jedenfalls blieb er stumm und sah zu, was weiter geschah.

Die Mooffs nahmen keine Rücksicht mehr. Konzentriert griffen sie nun Rhodan an. Es war wie eine reißende Flut schmerzender Impulse, die sich in das Gehirn des Menschen fraßen und es zu zerstören drohten. Rhodans geistige Fähigkeiten waren dank der Hypnoschulung stark erhöht worden. Er war in der Lage, einen Gedankenschild aufzubauen, der die eindringenden Impulse der Mooffs abschwächte und sie nicht voll zur Geltung kommen ließ.

Unbeweglich verharrten seine Gegner in ihren Kästen. Von Natur aus stumm und daher Telepathen, hatten sie auf ihrer Heimatwelt geistige Kräfte entwickelt, die – koordiniert eingesetzt – eine unvorstellbare Macht darstellten.

Rhodan begann zu ahnen, daß man die Mooffs unterschätzt hatte – oder sie hatten erst in den letzten Tagen gelernt, ihre Suggestivkräfte nach Plan einzusetzen.

Sein Gehirn war wie der Felsen in einer heranwogenden Brandung, die Stück für Stück aus dem aufragenden Hindernis riß. Immer höher wurden die Wellen und schlugen über dem Riff zusammen, aber die nachfolgenden Täler ruhigen Wassers gaben dem Fels neue Atempausen. Doch die Flut stieg, die Wellen wurden höher, der Ansturm heftiger, ungestümer. Bald würde die Brandung den Fels zerstören.

Er spürte, wie seine Abwehrkräfte gegen die Suggestiv-Impulse schwächer wurden. Er benötigte jede Faser seines Willens, um die geistige Abwehr aufrechtzuerhalten. Noch gelang es ihm. Wie lange noch?

Fast wäre er zusammengebrochen, als sich die Mooffs plötzlich zurückzogen; wie ein Mann etwa, der sich mit aller Gewalt gegen eine Tür wirft, die sich unerwartet öffnet.

Noch fünfundzwanzig Minuten . . .

Marshalls Augen wurden starr. Rhodan wußte, daß die Mooffs sich ein anderes Opfer ausgesucht hatten. Vielleicht würden sie es später noch einmal mit ihm versuchen, aber jetzt schien ihnen mehr daran gelegen, den schwächsten der drei Gefangenen herauszufinden.

Die Zaliter verhielten sich ruhig. Sie standen selbst wie unter einem Bann und schienen nicht zu wissen, was geschah.

Rhodan wandte seine Aufmerksamkeit besorgt Marshall zu, der als Telepath genügend Erfahrung und Energien besaß, den Angriff der Mooffs abzuwehren.

Bereits nach vier Minuten gaben die Quallen es auf.

Noch bevor sie ihr drittes Opfer angriffen, dachte Rhodan an Marshall: *Rufen Sie Gucky! Er soll sich beeilen! Nur Gucky kann helfen!*

Dann war Bully an der Reihe.

Auch er war durch die Hypnoschulung der Arkoniden gegangen, die sein Wissen entsprechend vergrößerte. Aber die Kapazität seiner geistigen Abwehrkraft genügte nicht, um den Angriff der Mooffs hundertprozentig abzuwehren.

Sein Gesicht verzerrte sich vor Schmerz. Schweiß trat auf seine Stirn, als die schmerzenden Impulse sein Gehirn zu zerfressen drohten. Die Lippen begannen hilflos zu stammeln, und seine Augen sahen nicht mehr, wo der Körper sich befand.

Die Halle der Telepathen . . .

Sie hatte ihr Opfer gewählt.

Die Antriebsaggregate der TITAN erwachten zu jähem Leben. Thora löste den General-Alarm aus. Die Mannschaft versetzte das Riesenschiff nach genau vier Minuten in den Abwehrzustand.

Aber ein Kampf, bei dem zum größten Teil Unschuldige getötet worden wären, sollte ja vermieden werden. Flucht war die einzige Möglichkeit, um den Angriff der Zaliterflotte zu vereiteln.

Die GANYMED im Nachbarhangar erhob sich bereits auf Gravitationsfeldern und schoß dann mit unvorstellbarer Beschleunigung in den schon dunklen Himmel von Zalit. Sekunden – dann war das achthundert Meter lange Schiff verschwunden.

Am Rand des Landefelds blitzten Strahlenschüsse auf. Grelle Energiebündel jagten hinter den Flüchtigen her, glitten jedoch an den Abwehrschirmen wirkungslos ab. Dann schwenkten die Batterien herum und nahmen die TITAN unter Beschuß.

Thora sah, wie die Energiestrahlen an den Schirmen zerstoben. Weiter im Hintergrund starteten die ersten Zerstörer der Zaliterflotte und zogen hoch, um die TITAN von oben anzugreifen.

Sie schaltete den Interkom ein. „Achtung an alle! Wir starten in zehn Sekunden! Höchste Beschleunigung mit eingeschalteten Neutralisatoren! Transition in elf Minuten!"

Thora wußte nicht, wie viele der feindlichen Schiffe bereits über dem Feld schwebten und sich auf den Angriff vorbereiteten, sie wußte nur, daß sie Rhodan auf dieser Welt zurückließ – und daß sie es tat, weil er es so wollte. Sie kam sich feige vor, aber sie mußte das Schiff in Sicherheit bringen – und sie mußte das Leben der Feinde schonen.

Noch fünf Sekunden.

Sie befand sich in dem größten Zwiespalt der Gefühle, den sie je gekannt hatte. Langsam näherte sich ihre Hand dem Fahrthebel. Sie würde ihn mit einem schnellen Ruck vorziehen. Die Reaktoren würden ihre Energien freigeben – und das Riesenschiff würde mit unvorstellbaren Kräften in den schwarzen Himmel geschleudert werden, der in Wirklichkeit nicht schwarz, sondern ein Gewimmel funkelnder Sterne war.

Die letzte Sekunde war die längste.

Aber auch sie verging, und dann war auf dem Landefeld von Tagnor die Hölle los.

Die TITAN schoß in die Nacht hinauf und durchbrach spielerisch die Staffeln der wartenden Zerstörer.

Dann versank der Planet unter der TITAN in der Tiefe des Alls. Die Lichtgeschwindigkeit wurde ereicht, die Transition fand statt.

Als die TITAN aus dem Hyperraum zurückkehrte, stand die GANYMED in kaum 0,005 Lichtsekunden Entfernung. So genau waren die Berechnungen, auch wenn beide Schiffe inzwischen exakt zwei Lichtjahre zurückgelegt hatten.

Gucky materialisierte vor den staunenden Augen der Rebellen und hatte zu seinem Bedauern keine Zeit, sich in der fraglos vorhandenen Bewunderung zu sonnen. Zu sehr noch war ihm der verzweifelte Hilferuf Rhodans in frischer Erinnerung.

„Admiral Zernif“, forderte der Mausbiber, „besitzen Sie einen genauen Plan des Palasts – insbesondere der unterirdischen Anlagen? Es eilt!“

Der Anführer der Rebellen winkte einen Mann zu sich. „Als ihr den geheimen Gang fandet, habt ihr da keinen Plan angefertigt?“

„Natürlich. Rogal hat ihn.“

„Danke!“ zwitscherte Gucky – und verschwand.

Zurück blieben Zernif und einige offene Münder.

Rogal, so wußte Gucky, weilte seit einigen Minuten in dem am weitesten vorgeschobenen Versteck. Er mußte sich keine hundert Meter vom Palasteingang entfernt befinden. Ein Gang führte dorthin.

Gucky konzentrierte sich auf sein Ziel – und sprang.

Er landete vorsichtshalber auf der Oberfläche, in diesem Fall in einem Park.

Es war still. Der rötliche Schimmer des nahen Palasts erweckte in Gucky die Versuchung, auf eigene Faust zu handeln und Rhodan zu befreien, aber dann siegte die Vernunft – und die Vorsicht.

Zwei weitere Teleportationen brachten ihn mitten in das Versteck. Rogal wäre fast von der Kiste gefallen, auf die er sich gerade gesetzt hatte. Die anderen Zaliter starrten den Mausbiber an, als sähen sie ein Gespenst. Gucky grinste trotz der ernsten Situation und zeigte, erfreut über das Aufsehen, das er erregte, seinen Nagezahn. Dann pfiff er schrill, watschelte zu Rogal und zirpte: „Ich brauche den Plan des Palasts – insbesondere die Keller interessieren mich. Rhodan ist in Gefahr."

Rogal sprang auf. Er begann in seinen Taschen zu suchen und machte ein verdutztes Gesicht. „Ich habe ihn nicht. Vielleicht ist er im alten Quartier – weißt du, wo wir eben waren und . . ."

Er sprach in die leere Luft.

Gucky war längst nicht mehr anwesend. Noch während Rogal sprach, durchsuchte Gucky bereits das erwähnte Quartier und fand die Karte in einer Uniformjacke, die an einem Nagel hing. Mit einem kurzen Sprung eilte er zu Wuriu Sengu und Kitai Ishibashi. Die beiden Mutanten waren sehr unglücklich darüber, untätig herumsitzen zu müssen und nicht helfen zu können.

„Wo steckst du die ganze Zeit?" knurrte Sengu. „Was ist mit Rhodan?"

„Gefangen, das wißt ihr wohl?" gab Gucky patzig zurück und studierte die Karte. „Wir müssen schnell helfen, ehe es zu spät ist. Die Mooffs überlagern mit ihren Suggestiv-Strömen alle telepathischen Impulse Marshalls. Ich kann ihn nicht mehr anpeilen. Darum besorgte ich diesen Plan. Nach ihm kann ich meinen Sprung etwa berechnen. Ich gehe allein, um zu sondieren. Dann kehre ich zurück und hole Wuriu. Sobald wir dann endgültig wissen, wo sich die Gefangenen und die Mooffs aufhalten, hole ich Kitai – und wir greifen an. Habt ihr verstanden?"

Die beiden Japaner schüttelten ein wenig verwirrt den Kopf. Es war doch seltsam, wenn eine vergrößerte Maus zwei erwachsene Männer fragte, ob sie etwas verstanden hätten.

Gucky faßte das Kopfschütteln verkehrt auf. „Ob ihr kapiert habt, will ich wissen!"

Eifrig nickten sie diesmal, aber Gucky war bereits verschwunden. Schließlich konnte er Gedanken lesen.

Sorgfältig betrachtete der Mausbiber den Plan.

Er hockte auf dem breiten Hinterteil und hielt das Stück Papier in den Vorderpfoten, die menschlichen Händen glichen. Wenn man den kleinen Kerl so sah, hätte man es nicht für möglich gehalten, daß er an Fähigkeiten und Intelligenz die Menschen allgemein übertraf. Es gab keinen Mutanten, der gleichzeitig Telepathie, Telekinese und Teleportation beherrschte – außer Gucky. Sein Intelligenzquotient kam dem Rhodans gleich, obwohl er niemals eine so ausgiebige Hypnoschulung genossen hatte. Seine größte Stärke jedoch lag wohl in seinem unscheinbaren Äußeren.

Guckys helle Stimme sagte schrill: „Es sind von hier aus bis zum Palasteingang exakt zweihundertachtundsechzig Meter. Meine letzte Anpeilung Marshalls kam auf zweihundertfünfzig Meter etwa. Das besagt einwandfrei, daß das unterirdische Gewölbe sich in unserer Richtung befindet. Die Richtung ist somit bekannt. Ich werde also zum Palast springen, dabei zehn Meter unter die Oberfläche gehen und eine Entfernung von zweihundertfünfzig Metern abschätzen. Dann muß ich an einer Stelle materialisieren, an der Marshall – und somit auch Rhodan und Bully – noch vor wenigen Minuten waren."

Wuriu hatte Bedenken. „Soll ich mitkommen? Immerhin kann ich durch die Wände sehen . . ."

„Ich hole dich sofort."

Gucky nickte ihm beruhigend zu – und war verschwunden.

Als er wieder zu sehen vermochte, stand er mitten in einem Korridor, nicht weit von einem Liftausgang entfernt. Es war still und ruhig, kein Laut war zu hören.

Aber darauf war Gucky nicht angewiesen. Sein empfindliches Gehirn reagierte sofort. Aber Rhodans und Bullys Gedanken waren stark überlagert von den fremden Impulsen der Mooffs. Die Intensität verriet eine nur geringe Entfernung bis zur Quelle. Vielleicht waren die Gefangenen schon hinter der nächsten Tür.

Gucky sprang zurück und holte zuerst Wuriu, dann Kitai.

Die beiden Japaner hielten ihre kleinen, aber wirksamen Lähmungsstrahler schußbereit in den Händen. Gucky verzichtete auf jede Waffe.

„Nun, Wuriu, siehst du etwas?“

Marshalls Gedankenströme, stellte Gucky nun fest, waren völlig in dem Strudel der Mooff-Impulse untergegangen. Er spürte, wie intensiv das Bemühen der Quallen-Telepathen war, den Terraner unter ihren Willen zu zwingen.

Und dann war Marshall plötzlich wieder frei. Der zweite und diesmal entscheidende Angriff auf Bully begann. Es bestand kein Zweifel, daß die Mooffs nun erfolgreich sein würden.

Marshall nahm sofort Verbindung mit Gucky auf, dessen Tastversuche er spürte.

Wo bist du, Gucky? Sie haben Bully. Er wird es nicht lange aushalten. Antworte . . .

Der Mausbiber wartete auf die Antwort des Spähers. Wuriu nickte plötzlich, während er gegen die benachbarte Wand starrte.

„Ich sehe sie“, flüsterte er erregt. „Keine zehn Meter entfernt. Die Tür dort!“ Er zeigte auf die zweite Tür. „Sie scheinen Bully gepackt zu haben. Was machen denn nur die Mädchen dabei?“

„Welche Mädchen?“ wunderte sich Gucky, der Mädchen in guter Erinnerung hatte. Sie kraulten ihm viel lieber das Fell als Männer. „Sind Mädchen dabei?“ „Sie sind es, die Rhodan, Bully und Marshall halten“, berichtete Wurin erstaunt. Er schien sich nicht beruhigen zu können. „Jetzt wehrt Bully sich nicht mehr.“

„Eine Säuberung seiner Gehirnwindungen tut ihm ganz gut“, zwitscherte der Mausbiber schadenfroh. In Wirklichkeit dachte er ganz anders. Die Mooffs konnten sich auf einiges gefaßt machen. Und dann dachte er: *Wir greifen in zehn Sekunden an, Marshall!*

Vorsicht! kam es zurück. *Der Zarlt und die Offiziere haben unsere Waffen. Die Roboter, sechs an der Zahl, müssen unschädlich gemacht werden. Die Mooffs . . .*

Roboter? Wuriu hat keine Roboter gesehen.

Sie haben die Gestalt junger Mädchen. Wir haben uns täuschen lassen.

Gucky machte ein verblüfftes Gesicht, und es war sehr schade, daß niemand davon Notiz nehmen konnte. Dann nickte er grimmig. „Wuriu! Kitai! Ihr kennt eure Aufgabe. Kitai nimmt sich die Mooffs vor. Wuriu, du übernimmst die Zaliter. Ich . . .“, und Gucky grinste mit blitzendem Nagezahn und sah sehr zufrieden aus, „. . . ich übernehme die Tempelmädchen.“

„Wen?“ Wuriu riß Mund und Augen auf. „Die Mädchen?“

„Ja“, gab Gucky knurrend zurück und blieb vor der fraglichen Tür stehen. „Oder ist einer von euch Zeuge, daß ich einmal *nicht* mit sechs von ihnen zugleich fertig geworden wäre?“

Die Japaner schwiegen verdutzt.

Bully brach nicht nur geistig, sondern auch körperlich fast zusammen. Er hielt sich nur deshalb aufrecht, weil die starken Arme der verführerischen Robotmädchen ihn hielten. Die fünf Zaliter standen abseits und warteten in stoischer Ruhe ab, was geschehen würde. Ein Mooff mußte genügen, um sie unter Kontrolle zu halten. Ihre Widerstandskraft war wesentlich geringer als die der Terraner.

Rhodan und Marshall waren völlig frei. Mindestens elf der Mooffs bearbeiteten Bully, der diesem Ansturm unmöglich standhalten konnte.

„Wenn Gucky nicht bald erscheint“, murmelte Rhodan, „dann weiß ich nicht, was passieren wird.“

„Sie sind bereits draußen auf dem Gang“, flüsterte Marshall zurück. „In wenigen Sekunden . . .“

Kitai materialisierte mit Gucky, der aber gleich wieder verschwand. Eine Sekunde darauf kehrte er mit Wuriu zurück, dessen Paralysestrahler sofort in Tätigkeit trat. Ehe die Zaliter noch eine Geste der Gegenwehr machen konnten, stürzten sie paralysiert zu Boden.

Inzwischen hatte auch Ishibashi die Mooffs mit seiner Lähmungswaffe außer Gefecht gesetzt. Die Gefahr war somit beseitigt.

Bully wurde schlaff in den Armen der beiden Mädchen. Seine Augen waren geschlossen, aber er lebte.

Guckys telekinetische Energieströme konzentrierten sich zuerst auf die beiden Roboter, die Rhodan hielten. Er zwang ihre Arme auseinander, langsam, Zentimeter für Zentimeter, bis es Rhodan gelang, sich von ihnen zu trennen. Steif und unbeweglich verharrten die beiden hübschen Wärter dann, unfähig, sich zu bewegen. Gucky hielt sie fest – aber er konnte sie nicht ewig festhalten. Es gab noch andere Dinge zu tun. Er winkte Wuriu zu, ohne ihn anzusehen. „Zerstrahle die Roboter – und wenn sie noch so niedlich aussehen."

Die beiden Tanzmädchen verwandelten sich Sekunden später in unansehnliche Häufchen geschmolzenen Metalls und verglühenden Plastikmaterials.

Gucky schüttelte sich.

„Hätte nie gedacht", zirpte er, „daß hübsche Mädchen von innen so aussehen."

Marshall wurde ebenfalls befreit und seine Bewacher vernichtet.

Dann kam die Reihe an Bully.

Hier mußte Gucky dafür sorgen, daß sein Freund nicht wie ein Sack zu Boden plumpste, wenn die Roboter ihn freiließen. Aber sein Problem wurde auf die einfachste Art gelöst – Bully kam rechtzeitig wieder zu sich.

Er schlug die Augen auf, erfaßte die Situation mit einem Blick und – grinste verzerrt. „Äh – Gucky, natürlich! Wenn Gucky was von Mädchen wittert, ist er nicht mehr zu halten."

Der Mausbiber war für eine Sekunde über die ungeheuerliche Behauptung so verdutzt, daß er keiner Regung fähig war. Dann ließ er seinen Nagezahn sehen und winkte gönnerhaft ab. „Ich mache sie dir nicht streitig, du Drahtbürste. Du kannst sie behalten."

„Gucky!" brüllte Bully verzweifelt. „Befreie mich von diesen Biestern!"

Der Mausbiber drehte sich gelassen um, betrachtete das Idyll mit blitzendem Nagezahn und gesträubtem Fell. Er schien sich köstlich darüber zu amüsieren, Bully in der Umarmung zweier hübscher Frauen zu sehen.

„Bist du es leid?" erkundigte er sich schadenfroh.

„Befreie mich – ich schenke sie dir. Vielleicht kannst du ihnen Fellkraulen einprogrammieren."

„Ich verzichte. Da kenne ich jemand, der das viel besser kann."

„Du meinst doch nicht etwa . . .", begann Bully eifersüchtig, aber Gucky unterbrach ihn.

„Ich meine dich, alter Freund. Wenn ich dich befreie, mußt du mir versprechen, mich mindestens fünf Stunden lang . . ."

„Gut, ich verspreche es. Nun beeile dich."

Bully war kaum frei, da taumelte er zu Kitai, nahm ihm den Impulsstrahler ab und ging zu den beiden Robotern zurück, die sich völlig passiv verhielten.

Bully hielt den „Tanzmädchen" die Waffe vor die unechten Gesichter.

„Und jetzt werde ich euch umbringen, ihr – ihr . . ." Ihm fiel der passende Ausdruck gerade nicht ein. „Ihr werdet keine anständigen Männer mehr auf dumme Gedanken bringen, das verspreche ich euch! Los, dreht euch um! Na, wird's bald?" Die beiden Hübschen reagierten nicht. Stumm verharrten sie an ihren Plätzen. „Na, dann eben nicht! Lebt wohl und grüßt die anderen im Roboterhimmel von mir."

Als sich die graziösen Gestalten in rauchendes Plastik und zerschmelzendes Metall verwandelten, hielt sich Bully entsetzt die Nase zu und stöhnte, zu Marshall gewandt: „. . . und wenn ich bedenke, daß ich beinahe – nein! Es ist nicht auszudenken! Diese Blamage . . ."

Rhodan, der die Szene amüsiert verfolgt hatte, warf einen kurzen Blick auf den gelähmten Zarlt und seine Offiziere.

„Draußen wird allerhand los sein", sagte er. „Ich halte es für besser, wenn wir Admiral Zernif aufsuchen und ihm Demesor und seine Leute übergeben. Es wird die Aufgabe der neuen Regierung sein zu entscheiden, was mit ihnen geschehen soll."

Marshall hatte einige Sekunden in sich hineingelauscht. Jetzt hob er den Kopf. „Die Rebellen stürmen den Palast. Sie überrennen alles, was sich ihnen in den Weg stellt – Palastwachen, Soldaten, Personal . . ."

„Beeilen wir uns!" mahnte Rhodan zur Eile. „Verlieren wir keine Zeit, den Zalitern die Befreiung von ihrem Joch zu verkünden. Ich selbst habe das dringende Bedürfnis, mal wieder mit unserem alten Freund zu reden . . ."

„Mit wem?" erkundigte sich Bully und horchte auf. „Mit unserem alten Freund?"

„Ja." Rhodan nickte. „Mit dem Robotgehirn von Arkon."

Thora hatte gerade einige Stunden geschlafen, als Leutnant Tifflor sie weckte.

„Verzeihen Sie, Madam, Crest fand keine Gelegenheit, Sie per Interkom zu benachrichtigen. Sie möchten sofort zu ihm in die Zentrale kommen."

Thora richtete sich auf. „Was ist geschehen, Tiff?"

„Nichts, Madam. Noch nichts."

Thora fragte nicht weiter. Sie wartete, bis Tiff die Kabinentür geschlossen hatte, dann stand sie auf und war zehn Minuten später bei Crest.

Der arkonidische Wissenschaftler wandte kaum den Kopf, als Thora eintrat. Tiff saß vor dem Navigations-Gehirn und entnahm ihm gerade einige Informationsfolien. Alle Bildschirme waren eingeschaltet und gaben den Raum vollständig wieder, der die TITAN umgab.

Thora erkannte die kleinen Robot-Aufklärer Arkons, dazwischen größere Kampfeinheiten und Kreuzer. Weiter im Hintergrund lauerten gigantische Schlachtschiffe vom Typ STARDUST II, Kugeln mit einem Durchmesser von achthundert Metern.

„Was soll das bedeuten?" fragte Thora und suchte unwillkürlich die GANYMED. Der riesige Torpedo schwebte scheinbar reglos in einigen Kilometern Entfernung. In Wirklichkeit bewegten sich beide Schiffe im freien Fall auf Voga zu. „Greift man uns an? Sind es die Schiffe des Zarlt?"

Crest nahm für einen Augenblick seinen Blick von den Instrumenten. „Bisher erfolgte kein Angriff, Thora. Es sind Einheiten des Imperiums. Alle robotgesteuert. Noch weiß ich nicht, was das bedeuten soll. Sollte das Robotgehirn seine Abmachungen mit Rhodan vergessen haben?"

Thora gab keine Antwort. Sie studierte den Flottenaufmarsch in aller Ruhe. In ihren Augen war ein kaltes Funkeln. Als sie endlich den Mund öffnete, klang ihre Stimme kalt und entschlossen. „Arkons Flotte . . . Wenn sie uns angreift, Crest, werden wir ihr eine Lehre erteilen, die weder Orcast noch das Gehirn vergessen werden. Wir besitzen ein mächtiges Schiff – und wir werden es uns niemals wieder abnehmen lassen."

Crest lächelte erstaunt. Begütigend meinte er: „Bis jetzt erfolgte kein Angriff. Ich versuche, Funkverbindung mit dem Kommandanten zu erhalten – wer oder was auch immer Kommandant der Flotte ist. Vielleicht erreichte ihn nicht der neue Befehl des Robotgehirns. In dem augenblicklichen Durcheinander ist das durchaus möglich."

„Aber *wenn* ein Angriff erfolgt . . .", begann Thora, doch Crest unterbrach sie.

„Dann wehren wir uns, selbstverständlich. Tiff, was ist?"

Der junge Leutnant schien auf die Frage gewartet zu haben. „Sie passen sich unserer Bewegung an und verhalten sich passiv. Von einem Angriff kann keine Rede sein. Es ist – ja, eine Überwachung. Was sollen wir davon halten?"

„Ich weiß es noch nicht", antwortete Crest und stellte Bildverbindung mit Oberst Freyt auf der GANYMED her. „Höchste Alarmbereitschaft, Oberst. Beim geringsten Zeichen eines Angriffs Feuer aus allen Geschützen. Schutzschirme eingeschaltet lassen. Setzen Sie im Notfall rücksichtslos den Fiktiv-Transmitter ein."

„Verstanden!" kam es entschlossen zurück.

Thora fragte plötzlich: „Wann kehren wir nach Zalit zurück? Wir können hier nicht einfach warten. Rhodan hat keine Möglichkeit, uns zu verständigen."

„Er hat die Mutanten und die Widerstandsgruppen auf seiner Seite. Um ihn mache ich mir keine Sorgen. Aber ich vernichte ungern die Schiffe des Robotgehirns. Und es sieht ganz so aus . . ."

„Warum fragen wir das Gehirn nicht?"

Crest sah Thora erstaunt an. Dann nickte er langsam. „Das wäre eine Möglichkeit. Natürlich – warum bin ich nicht sofort auf den Gedanken gekommen? Tiff, stellen Sie mit dem Hypersender die Verbindung her. Thora wird Ihnen dabei helfen."

Diesmal dauerte es fast zwanzig Minuten, ehe auf dem großen Schirm die stählerne Halbkugel erschien. Die mechanische Stimme war genau so kalt und unpersönlich wie beim ersten Kontakt.

„Sie sind geortet. Melden Sie sich. Identifikation."

„Thora aus der Sippe der Zoltral", antwortete Thora ungehalten. „Warum halten Sie sich nicht an die Abmachungen, Regent? Haben Sie Rhodan nicht volle Handlungsfreiheit zugebilligt?"

„Erklären Sie, um welche Beschwerde es sich handelt."

„Um welche Beschwerde?" fauchte Thora wütend. „Ihre Flotte hat uns eingeschlossen. Wollen Sie unbedingt unsere Waffen spüren?"

„Niemand greift Sie an. Sie werden lediglich im Auge behalten. Sie können jederzeit ungehindert Ihren Standort wechseln – was ich Ihnen übrigens rate. Kehren Sie nach Zalit zurück. Rhodans Aufgabe ist erledigt. Der Zarlt ist in Gefangenschaft."

Für einige Sekunden verschlug es Thora die Rede, dann atmete sie tief auf und sagte: „Der Zarlt ist in Gefangenschaft. Die Revolution ist gelungen?"

„Die Verräter des Imperiums werden bestraft. Der neue Zarlt wird noch heute ernannt. Admiral Zernif, wenn meine Informationen richtig sind. Rhodan erwartet Sie zurück, Thora aus der Sippe der Zoltral. Lassen Sie ihn nicht warten. Ich erwarte einen ausführlichen Bericht. Ende."

Der Bildschirm erlosch.

Thora wartete einen Augenblick, ehe sie sich an Crest wandte: „Rhodan hat gesiegt – wie froh ich bin."

Crest lächelte. „Hättest du etwas anderes erwartet? Tiff, berechnen Sie die Koordinaten und Energieimpulse für den Sprung nach Zalit. Die GANYMED folgt nach. Ich benachrichtige Oberst Freyt."

Tiff machte sich an die Arbeit.

Mit einem feinen Lächeln streifte Crests Blick noch einmal die überglückliche Arkonidin, dann legte sich seine Hand entschlossen auf die Kontrollen.

11.

Die Rebellen hatten den Palast gestürmt und die Offiziere der Wachen gefangengenommen. Admiral Zernif hatte befohlen, unnötige Opfer zu vermeiden. Er wußte von Rhodan, welche Rolle die Mooffs gespielt hatten, und hoffte, die von dem suggestiven Zwang befreiten Offiziere wieder loyal auf der Seite des Imperiums zu sehen.

Als die Nachricht von der Inhaftierung Demesors bekannt wurde, streckten die letzten Truppen die Waffen. Von überall her eilten die Einheiten der Flotte, landeten und stellten sich bedingungslos unter das Kommando Admiral Zernifs, der von den Rebellen zum neuen Zarlt proklamiert worden war.

In wenigen Stunden war die Ordnung und Ruhe auf Zalit wiederhergestellt. Zernif übernahm die Geschäfte des Herrschers, und es war seine erste Amtshandlung, das Robotgehirn von Arkon von den Geschehnissen zu unterrichten. Er vergaß nicht, Rhodans entscheidende Rolle bei der Befreiung Zalits zu erwähnen.

Dann empfing er Rhodan und seine engsten Freunde.

Das Mutantenkorps wurde in einen Saal geleitet, wo eine reichlich gedeckte Tafel wartete. Die meisten der Mutanten waren nicht zum Einsatz gelangt, was sie aber nicht daran hindern konnte, den dargebotenen Genüssen gebührend zuzusprechen.

Lediglich Rhodan, Bully, Marshall und Gucky wurden zum Zarlt Zernif geführt.

Der alte Zaliter erhob sich, als die Freunde eintraten. Mit ausgestreckten Händen ging er ihnen entgegen.

„Ich weiß nicht, wie ich Ihnen jemals danken soll, Perry Rhodan. Sie stammen aus einem unbekannten Teil der Milchstraße, aber Sie haben das Imperium von Arkon gerettet. Wenn ich auch nicht so mächtig bin, Ihnen die Schuld jemals zurückzuzahlen, so wird das Robotgehirn ganz bestimmt . . ."

„Es hat im voraus gezahlt." Bully grinste und zeigte aus dem Fenster, wo ein Teil des Landefelds zu sehen war. Ein ungeheurer Schatten senkte sich gerade aus dem strahlenden Himmel herab und setzte sanft wie eine Feder auf. „Die TITAN – sie ist das Geschenk des Imperiums an Perry Rhodan. Ein wahrhaft fürstliches Geschenk."

Rhodan sah ebenfalls aus dem Fenster. Er bat Zernif: „Schicken Sie eine beruhigende Nachricht zum Schiff. Vielleicht lassen Sie Crest und Thora abholen und hierherbringen."

Zernif gab einen entsprechenden Befehl in die Visiphonanlage.

„Aber noch sind nicht alle Probleme gelöst", wandte er sich an seine Gäste. „Die eigentliche Ursache der mißglückten Erhebung gegen Arkon sind die Mooffs."

Rhodan sah den Zeitpunkt gekommen, um Zernif aufzuklären. „Es ist nur bedingt richtig, daß die Urheber der Verschwörung die Mooffs sind. Sie wurden von unbekannten Mächten nur vorgeschoben. So gesehen, wurden die Mooffs genauso für die finsteren Machenschaften jener Unbekannten mißbraucht wie die Zaliter. Übrigens sind die Mooffs nicht tot. Sie wurden von uns nur in eine passive Phase versetzt. Ich bitte Sie, die Mooffs unbehelligt zu lassen. Am besten wäre es, sie alle in einem geheimen Raum unterzubringen. Ich werde dafür sorgen, daß man sie abholt und zu ihrem Planeten zurückbringt. Nur wird dies noch einige Zeit in Anspruch nehmen, da es zuerst gilt, die Hintermänner aufzuspüren."

„Ich werde noch heute entsprechende Anordnungen erlassen", versprach der neue Zarlt. „Die Vorkommnisse waren uns eine Warnung. Wir wissen nun, welche Gefahren uns drohen, wenn wir in der Wachsamkeit nachlassen. Selbst das größte Positronengehirn des bekannten Universums ist keineswegs unfehlbar. Der Mensch kann nicht vollkommen ersetzt werden."

„Ich hoffe nur", Rhodan nickte langsam, „auch das Gehirn gelangt zu dieser Erkenntnis. Dann nämlich gibt es für Arkon noch eine Zukunft."

Admiral Zarlt Zernif streifte Gucky mit einem flüchtigen Blick.

„Sie haben sehr fähige Mitarbeiter", stellte er bewundernd fest.

Der Mausbiber hockte auf einem Stuhl und lehnte sich dabei mit dem Rücken gegen die reich verzierte Lehne. Seine Vorderpfoten lagen auf dem Tisch. Der Nagezahn erstrahlte in voller Pracht und verriet die beste Laune seines Besitzers, der trotz seiner Possierlichkeit für jeden Feind eine unvorstellbare Gefahr bedeuten konnte.

„Wenn Sie unsere Hilfe mal wieder benötigen sollten . . .", begann Gucky, aber Zernif winkte schnell ab.

„Ich will es nicht hoffen, wirklich nicht. Es war eine furchtbare Zeit, unter der Diktatur Demesors und seiner Mooffs zu leben."

„Wie einfach wäre alles", bemerkte Rhodan trocken, „wenn es in der Tat *seine* Mooffs wären. Leider sind sie das nicht. Aber eines Tages wird sich auch *das* Geheimnis lüften."

Gucky grinste noch immer. Er schien sich köstlich zu amüsieren. Zernif beugte sich zu ihm und strich ihm über das rostbraune Fell.

„Du freust dich sicher, daß alles vorüber ist, was?"

Guckys Augen strahlten voll innerer Wärme. „Das auch, aber ich habe noch andere Gründe, mich zu freuen, lieber Zarlt. Mir steht ein großes Fest bevor und . . ."

Leider kam er nicht mehr dazu, den Charakter dieses Festes näher zu erläutern, denn in diesem Augenblick wurden Thora und Crest in den Raum geführt. Ihre Augen schimmerten voller Glück und Stolz. Hoch aufgerichtet schritten sie bis vor den Zarlt, verneigten sich leicht und begrüßten dann Rhodan.

„Wir erfuhren bereits vom Robotgehirn, was geschehen ist“, sagte Crest, „und kehrten auf seinen Rat hin nach Zalit zurück. Es bittet Sie, Perry, sofort Verbindung mit ihm aufzunehmen. Der Zarlt Zernif wurde in seinem Amt bestätigt.“

„Die TITAN . . .“

„Alles in Ordnung. Die GANYMED muß ebenfalls jeden Moment eintreffen.“

Rhodan erhob sich. „Verzeiht, Zarlt Zernif, wenn ich zuerst an meine Pflichten denke. Ich muß zur TITAN und mit dem Regenten des Imperiums sprechen. In einer halben Stunde bin ich zurück. Bully, achte darauf, daß nicht zuviel Wein getrunken wird.“

Bully machte ein schiefes Gesicht. „Wird kaum der Fall sein. Ich habe erfahren, daß normale Roboter bedienen – keine Mädchen.“

Gucky kicherte vergnügt. Thora sah betroffen aus. Crest blickte verständnislos drein.

„Mein Freund spricht aus bitterer Erfahrung“, klärte Rhodan den Zarlt auf und lächelte. „Bis später.“

Er ging aus dem Raum und schloß die Tür hinter sich.

Gucky hörte auf zu kichern. Er rutschte vom Stuhl und watschelte ebenfalls zur Tür. Dort angekommen, drehte er sich um und betrachtete die Versammlung auffordernd.

„Nun?“ machte er und stieß einen schrillen Pfiff der Erwartung aus. „Glaubt ihr, ich wolle verdursten? Worauf warten wir noch?“

Wie von unsichtbaren Händen geöffnet, ging die Tür auf.

Gravitätisch hoppelte Gucky über die Schwelle und verließ sich ganz auf seine feine Nase . . .

. . . was hinsichtlich seiner anderen Fähigkeiten einen krassen Rückfall in die Primitivität darstellte.

Langsam begann der Bildschirm zu glühen. Die schimmernde Kuppel erschien, von innen heraus strahlend und wie Silber glänzend.

„Ich habe Ihren Anruf erwartet“, sagte die unpersönliche Stimme statt jeder Begrüßungsformel. „Ihre Tätigkeit auf Zalit hat mich überzeugt, daß Sie im Sinn des Imperiums denken und handeln. Die TITAN bleibt weiterhin in Ihrem Besitz. Offizielle Kommandanten sind Thora und Crest aus der Sippe der Zoltral. Ich habe eine neue Aufgabe für Sie.“

Rhodan benötigte einige Sekunden, um sich von seinem Erstaunen zu erholen. Wie kam das Robotgehirn dazu, ihm einen Auftrag zu erteilen?

„Es tut mir leid, Regent, aber der jetzige ist noch nicht beendet. Die Mooffs waren die indirekten Anstifter des geplanten Angriffs auf Arkon. Ich muß herausfinden, wer ihre Auftraggeber sind.“

„So lautet auch mein Auftrag“, erwiderte der Regent sachlich. „Unsere Absichten decken sich. Sie bleiben noch eine Woche Ihrer Zeitrechnung auf Zalit, um Zernif bei seinen Säuberungsaktionen behilflich zu sein.“

„Sie haben nicht den geringsten Hinweis“, fragte Rhodan, „wer die Unbekannten sein könnten?“

„Bisher nicht“, gab das Robotgehirn zu.

„Ich brauche noch einige Tage, um meine Mannschaft ungestört in der Bedienung der TITAN zu unterweisen“, sagte Rhodan. „Sobald dies geschehen ist, werde ich versuchen, mich auf die Spuren der Hintermänner der Mooffs zu setzen. Die auf Zalit befindlichen Mooffs sind inzwischen gut untergebracht und sollen, bis ich konkrete Hinweise auf die Hintermänner habe, auch hier bleiben. Ich melde mich wieder, wenn sich neue Gesichtspunkte ergeben haben.“

„In Ordnung“, erwiderte der Robotregent.

Rhodan war mit der Entwicklung zufrieden. Bevor die Verbindung unterbrochen wurde, sagte er noch: „Anschließend möchte ich Sie noch bitten, die Mooffs zu einem Zeitpunkt, den ich Ihnen noch bekanntgeben werde, wieder zurück auf ihren Planeten zu bringen.“

Auch dies sagte der Robotregent zu. Kurz darauf unterbrach er die Verbindung.

Rhodan sah nachdenklich aus. Vielleicht, dachte er, begannen sie, das Vertrauen des Regenten allmählich zu erringen.

Aber sie waren keinen Schritt näher an ihn herangekommen.

12.

Perry Rhodan war überzeugt davon, daß sie von dem Robotregenten vorläufig nichts zu befürchten hatten. Er entschloß sich daher, das Risiko einzugehen und die GANYMED zurück ins Solsystem zu schicken. Oberst Freyt erhielt den Auftrag, die angeforderten Raumfahrer abzuholen, die in der TITAN Dienst tun sollten. Nur mit einer kompletten Besatzung konnte dieses mächtige Schiff optimal genutzt werden. Darüber hinaus sollte Freyt den Strukturkompensator mitbringen, von dem Perry Rhodan hoffte, daß er inzwischen fertiggestellt war. Mit Hilfe dieses Geräts würde die TITAN Transitionen ausführen können, ohne daß es anderen Schiffen möglich war, die dabei ausgelösten Strukturerschütterungen zu orten. Die Vorteile, die Rhodan mit einer solchen Anlage haben würde, lagen auf der Hand.

Die GANYMED sollte in etwa zehn Tagen zurückkehren. Als Treffpunkt hatte Thora das 47 Lichtjahre von Arkon entfernte Thatrel-System vorgeschlagen, eine kleine rote Sonne mit drei Planeten, von denen nur der zweite, Honur, bewohnt war. Die Arkonidenabkömmlinge, die nach Auskunft des arkonidischen Sternenkatalogs auf Honur lebten, sollten völlig unbedeutend sein. Rhodan hatte Thoras Vorschlag akzeptiert, weil er annahm, innerhalb des Thatrel-Systems völlig ungestört operieren zu können.

Er konnte nicht ahnen, daß alles ganz anders kommen sollte . . .

Zwei Tage lang beobachtete Perry Rhodan den Raum, hielt dabei unverändert am Kurs fest und verließ damit immer mehr jene Routen, die von den arkonidischen Raumern benutzt wurden.

Er wollte ganz sichergehen, daß ihn Arkons Robotregent nicht verfolgte, noch daß einer der vielen Raumer, deren Kurs sie auf große Distanz gekreuzt hatten, ihre Anwesenheit in diesem Sektor nach Arkon gemeldet hatte.

Kein Mann in der TITAN wunderte sich über Rhodans Vorsicht. Alle wußten, daß er nach Möglichkeit jedem Risiko aus dem Weg ging.

Gegen 10.43 Uhr Bordzeit kam endlich das Kommando, direkten Kurs auf das Thatrel-System zu nehmen.

Fast mit Lichtfahrt schoß die TITAN darauf zu. Dreizehn Stunden später tauchte das System auf dem Rundsichtschirm auf.

Bully, Crest und Thora wurden von Rhodan zu einer Besprechung gerufen. Der Konferenzraum entsprach den Größenverhältnissen in der TITAN. Bully hatte ihn Tanzdiele getauft.

„Dieses System ist gerade das Richtige für uns", sagte Rhodan. „Auf Zalit konnten wir keinen Handschlag tun, ohne hundert Aufpasser um uns herum zu haben. Komm, Bully, wirf mir jetzt nicht vor, ich sei den Zalitern gegenüber mißtrauisch, aber nach deren Revolution zeigten sie mir etwas zuviel Anhänglichkeit zu Arkon. Willst du mir einmal verraten, *wie* wir unbemerkt den Strukturkompensator hätten einbauen können? Und was dieser Kompensator für uns bedeutet, haben wir gerade jetzt erst wieder demonstriert erhalten. Vier Sprünge mußten wir hinter uns bringen, um aus Arkons Ortung zu entkommen. Mit dem neuen Kompensator werden wir uns nach dem ersten Sprung spurlos empfehlen können. Deshalb bin ich froh, daß Thora uns auf diese abgelegene Ecke aufmerksam gemacht hat, und deshalb überlasse ich nichts dem Zufall, weil der Einbau des Geräts tatsächlich unbemerkt erfolgen muß. Letztlich will ich gegen das Arkon-Gehirn einige Trümpfe im Ärmel haben."

Honur, der zweite Planet des Thatrel-Systems, war eine vertrocknete Welt, die sich auf dem Rundsichtschirm der TITAN in ihrer ganzen Häßlichkeit zeigte.

„Wo sind denn die Städte?" fragte John Marshall.

„Honur besitzt keine Städte", antwortete Rhodan. „Eine Welt, auf der es nichts zu finden gibt, die kein einziges abbauwürdiges Erzvorkommen besitzt und dazu schlechte klimatische Verhältnisse aufzuweisen hat, wird überall schnell und gern vergessen."

Wie schlecht es mit den klimatischen Verhältnissen bestellt war, verriet der Bildschirm.

Ein gewaltiger Sandsturm tobte über Honurs wüstenartige Oberfläche. Aus dieser Höhe sah es aus, als ob es auf dem Planeten brenne.

Langsam, mit der Umlaufgeschwindigkeit der TITAN, wanderte der Sandsturm über den Schirm. Ein riesiger Gebirgszug schob sich in den Blickpunkt. Die Messungen vom Raumer aus ergaben Bergspitzen von mehr als viertausend Meter über NN.

So erschreckend trostlos die verbrannte, fast ebene Oberfläche dieser Welt sich dargeboten hatte, so unwirtlich anzusehen war der gewaltige Gebirgszug, der sich von Nordost in einem riesigen Bogen nach Südwest erstreckte.

„Doch noch ein Fluß", stieß Bully hervor und deutete auf das Band, das sich dicht an den Ausläufern des Gebirges vorbeischlängelte und schließlich in einem kleinen See endete.

Die TITAN kreiste weiter um Honur.

Weit gegen den Horizont zu tauchten noch ein paar Flüsse auf. Alle endeten in kleinen Seen. Doch nirgends zeigte sich ein Ozean. Honur war eine Trockenwelt, ein einziger unwirtlicher Kontinent.

Langsam tauchte die Nachtseite auf, und Dunkelheit verdeckte schamhaft das Häßliche.

„Na ja", sagte Bully gequält, „das ist mir noch lieber, als aus der Transition mitten in einer Raumschlacht zu landen.

Trotzdem habe ich etwas gegen diese Wüstenei."

Damit hatte Honur seinen zweiten Namen.

Perry Rhodans Entschluß, nach diesem letzten Umlauf auf Honur zu landen, wurde von der Überlegung bestimmt, daß mit jedem weiteren Umlauf die zufällige Ortung durch ein anderes Schiff erfolgen konnte, und dann stieg die Wahrscheinlichkeit auf den Maximalwert, daß das Robotgehirn auf Arkon bald wußte, wohin die TITAN sich zurückgezogen hatte.

Der schroffe Gebirgszug hatte es Perry Rhodan angetan. Kaum war das Schiff aus dem Schlagschatten der Nachtseite, als es zur Landung ansetzte.

Bully stöhnte, als die nackte, verbrannte Welt mit ihren trostlosen Ebenen wieder sichtbar wurde.

Selbst Perry Rhodan hatte ein ungutes Gefühl.

Die TITAN überflog Honur in ihrer Landekurve südwestlich und schoß genau auf den See zu, in den der Fluß mündete.

Bald darauf schwebte die TITAN zwischen dem See und den ersten schroffen Bergriesen. Ihr Schatten fiel über das Land. Langsam schob sich der Kugelraumer an die schützende Felswand heran. Meter um Meter schwebte er weiter, Meter um Meter senkte er sich.

Aus der unteren Kugelhälfte schoben sich Teleskopstützen heraus.

„*Das* ist ein Boden“, stieß Bully abfällig hervor und dachte an die Millionen Tonnen, die die TITAN wog.

„Danke!“ rief Rhodan ihm kurz zu. „Gut, daß du mich daran erinnert hast. Ich werde Gewichtsausgleich durch Antischwerkraft herbeiführen lassen.“

„Du“, erwiderte Bully brummig, „so hatte ich es nicht gemeint . . .“

„. . . aber dir vorgestellt, wie alle Teleskopstützen in diesem aufgewühlten Sandboden einsinken und daß danach die TITAN aufliegt. Stimmt's, lieber Bully?“

„Bist du neuerdings unter die Telepathen gegangen?“ fragte Bully zurück.

Da flammte auf der Instrumentenbühne ein grelles Licht auf.

Die TITAN hatte Kontakt mit dem Boden. Sie war gelandet.

13.

Oberst Freyt, Kommandant der GANYMED, saß in Terrania seinem Freund Oberst Klein gegenüber. Er sichtete die Meldungen, die Klein ihm wortlos zugeschoben hatte.

Freyt begann seinen Unmut in arkonidischen Slangausdrücken auszulassen.

„Klein“, sagte er und wischte die Papiere zur Seite, „was ist bei euch auf der Erde los? Das ist ja Arkoniden-Tempo. Unter diesen Voraussetzungen werde ich mit der GANYMED niemals zum verabredeten Zeitpunkt auf Honur ankommen. Zum Donnerwetter, warum arbeiten die Zulieferwerke nicht schneller?“

Oberst Klein schüttelte bedächtig den Kopf. „Sie haben mir inzwischen so viel über den Industrieplaneten Arkon drei erzählt, Freyt, daß Sie unbewußt verlernt haben, hier auf irdische Verhältnisse umzuschalten. Bedenken Sie: Der Strukturkompensator ist eine Erfindung der Galaktischen Händler. Dieses Wunderwerk nachzubauen, verlangt eine komplette Umstellung großer Industriezweige. Und dann: Was für ein Monstrum an Kompensator muß gebaut werden. So etwas geht nicht von heute auf morgen. Wir sind nicht auf Arkon drei, und die Erde ist nun einmal keine Welt, auf der sich fugenlos Industriewerk an Industriewerk schmiegt."

„Das hilft mir alles nicht. Ich habe im letzten Raffer-Funkspruch angegeben, *wann* ich auf Honur eintreffe. Ich *muß* pünktlich sein. Ich halte es vor Unruhe nicht mehr aus."

„Bei dem Schiff, das Perry Rhodan jetzt besitzt?" warf Klein ein, drehte dabei den Kopf etwas und blickte auf das riesige Startfeld von Terrania hinaus, wo neben der großen GANYMED die Achthundertmeterkugel STARDUST II auf ihren Stützen ruhte. In Gedanken versuchte Oberst Klein sich vorzustellen, *wie* groß die TITAN aussehen mußte, und *wie* klein dagegen die STARDUST II wirkte, aber er ahnte nicht, was er mit seiner Frage bei Freyt auslöste.

Der polterte los: „Klein, Mann! Sie sehen ja alles durch eine rosarote Brille! Schön, Rhodans Schiff ist ein Gigant, aber das Arkonidenreich ist keine Spielwiese, und Tausende von Sonnen mit ihren Trabanten werden von einem Gehirn, das über zehntausend Quadratkilometer groß ist, von Arkon aus regiert."

„Wo bleibt die Logik, Freyt", unterbrach Klein. „Ist das Thatrel-System mit dem Planeten Honur keine unbedeutende Welt? Und stellt die TITAN dem gegenüber keinen unüberwindlichen Machtfaktor dar? Was kann Perry Rhodan schon auf Honur passieren? Nichts, Freyt. Er hat immerhin siebenhundert Mann an Bord. Wenn der Strukturkompensator für die TITAN ein paar Tage später fertig wird, dann ist es auch kein Beinbruch."

Freyt trommelte auf der Tischplatte. „Sie reden mir zu schön, Klein. Vielleicht ist Rhodan gar nicht mehr auf Honur. Was macht er ohne den Kompensator? Dann kann ihn jedes Arkonidenschiff beim Hypersprung anmessen. Und vergessen wir doch nicht die Springer – die Galaktischen Händler. Und dazu diese Mooffs."

„Darüber haben Sie mir bisher sehr wenig erzählt", sagte Klein und versuchte Freyt damit abzulenken.

Der sprang auf, stellte sich ans Fenster und blickte weit über Terrania, die Hauptstadt der Dritten Macht, mitten in der Wüste Gobi gelegen.

„Die Mooffs", begann er, „sind so etwas wie ein galaktisches Rätsel . . ."

In 34 000 Lichtjahren Entfernung sagte Perry Rhodan zu Crest fast dasselbe. „Die Mooffs sind und bleiben ein Rätsel. Sie sind nicht fähig, aus sich heraus zu handeln. Manchmal habe ich den Eindruck, sie wären unreif, in ihrer Entwicklung noch gar nicht erwachsen. Und als letztes: Wer hat dem Zarlt diese Mooffs aufgeschwatzt? Wer, Crest?"

Crest sowie Thora zählten zu den wenigen Arkoniden der Oberschicht, die noch nicht der geistigen Trägheit erlegen waren, an dem dieses Imperium langsam, aber sicher zerbrach.

Lange blickte Crest den hochgewachsenen Perry Rhodan an.

„Bully verdächtigt die Springer. Ich habe sie auch in Verdacht gehabt, aber je länger ich darüber nachdachte, um so unsicherer bin ich geworden. Etwas stört mich ganz besonders stark. Dieses Vorgehen – dieses Vorschieben der Mooffs paßt nicht zu der Mentalität der Galaktischen Händler. Sie sind in ihrer Art ehrlicher, wenn man die Springer überhaupt als ehrlich bezeichnen kann . . ."

Er brach ab, weil Rhodan jetzt schmunzelte. „Crest, gerade haben Sie sich sehr vorsichtig ausgedrückt, daß Ihrer Ansicht nach die Springer für den niederträchtigen Einsatz der Mooffs kaum in Frage kommen. Dadurch bleibt das Rätsel bestehen, wer am Bestand Ihres Sternenreichs zu rütteln versucht. Und dazu noch ein neues Rätsel, das ganz am Rand dieser Fragen liegt: Wie ist es möglich, daß Bully sich nicht mehr der Stunde erinnern kann, in der Thora uns vorschlug, hierher zu fliegen, um in ungestörter Ruhe den Strukturkompensator von der GANYMED . . ."

„Bully *auch*?" stieß Crest aufgeschreckt aus und warf den Kopf hoch.

„Wer denn *noch*, Crest?"

Dieser zuckte unwillkürlich zusammen.

„Thora“, erwiderte er tonlos.

„Wer sagt das?“

„Sie selbst, Perry. Gestern, kurz nach der Landung, kam sie zu mir und vertraute mir ihre Sorge an. Sie kann sich nicht erklären, warum sie uns empfohlen hat, Honur anzufliegen.“

Perry Rhodan glaubte dem Arkoniden kein Wort. „Crest, das ist doch ein schlechter Scherz . . .“

„Nein, Perry, leider nicht.“

Da zündete es in Rhodan. Er erinnerte sich, welche Antipathie Bully gegen dieses System hatte. Das war etwas, das gar nicht zu Bully paßte. Er war alles andere als ein Nervenbündel.

Sofort fiel Rhodans Verdacht auf die Mooffs. Hatten sie Thora den Planeten Honur als Treffpunkt suggeriert? Wenn das zutraf, war es möglich, daß Bully von diesen paranormalen Impulsen in Mitleidenschaft gezogen worden war. Schließlich hatte Bully auf Zalit am stärksten unter den Mooffs gelitten, so daß es nur verständlich war, wenn er empfindlich reagierte.

Rhodan beschloß, Thora und Bully von den Telepathen untersuchen zu lassen, obwohl er sich nicht allzu viel davon versprach. Wenn Thora von den Mooffs beeinflußt worden war, lag dies schon ein paar Tage zurück. Es war fraglich, ob die Mutanten noch Spuren in Thoras Bewußtsein finden konnten, die auf ein Einwirken der Mooffs schließen ließen.

Rhodan wandte sich an Crest.

„Bitte kommen Sie mit in die Bibliothek“, forderte er den Arkoniden auf.

Sie mußten bis zur Bibliothek drei Antigrav-Lifts benutzen und benötigten zehn Minuten, bis sie ihr Ziel erreicht hatten.

Die Bibliothek war ein gewaltiger langgestreckter Trakt. Darin erinnerte nichts an eine Bibliothek irdischer Art. Rhodan trat an das kleine Schaltpult rechts von der Tür. Er mußte sich mit der etwas größeren Ausgabe, die ihm im System von der STARDUST II her vertraut war, erst bekannt machen. Dann arbeiteten die positronischen Wissensspeicher nach seinen präzis formulierten Wünschen. Irgendwo im langen Trakt wurde ein bestimmter Mikrofilm abgerufen, und Perry Rhodan und Crest sahen auf einem Bildschirm die schriftlich fixierten Angaben über den Planeten Honur.

Dazu eine Stimme: „Gravitation 0,7 – sauerstoffarme Atmosphäre – Rotation – Temperatur – geologische Struktur . . ." Es raschelte nur so aus dem Mikro-Lautsprecher.

„Primitiv-Welt, die vor 14 643 Jahren von Arkon aus besiedelt wurde. Achtzehn Jahre später landete der letzte Auswanderer-Schub auf Honur. Weil die Kosten einer klimatischen Veränderung in keine Relation mit den geringen Bodenschätzen des Planeten zu bringen waren, lehnte der Rat des Imperiums es ab, diese Maßnahmen in Angriff zu nehmen . . ."

Mit verkniffenem Gesicht hörte Perry Rhodan sich diese Angaben an, warf Crest einen kurzen Blick zu und sagte dabei: „Das ist die heilige Bürokratie – bei euch – bei uns."

Aber da kam etwas Wichtiges: „Einhunderteinundzwanzig Jahre nach der ersten Besiedlung Honurs wurde das System der Sonne Thatrel zum gesperrten Raum erklärt. Die Sperre ist bis zum heutigen Tag nicht aufgehoben worden."

Das war alles, obwohl Rhodan am Schaltpult nach einer „erschöpfenden Auskunft" über Honur verlangt hatte.

„Soll das alles sein, Crest?" fragte er, und seiner Stimme war anzuhören, daß er innerlich fieberte.

Crest kannte sich in der Technik seines Imperiums doch besser aus als Rhodan. Darum konnte er mit Sicherheit antworten: „Das ist alles. Es gibt höchstens noch das Routen-Kursbuch, aber die Automatik hätte uns den Inhalt zur Kenntnis gegeben, wenn darin etwas von Bedeutung stünde."

„Sperrgebiet, und keine Angabe von Gründen? Diese Wüstenei soll Gefahren . . ." Weiter sprach er nicht.

Er hatte sich erinnert, daß die Arkoniden vor 15 000 Jahren nur solche Dinge als gefährlich bezeichneten, die diese Bezeichnung auch verdienten.

„Kommen Sie, Crest!" Damit stürmte Rhodan aus der Bibliothek und eilte zur Zentrale.

Für den Rückweg brauchte er nur sechs Minuten. Leicht keuchend folgte Crest ihm in den Kommandostand.

Rhodan machte Spezialisten mobil. Eine Anweisung nach der anderen rief er ins Mikrophon. Geniale Arkoniden-Automatik schaltete jedes Gespräch nur nach der dafür zuständigen Stelle durch.

„Gazelle für Kommandant startklar machen! Genaueste Luft-Analysen! Automatik-Sonden für Bodenproben ausschicken! Untersuchungen nach Arkon-Vorschrift durchführen! Messungen des Magnetfelds, des Strahleingangs, Eigenstrahlung des Planeten! Alles, aber auch restlos alles ausmessen, fixieren, doppelt überprüfen! Werte schnellstens zur Zentrale! Bully, sofort zur Zentrale! Voralarm für die TITAN!"

Im Schiff begannen die Sirenen in einem bestimmten Rhythmus zu wimmern.

Vom Hangar kam die Meldung: „Gazelle startklar zum Ausschleusen!"

Einige Gazellen waren von der GANYMED übernommen worden.

Die nächste Meldung kam. „Sonden sind hinaus. Sie arbeiten für alle Gebiete."

Rhodan nickte und rief neue Befehle ins Mikrophon.

Die Optik-Station meldete sich, die den Planeten bis zum Horizont kontrollierte. „Bewegungen am Seeufer. Jetzt ist ... mein Gott, es sind Menschen! Sie kommen aus einer Erdspalte heraus. Die ersten bewegen sich auf das Schiff zu. Jawohl, sie sind menschlich. Es müssen Arkoniden sein, auch wenn sie wie Landstreicher aussehen. Jetzt sind es schon über hundert."

Untersuchungen wurden durchgeführt. Eine Abteilung nach der anderen meldete sich und gab Werte durch. Bully saß längst im Kopiloten-Sessel neben Rhodan. Mit Blickwechsel teilten sie untereinander die Arbeit auf, verschlüsselten die einlaufenden Angaben für die Bord-Positronik, dazwischen fand Rhodan noch Zeit, das Mutantenkorps zu mobilisieren. Er informierte Marshall auch über seinen Verdacht und bat ihn, Thora unauffällig zu untersuchen und ihm dann Bescheid zu geben.

Die sich dem Raumschiff nähernden Kolonisten wurden nun überprüft.

Die ausgeschickten Sonden waren zurück, ein Teil der hereingebrachten Proben schon analysiert.

„Keine Gefahr."

„Nichts Gefährliches."

„Unbedenklich."

„Flora des Planeten: harmlos."

Schlag auf Schlag kamen diese Meldungen herein.

Bully begann laut zu schimpfen. „Zu schön, um wahr zu sein. Und wenn unsere Füchse noch mehr Loblieder singen – diese Wüstenei soll der Teufel holen. Ich bin froh, wenn wir von dieser Welt wieder herunter sind."

Das hörte Rhodan, und er dachte an Crests alarmierende Meldung über Thoras Störung im Erinnerungsvermögen.

In der TITAN bestand der Zustand des Voralarms.

Arkon hatte vor rund 14 000 Jahren dieses System zum Sperrgebiet erklärt, jede Landung verboten und das Verbot bis zum Tag nicht wieder aufgehoben.

Wo lauerte die Gefahr, mit der selbst Arkoniden nicht fertig geworden waren?

Zu viert saßen sie in der Kabine. Perry Rhodan, Reginald Bull, Thora und Crest. Sie starrten den Bildschirm an. Das Gerät brachte von der Bevölkerung, die draußen in apathischem Zustand um den gewaltigen Kugelraumer hockte, Porträtwiedergaben herein.

Es waren hochgewachsene, schlanke, fast dürre Menschen. Auffallend war ihre Kahlköpfigkeit und die tiefliegenden, Trauer ausdrükkenden Augen.

„Sie laufen in Lumpen herum, diese armen Teufel", sagte Bully. „Sie sehen halb verhungert aus."

Crest stellte die Frage: „Kommt von ihnen die Gefahr?"

Thora wurde rot. Ein seltenes Ereignis bei der sonst stolzen Arkonidin. Ihr Blick kreuzte sich mit Rhodans. Sie hob in stiller Verzweiflung die Schultern und sagte: „Ich weiß es nicht. Ich weiß einfach nicht, wie ich dazu gekommen bin, diese Welt als Treffpunkt mit der GANYMED vorzuschlagen. Ich kenne Honur nicht. Ich weiß jetzt, daß ich den Namen dieses Systems früher nie gehört oder gelesen habe."

Impulsiv legte Rhodan seine Hand auf ihren Arm.

„Thora", sagte er, „wir alle vertrauen zu sehr der Präzision arkonidischer Aufzeichnungen, aber haben wir alle nicht schon wiederholt erlebt, daß auch Arkon etwas vergessen kann zu registrieren? Und wenn inzwischen – vor zehn- oder neuntausend Jahren – die

Sperre überflüssig wurde und die Aufhebung vergessen wurde – nur deshalb vergessen wurde, weil auf dieser Welt einfach nichts zu holen ist, machen wir uns jetzt nicht zu viel Sorgen?"

Bully stand auf.

Er schob die Hände in die Taschen und sagte: „Perry, jetzt wirst du mir unheimlich. Thora empfiehlt uns diese Wüstenei und weiß hinterher nicht, warum. Ich soll dabei gewesen sein, als mit Oberst Freyt Honur als Treffpunkt ausgemacht wurde. Du, der sonst dicke Luft auf tausend Lichtjahre wittert, willst plötzlich etwas verniedlichen? Perry, das ist doch unmöglich."

Rhodan blickte Bully nachdenklich an. „Ich habe dich und Thora von Marshall telepathisch überprüfen lassen, da meiner Meinung nach nur die Mooffs dafür verantwortlich sind, daß wir uns hier auf dieser Welt befinden. Das Ergebnis war, wie ich erwartet habe, negativ. Marshall konnte keine posthypnotische Beeinflussung in Thoras Bewußtsein finden. Dennoch schließt dies einen Anschlag der Mooffs nicht aus. Auch dein Bewußtseinsinhalt ließ keine Rückschlüsse auf eine suggestive Beeinflußung zu. Das führt uns wieder zu der Frage, wer dahintersteckt. Wir wissen, daß die Mooffs, falls sie tatsächlich damit zu tun haben, nicht von sich aus handeln, sondern von den sogenannten *Herren* dazu gezwungen wurden."

Bully schüttelte den Kopf.

„Die ganze Sache gefällt mir nicht", erklärte er.

Rhodan wandte sich wieder den Kontrollen zu.

Die Bord-Positronik erklärte auf Grund der hereingegebenen Daten: Honur ist eine ungefährliche Welt.

Mit 0,7 Prozent ließ sie die Möglichkeit offen, sich geirrt zu haben.

Perry Rhodan tat einen tiefen Atemzug, als er auf den Plastikstreifen sah; zufrieden nickte er Crest zu, der neben ihm stand.

„Die Leute können das Schiff verlassen und mit der Bevölkerung Kontakt aufnehmen", entschied er. „Aber der Voralarm bleibt bestehen."

Erschüttert standen Perry Rhodan, Reginald Bull und Crest in der Schleuse und blickten auf das Gewimmel hinab, das sich zwischen den Teleskopstützen der TITAN bewegte.

„Halb verhungert", sagte Rhodan bewegt. Er sah die ausgemergelten Gestalten mit tierischem Hunger über die Nahrungsmittel herfallen, die er für sie freigegeben hatte.

Langsam gingen sie die breite Rampe hinunter und blieben an ihrem Ende stehen.

Drei Eingeborene – unverkennbar Abkömmlinge der Arkoniden – näherten sich den erschütterten Männern. Aus ihren großen, tiefliegenden Augen strahlte Dankbarkeit. Die zerfetzte Kleidung umschlotterte ihre Glieder. Rhodan glaubte alte Uniformen darin zu erkennen, aber bevor er Crest fragen konnte, kniete die Abordnung vor ihnen nieder. Die Männer griffen unter ihre Fetzen und holten Gastgeschenke hervor: blühende Pflanzen des Planeten Honur.

„Schwarze Blüten", staunte Crest und trat mit Perry Rhodan und Bull unwillkürlich einen Schritt zurück.

„Dank euch, die ihr von den Sternen kommt", klang es ihnen gerade noch verständlich im arkonidischen Dialekt in den Ohren. Doch das Erschütterndste waren die demütigen Gesten dieser Arkoniden, die jetzt ausgestreckt auf dem Boden lagen, und mit ihren dürren, nackten Armen die blühenden Pflanzen ein Stück weit die Rampe hinaufschoben.

„Steht doch auf", bat Rhodan sie. „Wir sind nicht mehr als ihr."

Die Eingeborenen lauschten dem Klang seiner Worte nach. Weckten sie in ihnen Erinnerungen aus der Zeit, in der sie stolze Arkoniden waren?

Ununterbrochen wanderten die Blicke der TITAN-Männer zwischen den Blumen und der Abordnung hin und her. Rhodan wurde vom schwarzen Samtglanz der Blüten fasziniert, und selbst Crest, der in seinem langen Leben schon viele Wunder auf fremden Sternen erlebt hatte, konnte sich an der bizarren Schönheit und ihrer Farbwirkung nicht sattsehen.

Rhodan zwang sich, nach den Mutanten zu sehen. Sie waren ihnen gefolgt und standen zehn Schritte hinter ihnen. Die allerletzte Kontrolle führten sie durch.

Rhodan sah John Marshalls kaum wahrnehmbares Kopfschütteln. Es hieß: Diese Menschen sind keine Gefahr.

Da streckte Rhodan impulsiv seine Hand aus und faßte die Hand des Arkoniden, der ihn mit seinem rätselhaften Blick ansah.

Auf drei anderen ausgefahrenen Rampen ballte sich die TITAN-Besatzung. Sie sah, wie Rhodan einer dieser zerlumpten Gestalten die Hand reichte. Für sie war es das Zeichen, Kontakt mit der Bevölkerung aufzunehmen.

Die Kolonisten sprachen einen scheußlichen, kaum noch zu verstehenden Dialekt, aber je lebhafter überall die Gespräche wurden, um so besser klappte es mit der Verständigung.

Sie nannten sich „die Geläuterten". Perry Rhodan und Crest nahmen es zur Kenntnis. Bully hatte daran etwas auszusetzen. „Das klingt nach Sektierern, und Sektierer haben oft einen leichten Dachschaden. Holzauge, sei wachsam."

Aber dann konnte er sich dieser herzlichen Aufnahme auch nicht verschließen, und er war einer der eifrigsten, der wissen wollte, woran es den Eingeborenen mangelte.

Die Geläuterten lebten von dem, was Honur zu bieten hatte. Sie waren bescheiden und glaubten nicht würdig zu sein, den Raumfahrern ihre Siedlung in einer breiten Spalte am See zeigen zu dürfen.

Rhodan ließ durch Arbeiter-Roboter eine Abteilung der Kleiderkammer räumen. Die Kolonisten fielen nicht über die Schätze her, als die Roboter die Kleiderstapel vor ihnen niederlegten. Fast scheu näherten sie sich. Jeder war bemüht, dem anderen den Vortritt zu lassen, und dann griffen sie langsam zu.

Rhodan winkte den Telepathen John Marshall heran.

„Befinden sich diese Geläuterten alle in einem hypnotischen Zustand, Marshall?" verlangte er zu wissen.

Marshall machte ein unglückliches Gesicht. Er war nicht in der Lage, eine klare Antwort zu geben. „Sie sind so. Das ist ihre Art. Sie denken so langsam, wie sie sich bewegen. Seit einigen Minuten kann ich keinen einzigen Impuls mehr wahrnehmen, der Freude ausdrückt."

Rhodan fühlte, daß er innerlich wieder unruhig wurde. Zur Kontrolle fragte er Marshall: „Gefährliche Gedanken?"

„Nein. Ich habe keinen einzigen gefährlichen Gedankenimpuls festgestellt, und jetzt schlafen ihre Gedanken immer mehr ein. Ich vermute, daß es mit ihrem Sättigungsgrad zusammenhängt."

Blitzartig schoß es Rhodan durch den Kopf: degenerierte Arkoniden.

Diese einst so stolzen Abkömmlinge eines großen Volkes standen heute noch tiefer als Barbaren. Ihr ganzes Leben schien sich nur um das Füllen des Bauches zu drehen.

Jetzt setzte sich die Menge langsam in Bewegung. Die Geläuterten beachteten nicht mehr die Männer aus der TITAN. Fast jeder hielt ein Kleidungsstück unter dem Arm und zog damit los. Langsam, apathisch, setzten sie Fuß vor Fuß. Keiner sprach. Stumm verschwanden sie in Richtung des Sees.

Entgeistert blickte ihnen die Besatzung der TITAN nach. Das hatten sie nach der einmaligen Begrüßung nicht erwartet.

Zwei Stunden später wimmelte es zwischen den Stützen der TITAN wieder von Geläuterten.

Perry Rhodan verzichtete darauf, noch einmal mit den Degenerierten zusammenzutreffen. Es war kein reines Vergnügen, mit dem Atmungsgerät auf dem Rücken sich draußen in der sauerstoffarmen Atmosphäre zu bewegen.

„Ich beabsichtige, mit der Gazelle einen Erkundungsflug zu machen, Crest. Wollen Sie mitkommen?"

Erfreut nickte der Arkonide und deutete gleichzeitig auf den gewaltigen Rundsichtschirm, der wiedergab, was sich zwischen den Schiffsstützen abspielte. „Sehen Sie sich das einmal an, Perry. Sind das keine reizenden Tierchen?"

Perry Rhodan war alarmiert. Er sah, daß die Geläuterten kleine bärenähnliche Wesen herbeitrugen. Er richtete eine Frage an die Schleusen-Kontrollen: „Wo sind die Mutanten?"

Von Schleuse acht kam die Antwort, daß ein Teil draußen sei. Auch Marshalls Name wurde genannt.

„Sofort Marshall benachrichtigen", ordnete Rhodan an. „Test der Tiere einleiten. Einige Exemplare sind zu den Labors zu bringen."

Crest teilte Rhodans Erregung nicht. Er lachte auf, als Bully auf dem Schirm erschien und eins von diesen dreißig Zentimeter großen Bärchen zärtlich an sich gedrückt hielt. „Wunderbar traurige Augen haben sie."

Rhodan fühlte, daß sein Bedarf an schönen, traurigen Augen langsam gedeckt war. Irgendwo lauerte eine Gefahr, und jetzt sah er sie in den Tierchen, die die Geläuterten oder die Honos, wie sie von der Besatzung genannt wurden, unter der Mannschaft verteilten.

Da kam von Marshall die Meldung: ohne Befund, völlig harmlose, kleine possierliche Bärchen mit rosigen Pfötchen und ulkigen großen Nasen. Allem Anschein nach völlig unintelligent.

Bully schaltete sich dazwischen. Er hatte über die Helmsprechanlage mitgehört. In seinen Händen hielt er ein Bärchen. „Der kleine Kerl ist wie ein Papagei, Perry. Ich habe ihm schon das Wort ‚Mist' beigebracht. Er hört auch schon auf den Namen, den ich ihm gegeben habe. Er heißt . . ."

Rhodan schaltete ihn aus der Leitung. Das Labor meldete sich. „Schnelltest beendet. Das Tierchen ist völlig harmlos. Intelligenzquotient nicht zu messen."

Rhodan sah Crest an.

„Crest", stieß Rhodan besorgt aus, „ich habe in den letzten drei Jahren noch nie so oft das Wort ‚harmlos' gehört wie auf diesem Planeten. Ist das kein bedenkliches Zeichen?"

Es wäre ihm wohler gewesen, wenn die Meldungen über die Bärchen mehr negativen Charakter besessen hätten. Rhodan schüttelte sich plötzlich, dachte kurz nach und entschied dann: „Crest, wir starten sofort mit der Gazelle. Ich finde nicht eher Ruhe, bis ich jeden Winkel dieser Welt mit dem Fernaufklärer untersucht habe. Leutnant Tifflor, sofort nach Hangar sieben. Gucky, ich finde dich in der startklaren Gazelle. Wuriu Sengu . . ."

„Ja?" meldete sich der Späher.

„Nach Hangar sieben, dort sofort melden."

Dann rief er Bully an.

Der Dicke hörte nur mit halbem Ohr zu, daß Perry Rhodan mit einer Gazelle einen Erkundungsflug antreten wollte.

„Gut", sagte Bully gönnerhaft, „schau dir die Wüstenei nur richtig an. Vielleicht hängt sie dir dann auch so zum Hals heraus wie mir. Ein Trost ist wenigstens Hannibal . . ."

„Wer?" fragte Rhodan und glaubte nicht richtig gehört zu haben.

„Na, Hannibal. Los, Hannibal, sag mal Mist, dann weiß Perry, wer du bist."

„Komm in die Zentrale, Bully", erwiderte Rhodan und konnte sich das Lachen nicht verbeißen.

Kein Zeichen verriet, daß Wuriu Sengu ein „Späher“ war. Auch jetzt, als er im gewaltigen Hangar sieben neben einem Fernaufklärer stand und auf Perry Rhodan wartete, gab er nichts von seinen Fähigkeiten zu erkennen.

Der Japaner zuckte nicht zusammen, als dicht vor ihm die Luft flimmerte und aus diesem Flimmern ein possierliches, ein Meter großes Tier wurde – eine Mischung aus Maus und Biber.

Es war Gucky. Sein glattes dichtes Fell war rötlich-braun und sah gepflegt aus. Die spitze Schnauze gab dem Gesicht einen Schuß Pfiffigkeit und etwas ungemein Kluges.

„Auch schon da?“ fragte Gucky.

Fast gleichzeitig trafen Rhodan, Crest und Julian Tifflor ein.

Gerade erzählte Gucky dem Späher Sengu, daß ihm die kleinen Bären der Honos zuwider wären.

„Sie stinken“, sagte er voller Abscheu. „Hast du es denn nicht gerochen, Wuriu?“

„Du stirbst auch noch einmal an deiner überempfindlichen Nase, Gucky.“ Der Japaner grinste. „Ich weiß nicht, ob die Bärchen duften . . .“

„Stinken, Wuriu, stinken“, verbesserte ihn Gucky, und dieses zweimal ziemlich laut ausgesprochene Wort hörte Perry Rhodan.

„Wer?“ fragte er und blieb vor Gucky stehen.

„Alle Bären. Ich habe es in ihrer Nähe nicht aushalten können und bin gesprungen.“

Sofort setzte sich Rhodan mit Bully in Verbindung, der sich inzwischen in die Zentrale begeben hatte.

„Ja“, sagte er, „willst du hören, was Hannibal . . .“

Nein, das wollte Rhodan nicht hören. „Stinkt dein Hannibal, Bully?“

„Was soll der?“ kam es aus dem Mikro-Lautsprecher empört zurück. „Hannibal stinkt nicht. Wer hat denn diese unverschämte Behauptung in die Welt gesetzt? Wenn man den Honos glauben darf, dann sind die Tierchen sogar stubenrein. Wer hat das von der Stinkerei gesagt, Perry?“

„Gucky“, erwiderte Rhodan.

„Diesem Möhrenfresser dreh’ ich bei passender Gelegenheit den Hals um“, brüllte es aus dem Lautsprecher.

„Gucky!“ schrie Perry Rhodan auf, aber sein Ruf kam zu spät.

Gucky hatte sich im Teleportersprung entfernt. Wo er angekommen war, gab Rhodans Mikro-Lautsprecher preis. Bestimmt hing Bully jetzt in der Zentrale hoch unter der Decke.

Gucky machte diese Scherze am liebsten mit Bully. Sie verstanden sich ausgezeichnet, und beide fühlten sich krank, wenn der eine dem anderen nicht eins auswischen konnte, nur zog Bully immer den kürzeren.

Plötzlich stand dicht vor Rhodan ein Schatten in der Luft. Daraus wurde Gucky.

„Leutnant Guck vom Einsatz zurück“, sagte der Mausbiber.

„So ein Biest“, klang es aus dem Lautsprecher. Es war Bully, der fluchte.

„Soll ich noch einmal kommen, Dicker?“ bot Gucky sich freundlich an.

Da bediente sich Bully eines Kraftausdrucks, der jedoch so aus tiefstem Herzen kam, daß selbst Crest schallend lachte.

In bester Laune bestieg Rhodan mit seiner Crew die Gazelle. Der etwas klobig wirkende Diskus, dreißig Meter durchmessend und von Pol zu Pol achtzehn Meter dick, war ein überlichtschneller Fernaufklärer, gut für fünfhundert Lichtjahre Aktionsradius und mit starken Strahlwaffen zur Abwehr verfolgender Raumer ausgerüstet.

Seit Stunden waren alle Aggregate der Gazelle vorgewärmt.

Automatisch schloß sich die Schleuse, als Perry Rhodan im Pilotensitz nach Klarmeldung auf die erste Schaltstufe ging. Gleichzeitig öffnete sich in der dicken Haut der TITAN das Schleusentor und gab der Gazelle den Sprung in die Atmosphäre frei.

Der Start vollzog sich kaum spürbar. Immer schneller werdend, ging der Fernaufklärer über dem See auf fünftausend Meter und nach Erreichen dieser Höhe auf Kurs.

Der gewaltige Gebirgszug mit seinen unwirtlichen Tälern fiel hinter ihnen zurück. Vor ihnen breitete sich eine andere Ebene aus, ebenso öde und trostlos wie alles, was sie bisher auf dieser Welt gesehen hatten. Stunde um Stunde verging, während die Gazelle in mäßigem Tempo über die tote Landschaft flog, ohne daß etwas Bedeutungsvolles auftauchte.

Sie flogen in den Abend hinein. Als das letzte Licht verging, setzte die Gazelle auf. Rhodan gab an die TITAN einen kurzen Spruch ab. Bully mußte in der Funkzentrale sein, denn er selbst antwortete und war bester Laune.

Am Mittag des nächsten Tages nahm die Gazelle Kurs in Richtung Südpol.

Langsam näherte sie sich dem Punkt, an dem es nur noch eine Richtung gab.

Da zuckte Rhodan zusammen. „Crest, was ist das? Sind das Gebäude?“

Alles hatten sie erwartet, aber keine Spur einer großartigen menschlichen Ansiedlung.

Der Fernaufklärer beschleunigte. Rhodan ging auf schnellste Fahrt.

Das Bild auf dem Rundsichtschirm wurde deutlicher.

„Raumschiffe!“ rief Rhodan fassungslos.

Senkrecht ging die Gazelle in den Himmel hinein.

„Werden wir geortet, Tiff?“

Die Gazelle überschritt die 1000-Kilometer-Marke, als Tiff immer noch nicht glauben wollte, was er selbst herausgefunden hatte. „Ich – ich kann keine Ortung feststellen.“

„Sir . . .“ Das war Wuriu Sengu, der sich jetzt meldete. „Ich ‚sehe‘ nur verlassene, zerstörte, ausgeplünderte Raumschiffe. Ich sehe einen Raumschiffsfriedhof.“

Das paßte zu Tiffs Auswertung.

Die Gazelle befand sich an der 1500-Kilometer-Marke.

Hart nahm Rhodan das Schiff herum und ging senkrecht nach unten.

Aus der Kugel Honur wurde wieder eine Fläche. Die Fläche schrumpfte, je tiefer sie kamen, und dann schwebte die Gazelle die letzten Kilometer den vielen Raumschiffen am Südpol Honurs entgegen.

14.

Unter leichtem Zischen versorgte das Tornister-Atemgerät Perry Rhodan mit Sauerstoff. Er stand allein in der Schleuse des Fernaufklärers und überblickte diesen unglaublichen Schiffsfriedhof.

Crest war zunächst mit ihm nach draußen getreten. Der Arkonide hatte geglaubt, auf das Atmungsgerät verzichten zu können. Doch schon nach einigen Minuten machte sich bei ihm Atemnot bemerkbar, und mit der resignierenden Feststellung, daß er doch langsam alt würde, war er schnell wieder ins Boot zurückgegangen, um das Tornister-Gerät anzulegen.

In der Gazelle saßen Wuriu Sengu, Tiff und der Mausbiber hinter den Waffenschaltern. Alle Kampfaggregate waren feuerbereit auf diese gewaltige Ansammlung verrotteter Raumer gerichtet, bereit, in jeder Sekunde ihre vernichtende Kraft wirken zu lassen.

Unverwandt betrachtete Perry Rhodan dieses Bild des Niedergangs. Arkonstahl, der 30 000 Hitzegrade aushielt und auf alle Zeit hinaus seinen Hochglanz nicht verlieren sollte – hier war er blind geworden.

Perry Rhodan starrte verlassene Raumer an – Wracks.

Er hatte es aufgegeben, sie zu zählen. Bis zum fernen Horizont hin standen und lagen die Schiffsrümpfe – nebeneinander, gegeneinander, der eine den anderen stützend – und sogar übereinander. Teilweise waren sie unter der Last ihres Gewichts über zwei Drittel in den Boden gesunken. Diese Torsos hatten die schmutzige Farbe des Bodens angenommen, andere wiederum wirkten wie Schiffe, die gerade aus der Werft kamen, nur ihre Stützen, die sich tief in den Boden hineingedrückt hatten, verrieten, wie lange sie hier schon standen.

Das war das Ende all der Schiffe, die es gewagt hatten, Honur, den verbotenen Planeten, anzufliegen und darauf zu landen.

„Mein Gott, wie konnte das geschehen?“ fragte Perry Rhodan, drehte sich um und sah Crest aus der Schleuse treten.

Bis zum ersten Schiffstorso war es etwa einen Kilometer weit. Intensiv dachte Rhodan an Gucky und verlangte in Gedanken, daß er Wuriu Sengu auffordern solle, mit ihm herauszukommen, während Tiff als Rückendeckung hinter den Waffenschaltern bleiben solle.

Gucky kam in einem kurzen Teleporter-Sprung. Er „übte", wie er sich ausdrückte, tarnte damit aber vor Rhodan seinen unbändigen Spieltrieb.

Der Japaner mußte wie jedes andere normale Wesen durch die Schleuse kommen. „Ich habe in den Schiffen weder Leben noch Roboter gesehen, überall nur ausgeschlachtete Kabinen und Hallen", berichtete er.

„Keinen Impuls empfangen", versuchte Gucky mit seiner Meldung den Japaner nachzuahmen, was ihm aber kläglich mißlang. „Soll ich ein bißchen nachsehen?" bettelte er anschließend.

„Aber geh' kein Risiko ein, Gucky", warnte Rhodan und sah den Mausbiber fast im selben Moment verschwinden.

„Kommen Sie", sagte Rhodan und setzte sich in Bewegung.

Sie standen in der Halle eines ausgeschlachteten Raumers. Hohl klangen ihre Schritte. Die Echos schienen zu höhnen und ihnen ins Ohr zu gellen: „Wartet, bald seid ihr auch an der Reihe!"

Mit brennenden Blicken musterten sie die Halle.

Alles, was nicht mit Arkonstahl der Decken und Wände verbunden war, hatten Unbekannte demontiert und fortgeschafft. Spuren ihrer Arbeit waren überall zu finden, aber keine einzige Spur, *wer* es gewesen war.

Crest schüttelte sich und blickte Rhodan dabei forschend an. Dessen Gesicht war zur Maske erstarrt. In ihm arbeitete es.

Die Staubschicht, auf der sie standen, war über zehn Zentimeter hoch. Es war feiner, pulverförmiger Staub und so trocken wie der Planet selbst. In einer glatten, spurenlosen Schicht breitete er sich vor ihnen aus.

„Nicht einmal die Fußabdrücke der Honos sind hier zu sehen", gab Rhodan einen seiner Gedanken preis. „Und doch muß dieses Raumschiff-Sterben mit ihnen im Zusammenhang stehen. Aber können Sie mir sagen, wie, Crest?"

Indem der Arkonide die Frage einfach überging, drückte er die Situation besonders kraß aus. „Wir sollten zur TITAN zurückfliegen, Perry, und dann, wenn wir es noch können, sofort starten, um in einer Umlaufbahn auf Oberst Freyt zu warten. Es ist besser, das Wagnis einzugehen, von einem anderen Raumschiff geortet zu werden, als zu wissen, daß die TITAN eines Tages auch hier auf diesem Schrotthaufen liegt."

„Wenn wir noch starten können?" wiederholte Rhodan einen Satz des Arkoniden. „Befürchten Sie etwa, daß es dazu schon zu spät ist? Crest, Sie, der Arkonide . . ."

Der wehrte mit einer Handbewegung ab. „Rühmen Sie bitte jetzt nicht unsere Technik, Perry. Vergessen Sie nicht, wo wir uns im Augenblick befinden. Auf einem Friedhof. Als wir darauf zugingen, habe ich mir viele Typen angesehen und sie klassifiziert. Ein Drittel dieser Raumer waren Kriegsschiffe. Sie sind ebenso hier gelandet wie die Handelsschiffe. Diese Entdeckung läßt mich fast verzweifeln. Wenn ich nicht Schiffe der Galaktischen Händler gefunden hätte, könnte ich jetzt sagen: Die Springer stecken hinter dieser Sache."

Da fühlten sich Perry Rhodan und Crest gleichzeitig von Wuriu Sengus Händen gepackt.

Kraft seiner Veranlagung durchdrang Sengu die Decks dieses Raumers, und sein Blick wanderte durch die Kabinen in der Schiffsspitze.

„Sir", flüsterte der angestrengt spähende Japaner, „ich sehe Skelette, in jeder Kabine Skelette. Es ist grauenhaft. Ich habe schon über hundert gesehen."

„Sengu, untersuchen Sie die nächsten Raumer!" befahl Rhodan. Er hatte begriffen, auf welche Weise diese Schiffe vernichtet worden waren.

Von innen heraus.

Da kam auch schon die Bestätigung des Spähers. „Die Mannschaftsräume der drei nächsten Schiffe sind leer – nur voller Staub. Er liegt über einen Meter hoch, aber im vierten Schiff sehe ich wieder Skelette. Großer Himmel, war das ein Schlachtschiff? Oder ein Passagier-Raumer? Es müssen über tausend Tote sein."

„Danke, Sengu", sagte Rhodan mit leicht brüchiger Stimme. „Es ist gut."

Im selben Moment flimmerte es vor ihnen. Staub wirbelte auf, und Guckys Piepsstimme rief: „Miststaub!“ Im genau ausgerechneten Teleportersprung war er dicht vor Rhodan, Crest und Sengu gelandet. Er richtete sich auf und stützte sich auf den fetten Biberschwanz. „So viele Skelette wie hier habe ich noch nie gesehen. Wo ich glaubte, es seien keine vorhanden, habe ich sie in großen Mengen unter dem Staub gefunden. Die Arkoniden müssen alle nackt gewesen sein, als sie starben, denn nirgendwo konnte ich Bekleidungsreste finden. Dann habe ich durch Zufall den Raumhafen entdeckt.“

„Den was, Gucky?“ fragte Rhodan mit merklicher Erregung. „Einen Raumhafen?“

„Keinen modernen, nur ein sauberer Platz, spiegelglatt. Das Erdreich muß irgendwann einmal behandelt worden sein, denn es ist an dieser Stelle härter als Beton.“

„Tiff soll kommen, Gucky“, ordnete Rhodan an.

Vor Verlassen der Gazelle hatte er striktes Funkverbot befohlen, und vor Antritt seines Erkundungsflugs das gleiche zu Bully gesagt.

Gucky verschwand wieder.

Die drei hatten den gewaltigen Raum noch nicht verlassen, als Gucky von seinem Sprung zur Gazelle wieder zurück war.

„Er kommt“, lispelte er und versuchte, seinen breiten Biberschwanz hochzunehmen, um keine Staubwolke aufzuwirbeln. Aber so viele unglaubliche Dinge Gucky auch konnte, das gelang ihm nicht, und mit einem Fluch, den er von Bully gelernt hatte, teleportierte er sich vor den Rumpf des ausgeraubten Schiffes.

Kurz darauf glitt die Gazelle heran. Die Schleuse öffnete sich, und die Rampe fuhr aus. Perry Rhodan, Crest und Wuriu Sengu mußten durch die Schleuse, Gucky sprang wieder.

Dann hockte er neben Rhodan, der die Gazelle übernommen hatte, und gab ihm den Kurs zu dem von ihm entdeckten Raumhafen an.

Rhodan setzte die Gazelle dort auf.

„Bodenprobe entnehmen, Tiff!“ befahl er.

„Das kann ich schneller und besser“, meinte Gucky.

Er verschwand, nachdem er sich mit einer Sonde bewaffnet hatte, entnahm vom betonartigen Boden eine Probe und sprang wieder in die Gazelle.

Währenddessen hatten Rhodan und der Arkonide die freie Fläche gemustert. Dieser Platz war die Stelle, an der unbekannte Raumer landeten. Hier wurden allem Anschein nach die ausgeschlachteten Aggregate und Maschinen und Einrichtungen übernommen, nachdem das erbeutete Schiff hierher geflogen worden war.

„Tifflor, rufen Sie TITAN!“

Als ob Julian Tifflor schon lange auf diesen Befehl gewartet hätte, sprach er schon mit der Funkzentrale des Kugelriesen. Eine Sekunde danach meldete sich Reginald Bull, während Rhodans Abwesenheit in der TITAN der Kommandant.

„Perry, was gibt’s?“

„An Bord alles klar, Bully?“

„Bestens. Bei uns herrscht Hochstimmung, nur darf ich nicht diese armen Teufel sehen, dann kommt mir meine gute Laune abhanden. Bei dir etwas Neues?“

„Nein. Nichts Neues, Bully. Danke.“

Crest starrte Perry Rhodan an. Gucky las Rhodans Gedanken.

„Soll ich vorspringen und einmal nachsehen, was da tatsächlich los ist?“ lispelte er leise und bereitete sich auf einen Teleportersprung zur TITAN vor.

Rhodans Blick versenkte sich in Guckys kluge Mausaugen, die ihn treuherzig und voller Sorge musterten. „Lieber nicht, Gucky. Wir sehen gemeinsam nach.“

Wenig später hob der Fernaufklärer ab. Wieder ging die Gazelle mit Höchstschub auf Fahrt.

Perry Rhodan fühlte, daß in der TITAN etwas Unheimliches, Tödliches sich ausbreitete. Den Funkoffizier hatte man lachen hören, Bullys Reden waren von Lachen untermalt worden, und was sollte der Begriff „Hochstimmung“ bedeuten?

In sich zusammengesunken starrte Crest vor sich hin. Hinter Rhodan wechselten Tifflor und Sengu fragende Blicke, und Gucky war das Grinsen auch vergangen.

Lachend, so daß sein Gesicht noch breitflächiger wirkte, sah Bully zu John Marshall hoch.

„Perry wird staunen, wenn er kommt, John“, freute er sich und schob Hannibals Pfötchen zur Seite, weil das Tierchen ihm ständig auf der Nase herumtrommelte. „Hannibal, du süßes Biest, laß meine Nase zufrieden", rief er das Bärchen zur Ordnung.

„Wie heißt dein Scherzartikel, John?" fragte Bully kameradschaftlich den Telepathen, der sein Bärchen unter dem Jackett trug.

„Tannhäuser, Bully."

„Ist das eine Automarke?"

„Bully, Tannhäuser ist von Wagner", erklärte Marshall Rhodans Stellvertreter freundlich auf und lächelte dabei.

Wagner und Tannhäuser paßten zusammen, aber Marshalls Lachen war vollkommen fehl am Platz. Es war unnatürlich.

Bully bemerkte es nicht. Er hatte seine Beine hochgelegt, und Hannibal turnte darauf herum.

„Stimmt", gab Bully zu und lachte noch breiter. „Wie konnte ich das nur vergessen? Nur, daß sein Sohn Tannhäuser hieß, habe ich nie gewußt. War das dein Freund, dieser Tannhäuser, John? Mann, von dem mußt du mir erzählen. Komm, setz dich. Laß den Dienst sausen. Was zu tun ist, erledigt Perry schon für uns. Auf den ist Verlaß, aber auf uns auch. Bist du nicht gleicher Ansicht?"

„Und wie, Bully. Wir kriegen jetzt erst den richtigen Schwung. Du, ich könnte die ganze Welt umarmen."

Großspurig winkte Bully ab. „Tu's, aber laß für mich noch etwas übrig. Habe ich dir eigentlich schon einmal etwas von meinem Hobby erzählt, John? Das macht mir Spaß, und Spaß sollst du doch auch haben. Also . . ."

„Bully", flötete es da vom Eingang der Zentrale her, und Thora zwinkerte dem Dicken vergnügt zu.

„Thora, du Engel, was darf ich für dich tun?" rief Bully, packte Hannibal am Kragen, nahm das Bärchen auf den Arm und bequemte sich aufzustehen.

Thora lächelte ihr entzückendstes Lächeln, blieb aber am Eingang stehen. „Dickerchen, wie wär's mit großem Bordfest und Tanzeinlagen? Keine Lust?"

Bullys Hannibal sah seinem Herrn über die Schulter und streckte zu Thora seine Zunge aus.

Da wurde Marshalls Spielgefährte unter dem Jackett wach, kam hervorgeschossen und rief: „Eins, zwei, drei, vier, Papi hat kein Bier! Eins, zwei, drei, vier . . ."

Dazwischen quäkte Thoras Bärchen. Es saß seiner Herrin auf der Schulter und zerzauste eifrig ihre Frisur.

Lachend kam Bully auf Thora zu. „Man kann bald sein eigenes Wort nicht mehr verstehen, aber was macht das bei unserem Spaß? Du hast von Bordfest gesprochen. Thora, dafür hast du einen Kuß verdient und . . .“

Ausgerechnet jetzt mußte Thoras Bärchen quäken: „Gib Küßchen! Gib Küßchen!“

Sie lachte schallend auf, deutete auf ihr Tierchen, das Ladolfina genannt wurde, und sagte: „Hast du gehört, wer meine Küßchen bekommt, Bully? Nur Ladolfina bekommt sie. Ist sie nicht entzükkend? Aber dein Hannibal ist auch hübsch, und wie heißt dein Freund, John?“

„Tannhäuser, Thora.“

„Tut mir leid“, entschuldigte Bully sich, „aber ich meine, ein Auto sähe doch etwas anders aus. War das Modell wirklich nicht von Ford?“ Dann brüllte er jubelnd los: „Kinder, ich frage einmal über Bordverständigung nach, wer alles für ein zünftiges Bordfest stimmt. Moment, Freunde.“

Er bekam die Funkzentrale. „Boys“, rief er lachend ins Mikrophon, „fragt einmal durch, wer Lust hat, an einem zünftigen Bordfest teilzunehmen. Ruft auch nach draußen, damit die Jungens auch Bescheid wissen.“

„Bordfest, Dicker? Wunderbar. In einer Minute wissen alle Bescheid. Bully, du wartest doch so lange?“

„Was tät' ich lieber.“ Bully lachte und kraulte Hannibals Rücken. „Mann, wem könnte ich denn einen Wunsch abschlagen? Aber beeil dich. Das Fest soll laufen, bevor Perry hier ist. Der wird Augen machen.“

„Ein was?“ fragte Julian Tifflor verstört.

Dabei war es unverkennbar Reginald Bull gewesen, der sie zu einem Bordfest mit Tanz eingeladen hatte.

„Perry“, bettelte Gucky und zupfte Perry Rhodan am Ärmel, „ich springe einmal schnell hinüber. Darf ich?“

Nein, sagte Rhodan in Gedanken.

Betroffen gab Gucky Rhodans Ärmel frei. Langsam hoppelte der Mausbiber in die Ecke.

Die Gazelle befand sich eine halbe Stunde weit von der TITAN entfernt.

„Tifflor, lösen Sie mich ab.“

Tiff sank in den Pilotensitz. Wortlos verließen Rhodan und Crest die kleine Zentrale. Als das Schott sich hinter ihnen schloß, blickten sie sich nur an.

„Warum wollen Sie Gucky nicht in die TITAN schicken, Perry?“ fragte Crest.

„Soll er sich auch infizieren? Soll ich am Ende auch noch ihn verlieren?“ fragte Perry mit seltener Heftigkeit zurück.

„Sie führen die euphorischen Zustände, die in der TITAN herrschen, auf eine Infektion zurück?“

„Sie bezeichnen den Zustand als Euphorie, Crest. Ich habe von Infektion gesprochen. Wir wissen nicht, ob das eine oder das andere oder beides richtig ist. Auf jeden Fall hat Bully jede Einsicht über seinen Zustand verloren und schwelgt im größten Wohlbehagen.“

„Genauso, wie Sie es gerade formuliert haben, beschreiben auch die Ärzte die Euphorie. Darf ich dazu etwas sagen, Perry?“

„Gibt es noch etwas zu besprechen, Crest, wenn man an die Skelette in den ausgeschlachteten Raumschiffen denkt?“

Perry Rhodans Troja war gekommen.

Der Planet Honur hatte ihm das Geschenk der Danaer überreicht.

Der Schiffsfriedhof am Pol hatte ihn das Ende der Besatzung voraussehen lassen.

Bald würde die TITAN auch zwischen den Wracks stehen, und in der TITAN würden dann siebenhundert Skelette liegen.

Und in der TITAN vergnügte sich im Augenblick die Mannschaft und untermalte das Bordfest mit Tanz.

„Totentanz.“

Nur dieses eine Wort sprach Perry Rhodan aus. Es sagte alles.

„Totentanz“, wiederholte Crest, und seine Augen waren feucht.

„Perry, laß mich springen“, bettelte Gucky wieder. „Für dich ist es zu gefährlich, viel zu gefährlich.“

Dreihundert Meter neben der gigantischen TITAN war Perry Rhodan gelandet. Die Funkzentrale hatte auf seine Anrufe nicht mehr reagiert.

Im Bewußtsein, wie ohnmächtig er war, wie hilflos und entmachtet, stand Perry Rhodan am Seeufer. Er blickte hoch, zu der Stelle des Schiffes, wo hinter Arkonidenstahl die Zentrale lag.

Unerreichbar hoch lag sie, unerreichbar weit für ihn.

„Totentanz!“ Rhodans Stimme zitterte leicht.

Gucky hockte neben ihm. Wieder bettelte der Kleine.

„Nein, und abermals nein, Gucky. Was willst du im Schiff? Auch infiziert werden? Ich muß ins Schiff. Ich muß erfahren, was sie krank gemacht hat, sonst sehen wir sie alle bald als Skelette wieder. Willst du sie alle tot sehen, Gucky?“

„Muß der Dicke auch sterben?“ Der Mausbiber fragte es wie ein verschüchtertes Kind und gab damit preis, wie stark seine freundschaftlichen Gefühle für Reginald Bull waren.

„Bully auch.“ Perry Rhodan strich Gucky über den Kopf, blickte in seine treuen, klugen Mausaugen und sagte dann: „Bleib hier sitzen. Achte auf meine Impulse.“

Damit ging Rhodan auf die TITAN zu.

Der Mausbiber versank in angespannte Konzentration.

Schon von weitem hörte Perry Rhodan das Lachen und Johlen der Mannschaft. Übersteigerter Frohsinn drückte sich unverhüllt darin aus. Doch im krassen Gegensatz dazu hockten die Geläuterten unbeweglich zwischen den Stützen des gewaltigen Kugelraumers und kümmerten sich nicht um die ekstatische Ausgelassenheit der Besatzung. Stumpfsinnig starrten sie in den Sand, und einige hielten in verzückter Pose possierliche Bärchen an sich gedrückt.

Perry Rhodan hatte die Honos schon bemerkt, als die Gazelle zur Landung ansetzte. Ihre Anwesenheit hatte Enttäuschung in ihm ausgelöst, und dem Arkoniden Crest war es nicht anders ergangen. Jeder für sich hatte im stillen diese Geläuterten für die Seuche, die unter der TITAN-Besatzung ausgebrochen war, verantwortlich gemacht.

Langsam ging Rhodan auf den nächsten zu, während von der einzigen Rampe seines Schiffes, die noch ausgefahren war, das Gelächter der Männer zu ihm herunterklang.

Der Hono hielt ein Bärchen fest und schien zu schlafen. Er hob aber den Kopf, als Rhodan dicht vor ihm stand, und sagte in seinem abgeschliffenen Arkonidisch, während er Rhodan das hübsche Bärchen anbot: „Nimm mein kleines Geschenk, Würdiger. Beglücke auch mich, indem du es annimmst."

Trotz seiner Verzweiflung und Sorgen erinnerte sich Rhodan des harten Urteils, das Gucky über diese Tierchen ausgesprochen hatte. Für des Mausbibers überaus empfindliches Riechorgan sollten diese reizenden Bärchen abscheulich stinken. Plötzlich ließ Perry Rhodan sich davon beeinflussen. Er staunte über sich selbst, als er impulsiv einen Schritt zurücktrat. Er sah den Hono das Tierchen wieder an sich nehmen und an ihm vorbei in die Ferne starren. Die großen, tiefliegenden Augen in dem kahlen Kopf des Geläuterten flossen über vor Trauer. Der schmale Mund schien Gebete zu sprechen. Einmal glaubte Rhodan das Wort „Götter" verstanden zu haben. Ununterbrochen murmelte der ausgemergelte Mann vor sich hin.

Rhodan wandte sich ab und ging auf die Rampe zu, dabei immer bestrebt, den überall herumsitzenden Geläuterten möglichst weit aus dem Weg zu gehen. Sein Verdacht, daß sie die Seuche ins Schiff getragen hatten, wurde aber immer geringer.

Er war nicht erkrankt, Crest nicht – keiner, der an seinem Erkundungsflug über den Planeten Honur teilgenommen hatte.

„Die Bärchen!" Er schrie es.

Er wußte nicht, daß er mit geöffnetem Mund wie angewurzelt zwischen zwei Geläuterten stand und die gewaltige TITAN sich vor seinen Augen immer schneller drehte.

In seinen Ohren brauste es.

Er, Perry Rhodan, der „Sofort-Umschalter", der Mann mit dem unglaublich schnellen Reaktionsvermögen, der die Erde zu einem Staat zusammengeschweißt hatte, ohne brutale Machtmittel anzuwenden – er brach fast unter der Erkenntnis zusammen, *wer* die Krankheit an Bord der TITAN getragen hatte.

„Würdiger, beglücke mich, indem du meinen Nonus zum Geschenk nimmst."

Eine blutjunge, beinahe hübsche Geläuterte stand flehend vor ihm. Sie hatte nur Augen für Rhodan und hielt ihm in zitternder Erwartung ihren Nonus hin.

Als Perry Rhodan den Lähmungsstrahler in seine Hand nahm, hatte er den Schock überstanden.

„Geh zurück!“ herrschte er das junge Mädchen an, und ihr verzweifelter Blick prallte an ihm ab.

Die Bärchen sind es, dachte er ununterbrochen, während er zur Rampe eilte. Mit den Tieren ist die Krankheit an Bord gekommen. Aber wer hatte die einzelnen Schiffe polwärts geflogen? Wer hatte sie ausgeschlachtet? Wer? Diese ausgemergelten, stumpfsinnigen Gestalten?

Es fiel ihm wie Schuppen von den Augen.

Sie nannten sich die Geläuterten.

Plötzlich begriff er, was dieser Ausdruck besagte: DIE GELÄUTERTEN waren immun gegen das Gift der so harmlos aussehenden Tierchen. Sie waren die Nachkommen der Siedler, die diese euphorische Pest überlebt hatten. Um welchen Preis jene Arkoniden vor mehr als 14 000 Jahren diese Krankheit überstanden hatten, wurde heute in diesen ausgemergelten, stumpfsinnigen Nachkommen offenbar.

Wieder riß Perry Rhodan den Lähmungsstrahler hoch.

„Zurück!“ schrie er, und er richtete die Waffe auf seine Männer.

Allen voraus lief Kitai Ishibashi, der Suggestor, frenetisch brüllend und liebevoll einen Nonus auf dem Arm haltend, auf ihn zu.

„Perry“, er lachte verzerrt, „was kann ich für dich tun? Alles gebe ich dir, nur nicht meinen Shiguti. Warum hast du keinen Nonus, alter Junge? Warte, ich hol dir einen. Perry, warte doch. Warum läufst du denn fort? Perry, komm doch zu uns!“

Aber Rhodan war von der Rampe gesprungen, jagte an den Stützen vorbei, wich den Geläuterten aus und rannte zu Gucky zurück. Erst dicht vor dem Mausbiber fiel er in Schritt.

Den Lähmungsstrahler hatte er noch in der Hand.

Entmutigt blickte Gucky ihn an.

Zu dritt hatten sie es noch einmal versucht, in die TITAN einzudringen. Wieder waren sie von jubelnden, tanzenden Männern begeistert empfangen worden, und alle hielten ihnen ihre Todesbärchen hin, verlangten, daß sie sie einmal streichelten – und dann versagten die Psycho-Strahler.

„Feuer!“ hatte Perry Rhodan dem Arkoniden und Julian Tifflor zugerufen, selbst die Waffe hochgerissen und Ras Tschubai unter Psycho-Strahlbeschuß genommen.

Der schwarze, große Teleporter reagierte nicht darauf. Bei Crests und Tiffs „Gegnern“ zeigten die Strahlwaffen auch keine Wirkung.

„Zurück!“ konnte Rhodan im letzten Moment befehlen, und flüchtend entzogen sie sich der johlenden Menge mit den Tieren.

Deprimiert hockten sie in der Zentrale des Fernaufklärers. Schweigen brütete zwischen ihnen. Wuriu Sengu wagte nicht aufzusehen. Perry Rhodan war dem Späher über den Mund gefahren, als dieser den Vorschlag machte, es zum drittenmal zu versuchen, aber sich dabei mit den Schockblastern den Weg frei zu machen.

„Ich kann nicht auf die Männer schießen, und ich werde nicht auf sie schießen, solange ich noch einen Funken Hoffnung habe, daß es auch noch eine andere Lösung gibt.“

Crest fiel in immer tieferes Schweigen. Er schien sich fast körperlich zu verflüchtigen. Rhodan fühlte es, und das machte seine Hoffnungslosigkeit noch größer.

„Wann werden sie kommen, Crest?“ Mit dieser Frage wandte er sich an den Arkoniden.

Der schreckte aus seiner Verzweiflung hoch. „Wer? Hilfe von Arkon?“

„Hilfe von Arkon?“ echote Rhodan und sah ihn erstaunt an. „Crest, haben Sie das arkonidische Gesetz vergessen, das bei Todesstrafe und Schiffsvernichtung im freien Raum *jede Hilfeleistung* in den Fällen verbietet, wo ein Raumer auf einem gesperrten Planeten gelandet ist und in Not gerät? Haben Sie dieses Gesetz wirklich vergessen, Crest?“

Schwer, fast flüsternd, fragte der Wissenschaftler zurück: „Perry, lohnt es sich überhaupt noch, etwas zu behalten und nicht zu vergessen?“

„Ich glaube, dieses Mal haben Sie recht, Crest.“

Das war der endgültige Untergang.

Doch da bäumte sich der Trotz in dem Arkoniden auf. „Perry, haben Sie denn die GANYMED vergessen? Es gibt auch noch die STARDUST II, Ihre Kreuzer, die TERRA, SOLAR SYSTEM und CENTURIO.“

Das waren Fanfarenklänge, aber sie fanden kein Echo.

Rhodan sagte nur: „Der Verlust der TITAN läßt mich völlig gleichgültig, aber begreifen Sie denn nicht, was es heißt, Reginald Bull zu verlieren, in Stunden, Tagen den Freund tot zu wissen. Er war mit mir der erste Mensch, der vor dreizehn Jahren von der Erde zum Mond flog. Und mit Bully sterben siebenhundert andere. Jeder einzelne ist tausendmal mehr wert als die komplette TITAN. Leben ist unersetzlich, und *ich*, Crest, ich habe den Tod von siebenhundert Menschen auf dem Gewissen. Das nimmt mir den Mut, Crest."

„Perry Rhodan, Freund, das kann doch nicht wahr sein", stammelte der Arkonide.

„Sie werden alle sterben, Crest. Haben Sie die Skelette in den verrotteten Raumern auf dem Schiffsfriedhof vergessen?"

Mit allen Fasern sträubte Crest sich gegen Rhodans niederschmetternde Argumente. Er zwang sich, das Thema zu wechseln. „Perry, Sie haben vorhin eine Frage gestellt: Wer soll wann kommen? Was meinten Sie damit?"

„Die Leichenfledderer, Crest. Die Kerle, die in die TITAN eindringen, wenn darin kein Leben mehr ist – die Verbrecher, die dann die TITAN zum Friedhof fliegen, um sie auszuschlachten. Darauf warte ich."

Die Nacht brach über Honur herein. Es wurde kalt. Die Geläuterten hockten weiterhin stumpfsinnig zwischen den Stützen der TITAN. Ab und zu brachte der leichte Wind das Johlen und Singen der sich wie trunken gebärdenden Besatzung herüber.

In der Gazelle brütete das Schweigen.

Die Nachtstunden schlichen dahin. Aber auch nach dieser Nacht brach der Morgen an. Die Sonne Thatrel schob sich über den Horizont. Es wurde wärmer. Zwischen den Stützen der TITAN hockten die Honos.

In der TITAN tanzten euphorisch Besessene. Sie drückten zärtlich den Tod an sich und wußten nicht, daß sie sterben mußten.

Siebenhundert Menschen lebten in einem unbeschreiblichen Freudentaumel, tanzten und sangen, vergaßen darüber Essen und Trinken, verspürten auch keinen Hunger und Durst. Der Drang, das Schönste, was ein jeder besaß, dem anderen zu schenken, ihm alle Wünsche von den Augen abzulesen, jede Unbequemlichkeit aus dem Weg zu räumen, wurde immer übermächtiger, irrsinniger – tödlich.

Manche Raumfahrer taumelten schon erschöpft durch die Decks, ließen sich in den Antigrav-Lifts hinauf- und hinuntertreiben, brachten nicht einmal mehr ein Krächzen hervor, weil die Stimmbänder streikten – sie bemerkten es nicht. Die Welt war viel zu herrlich. Die Freude stürzte ununterbrochen auf sie ein, und ein jeder hatte siebenhundert Freunde und den Drang, siebenhundert Freunde zu beglücken.

Die Bärchen schliefen auf ihren Armen und wurden wieder wach. Sie küßten ihre neuen Herren zärtlich und verspielt – hinter das Ohr, in den Nacken, auf die Hände. Sie plapperten wie Papageien und hatten die wunderbarsten Knopfaugen – und jedes Kullern der Augen wurde von einem frenetischen Jubel seines Besitzers begleitet.

„Aufhören, Sengu! Aufhören!“ Rhodan schrie den Späher plötzlich an und hielt sich die Ohren zu.

Wuriu Sengu wischte sich den Schweiß von der Stirn und atmete dabei tief. Zum erstenmal verfluchte er seine Fähigkeiten.

Er hatte die Hölle gesehen. In der TITAN war die Hölle. Nur Irre lebten darin. Es gab keinen Gesunden, nur Kranke, die dem Tod entgegenlachten, und nur deshalb lachten, weil sie nicht mehr fähig waren, ihren Zustand zu beurteilen.

Er hatte auch Bully gesehen, aber es nicht über sich gebracht, Perry Rhodan zu beschreiben, wie furchterregend Reginald Bull schon aussah.

„Sengu, legen Sie sich schlafen.“

„Sir“, stammelte er, „ich habe nicht übertrieben und auch nicht . . .“

„Sengu, so habe ich es auch nicht gemeint“, fiel Rhodan ihm ins Wort, „aber Sie werden mehr gesehen haben, als Sie uns wissen ließen, und ich glaube, dafür habe ich Ihnen zu danken. Wenn Sie wollen, dann ruhen Sie sich jetzt aus.“

Crest beobachtete mit leichtem Glanz in den Augen den Menschen von der Erde. Ein Hauch schwacher Hoffnung begann in ihm aufzuleben. Er wollte es nicht wahrhaben, daß Perry Rhodan verzweifelte. Dieses Wesen von jener Welt, die Terra genannt wurde, war viel stärker, als es sich selbst einschätzte.

Leutnant Julian Tifflor saß hinter der Ortungsanlage und rief Perry Rhodan an.

Rhodan hob den Kopf wie einer, der aus einem schweren Traum wach wird. „Ja, Tiff?“

„Ich habe ein Schiff geortet.“

„Darauf warte ich, Tiff.“

Leichte Enttäuschung huschte über Julian Tifflors jugendliches Gesicht. Im stillen hatte er sich ausgemalt, daß diese Meldung den Chef hochreißen müßte, aber statt dessen verließ Rhodan langsam seinen Sessel und trat zu ihm. Fast gelangweilt sah er auf das Gerät. Julian Tifflor bog sich zur Seite, damit Rhodan besser sehen konnte.

„Behalten Sie Platz, Tiff. Es kommt jetzt nicht auf die Minute an. Vor drei Stunden wird das Schiff nicht hier sein.“

Er ging wieder zum Pilotensessel zurück, wollte sich darin niederlassen, als ihm etwas auffiel. Gleichzeitig legte er dem Mausbiber die Hand auf das Fell. „Gucky, hast du diese Bärchen berührt oder nicht?“

„Die haben sogar mit meinem Schwanz gespielt“, erwiderte das Pelzwesen empört, und in seinen klugen Augen blitzte es zornig auf.

„Warum bist du dann nicht erkrankt?“

Gucky warf sich in die Brust. „Ich bin deshalb nicht erkrankt, weil ich ein Tier bin, und weil ich sofort gewittert habe, wie scheußlich diese Biester stinken.“

Ein Lächeln zeigte sich auf Rhodans abgespanntem Gesicht. Nachdenklich musterte er Gucky. „Wie lange bist du mit ihnen in Berührung gewesen?“

Crest, Tiff und Sengu lauschten angespannt. Rhodans Stimme bekam allmählich ihren altvertrauten Klang wieder.

„Zehn Minuten, Perry, vielleicht eine Viertelstunde, bis ich den Gestank nicht mehr ertragen konnte.“

„Versuche, uns den Geruch der Nonus zu beschreiben, Gucky“, forderte Rhodan ihn auf.

Der Mausbiber war ein ausgezeichneter Analytiker. Seine Angaben rundeten das Bild immer mehr ab, je länger er sprach.

„Gas“, gab Crest seine Meinung kund.

Rhodan hatte noch Zweifel. Er ließ Gucky noch mehr Einzelheiten vorbringen.

„Es könnte auch ein aromatischer Stoff sein", sagte Rhodan, „oder sogar staubähnliche Absonderungen." Völlig unmotiviert rief er Julian Tifflor zu: „Passen Sie auf das anfliegende Raumschiff auf, und informieren Sie mich, wenn es hinter dem Planeten steht."

In Crests Augen blitzte es.

Das war der alte Perry Rhodan, der wichtige Dinge nie vergaß. Seine Anordnung, ihn zu benachrichtigen, wenn der rund 6000 Kilometer durchmessende Planet sich zwischen sie und das fremde Schiff geschoben hatte, deutete einwandfrei darauf hin, daß Rhodan sich noch nicht für besiegt ansah.

„Crest, kennen Sie aromatische oder staubähnliche Stoffe, die toxisch und infektiös sind?"

„Mehr als genug. Die meisten zerstören die Ganglienzellen, und was Zerstörungen im Zentralnervensystem bedeuten, brauche ich nicht näher zu erläutern. Die arkonidische Medizin hat vor den letzten Geheimnissen des Hirns kapitulieren müssen."

Im selben Moment wurde Perry Rhodans Gesicht wieder ernst. Er dachte an Bullys Schicksal und an das von siebenhundert Menschen. „Crest, man müßte nach Arkon fliegen und . . ."

Diese Hoffnung mußte ihm der Arkonide nehmen. „Sie schließen jetzt von irdischen Verhältnissen auf arkonidische, Perry."

„Wie meinen Sie das?"

„Wenn Sie zu einem Arzt kommen, ihm die Symptome schildern, unter denen die Besatzung erkrankt ist, dann sprechen Sie gleichzeitig Ihr Todesurteil aus. Sie erbringen nämlich selber den Beweis, von einem verbotenen Planeten zu kommen."

„Kennen Sie denn keinen Mediziner, den Sie ins Vertrauen ziehen können, Crest?" Diese Frage war ein halber Angriff auf die Schwerfälligkeit des Arkoniden.

Crest lächelte schmerzvoll. „Perry, ich kenne nur Feiglinge und Schlafmützen. *Sie* müssen helfen."

„Ich bin doch kein Arzt", erwiderte Rhodan erregt. „Ich kenne gerade den Unterschied zwischen apolaren und unipolaren Ganglien, aber damit hört es auch . . ."

„Sir", mischte sich Tiff ein. „Der Planet hat das anfliegende Raumschiff vollkommen abgedeckt."

Rhodan nickte ihm zu.

„Wir werden uns darüber noch einmal unterhalten", versprach er Crest, beugte sich vor, überflog mit einem Blick alle Kontrollen und startete die Gazelle.

Sie blieb dicht über dem Boden, nahm Kurs auf die viertausend Meter hohe Wand, kippte dann hoch und jagte dicht vor ihr zum Gipfel hinauf.

Julian Tifflor, der sich immer eingebildet hatte, einen Fernaufklärer fliegen zu können, hielt ein paarmal unbewußt den Atem an, wenn Rhodan mit nachtwandlerischer Sicherheit ein plötzlich auftauchendes Hindernis umflog.

Die Gazelle wippte über den Gebirgssattel hinweg, raste gefährlich nah an zwei Zacken vorbei und drehte fast im selben Moment über einem Hochtal eine enge Kurve.

„Tiff, ich suche eine Schlucht, in die die Gazelle genau hineinpaßt. Noch lieber hätte ich einen Überhang oder sogar eine Höhle."

„Ich habe eine. Kurs NNO, drei Grad nach Grün in Höhe dreitausendachtzehn Metern. Sehen Sie . . ."

„Schon gefunden, Tiff. Danke."

Rhodan bugsierte die Gazelle in eine riesige Höhle. Von draußen schlug die Dunkelheit über dem kleinen Schiff zusammen.

„Crest, Gucky! In die Raumanzüge. Tiff, Sie schieben Wache im Pilotensitz, aber Sie zischen los, wenn Sie von mir auch nur den kleinsten Funkimpuls empfangen. Treffpunkt: der Sattel, über den wir in dieses Hochtal gestiegen sind. Sengu, Spezial-Order abwarten."

Jeder arkonidische Raumanzug war ein Wunderwerk für sich. Gucky piepste ärgerlich, weil er seinen Anzug nicht zur Hand hatte. Er mußte ein Ungetüm überstreifen.

„Mach dir nichts draus, Gucky", versuchte Rhodan ihn zu beruhigen. „Wenn heute nicht alles schiefgeht, dann darfst du sogar spielen."

„Darf ich auch bestimmt spielen?" vergewisserte sich Gucky.

Ein grimmiges Lächeln tauchte auf Rhodans Gesicht auf. „Du wirst aller Wahrscheinlichkeit nach sogar spielen müssen."

„Ich hab's auch nötig. Ich muß mich einmal wieder richtig austoben."

Sie verließen die Höhle, schwebten im Hundertkilometertempo über dem Hochtal dem Sattel zu, über den die Gazelle elegant hinweggewippt war.

Kurz vor Erreichen ihres Zieles befahl Perry Rhodan: „Deflektorschirme einschalten!"

Als die unsichtbar machenden Schirme standen, berührten die drei den nackten Felsboden. Damit einer den anderen nicht verlor, bildeten sie eine kurze Kette. Obwohl Gucky das Mittelglied bildete, sah er das gelandete, fremde Raumschiff als erster. Es stand nicht weit von der TITAN entfernt.

„Es besitzt ja Walzenform", preßte Rhodan zwischen den Zähnen hindurch und starrte mit finsterem Blick auf das zweihundert Meter lange und fünfzig Meter durchmessende Schiff, das einige Kilometer seitlich von der TITAN gelandet war.

Mit dem Auftauchen dieses Raumers, der viel schneller, als er berechnet hatte, gelandet war, wurde er schlagartig an die Galaktischen Händler, auch Springer genannt, erinnert.

„Also doch die Händler", stieß Crest erregt hervor. „Dieses Verbrechen hätte ich ihnen tatsächlich nicht zugetraut."

Gucky verhielt sich auffallend schweigsam. Unverwandt musterte er den Raumer, der in einer wahren Blitzfahrt aus dem interstellaren Raum kommend, in unglaublich kurzer Zeit gelandet war.

Rhodan sagte: „Noch etwas, über das wir uns wenig Gedanken gemacht haben, Crest. Wer hat diesen Raumer benachrichtigt? Wo steht auf Honur der Sender, der den Funkspruch abgegeben hat, und als letztes, wer hat ihn abgegeben? Einer der Honos? Ich wage zu sagen: Nein. Aber ich möchte behaupten, daß eine auf Honur versteckte Kontrollstation der Händler uns dieses Schiff auf den Hals gehetzt hat."

Der Mausbiber durchforschte inzwischen mit seinen telepathischen Fähigkeiten den Raum zwischen seinem Standort und dem walzenförmigen Schiff und war bemüht, Gedankenimpulse aufzufangen.

„Ich kann an Bord des fremden Schiffes keine Gedanken empfangen. Demnach handelt es sich um ein Roboterschiff", teilte er nach einer Weile mit.

Die Menschen, unsichtbar durch den Deflektor ihrer Raumanzüge, schwiegen sich aus. Ihr Blick wanderte zwischen den beiden Raumschiffen hin und her. Sie sahen die Honos immer noch apathisch zwischen den Stützen der TITAN auf dem Boden hocken, erkannten sie als winzige Punkte, und sie konnten keinen einzigen Hono entdecken, der, von Neugier getrieben, zum walzenförmigen Raumer hinüberging.

„Was empfängst du aus der TITAN, Gucky?“ fragte Rhodan.

„Kranke Gehirnwellenmuster. Sie freuen und tanzen sich alle in den Tod.“

„Der Tod hat zu warten.“ Das war Rhodans Trotz, und er war aus dem Wollen geboren worden, das Unabänderliche doch noch in andere Bahnen zu lenken.

„Perry“, sprach Crest ihn über Helmfunk an, „ich bin mir meiner Sache nicht sicher und benötige Ihre Hilfe. Ist das fremde Schiff tatsächlich ein Springer-Raumer? Ich kann mir nicht helfen, aber irgendwie weicht diese Form von der sonst bekannten Walzenform ab.“

Ein neues Ereignis ließ die Frage unbeantwortet.

Das fremde Raumschiff spie Roboter aus.

Hundert Roboter marschierten am See entlang auf die TITAN zu.

Vor einer Minute hatten sie sich in Marsch gesetzt, und noch immer verließen weitere Kampfmaschinen den Rumpf des Raumschiffs.

Die Leichenfledderer waren im Anmarsch.

„Gucky!“ Der Mausbiber fühlte Rhodans kräftige Hand durch den starken Raumanzug.

„Geht's los?“ piepste der Kleine unternehmungslustig.

„Hör gut zu“, erwiderte Rhodan. Dann gab er dem Pelzwesen detaillierte Order. Zum Schluß sagte er: „Es hängt von dir ab, ob Bully und alle anderen im Schiff noch einmal die Chance bekommen, doch noch gesund zu werden.“

Gucky warf noch einen Blick auf die Roboter, die in dichten Formationen auf die TITAN zugingen.

„Freunde“, piepste er ihnen zu, „was unsere Maschinchen nicht erledigen, besorge ich. Düsenjäger mache ich aus euch.“

Dann war Gucky in einem gekonnten Teleportersprung in Richtung TITAN verschwunden.

Die Minuten schlichen träge dahin. Dicht am See bewegten sich nun schon zwei Roboter-Kolonnen. Unaufhaltsam marschierten sie auf die TITAN zu. Für Perry Rhodan und Crest sah es aus, als ob sich in der Tiefe winzige Spielzeuge an der blitzenden Wasserfläche entlangbewegten. Das unbekannte Raumschiff spie noch immer Kampfmaschinen aus. Gerade formierte sich eine dritte Kolonne.

„Sie wußten, was für ein Raumschiff hier liegt", sagte Perry Rhodan und warf der TITAN einen nachdenklichen Blick zu.

Wie viele Tage würden vergehen, bis dieses Wunder arkonidischer Technik ein Wrack war und auf dem Friedhof am Pol verrottete?

Dort unten marschierten die Demontagekommandos – seelenlose Maschinen, immun gegen das Gift der Bärchen, gefühllos gegenüber dem Untergang von siebenhundert Menschen.

„Ob Gucky es schafft, Perry?" Crest riß ihn aus seinen Gedanken.

Perry Rhodan straffte sich. „Es wäre das erstemal, daß Gucky uns im Stich ließe, Crest. Mir macht nur diese Riesenarmee Sorge. Jetzt scheint es mit der Ausschleusung endlich vorbei zu sein, oder sehen Sie noch Roboter das Schiff verlassen?"

„Dort ist Ruhe eingetreten. Wären aber noch zehn Kolonnen mehr ausgeladen worden, dann hätte ich gesagt: Jeder Widerstand ist sinnlos."

„Ich nicht!" rief Rhodan. „Soll ich vielleicht auch noch zusehen, wie seelenlose Maschinen an siebenhundert Kranken zu Mördern werden?"

Der Deflektorschirm verbarg Crests Zusammenzucken. „Sie nehmen an, daß die Roboter . . ."

„Ich weiß es sogar, Crest. Ich will nicht wiederholen, in welcher Verfassung Wuriu Sengu die Skelette in den ausgeschlachteten Schiffen gesehen hat. Diese Maschinen dort unten tragen eine Mordprogrammierung in sich."

Die Spitze der ersten Roboter-Kolonne hatte schon ein Drittel des Weges zurückgelegt, als Rhodan das Gespräch wieder aufnahm.

Er fragte Crest: „Warum ist der fremde Raumer nicht dichter neben der TITAN gelandet? Warum dieser zeitraubende Anmarschweg? Gibt es eine Antwort?"

Crest verstand nicht. Er sagte: „Es handelt sich um ein Robotschiff. Die Lande-Programmierung wird eine Sicherheits-Distanz beinhalten, und nur aus diesem Grund ist die Walze so weit weg von der TITAN gelandet. Ich begreife nicht, daß man diese Frage zum Problem machen kann, Perry."

Ungeduldig erwiderte Perry Rhodan: „Siebenhundert Menschen sollen mit ihrem Leben für meine Unterlassungsfehler büßen. Siebenhundert Leben werden auf meinem Gewissen lasten, wenn sie nicht mehr zu retten sind. Ich wußte, daß Arkon den Anflug zu dieser Welt verboten hatte. Ich hätte vor der Landung erst in Erfahrung bringen müssen, worin die Gefahr besteht, wenn man hier landet. Crest, ich habe mir darüber zu wenig Gedanken gemacht. Begreifen Sie nun, warum die Distanz des fremden Raumers zur TITAN für mich ein wichtiges Problem ist?"

Mit seiner Antwort vermied Crest es, klare Stellung zu beziehen und wich auf das Thema Mausbiber aus. „Für mich ist Gucky zum Problem geworden. Ich glaube, wir müssen unsere Hoffnungen begraben."

„Warum?" fragte Rhodan. „Noch stehen die Roboter nicht vor unserem Schiff. Noch sind sie nicht im Schiff. Noch fliegen sie nicht mit dem Schiff zum Friedhof, und noch haben sie es nicht ausgeschlachtet. Erst dann, Crest, wenn unser Schiff ein Wrack sein sollte, würde ich die letzte Hoffnung begraben."

„Perry", antwortete der Arkonide und atmete dabei tief, „ich kenne Sie jetzt schon über dreizehn Jahre, aber manche Situationen sind für mich schlimmer als die furchtbarsten Angsträume. Jetzt zum Beispiel kann ich Sie nicht begreifen, weil Sie sich um Gucky keine Sorgen machen. Und wenn der Kleine gegen das Gift der Bärchen nun doch nicht immun ist und auch erkrankt?"

„Arkoniden sind und bleiben Arkoniden. Crest, im Temperament unterscheiden wir beide uns wie Tag und Nacht. Hat Sie eine Niederlage noch nie gestärkt? Haben Sie nach einer Niederlage noch nie gesagt: Jetzt erst recht! Ich habe es nicht nur gesagt, ich versuche danach zu handeln und vergesse darüber die Logik nicht. Gucky ist bei der ersten Begegnung mit den Pelztierchen nicht infiziert worden. Er wird demnach auch bei der zweiten keinen Schaden nehmen. Und vergessen Sie eins nicht: Gucky ist nicht wie wir. Er ist nicht humanoid. Das zählt auch, Crest. Das erhöht den Sicherheitsfaktor, daß er sich keine Ansteckung oder Vergiftung zuzieht und – da, Crest! Crest . . ." Perry Rhodan hatte ihn an der Schulter gefaßt und schüttelte ihn.

Gucky war im Hauptgang des Arsenal-Decks materialisiert, hatte mit schnellem Griff den lästigen Helm zurückgeklappt und war noch schneller aus dem Raumanzug gestiegen.

Rhodan hatte ihm nicht verboten, den Anzug auszuziehen. Doch er ließ den wertvollen Anzug nicht liegen. Neben ihm befand sich ein Schott. Es öffnete sich automatisch, als er herantrat und den Anzug hinter sich herzerrte. Er schleuderte das Wunderwerk arkonidischer Technik in die Ecke.

Im nächsten Moment stand er wieder im Hauptgang und orientierte sich. Sein Ziel befand sich vierhundert Meter entfernt. Er hielt sich im falschen Teil des Arsenals auf.

Er konzentrierte sich und teleportierte. Fast im selben Moment rematerialisierte er im westlichen Hauptgang und tauchte vor fünf lachenden, torkelnden Männern der Besatzung auf, die wie Kinder mit ihren possierlichen Bärchen spielten.

„Kleines Bruderherz", rief ihm freudestrahlend ein Mann mit rotem Haar zu, „laß dich umarmen! Kleiner, warum haben wir uns schon so lange nicht mehr gesehen?"

Der schlaksige Mann, der neben ihm stand, hielt sich den Bauch vor Lachen, deutete auf Gucky, bot ihm mit der anderen Hand sein Bärchen an und fragte: „Soll ich es dir schenken, niedlicher Scherzartikel? Bist ja fast selbst ein Nonus, aber du kriegst trotzdem meinen Imperator. Willst du ihm Küßchen geben, Imperator?"

Gucky roch den Gestank und wich vor den näher kommenden Männern zurück. Plötzlich aber machte der schlaksige Mann einen Satz auf ihn zu und warf ihm das Bärchen direkt in die Pfoten.

Noch schneller war Gucky zur Seite ausgewichen und hatte gleichzeitig seine telekinetischen Fähigkeiten in Funktion treten lassen.

Von unsichtbaren Kräften wurde der Flug des Nonus abgestoppt. Das zappelnde Tierchen drehte sich auf der Stelle und landete auf dem Arm des Mannes, der es an Gucky verschenkt hatte.

Nur weg mit den Brüdern, dachte Gucky. Es machte ihm keinen Spaß, mit diesen erschöpft aussehenden Männern zu spielen.

Sie verloren den Boden unter den Füßen. Darüber freuten sie sich. Sie begannen zu jubeln, als sie von telekinetischen Kräften durch den langen Hauptgang auf einen Antigravlift zugetrieben wurden.

Da entdeckte Gucky, daß aus dem Lift gerade eine Gruppe ausstieg. Sieben oder acht Personen zählte er. Denen muß ich Beschäftigung besorgen, dachte er und steuerte mit seinen telekinetischen Kräften die fünf schwebenden Männer in die Gruppe hinein. Der Mausbiber sah in Gedanken schon eine handfeste Schlägerei, aber dann riß er seine Augen weit auf, schnaufte und schüttelte den Kopf. Dreihundert Meter von ihm entfernt erhob sich ein Dutzend Menschen, und der eine klopfte dem anderen den Staub ab, reichte ihm das verlorengegangene Bärchen zu und lachte dabei.

„So ist das“, sagte Gucky sich. „Sie sind tatsächlich alle verrückt, und jetzt erst begreife ich, was Euphorie ist.“

Zwei Minuten lang hatte ihn dieser Zwischenfall aufgehalten. Die letzten hundert Meter sprang er wieder. Genau vor dem mächtigen Schott zum Lager der Kampfroboter landete er. Rhodan hatte ihm erklärt, wie die Schottsperre zu lösen war. Lautlos verschwand die mächtige Stahlfläche in der Wand und gab den Zutritt frei.

Nebeneinander standen arkonidische Kampfmaschinen in der Halle. Auf Gucky machten sie keinen Eindruck. Er nannte jeden Roboter „Blechkamerad“.

Er stand hinter dem ersten Robot, um ihn zu aktivieren und programmieren.

Rhodan hatte ihm genaue Anweisungen gegeben, was er zu tun hatte, welches Programm einzuschalten war, und daß er die Streitmacht unter keinen Umständen einzeln losschicken sollte.

Der Mausbiber arbeitete wie besessen. Dicht bei dicht standen die Kampfroboter, und er mußte wahre artistische Kunststücke vollbringen, um überall an die Programmschalter zu kommen.

Das erste Hundert war aktiviert. Als er sich dem nächsten Robot zuwandte, setzten sich gleichzeitig hundert aktivierte Maschinen in Bewegung.

In Fünferreihen formiert, stampften hundert Arkoniden-Roboter aus dem Arsenal, dröhnten über den Hauptgang und marschierten auf den Antigravlift zu.

Im selben Moment mobilisierte Gucky sein Zeitempfinden. Er durfte unter keinen Umständen den Zeitpunkt verpassen, wenn diese Hundertschaft die Schleuse passierte, um die Rampe herunterzugehen und sich den heranrückenden Robotern zu stellen.

Gucky wußte nicht, daß aus dem fremden Walzenraumer dreihundert Kampfmaschinen zur TITAN unterwegs waren. Es hätte ihm auch nichts ausgemacht, wenn es die doppelte Menge gewesen wäre. Er war ja auch noch da, und in der Selbsteinschätzung legte er sich keine Hemmungen auf.

Pausenlos schuftete er, dabei betrug seine Körpergröße einen Meter, die Schalter der Programmierung aber befanden sich in zwei Meter Höhe.

Wie ein Eichhörnchen turnte er an den Kampfmaschinen herum, und eine jubelnde Menge kranker Besatzungsmitglieder, die in die Halle drängten, konnte ihn auch nicht aufhalten.

Er beförderte sie telekinetisch nach draußen, doch einer aus der Gruppe war besonders anhänglich und versuchte zum drittenmal hereinzukommen.

Die erste Hundertschaft Roboter befand sich inzwischen dicht vor der großen Schleuse und schickte sich an, die TITAN zu verlassen.

Der laut jubelnde Kranke stand hinter Gucky und sah lachend zu, wie der Mausbiber schnell noch einen Roboter aktivierte. Gucky dachte sich nichts dabei, hatte auch keine Zeit mehr, sich mit seinem Gast zu befassen. Er sauste zum Schott, schloß es, sperrte den Kranken in der Roboter-Halle ein und teleportierte zur Schleuse 5, die sich die Hundertschaft zum Verlassen des gigantischen Kugelraumers ausgesucht hatte.

Als er dicht davor landete, schlug er beide Vorderpfoten vor sein Gesicht, dachte eine Reihe von Flüchen, die er von Bully gelernt hatte, nahm seine Pfoten wieder herunter und versuchte mit der Tatsache fertig zu werden, daß sich über fünfzig tanzende Männer und Frauen genau vor dem Schott aufhielten.

Das Dröhnen der Roboter wurde lauter. Hundert Beinpaare aus Arkonidenstahl stampften heran. Gucky fühlte sich von allen Seiten gepackt, hin und her gezerrt, mußte bei jedem Atemzug den Gestank der Nonus einatmen und spürte plötzlich, daß ein ausgewachsener Mann auf seiner rechten Hinterpfote stand.

Er war schon immer gegen diese Art der Begrüßung gewesen und piepste fürchterlich, aber der Kranke mit seinem Lachen übertönte das klägliche Bitten des Mausbibers. Im nächsten Moment klebte die gerade noch tanzende Menge dicht beieinander an der Decke. Und dann gab es kein Hindernis mehr für die erste Hundertschaft arkonidischer Kampfroboter.

An die Wand gedrückt, ließ der Mausbiber Arkons modernste und schlagkräftigste Kampfroboter-Hundertschaft an sich vorbeistampfen. Dabei erhielt er Gelegenheit, einen Blick nach draußen zu werfen und sah die Geläuterten stumpfsinnig zwischen den gigantischen Teleskopstützen der TITAN sitzen.

Kaum war die letzte Maschine von der Rampe, als sich die Schleuse wieder schloß und dabei gleichzeitig die Rampe einzog.

Ihr dürft wieder herunterkommen! dachte Gucky. Das Lachen und Jauchzen der unter der Decke klebenden Menge tat ihm in den Ohren weh.

Aus fünfzig Metern Abstand ließ er sie wieder zu Boden sinken. Im nächsten Moment war er entmaterialisiert und zum Schott des Roboter-Lagers zurückgesprungen.

Um ein Haar hätte er sein Leben unter dem Metallfuß einer Kampfmaschine ausgehaucht. In verzweifelten Sätzen sprang er zwischen Robotern herum, die den Hauptgang entlangstampften.

Was war denn hier passiert? Wer hatte die Roboter programmiert und aktiviert?

Woher kamen diese Maschinen?

Er dachte „Maschinen" und nicht „Blechkameraden". Ihm war jeder Humor vergangen.

Das war eine Katastrophe.

Und die Hunderschaft war schon vorbei.

Im verzweifelten Kurzsprung landete er dem letzten auf den Rücken. Perry Rhodan hatte ihm doch versichert, daß ihr Programm jeden Angriff auf ein Besatzungsmitglied unmöglich machte.

Gucky traute plötzlich dieser Versicherung nicht, doch mit wahrer Todesverachtung hielt er sich mit einer Pfote am Hals der Kampfmaschine fest und kontrollierte, auf welches Programm der Robot geschaltet war. Plötzlich erinnerte er sich des eingesperrten Kranken im Lager der Roboter.

Wenn das nur gutgeht! dachte er, landete vor dem Schott, stutzte, machte den nächsten Kurzsprung und landete in der Halle, die durch das Fehlen von zweihundert Kampfmaschinen schon so gut wie geräumt war.

Der eingesperrte Kranke hatte Gucky gehört und drehte sich nach ihm um, lachte dabei und schaltete blindlings an dem Roboter, hinter dem er stand.

Gucky fühlte, daß sich sämtliche Haare seines Felles sträubten.

„Mann!“ brüllte er mit seiner Piepsstimme und ließ den lachenden Kranken wie einen Luftballon zur Decke steigen. Dann machte er sich daran, die Programmierung zu kontrollieren.

Eine Minute später programmierten sie zu zweit. Gucky nahm sogar den Gestank des Todesbärchen in Kauf. Das heisere Lachen des anderen hörte er schon nicht mehr.

„Bin ich nicht nett zu dir, Brüderchen?“ fragte dieser schon zum zehntenmal, versuchte ihn dabei aber auch von der Arbeit abzuhalten und zum Tanz aufzufordern.

Gucky teleportierte wieder zur Schleuse.

Die zweite Hundertschaft wollte das Schiff verlassen, und er hatte von Rhodan den strikten Befehl, dafür zu sorgen, daß kein Kranker ins Freie kam.

„Perry, begreifen Sie das? Da kommt schon das dritte Hundert aus dem Schiff . . .“

Im selben Moment zwängte sich etwas zwischen Perry Rhodan und Crest. Der Mausbiber wurde sichtbar, versuchte zu salutieren und meldete stolz: „Leutnant Gucky vom ersten Einsatz zurück. Dreihundert Blechkameraden auf Vordermann gebracht. Melde mich ab zum zweiten Einsatz.“

„Gucky . . .“

Gucky war weg.

Perry Rhodan schnappte nach Luft.

Zwischen den beiden Raumschiffen entbrannte die Schlacht der Roboter.

Das Inferno tobte sich auf der Ebene aus. Die Luft war erfüllt von grollendem Donner und ununterbrochenen Blitzen. Rauchpilze stiegen zum Himmel hoch, und oft mußten Rhodan und Crest, trotz der großen Entfernung, geblendet die Augen schließen. Jeder Rauchpilz war der Untergang einer Kampfmaschine im Glutofen entfesselter Atomhöllen. Bis zum Wasser standen sich die Roboter gegenüber. Hart an der aufragenden Felswand beschossen sie sich aus ihren Waffen. Seelenlose Maschinen, programmiert, den Gegner zu vernichten, kannten keine menschlichen Regungen.

Schutzschirme zerplatzten wie Seifenblasen. Strahlen verwandelten Arkonstahl in Gas. Der Staub wirbelte unter dem Stampfen der Metallbeine auf, zerglühte auch, wie das Wasser zu dampfen begann, wenn ein zusammenbrechender Robot alle Strahlwaffen darauf gerichtet hatte.

Rhodan und Crest konnten schon nach wenigen Minuten nicht mehr sagen, wo TITAN-Roboter und wo gegnerische standen. Die Fronten verschoben sich ständig.

Rhodan und Crest hielten gebannt den Atem an. Wer war der Sieger?

Wieder einmal wurden Sekunden zu Ewigkeiten. Die Hölle tanzte dort unten ihren Tanz, und sie schien ein Wesen verschlungen zu haben: Gucky.

Crest fragte nach ihm. Rhodan schwieg, denn er konnte nichts entdecken, das auf Guckys Eingreifen hinwies.

Die Punkte in der Tiefe – jeder Punkt eine Kampfmaschine – verbargen sich hinter Gas, Rauch und Blitzen. Immer stärker drangen die Explosionswellen zu Rhodan und Crest hinauf. Es war ein einziges gewitterähnliches Grollen, und dennoch war eindeutig zu sehen, daß sich die Front unaufhaltsam dem walzenförmigen Raumschiff näherte.

„Perry, *das* das ist Gucky!“ schrie Crest plötzlich begeistert auf. „Dort, rechts von dem großen Rauchpilz! Sehen Sie die beiden Roboter fliegen?“

Im nächsten Moment klang Rhodans befreites Lachen auf. Er hatte die beiden Kampfmaschinen entdeckt. Sie kamen direkt auf sie zu. Das alles war das Werk des Mausbibers, der irgendwo dort unten am Rand der Schlacht stand, zufrieden grinste und spielte.

Zehn Meter neben ihnen landeten die zu Flugzeugen gewordenen Roboter. Auf den ersten Blick war zu sehen, daß sie nur noch Schrottwert besaßen. Ihre Positronik war zerstört, trotzdem liefen Rhodan und Crest zum Landeplatz und sagten gleichzeitig nach ganz kurzer Musterung: „Das sind keine Springer-Roboter.“

„Wer baut diese Kampfmaschinen, Crest?“

Leise erwiderte der Arkonide: „Ich gäbe etwas darum, wenn ich diese Frage beantworten könnte, Perry. Dieses Roboter-Modell ist mir noch nie begegnet.“

„Aber trotzdem besitzt es typische Arkonidenmerkmale, Crest. Ich möchte . . .“ Rhodan hatte beim Sprechen wieder in die Tiefe geblickt, entdeckte, was sich in den letzten Minuten entwickelt hatte, und rief jetzt Julian Tifflor in der Gazelle.

„Tiff, fliegen Sie Angriff auf die Walze. Es ist ein Robotschiff. Tiff, machen Sie Ihre Sache gut!“

Aus seinem Lautsprecher kam Tiffs Ruf: „Ich werde mich bemühen, Sir.“

Die Gazelle schoß mit irrsinniger Beschleunigung auf die gegenüberliegende Wand zu. Mit Höllenfahrt wippte sie über den Kamm.

Da lag die Walze.

„Feuer!“ schrie Julian Tifflor.

Wuriu Sengu schlug auf den Doppelschalter. Alle Strahlwaffen des Fernaufklärers gingen los. Ein grelles Leuchten schoß in die Tiefe, traf den Raumer und zerstörte ihn.

Sanft landete die Gazelle neben Rhodan und Crest. Ehe sich Tifflor noch darüber wundern konnte, daß der Angriff gegen das Robotschiff so glatt verlaufen war, schlug der Strukturtaster durch.

„Chef“, schrie er, „der Struktur-Orter kommt fast nicht mehr mit, so viele Transitionen mißt er an. Alles direkte Anflüge.“

Perry Rhodan stürmte an Bord. Crest folgte ihm erregt. Gucky kam im Teleporter-Sprung. Er blinzelte Tiff zu. Die Meldung über viele Transitionen konnte ihn nicht erschüttern.

Aber dann verging ihm das Blinzeln. Er hörte die gepreßt klingende Stimme seines Freundes Perry. „Los, Tiff, setzen Sie die Gazelle in Hangar sieben ab.“

„In der TITAN?“ fragte Julian Tifflor leicht verstört.

„Wo denn sonst? In der Walze etwa? Die ist schrottreif. Los, starten Sie!“

Es war nur ein Sprung, aber ein Sprung zu siebenhundert infizierten oder vergifteten Menschen – ein Sprung in die Hölle der Bärchen.

Die Schleuse zu Hangar 7 stand immer noch offen. Diese Tatsache gab zu erkennen, wie früh die Seuche schon unter der Besatzung ausgebrochen war.

Stoßfrei setzte die Gazelle auf. Tiff schaltete alles auf Null. Fragend sah er Rhodan an. Der zog seinen Lähmungsstrahler.

„Damit müssen wir uns den Weg zur Zentrale freikämpfen", sagte er widerstrebend. „Wir *müssen* diese Waffe benutzen. Psycho-Strahler zeigen keine Wirkung mehr. Aber eins ist erstes Gebot: Der Raumanzug bleibt geschlossen. Wieviel Zeit uns zur Verfügung steht, um zur Zentrale zu kommen, können wir nicht bestimmen. Das hängt von den anfliegenden Raumern ab."

„Aber die Kampfroboter, Perry!" warf Crest ein. „Sie kämpfen doch noch."

„Dazu hat man sie gebaut." Das war alles, was Rhodan sagte. Er war der erste, der den Fernaufklärer verließ.

Vier Männer und Gucky hatten sich in der Zentrale der TITAN eingeschlossen. Sie wollten nicht mehr daran erinnert werden, was es sie gekostet hatte, sich den Weg bis zum Kommandostand freizukämpfen. Niemand sprach. Es lag auch kein Grund vor.

Die TITAN sollte gestartet werden. Perry Rhodan, Crest, Tiff und Sengu – und natürlich auch Gucky – wollten den Kugelraumer von 1,5 Kilometer Durchmesser starten.

Fünf anstelle von eintausendfünfhundert Raumfahrern.

Es war mehr als ein verzweifelter Versuch. Es war nackter Wahnsinn, und doch wurde nicht der kleinste Widerspruch laut.

Der Struktur-Orter meldete neue Transitionen. Schiffe kamen in Flottenverbänden aus dem Hyperraum. Sie hatten ihre Sprünge genau berechnet.

„In ein paar Stunden sind die ersten da!" rief Tiff vom Strukturtaster herüber.

Kaum wahrnehmbar war Rhodans Nicken. Er mußte sich um Tausende von Dingen kümmern. Er mußte die TITAN hochbekommen.

„Crest, wo bleiben die Triebwerke sechs, neun und vierzehn? Warum laufen sie nicht an?“

Crest schrie seine Antwort.

Gucky piepste dazwischen: „Ich bekomme die Stromreaktoren Dora, Zeta und noch zwei weitere nicht auf Dampf.“

Tiff kam Gucky zu Hilfe.

Alles lief über Katastrophen-Manuell-Steuerung.

Wuriu Sengu fühlte sich in dieser riesigen Halle mit den vielen Geräten verloren.

Perry Rhodan rannte zur Andruck-Absorberkontrolle. Sein Gesicht wirkte verbissen. Innerlich fiebernd, schob er drei Schalter in die Rasterung.

„Perry, alle Stromreaktoren sind jetzt da!“ kreischte Gucky und bewies, daß er nicht nur Unfug im Kopf hatte.

Das Dröhnen der leerlaufenden Maschinen wurde drohend laut. Ein feines Vibrieren durchlief die Riesenkugel.

„Perry, die Honos!“ schrie Crest durch das Dröhnen der Aggregate.

Draußen, zwischen den Stützen der TITAN, saßen ja immer noch die Geläuterten in apathischer Haltung, dumpf vor sich hinstarrend.

„Gucky, vertreibe die Geläuterten!“ befahl Rhodan.

Spielend wurde der Mausbiber mit den Honos zwischen den Teleskopstützen fertig. Er wußte, daß es um Sekunden ging, darum schleuderte er sie mittels seinen telekinetischen Kräften auf das andere Seeufer. Ihre Landung ließ er sanft vonstatten gehen.

„Perry, sie sind weg!“

Vier Menschen, und alle vier hatten keine Sekunde zu verlieren – starrten Gucky entgeistert an.

„Ja, und?“ piepste er. „Ich habe mich nur etwas mit diesem Transport beeilt. Sie sind wirklich drüben. Von mir aus kann es losgehen.“

„TITAN ab!“ befahl Perry Rhodan.

Kein Leitstand war besetzt, keine Kontrolle bei den Aggregaten bemannt. Siebenhundert tödlich Erkrankte torkelten in allen Räumen des Riesenschiffs herum.

Rhodan zog den Koppelschalter für alle Triebwerke auf Startleistung. Mit dem nächsten Griff wuchsen um das Schiff die Abwehrschirme.

„Ausgleichs-Positronik arbeitet!“ schrie Tiff durch den Höllenlärm.

Es war nackter Wahnsinn, mit vier Mann die TITAN zu starten. Das konnte nicht gutgehen.

Da flammte die Kontrolle für die Synchronschaltung auf.

Grün.

Dumpfes Brüllen wie tausendfaches Donnergrollen erklang. Die TITAN löste sich vom Boden.

Und dann waren sie *doch* im Raum.

Mit fünfzig Prozent Lichtgeschwindigkeit jagte der Kugelriese davon, nur eine Kugel, umgeben von ihren Schutzschirmen, waffenlos, weil es im Schiff keine Hände gab, die Waffenschalter zu betätigen und weil auch allerhöchste Automatik letztlich immer noch die Arbeit des Menschen erfordert, die Automatik einzuschalten.

Rhodan hatte den Bruchteil einer Sekunde Zeit gefunden, die Taster-Automatik einzuschalten.

Crest stöhnte, als er die walzenförmigen Raumer heranschießen sah.

Rhodan lachte. „Es kommt noch besser. Das ist erst der Anfang. Die haben gewußt, welch ein fetter Bissen sie erwartet.“

Da erfolgte der erste Angriff vom größten der Walzenschiffe.

Sechs Treffer rüttelten die TITAN.

Jedes andere Raumschiff wäre unter diesem Energieansturm verpufft – die Schutzschirme der TITAN hatten nur kurz gebebt, die Energien aufgefangen und absorbiert.

„Angriff kommt aus Grün dreiundvierzig!“ rief Tiff.

Nach zehn Minuten wurden bevorstehende Angriffe nicht mehr gemeldet. Sie kamen aus allen Richtungen. Ununterbrochen griffen Kampfstrahlen nach den TITAN-Schirmen. Zweimal hatten sie über die Kapazitäts-Anzeige 80 Prozent ausgewiesen.

„Viel mehr Gegner dürfen nicht kommen“, hatte Crest gesagt und gleichzeitig geblendet die Augen geschlossen, als acht Treffer den dunklen Weltraum zu einer flammenden Lichtorgie machten.

Da gab die Taster-Automatik wieder Transitionen in der Entfernung von zehn Lichtminuten durch.

„Ihr Sonnen“, schrie Crest auf, „das sind ja noch einmal achtzig Schiffe! Woher kommen sie nur?“

„Aus der Hölle“, erwiderte Rhodan bissig. „Tiff, einen Hyperkom-Rafferimpuls zur Erde. Fragen Sie an, wo Freyt mit der GANYMED bleibt. Rufen Sie Freyt, wenn er schon im Raum ist, aber vergessen Sie nicht, um *Hilfe* zu rufen.“

Niemand wagte von Transition zu sprechen. Mit vier Mann war ein Sprung durch den Hyperraum unmöglich durchzuführen.

Wieder erzitterte die TITAN unter schweren Strahltreffern.

„Das müssen doch alles Roboter-Schiffe sein!“ rief Crest herüber.

„Sind sie auch“, meldete Gucky. „Ich kann dort keine Gedankenimpulse empfangen.“

Perry Rhodan nickte ihm zu.

Tifflor bekam Verbindung mit der Erde.

„Die GANYMED ist im Raum“, meldete Terrania.

Da traf auch schon der Hyperkom-Impuls der GANYMED ein.

„Was ist los?“ fragte Oberst Freyt.

„Sofort kommen!“ schrie Tiff zurück. „Wir haben siebenhundert Sterbende an Bord! Wir werden von robotgesteuerten Walzenraumer-Flotten ununterbrochen angegriffen! Wir sind vier Mann und Gucky! Alle Ärzte alarmieren! Betreten der TITAN nur im Raumanzug erlaubt! Kommen Sie zu Hilfe, Oberst! Sofort!“

In der GANYMED heulte der Alarm.

Die Bordverständigung gab durch, warum alarmiert wurde. Oberst Freyt ließ Julian Tifflors Hilferuf vom Band ablaufen.

In drei Transitionen erreichte die GANYMED den Kugelhaufen M-13. Ein weiterer Kurzsprung brachte sie ins Thatrel-System.

Alle Geschütztürme des Schiffes waren feuerbereit, die Klappen aufgezogen, und hinter den Schaltern hockten Männer, die zu allem entschlossen waren.

Perry Rhodan hatte um Hilfe gerufen.

„Er muß in einer besonderen Art Hölle stecken“, sagte der Mann von Geschützturm 25 zu seinem Kameraden vor der Ziel-Automatik, als Oberst Freyts Ortungsoffizier eine große Anzahl Raumer ausmachte.

Und da kamen auch schon die Koordinaten.

„Gott sei Dank! Endlich!“ preßte Freyt hervor. Die GANYMED schoß mitten in die Raumschlacht hinein.

Kein einziges Walzenschiff zeigte sich durch das Auftauchen dieses Riesenraumers beeindruckt.

„Robot-Schiffe“, sagte Freyt, und sein Gesicht wurde maskenhaft starr.

Er erteilte Feuer-Freigabe.

„Dort ist ja die TITAN!“ Gerade flammte eine gewaltige Lohe um den Kugelraumer. Ein unbeschreibliches Feuerwerk von tödlichen Energien lief über die Schirme des Arkonidenschiffs. Es glich einer winzigen Sonne. Dann gab es in der Zentrale der GANYMED überall erlöstes Aufatmen, als die TITAN unversehrt wieder als dunkler Körper im Raum hing.

In der GANYMED heulten die Reaktoren. Das Schiff eröffnete das Feuer.

Überall gab es glühende, langsam dahintreibende Gaswolken – zerstörte Robot-Raumer.

Unheimlich war es allen Männern, daß die TITAN mit lahmen Abwehrbewegungen sich den pausenlosen Angriffen zu entziehen versuchte und selbst aus ihren Geschützen keinen Schuß abgab.

Acht Stunden dauerte der Kampf der GANYMED gegen die Überzahl der Robot-Raumer, von denen keiner die Zweihundert-Meter-Länge überschritt. Selbst achthundertvierzig Meter messend, war das Schiff gegen diese Automat-Schiffe ein Riese.

Schließlich war der Raum um die TITAN und die GANYMED leer. Das letzte Robot-Schiff, am Heck beschädigt, schleppte sich mit einem Zehntel Lichtfahrt tiefer in den Weltraum hinein. Ein Funkimpuls mußte den Rest der Robot-Flotte zurückbefohlen haben.

Die Schlacht war aus. Jetzt gab es eine andere Schlacht zu schlagen.

Die Ärzte in Freyts Schiff standen bereit und tausend Spezialisten, um an Bord der TITAN zu gehen.

Zuerst kamen die Ärzte.

Sie nahmen an Thora, Bully und Sergeant Rous ihre Untersuchungen vor.

Stundenlang warteten Rhodan, Crest, Tiff, Sengu und Gucky in der Zentrale auf das Resultat.

Da meldete sich die Ärztekommission mit Dr. Eric Manoli an der Spitze an.

Vier Menschen und Gucky hörten zu.

Hyper-Euphorie nannten die Mediziner die Krankheit – Hyper-Euphorie, hervorgerufen durch ein Toxikum, das die Bärchen absonderten.

„Das Toxikum zerstört ganz allmählich die Ganglienzellen des Zentralnervensystems und ist in seinem Prozeß nicht abzustoppen. Wann der Tod bei den Erkrankten eintreten wird, wissen wir nicht zu sagen. Wir empfehlen aber, sofort alle Tiere unschädlich zu machen, bevor die Männer von der GANYMED aufs Schiff kommen."

Perry Rhodan nickte nur.

An seiner Stelle sagte Crest zu Manoli: „Fangen Sie die Tiere und schläfern Sie sie ein, Doktor. Ich würde vorschlagen, drei Pärchen für Untersuchungszwecke sorgfältig zu isolieren."

Dann waren sie in der Zentrale wieder allein.

Perry Rhodan starrte den Rundsichtschirm an.

Ein unbekannter Gegner aus dem Hinterhalt hatte ihn um ein Haar vernichtet.

Wann kam der nächste Schlag? Aus welcher Richtung? Und wann mußten siebenhundert Kranke sterben?

15.

An der Rückwand des geräumigen Labors saß auf dem Stuhl ein Mann, dem man Arme, Beine und Oberkörper so zusammengeschnürt und an den Stuhl gebunden hatte, daß er sich nicht rühren konnte.

Er sang fröhlich: „. . . over the ocean, over the sea, when will Mathilda be waltzing with me . . ."

Daß er zwei Liedertexte durcheinanderbrachte, schien ihm ungeheuren Spaß zu bereiten. Er versuchte auf dem Stuhl zu schaukeln, und rutschte dadurch ein Stück nach vorn.

„Bleib ruhig, du Narr!“ schrie Manoli ihn an.

Der Mann hörte auf zu singen und sah Manoli mit strahlendem Lächeln an.

„Warum so ernst, Doc?“ fragte er. „Das Leben ist doch so schön. Warum sollten wir es uns unnötig schwermachen?“

Manoli verlor die Beherrschung.

„Du machst es mir schwer, du Narr!“ schrie er den Kranken an. „Kannst du nicht endlich wieder zur Vernunft kommen?“

„Vernunft?“ kicherte der Mann. „Ich bin doch bei Vernunft. Ihr seid die Narren!“

Manoli und seine Mitarbeiter suchten das Gift. Sie suchten es bei dem Kranken, den sie von den anderen isoliert und unter schärfster Bewachung hierhergebracht hatten, und sie suchten es bei einem der sechs Nonus, die man zu Versuchszwecken hatte überleben lassen.

Das kleine Pelztier saß eingesperrt in einem stabilen Käfig und starrte die weißbekittelten Menschen zwischen den Stäben hindurch mit großen, traurigen Augen neugierig und zutraulich an.

Plötzlich sagte im Hintergrund des Raumers eine tiefe, ruhige Stimme: „So, ich glaube, wir haben es.“

Manoli ließ den Behälter, den er gerade in der Hand hatte, fallen und fuhr auf dem Absatz herum. Dr. Hayward, ein Riese an Gestalt, erst vor kurzem in den medizinischen Dienst der Raumflotte getreten, saß vor seinem Mikroskop.

„Was haben Sie?“ wollte Manoli wissen.

„Das Gift“, antwortete Hayward ruhig.

Mit drei raschen Schritten stand Manoli neben ihm.

„Zeigen Sie!“ keuchte er.

Hayward beugte sich zur Seite. Manoli starrte ins Mikroskop.

„Ich sehe nichts!“ beschwerte er sich. „Ist das Zeug farblos?“

„Natürlich“, antwortete Hayward.

„Kann man's nicht färben?“

„Hab' ich noch nicht versucht.“

Manoli starrte ihn entgeistert an. „Dann tun Sie's doch! Oder glauben Sie, wir haben alle solche Luchsaugen wie Sie?“

Hayward ließ sich nicht aus der Ruhe bringen. Er entnahm den Objektträger der Objektivplatte und ließ einen Tropfen feiner blauer Farbflüssigkeit darauf fallen.

Manoli atmete auf. „Na, endlich . . .“

Durch das Mikroskop zeigten sich eine Reihe von Kristallen mit regelmäßig zwölfeckigem Grundriß.

„Haben Sie schon eine Idee, was es ist?“ fragte Manoli, ohne das Auge vom Okular zu nehmen.

„Na klar“, brummte Hayward, „es ist irgendein Hexylamin – oder vielleicht nicht?“

Manoli nickte heftig. „Natürlich. Sie haben völlig recht. Reicht das Zeug für eine exakte Analyse?“

„Denke schon.“

„Dann machen Sie eine, aber schnell.“

Die exakte Analyse eines Hexylamins war selbst mit arkonidischen Geräten keine leichte Sache, aber Hayward war nach anderthalb Stunden fertig.

Dann ging er zu Manoli.

„Na?“ machte Manoli.

„Verstehen Sie etwas von Atomphysik?“ fragte Hayward zurück.

Manoli verzog das Gesicht. „Hören Sie, Hayward, ich wollte von Ihnen wissen, was Sie . . .“

„Ja, ja, weiß schon. Um das zu verstehen, müssen Sie aber etwas von Atomphysik verstehen.“

„Wieso?“

„Kennen Sie Argon?“

„Ein Edelgas, ja.“

„Man kann es zu keiner Verbindung zwingen. Es sei denn, man ionisiert es und veranlaßt es, in ionisiertem Zustand zu bleiben. Das kann dadurch geschehen, daß man es an entsprechend gebaute Moleküle anlagert, so daß das Argon-Atom durch ein Molekül-Elektron zwar gebunden, aber nicht neutralisiert wird.“

„Aha“, machte Manoli. „Und?“

„Und? Irgend jemand hat es mit dem Giftstoff so gemacht. Es ist ein Argono-Hexylamin, wenn ich den Namen schnell einmal erfinden darf.“

Manoli zwinkerte. „Irgend jemand? Wollen Sie damit behaupten . . .“

Hayward nickte. „Genau. Ionisiertes Argon gibt es nirgendwo in ausreichenden Mengen in der Natur. Dieses Giftzeug da ist *künstlich* hergestellt.“

Das Analysenergebnis konnte nicht bezweifelt werden. Jetzt, da die Natur des Giftstoffs bekannt war, bereitete es keine Schwierigkeit, ihn in ausreichenden Mengen von den übrigen Ausscheidungen des Nonus zu isolieren und neue Untersuchungen durchzuführen. Auch aus der Rückenmarkflüssigkeit der Kranken ließ der Giftstoff sich einfach isolieren.

Haywards Name „Argono-Hexylamin“ wurde beibehalten. Abgesehen von dem chemischen bekam der Stoff einen medizinischen Namen: Wegen seines aufsehenerregenden Edelgasbestandteils wurde er Argonin genannt.

Vorläufig noch unbekannt war der Mechanismus des Vorgangs, der von der Vergiftung zur Hyper-Euphorie führte.

Aber weit überwältigender als die Neugierde, diesen Mechanismus kennenzulernen, war die unanfechtbare Erkenntnis, daß Argonin ein künstlich erzeugtes Produkt war.

Rhodan wurde von dem Untersuchungsergebnis sofort informiert. Er ließ Hayward und Manoli zu sich kommen und sich ausführlich Bericht erstatten. Was er gerne gewußt hätte, erfuhr er jedoch nicht: Wie die Nonus dazu kamen, einen künstlichen Giftstoff mit sich herumzuschleppen.

Genau neun Tage, von der Ankunft der GANYMED an gerechnet, vergingen, bis die TITAN nach dem Einbau des Strukturkompensators und der Schulung der eintausend Neuangekommenen einsatzbereit war.

Der Strukturkompensator, ein von den Springern erbeutetes, auf der Erde eilends nachgebautes Prinzip, erzeugte ein Abschirmfeld, durch das die Strukturerschütterungen des vierdimensionalen Raum-Zeit-Kontinuums, die jede Transition des Schiffes verursachte und die unter normalen Umständen über Hunderte von Lichtjahren hinweg zu orten waren, abgefangen und neutralisiert wurden.

Ein mit einem Strukturkompensator ausgerüstetes Schiff war gegen Struktur-Tastung – also Hyperortung infolge der Erschütterung, die

die Transition hervorrief – vollständig gesichert, solange nicht jemand ein Prinzip entdeckte, das die Wirkung des Kompensators wieder zunichte machte.

Rhodans Ankündigung, daß die TITAN nach Honur zurückkehren werde, traf alle unerwartet und rief unter der neuen Besatzung Unruhe hervor. Was auf Honur geschehen war, war längst allgemein bekannt. Es bedurfte einer Zusatzerklärung von seiten des Kommandanten, um die Nervosität unter den Leuten zu zerstreuen.

Rhodan sagte: „Jetzt, da wir die Gefahr kennen, hat sie den größten Schrecken für uns verloren. Wir werden uns vorsehen, wenn wir auf Honur landen, und wir werden vor allen Dingen die GANYMED als Rückendeckung haben. Auf der anderen Seite muß jedermann klar sein, daß wir um unserer und der Erde Sicherheit willen der Bedrohung nicht einfach den Rücken kehren können. Sie würde uns einholen. Wir müssen den Gegner finden und ihn zur Vernunft bringen. Dazu aber müssen wir nach Honur zurückkehren."

16.

Am Fuß eines Gebirgsstocks, dessen Gipfel bis zu einer Höhe von viertausend Metern aufragten, in der Nähe eines kleinen Sees, war die TITAN an jenem Tag, an dem das Unglück begann, gelandet.

An derselben Stelle landete sie wieder und nahm als erstes diejenigen Roboter wieder an Bord, die den Kampf mit ihren gegnerischen Kollegen überstanden hatten. Die GANYMED war auf einer weiten Umlaufbahn zurückgeblieben. Der Kommandostand der GANYMED und der TITAN standen in ununterbrochener Sichtsprechverbindung durch Telekom.

Rhodan ging kein Risiko mehr ein.

Von den Eingeborenen, den „Geläuterten", wie sie sich selbst nannten, war nichts zu sehen.

Die TITAN stand schon zehn Stunden da, und keiner der Geläuterten ließ sich sehen.

Waren sie mit im Spiel? Waren sie getreue Diener jener Unbekannten, die sie „Götter“ nannten?

Rhodan gab seine Befehle.

Eine Suchtruppe unter Befehl von Leutnant Tifflor wurde angewiesen, die Umgebung der TITAN im Umkreis von hundert Kilometern abzusuchen. Die Geschwindigkeit, mit der die Eingeborenen nach der ersten Landung der TITAN auf der Bildfläche erschienen waren, deutete darauf hin, daß es in diesem Umkreis wenigstens eine Siedlung geben mußte. Tifflors Gruppe wurde mit Shifts, den zu Wasser, zu Lande und in der Luft beweglichen Allzweckfahrzeugen, und wirksamen Waffen ausgestattet. Ihr spezieller Auftrag war, wenigstens einen Geläuterten herbeizubringen, so daß mit ihm eine Psychountersuchung vorgenommen werden konnte.

Eine weitere Gruppe unter Befehl von Major Chaney erhielt den Auftrag, mit drei Fernaufklärern vom Typ Gazelle den Planeten auf einer Reihe von Großkreisen zu umrunden und Untersuchungen über die Physik dieser Welt anzustellen. Denn Rhodan war sicher, daß, wenn es auf Honur eine Niederlassung des Feindes gab, der Energieverbrauch dort so hoch war, daß er sich mit den empfindlichen Meßgeräten der Gazelle leicht nachweisen ließ.

Rhodan war sich darüber im klaren, daß der Gegner, wenn er sich auf Honur aufhielt, an der Absicht der TITAN nicht eine Sekunde lang zweifelte. Besaß er menschliche oder menschenähnliche Mentalität, dann würde er die Suchaktionen als Herausforderung auffassen und zuzuschlagen versuchen.

Mit Angriffen auf die beiden Suchgruppen und die TITAN mußte in jedem Augenblick gerechnet werden. Weitere Gazellen standen absprungbereit, um Tifflor oder Chaney zu Hilfe zu kommen, sobald sie in Bedrängnis gerieten. Auch die GANYMED befand sich in ständiger Alarmbereitschaft. Chaney und Tifflor waren angewiesen, die Telekom-Verbindung keinen Augenblick lang abreißen zu lassen.

Es war getan, was getan werden konnte.

Julian Tifflor versah seinen Posten mit der ganzen Begeisterung, deren ein junger Mann fähig war. Seine Gruppe bestand aus fünf Shifts. Die Fahrzeuge schwebten dicht über dem Boden ein schmales Hochtal hinauf. Tiff hatte dafür gesorgt, daß die Telekom-Verbindung mit der TITAN stündlich von einem anderen Fahrzeug übernommen wurde.

Jeder Shift war mit fünf Mann besetzt. Die Männer trugen die Kompressormasken, deren sie außerhalb des geschützten Fahrzeugs bedurften, um mit der sauerstoffarmen Luft zurecht zu kommen.

Seit dem Ausschleusen aus der TITAN waren etwa zwei Stunden vergangen. Tiff achtete darauf, daß sich die Fahrzeuge nur mit mäßiger Geschwindigkeit bewegten und sich stets dicht über dem Boden hielten.

Die Bergwelt war öde. Tiff folgte dem Lauf des kleinen Flusses, der, von den Bergen kommend, den See am Fuß des Gebirgsstocks speiste. Aber weiter als etwa hundert Meter zu beiden Seiten übte das Wasser keine Wirkung aus. Ein zweihundert Meter breiter Streifen eigenartiger Steppenpflanzung zog sich durch das Tal, darüber hinaus begann der nackte Fels, formte fast senkrechte Wände und stieg über mehrere tausend Meter bis hinauf in die Flanken der höchsten Berge.

Der rötliche Schein des Sonnenlichts reichte nicht weit herein. Dort unten, wo sich Tiffs Fahrzeuge bewegten, herrschte dämmriges Halbdunkel, und das war ein Grund mehr für Tiff, die Suche nicht zu übereilen.

Major Chaney beging den Fehler, seinen Flug für das zu halten, was er unter normalen Umständen auf jeder anderen Welt gewesen wäre: ein Routine-Unternehmen, um die physikalischen und geographischen Gegebenheiten des Planeten „in die Hand zu bekommen", wie der Jargon es nannte.

Die Besatzungen der Gazellen hatten wenig zu tun. Die Synchron-Automatik hielt die Fahrzeuge auf einer konstanten Höhe von dreißigtausend Metern. Sie besorgte auch den Kurswechsel, wenn von einem Großkreis auf den anderen übergegangen wurde. Die Meßgeräte waren ohnehin so konstruiert, daß sie ihren Dienst alleine verrichten konnten.

Chaney fragte sich mürrisch, warum Rhodan die Maschinen nicht im Selbststeuerflug und unbemannt auf den Weg geschickt hatte.

Er übersah, daß die Synchron-Automatik so überaus schwierige Dinge wie einen Luftkampf nicht von sich aus meistern konnte.

In den zwei Stunden, die die Gazellen bisher unterwegs waren, hatten die Meßgeräte noch nicht einmal eine Siedlung der Geläuterten registriert, geschweige denn, die Niederlassung eines Gegners, dem man zugetraut hätte, daß er über luftkampfgeeignete Maschinen verfüge.

„Verdammt, jetzt denk' ich, wir kommen endlich ans Licht, da geht die Sonne unter!"

Sergeant O'Keefe kniff die Augen zusammen und starrte auf den Leitbildschirm, auf dem eben noch die nach beiden Seiten zurückweichenden Wände des Hochtals und die Hochebene, die sich dahinter ausbreitete, zu sehen waren. Rechts im Hintergrund war der trübe, rote Kreis der Sonne Thatrel schon zur Hälfte hinter dem Horizont verschwunden.

Die Reihe, mit der TITAN Verbindung zu halten, war an dem Shift, in dem Leutnant Tifflor fuhr – demselben, dessen Fahrer O'Keefe dem schwindenden Tageslicht hinterhertrauerte.

„Vor uns liegt eine recht gut übersehbare Hochebene", meldete Tiff der TITAN. „Ich bitte um Anweisung, ob ich während der Nacht weiterfahren soll."

„Der Chef sagt nein", antwortete ein Offizier. „Halten Sie an einer sicheren Stelle und warten Sie bis Tagesanbruch."

„Verstanden!"

Tiff hielt es für ungünstig, aus dem Tal hinauszufahren. Er ließ O'Keefe das Fahrzeug zur südlichen Talwand hinüberbugsieren und dort in der Deckung der Wand absetzen. Die übrigen Shifts folgten und taten das gleiche.

Wachen wurden bestimmt, dann verstummte das flirrende Summen der Antigrav-Motoren, und Ruhe machte sich im Innern der Wagen breit.

Julian Tifflor hatte eine der mittleren Wachen übernommen.

Er war, ganz gegen seine Art, sofort hellwach, als sein Vorgänger ihn weckte.

„Was Besonderes?" flüsterte er.

„Nichts. Alles ruhig."

Tiff rollte herunter und machte den Platz frei.

Er stieg nach vorne zum Pilotensitz und ließ sich tief in den weichen Sessel sinken.

Auf dem Bildschirm lag das Ende des Hochtals im hellen Schein der unendlich vielen Sterne, die aus dem gewaltigen Kugelsternhaufen herüberstrahlten. Das Licht war besser als das einer irdischen Vollmondnacht. Auf wenigstens zweihundert Meter hatte Tiff klare Sicht.

Eines der Telekomgeräte war betriebsbereit. Das grüne Kontrollicht leuchtete beruhigend im Halbdunkel. Shift Nr. 4 hielt in dieser Stunde die Verbindung mit der TITAN, aber Shift Nr. 1 war in jeder Sekunde zur Übernahme des Gesprächs bereit.

Aus dem Kaffeebehälter, den sein Vorgänger auf dem Schaltpult hatte stehen lassen, nahm Tifflor einen tiefen Schluck.

Dazu mußte er den Blick ein paar Sekunden lang vom Bildschirm abwenden. Als er getrunken, den Behälter leise abgestellt hatte und wieder auf das Bild sah, hatte es sich verändert.

Die lange, dürre Gestalt eines Geläuterten hob sich gegen die sternenbeschienene Wand ab.

Tiff sah, wie der Fremde den Arm hob, um zu winken. Nach einer Minute wiederholte er die Geste.

Ohne hinzusehen, drückte Tiff den Schalter des Telekoms. Ein zweiter Bildschirm leuchtete auf.

„Gehen Sie aus der Leitung!“ befahl Tiff. „Ich brauche die TITAN.“

Das Bild flackerte eine Sekunde lang, dann kam es wieder. Captain Brian von der TITAN erschien.

„Ich habe hier etwas für Sie“, meldete Tiff an und koppelte das Fernsehbild auf Brians Bildschirm.

„Warum winkt er?“

„Das tut er schon, seitdem er aufgetaucht ist. Wahrscheinlich will er, daß einer von uns hinausgeht.“

Brian sah auf. Tifflor koppelte das Fernsehbild aus, so daß der Captain seinen Gesprächspartner wieder sehen konnte.

„Das werden Sie natürlich *nicht* tun!“ ordnete er an.

Tiff lächelte. „Ist das ein Befehl oder ein guter Rat?“

Captain Brian stutzte. „Warum? Ein Rat natürlich. Wissen Sie etwas Besseres?“

„Ich könnte hinausgehen . . .“

„. . . und sich vergiften lassen, wie?“

„Erstens würde ich einen Schutzanzug anlegen, und zweitens besteht eine Ansteckungsgefahr nur dann, wenn er einen Nonus bei sich hat. Und drittens habe ich schließlich eine Menge Leute im Rücken, die gut auf mich aufpassen.“

Brian kratzte sich am Kopf.

„Wissen Sie“, brummte er, „Rhodan möchte, daß man Ihnen freie Hand läßt. Wenn Sie mir versprechen, vorsichtig zu Werke zu gehen, will ich Ihnen nicht dreinreden. Aber Vorsicht! Vielleicht hat der Kerl noch hundert Begleiter hinter den Felsen versteckt.“

„Ich werde mich in acht nehmen“, versprach Tiff.

„In Ordnung. Koppeln Sie das Bild wieder ein. Ende.“

Von dem Gespräch waren die Männer in Shift Nr. 1 wach geworden. Sie hockten auf den Bänken und starrten auf den Fernsehschirm.

„Was hat er inzwischen getan?“ fragte Tiff. Während des Gesprächs mit Brian hatte er keine Zeit gehabt, auf den Geläuterten zu achten.

„Er hebt jede Minute die Hand und winkt“, berichtete O'Keefe.

Tiff glitt in den Schutzanzug. Der Anzug bestand aus elastischer, zäher Spezialplastik. Da er zu dem Zweck gebaut war, kosmische Staubteilchen bis zu einer bestimmten Größe aufzufangen und seinen Träger zu schützen, war er wohl auch in der Lage zu verhindern, daß ein Nonus Tiff berührte.

„O'Keefe, geben Sie den anderen Fahrzeugen Bescheid! Wir haben Alarmstufe eins.“

Noch bevor Tiff den Anzug geschlossen hatte, kamen die Bestätigungen. Alle Mann waren auf Posten.

Tiff war befriedigt. Er hatte die Kompressormaske abgelegt, weil der Helm seines Anzugs eine eigene Frischluftanlage besaß. Bevor er den Helm schloß, befahl er O'Keefe: „Halten Sie Verbindung! Unternehmen Sie nichts ohne meine Anweisung!“

Dann ließ er das kugelige Helmgehäuse mit der weiten Sichtscheibe, den kreisförmigen Netzen der Außenmikrophone und dem kleinen Trichter des Lautsprechers nach vorne übers Gesicht klappen.

Ein Korporal öffnete die Schleuse. Eine Minute später war Tiff draußen. Er sah, daß der Geläuterte gerade wieder den Arm gehoben hatte, um zu winken. Als Tiffs Gestalt aus dem Schatten des Shifts und der Felswand trat, ließ er den Arm sinken und wartete bewegungslos.

Tiff ging langsam auf ihn zu. Den Impulsstrahler trug er lässig in der rechten Hand.

„Das Radarlot ist kaputt", beschwerte sich Sergeant Dee. „Es macht Doppelimpulse."

Major Chaney verstand etwas von diesen Dingen.

Er schnallte sich ab und kletterte quer durch den Innenraum der Gazelle zu Dee hinüber. Wortlos wies Dee auf den Oszillographenschirm. Normalerweise war auf dem Schirm die große Spitze des Sendeimpulses und darunter die etwas kleinere des reflektierten Impulses zu sehen. Der Abstand zwischen den Basislinien war ein Maß für die Entfernung vom Sender zum Reflektor, in diesem Fall der Oberfläche von Honur.

Was Chaney jedoch sah und was Dee nervös gemacht hatte, war ein dritter, winziger Impuls, der sich noch unter dem reflektierten abbildete.

Chaney drehte an ein paar Knöpfen. Die Impulsbilder verschwanden mitunter, aber jedesmal, wenn sie wieder auftauchten, dann war auch der kleine dabei, aus dem Dee geschlossen hatte, das Radarlot sei nicht mehr in Ordnung.

Major Chaney sprach mit den anderen Gazellen. Auf ihren Oszillographen zeigte sich dasselbe Bild. Und jeder Beobachter hatte von seinem Gerät dasselbe geglaubt wie Sergeant Dee.

„Da stimmt 'was nicht", murmelte Chaney verwirrt. „Der dritte Impuls ist echt. Läuft der Oszillograph?"

„Immer, Sir."

„Gut, dann können wir . . ."

Er kam nicht mehr dazu zu sagen, was sie konnten. Ein fürchterlicher Ruck riß Chaney und alle, die in diesem Augenblick nicht angeschnallt waren, von den Beinen und schleudete sie zu Boden. Das schrille Geheule der Alarmanlage begann im selben Moment.

Die Männer schrien vor Überraschung. Benommen tastete Chaney sich an der Lehne eines Sessels in die Höhe, spürte das Gefühl eigenartiger Leichtigkeit im Magen und wußte im selben Augenblick, daß wenigstens der Neutralisator nicht mehr funktionierte.

Er sah den Lichtzeiger des Höhenmessers rapide sinken. So schnell er konnte, hangelte er sich zum Telekom hinüber, von dessen Bildschirm Capitain Brian ihn besorgt ansah.

„Wir stürzen ab!“ schrie Chaney über den Lärm der Alarmsirenen hinweg. „Vermutlich in einen Traktorstrahl geraten!“

Brian nickte.

„Wir haben Ihre Position“, antwortete er. „Versuchen Sie schnellstens, die Maschinen abzufangen. Wir sind in ein paar Minuten bei Ihnen.“

Brian verschwand vom Bildschirm. Chaney zwängte sich in den Pilotensitz. Mit einem entschlossenen Griff schob er den Leistungshebel des Triebwerks bis zum Anschlag nach oben.

Ein zweiter Ruck durchfuhr die Gazelle. Der Sturz war abgebremst. Chaney sah auf dem Höhenmesser, daß das Fahrzeug immer noch an Höhe verlor, aber es war nicht mehr als bei einem mittelmäßigen steilen Gleitflug.

Ein grimmiges Lächeln überzog Chaneys Gesicht. Er brauchte ein paar Sekunden, um die anderen Maschinen zu informieren. In sechstausend Meter Höhe hatten sie sich alle gefangen und strebten in flacher Kurve dem Boden zu.

Chaney hatte plötzlich eine Idee. Der Telekom-Schirm zeigte immer noch den unbesetzten Platz des Wachoffiziers im Kommandostand der TITAN, aber Chaney gab solange den Alarmruf, bis Captain Brian wieder auftauchte.

„Einen Vorschlag, Captain“, sagte Chaney. „Rufen Sie die Leute wieder zurück! Wir haben abgefangen und werden eine leidlich gute Landung zuwege bringen. Vielleicht kommt der Gegner nachsehen, wen er da abgeschossen hat. Ihre Leute würden ihn nur vertreiben.“

Brian verstand sofort. „In Ordnung. Ich halte die Leute auf und warte Ihre Landung ab. Verläuft sie glatt, kommt Ihnen niemand zu Hilfe.“

Chaney wandte sich zu den anderen um. „Seid ihr alle gut festgeschnallt? Es wird ziemlich kräftig krachen, denke ich. Zieht die Hälse ein!“

Leutnant Hathome, Pilot der Maschine G-021, meldete sich. „Ich setze zur Landung an. Das Gelände ist ziemlich günstig.“

Chaney nickte. „Alles Gute, Hathome!“

Die G-021 war die Maschine, die sich als letzte gefangen hatte. Hathome war darum der erste, der in Bodennähe kam.

Chaney warf einen letzten Blick auf das Radar-Reliefbild. Hathome hatte recht: das Gelände war so, wie der Pilot einer abstürzenden Maschine es sich wünschte. Eben wie ein Teller. Am Rand des Bildes gab es Unebenheiten von beträchtlicher Höhe, wahrscheinlich Berge. Das Gelände unter den drei Gazellen schien eine Hochebene zu sein.

Auf dem Reliefbild zeigte sich die G-021 als kleiner Leuchtfleck. Chaney sah, wie seine Bewegung sich änderte. Aus dem Empfänger, der noch mit der G-021 verbunden war, kam dröhnendes Rauschen, das Schreien zerreißenden Metalls und schließlich ein donnernder Krach. Dann war alles still.

„Hathome?“

Eine schwache Stimme: „J-ja, Sir . . .“

„Haben Sie's überstanden?“

„Ich denke ja. Es sind schon alle wieder auf den Beinen.“

Chaneys Aufmerksamkeit wurde abgelenkt. Der Höhenmesser zeigte noch einhundertundfünfzig Meter. Die G-020 setzte zur Landung an und zur selben Zeit auch die G-022.

Chaney stemmte sich mit aller Kraft gegen das Pilotenpult. Als der Höhenmesser fast auf Null abgesunken war, feuerte er die letzte Energie des Triebwerks zu den Bugdüsen hinaus, um die Fahrt zu bremsen.

Dann schüttelte ein kräftiger Ruck die Maschine durcheinander. Chaney sah, wie die Radar-Reliefkarte zu rotieren begann und die undeutlichen Schatten auf den Fernbildschirm in Bewegung gerieten. Höllischer Lärm ertränkte das entsetzliche Stöhnen der Männer. Chaney hielt den Atem an, bis der letzte Krach kam, der bedeutete, daß die G-020 gegen ein Hindernis gerast war und die Fahrt ein Ende gefunden hatte.

Chaney stieß mit dem Kopf gegen irgend etwas Hartes und verlor für ein paar Augenblicke die Besinnung. Als er zu sich kam, war es still um ihn herum, bis auf ein paar schabende, kratzende Geräusche von den Monturen der Männer, die wieder auf die Beine zu kommen versuchten.

Die Energieversorgung war ausgefallen, demgemäß funktionierte auch die Sendeanlage nicht mehr. Der Telekomschirm war erloschen.

„Macht, daß ihr 'rauskommt!" brüllte Chaney. „Aber haltet euch in der Deckung der Maschine."

Sie ließen die Helme der Schutzanzüge nach vorn klappen und stiegen aus. Die Schleuse funktionierte einwandfrei, da sie als einziger Aus- und Einstieg an ein unzerstörbares Notaggregat gekuppelt war.

Chaney wartete ruhig, bis der Lärm, den die Außenmikrophone von den Schleusen her übertrugen, sich gelegt hatte. Dann rief er über Helmfunk: „Hathome? Crimson?"

Hathome meldete sich sofort. Aber von der G-022 kam die Antwort: „Leutnant Crimson ist bewußtlos. Hier spricht Sergeant Halligan."

„Wieviel von Ihren Leuten sind noch auf den Beinen, Halligan?"

„Alle, bis auf zwei."

„In Ordnung. Hathome, das gilt auch für Sie! Steigen Sie aus, nehmen Sie die Waffen mit und versuchen Sie, die G-020 zu erreichen. Wir sitzen im Schatten der Maschine in Deckung. Benutzen Sie keine Handscheinwerfer, aber beeilen Sie sich trotzdem!"

Hathome und Halligan hatten verstanden. Chaney unterbrach die Verbindung, nahm den schweren Desintegrator zur Hand, der beim Aufprall quer durch den Raum gerutscht war und in den Fuß einer Schalttafel eine beachtliche Beule geschlagen hatte, und stieg durch die Schleuse hinaus.

Draußen war die Sicht besser, als Chaney sie vom letzten Anblick des Bildschirms her in Erinnerung hatte. Die riesige Sternenmenge von M-13, die wie der Oberteil einer gewaltigen Traube das nördliche Firmament bedeckte, spendete beachtliche Helligkeit.

Chaneys Leute kauerten sich in den Schatten der wie ein Ellipsoid geformten Maschine. Sie hatten die Waffen schußbereit und starrten in das Halbdunkel hinaus.

Während sie warteten, versuchte Chaney zu erraten, was Rhodan jetzt tun würde. Seit der Notlandung war jede Verbindung zur TITAN unterbrochen. Wenn Chaney selbst Captain Brian etwas zu raten gehabt hätte, er hätte ihm empfohlen, die übrigen Gazellen an Bord zu lassen, wenn er nicht gleich mit dem ganzen Raumschiff starten wollte. Das Saugfeld, dessen der Gegner sich bediente, hatte sich als stark genug erwiesen, um alle Anstrengungen eines Gazellenmotors zunichte zu machen. Brians Rettungstrupp, wenn er ebenfalls mit

Fernaufklärern kam, würde kein anderes Schicksal erleben als die drei Maschinen G-020, 021 und 022.

Aber leider gab es kein Telekom mehr, mit dessen Hilfe Chaney die TITAN hätte über seine Erfahrungen unterrichten können.

Während er sich noch den Kopf zerbrach, knackste es in seinem Empfänger.

Sergeant Halligans Stimme sagte: „Von hier aus können wir Ihre Maschine sehen. Wir sind in einer Viertelstunde bei Ihnen."

„In Ordnung", brummte Chaney zurück. „Was hört man von Hathome?"

„Vorläufig nichts."

Aus größerer Entfernung meldete sich dafür Hathome. „Passieren gerade Crimsons Maschine. Demnach brauchen wir noch eine halbe Stunde bis zu Ihnen."

Chaney spähte besorgt in die Runde. Er hatte nicht erwartet, daß die drei Maschinen so weit entfernt voneinander aufkommen würden. In einer halben Stunde konnte viel passieren, besonders, wenn man bedachte, daß seit der Bruchlandung ohnehin schon eine Viertelstunde vergangen war.

Aber vorläufig war noch nichts Verdächtiges zu sehen. Chaney blieb nichts anderes übrig, als Hathome und Halligan ein weiteres Mal zur Eile zu mahnen.

Zehn Meter vor der dürren Gestalt entfernt blieb Tiff stehen.

„Was willst du?" fragte er auf arkonidisch.

Die Honos sprachen eine Abart des Arkonidischen.

Die dürre Gestalt rührte sich. Tiff sah, wie der Hono sich anschickte, ein paar Schritte näher zu kommen.

„Halt! Bleib stehen, wo du bist! Sag mir, was du willst!"

Der Hono blieb gehorsam stehen.

„Euch etwas zeigen", antwortete er, und seine Stimme klang lächerlich hoch und dünn in der sauerstoffarmen Atmosphäre.

„Was?" wollte Tiff wissen. „Eine Herde Nonus, damit wir sie streicheln sollen und sie uns vergiften können?"

„Du sollst nicht so häßlich über unsere Nonus sprechen", antwortete der Hono prompt. „Sie sind liebe Wesen. Wir könnten ohne sie nicht leben. Nein, etwas anderes will ich euch zeigen. Eine Spur der Götter."

Tiff lachte. „Machen eure Götter Spuren? Seit wann?"

In Wirklichkeit war ihm nicht nach Spott zumute. Perry Rhodan war davon überzeugt, daß sich hinter den „Göttern" der Honos die unsichtbaren Feinde versteckten. Das Angebot wäre also verlockend gewesen, hätte Tiff nicht schon im ersten Augenblick gewußt, daß ein Hono niemals daran denken würde, seine Götter zu verraten – selbst wenn sie so ungeschickt sein sollten, eine Spur zu hinterlassen.

Der Mann spielte also Theater. Und dazu entwickelte er eine Aktivität, die bei einem Hono ausgesprochen unnatürlich wirkte.

Für Tiff stand fest, daß der unbekannte Feind ihm hier eine Falle stellen wollte.

Tiff versuchte, Zeit zu gewinnen.

„Warum willst du uns auf die Spur der Götter führen?" fragte er.

„Ich gehöre einer Gruppe an", erklärte der Hono, „die die anderen die ‚Wenig Geläuterten' nennen. Wir sind sozusagen Ausgestoßene und haben mit den Geläuterten fast keine Verbindung. Wir haben aber erfahren, was euch zugestoßen ist, und möchten euch helfen."

„Und wer garantiert mir, daß du uns nicht nur in eine Falle locken willst?"

Der Hono ließ sich Zeit zur Antwort.

„Wie sollte ich das tun?" fragte er schließlich. „Seid ihr nicht soviel mächtiger als wir, und könnt ihr mich nicht jederzeit töten, wenn ihr Verdacht gegen mich schöpft? Würde ich mich einer solchen Gefahr aussetzen?"

Tiff hatte seinen Entschluß gefaßt. „Du wirst vor uns hergehen."

„Ja."

„Gibt es Siedlungen der Geläuterten in dieser Gegend?"

„Ja, aber nur verlassene."

Tiff stutzte. „Verlassene?"

„Ja. Die Geläuterten haben ihre Dörfer verlassen und sind weiter in die Berge gezogen."

„Warum?„

„Das weiß ich nicht. Wir haben sie nicht wegziehen sehen. Plötzlich waren sie verschwunden."

Tiff glaubte sicher zu sein, was die Geläuterten zum Auszug

veranlaßt hatte: der Wille der „Götter". Der unsichtbare Gegner wußte ebenso gut wie Perry Rhodan, daß sich die Leute der TITAN nur eines Geläuterten bemächtigen und ihn mit den nötigen Mitteln ausfragen mußten, um einen großen Schritt weiterzukommen.

Tiff hielt den letzten Hinweis für bedeutsam. Er versicherte dem Hono, daß die Wagen ihm folgen würden, und kehrte zu seinem Shift zurück.

Das erste, was er drinnen sah, war Brians sorgenvolles Gesicht auf dem Bildschirm.

„Koppeln Sie aus!" befahl Brian. „Wichtige Dinge sind geschehen."

Tiff koppelte das Außenbild aus, so daß Captain Brian ihn sehen konnte.

„Chaney, Crimson und Hathome sind mit ihren Gazellen zur Notlandung gezwungen worden", stieß Brian hervor. „Wir haben die Verbindung mit ihnen verloren. Die Notlandestelle liegt etwa hundertfünfzig Kilometer nordnordöstlich von dem Fleck entfernt, an dem Sie eben sitzen. Rhodan hat angeordnet, daß Sie nach den drei Gazellen suchen. Es hat keinen Zweck, andere Maschinen zu schicken. Sie würden ebenso zu Boden gezwungen."

Tiff hatte den Helm nach hinten geschoben und kratzte sich am Kopf. In kurzen Worten berichtete er Captain Brian von dem Gespräch, das er mit dem Hono geführt hatte. Brian verstand rasch, worauf er hinaus wollte, und hob abwehrend die Hand.

„Falls Sie glauben, der Chef schickt einen dritten Erkundigungstrupp los, Leutnant, dann haben Sie sich getäuscht", unterbrach er Tiffs Bericht. „Alle Leute werden an Bord gebraucht. Das einzige, was Sie tun können, ist, Ihre Gruppe zu teilen. Der eine Teil läßt sich von dem Hono führen, der andere sucht nach Chaney und seinen Leuten."

Tiff machte ein mißmutiges Gesicht.

„Das hat Ihnen der Teufel geraten", stellte er respektlos fest. „In diesem Land sind fünf Shifts das Minimum dessen, was sich überhaupt am Leben halten kann."

Brian nickte. „Das weiß ich. Aber es steht Ihnen ja immer noch frei, den Hono laufen zu lassen und mit allen Fahrzeugen nach Chaney zu suchen."

Tiff seufzte.

„Melden Sie dem Chef“, sagte er schließlich, „daß sein Befehl ausgeführt wird.“

Brian lächelte. „Gut. Bleiben Sie im Bild.“

Tiff gab die Verbindung an Shift Nr. 4 zurück. Dann machte er den Pilotensitz für Sergeant O'Keefe frei und befahl ihm, auf den Hono zu und dann hinter ihm herzufahren.

O'Keefe sah Tiff mißtrauisch an. Tiff wußte, was er wollte.

„Erst einmal müssen wir aus dem Tal heraus auf die Hochebene. Dann können wir weitersehen. Wenn der Hono von sich aus nach Nordnordost marschiert, dann brauchen wir uns keine grauen Haare wachsen zu lassen, oder?“

O'Keefe grinste übers ganze Gesicht. „In Ordnung.“

Summend nahm der Motor seine Arbeit auf. Vorsichtig schwenkte O'Keefe den Shift aus dem Schatten der Wand heraus und ließ ihn auf den wartenden Hono zugleiten. Die übrigen Fahrzeuge folgten, wie Tiff sich durch Rundblick überzeugte, in der gewohnten Formation.

Major Chaney war sich darüber im klaren, daß er sich wenigstens ein paar Stunden lang aus eigener Kraft am Leben halten mußte. Er wußte noch besser als Rhodan, daß jede weitere Gazelle ebenso ein Opfer des unerhört starken Traktorstrahls geworden wäre – wie die drei, die jetzt schon im Hochtal lagen.

Crimsons und Hathomes Gruppen hatten die Maschine Nr. 020 inzwischen erreicht. Crimson selbst war auf dem halben Weg schon wieder zu sich gekommen und den Rest der Strecke auf eigenen Beinen marschiert.

Alles in allem hatte Chaney jetzt fünfunddreißig Mann um sich. Jeder war gut bewaffnet, und Chaney fühlte sich sicher, daß er jeden offen vorgetragenen Angriff, wenn den fünfunddreißig Mann nicht gerade eine ganze Armee gegenüberstand, zurückschlagen konnte.

Zudem trugen die Männer Schutzanzüge, so daß auch eine Herde Nonus nichts hätte ausrichten können.

Die Stunden gingen dahin, und über die Bergspitzen im Südosten schob sich das trübe Dunkelrot des kommenden Morgens.

Als die rote Sonne über der Wand des Tales erschien, war Chaney überzeugt, daß alles längere Warten umsonst war. Der Feind würde sich nicht mehr zeigen. Entweder genügte es ihm, die Maschinen zur Landung gezwungen zu haben, und es interessierte ihn nicht, wen er da heruntergeholt hatte, oder er wußte, daß er es mit einer Kampfstärke zu tun hatte, der er nicht gewachsen war.

Chaney befahl den Rückmarsch. Er wußte, daß die TITAN etwa in südsüdwestlicher Richtung und rund dreihundert Kilometer entfernt lag. Chaney wagte nicht, den Männern den Einsatz ihrer Flugaggregate, mit denen jeder Anzug ausgerüstet war, zu befehlen. Die Gefahr, daß der unsichtbare Gegner die Streustrahlung der Aggregate ortete, war einfach zu groß. Sie mußten marschieren.

Ein Marsch in südsüdwestlicher Richtung war vom Ort der G-020 aus allerdings nicht möglich. Das Tal erstreckte sich ziemlich genau von Westen nach Osten. Die Wände waren so steil und glatt, daß selbst bei der geringen Gravitation Chaney seinen Leuten nicht zumuten mochte, einen Aufstieg zu versuchen. Er tröstete sich damit, daß das Tal irgendwo zu Ende sein oder eine Abzweigung nach Süden haben würde.

Der Marsch nach Westen führte an den Wracks der beiden Maschinen G-022 und G-021 vorbei. Chaney überhörte die leise spöttelnden Bemerkungen der Männer, wenn sie das gewußt hätten, wären sie gleich an Ort und Stelle geblieben. Wichtiger war, daß beide Gazellen unter der Notlandung ebenso gelitten hatten wie Chaneys eigene Maschine. Sie waren nicht mehr zu gebrauchen, nicht einmal die Telekome funktionierten mehr.

Im Laufe der Stunden stieg die Sonne weiter über die Talwand empor und erzeugte in dem eng eingeschnittenen, aber nur flachen Taleinschnitt so große Hitze, daß die Klimaanlagen der Raumanzüge ansprangen.

Chaney sah sich nach einem geeigneten Platz um, an dem sie rasten konnten. Er entdeckte eine Höhle in der nördlichen Wand, ließ sie von zwei Leuten inspizieren und erfuhr, daß sie zum Rasten geeignet war.

Chaney wollte seine Männer nach rechts hinüberdirigieren, aber als er gerade den Mund aufmachte, rief Sergeant Dee plötzlich: „Oooch . . . seht euch das an! Ist das nicht herrlich?"

Er war stehengeblieben und deutete mit ausgestrecktem Arm in das Tal hinein. Chaney sah in die Richtung, konnte aber nichts Besonderes sehen. Vor allen Dingen nichts Herrliches.

„Was sehen Sie?“ fragte er Dee.

Dee hob auch den anderen Arm und schlug die behandschuhten Hände zusammen, daß es in den Außenempfängern klatschte.

„Wundervoll!“ rief er entzückt. „Herrlich! Einfach unbezahlbar!“

Chaney wurde zornig. „*Was*, zum Donnerwetter, ist herrlich und unbezahlbar? Geben Sie Antwort, Sergeant, wenn Sie gefragt werden!“

Dee klatschte immer noch in die Hände.

„Wer wird denn gleich so grob sein, Chaney?“ Er lachte. „Wo ich mich doch gerade so sehr . . .“

Chaney verlor einen Augenblick die Fassung. Bevor er sie wiedergewann, meldete sich Leutnant Crimson mit lautem Lachen. „Er hat recht, Chaney. Wenn er sich freut, so lassen sie ihn doch! Oder etwa nicht?“

Chaney fuhr herum und starrte Crimson an.

Dann verstand er plötzlich.

„In die Höhle!“ schrie er mit überschnappender Stimme. „Im Laufschritt! Hathome, Halligan – helfen Sie mir, diese beiden Narren hinüberzubringen.“

Hathome und Halligan waren schon auf dem Sprung gewesen. Sie kehrten um und halfen Major Chaney, Dee und Crimson zur Höhle zu bringen. Dee und Crimson leisteten keinen Widerstand. Sie lachten nur und machten sich über die Menschen lustig, die das Leben so tierisch ernst nahmen.

Chaney sah sich um. Das Tal war leer, wie es von Anfang an gewesen war. Es gab kein lebendes Wesen, weder ein Tier noch eine Pflanze. Und Tiere wären notwendig gewesen, um Dees und Crimsons närrisches Verhalten zu erklären. Um es genau zu sagen: *Nonus* wären nötig gewesen.

Chaney, seine Begleiter und die beiden Übergeschnappten – das war das Wort, das Sergeant Halligan gebrauchte – erreichten den Eingang der Höhle unangefochten. Die übrigen dreißig Mann hatten sich an den Wänden entlang niedergehockt, fünf von ihnen standen unter dem Eingang und deckten mit angeschlagenen Waffen Chaneys Rückzug.

Chaney ließ Dee und Crimson in den hintersten Winkel der Höhle bringen und dort bewachen. Dann nahm er sich Zeit, sich selbst zu prüfen. Gab es irgendein Anzeichen dafür, daß er selbst die Welt in ein paar Minuten für herrlich und das Leben für eine ausgesprochene Lust halten würde?

Nein, es war alles normal.

Hathome stand neben ihm. Es schien ihm aufgefallen zu sein, daß Chaney in sich hineinhorchte.

„Alles in Ordnung?" fragte er.

Chaney sah ihn an – halb zornig, halb amüsiert. „Grinsen Sie nicht! Oder gefällt Ihnen das Leben auch schon über alle Maßen gut?"

Hathome schüttelte den Kopf.

„Überhaupt nicht", antwortete er.

Chaney war befriedigt.

Er legte sich hinter dem Eingang der Höhle auf den Boden und starrte ins Tal hinaus.

Was war in Dee und Crimson gefahren?

Das Nachdenken führte ihn auf dem geradesten Weg zu der Frage, welchen Schutz die Höhle im Ernstfall bot. Dazu mußte man wissen, wie Dee und Crimson infiziert worden waren. Und damit war Chaney wieder am Anfang aller Überlegungen. Scharf beobachtete er das Tal und versuchte herauszufinden, was an ihm gefährlich aussehe. Er fand nichts. Chaney hing seinen Gedanken nach. Die Sonne zog weiter und passierte den nördlichen Talrand. Schatten legte sich vor den Eingang der Höhle. Chaney hatte den Eindruck, er sei kurze Zeit eingenickt, als die aufgeregte Stimme einer seiner Männer ihn aufschreckte.

„Da kommt etwas!"

Chaney richtete sich auf. Der Mann neben ihm streckte den Arm aus. Chaney sah nach Osten in das Tal hinein und entdeckte drei lange, dürre Gestalten, die hinter einem Felsblock hervorkamen und auf die Höhle zumarschierten. Bunte, weite Umhänge hingen ihnen um die schmalen Schultern.

Honos.

Chaney war hellwach.

„Waffen bereithalten!" befahl er.

Die drei, die der Posten ausgemacht hatte, kamen immer noch auf die Höhle zu. Es sah aus, als wüßten sie, daß sich jemand darin versteckt hielt.

„Wem gehört dieser Schutzanzug?“ fragte Tiff.

O'Keefe sah sich um. Er runzelte die Stirn und antwortete: „Ihnen, Sir.“

Tiff stutzte und fing an zu lachen. „Na schön. Wo hab' ich das Loch her?“

O'Keefe übergab das Steuer und stand auf. Das Loch im Rückenteil des schweren Schutzanzugs war winzig, aber auf der glatten Oberfläche deutlich zu sehen.

Tiff nahm den Anzug von seiner Halterung und wendete ihn. Das Loch drang nicht durch die Plastikmasse hindurch.

„Mhm“, machte Tiff. „Irgend etwas hat mich gestochen. Aber der Stachel war nicht kräftig genug.“

O'Keefe machte ein unglückliches Gesicht. „Könnte es nicht sein, daß der Fehler an Bord der TITAN übersehen wurde und . . .“

„Bestimmt nicht“, antwortete Tiff mit wegwerfender Handbewegung. „Den Prüfgeräten entgeht nicht einmal ein Loch, das einen hundertmal kleineren Durchmesser hat. Der Anzug wäre zurückgehalten worden, wenn das Loch an Bord der TITAN schon dagewesen wäre.“

O'Keefe holte tief Luft. „Also dann . . .“

Tiff nickte gewichtig.

„Also dann“, ergänzte er, „hat mich etwas zu stechen versucht, während ich mich mit dem Hono unterhielt.“

O'Keefe kratzte sich am Kopf.

„Sie sollten ihn zur Rede stellen“, schlug er vor.

„Warum? Damit er sich dumm stellt, wenn er etwas damit zu tun hat, oder beleidigt ist, wenn er nichts dafür kann? Nein. Wir werden ruhig hinter ihm herfahren und warten, was er uns zu bieten hat.“

O'Keefe brummte widerwillig und kehrte zu seinem Sitz zurück. Er übernahm die Steuerung des Shifts von dem Mann, der ihn abgelöst hatte, und folgte weiter dem Hono, der mit weit ausgreifenden Schritten vor der Reihe der Fahrzeuge her marschierte.

Die Sonne war längst aufgegangen. Auf der Hochebene hatte sich der Hono nach Nordosten gewandt. Tiff hatte seine Gruppe nicht geteilt, weil die Richtung, in die der Hono sie führte, etwa dieselbe war, in der Chaney mit seinen drei Gazellen notgelandet war.

Die Hochebene war ein noch öderes Gelände als das Tal, durch das die Shifts vom Standort der TITAN heraufgekommen waren. Es gab keine Unebenheit, die sich höher als einen Meter über den Boden erhob, außer den mächtigen Felsklötzen, die der Wind von den fernen Berghängen hergeweht zu haben schien. Der Boden war bis auf die wenigen schmalen Felsritzen fast wie aus einem Guß. Pflanzen gediehen nirgendwo. Das einzige, was lebte, war der Wind, der mit eintönigem Heulen über die weite Fläche strich.

Tiff maß eine Außentemperatur von 52° Celsius. Der Fels schien zu glühen. In der Nacht würde es umgekehrt sein.

Der Hono war zu bewundern, der da mit sicheren Schritten und unbeeindruckt von der widerwärtigen Hitze vor den Shifts her seines Weges zog.

O'Keefe war ziemlich überrascht, als der dürre Mann plötzlich verschwunden war, als habe ihn der Fels verschluckt. Mit einem Ruck hielt der Sergeant den Wagen an. „Verflucht! Wo ist er?"

Der Hono war verschwunden.

„Wo haben Sie ihn zuletzt gesehen?" fragte Tiff, nachdem er sich davon überzeugt hatte, daß der Bildschirm keine Spur mehr von dem Hono zeigte.

„Dort, ungefähr zwanzig Meter rechts von ... aaaah, da ist er wieder."

Wie ein Sektpfropfen aus dem Hals der Flasche kam der dürre Mann aus dem Felsen hervorgeschossen, blieb stehen und winkte. Das Bild wirkte komisch.

O'Keefe steuerte den Shift hinüber. Im Näherkommen bemerkte er den dunklen Strich, der sich, dicht hinter dem Hono beginnend, bis zum Horizont durch den Fels zog.

„Er wird uns nicht da hineinlocken wollen", brummte O'Keefe. „Da paßt kein Shift 'rein."

Tiff hörte nicht auf ihn. Er versuchte die Gesten zu verstehen, die der Hono machte. Er zeigte abwechselnd auf sich, dann vor sich auf den Boden, dann auf den Shift und schließlich weiter nach Nordosten. Bei der letzten Geste kippte seine Hand nach unten ab.

„Wenn ich ihn richtig verstehe", meinte Tiff, „dann will er in die Spalte hinunterklettern, aber wir sollen auf der Ebene weiterfahren und erst später nachkommen. Sicher ist die Spalte weiter hinten breit genug für die Shifts."

Daraufhin dirigierte O'Keefe den Wagen an dem Hono vorbei und am Rand des Spaltes entlang. Tiff sah, wie der Hono eine zustimmende Geste machte und aufs neue im Spalt verschwand.

„Richtig so", wies er O'Keefe an. „Fahren Sie weiter."

Die Überraschung war ziemlich groß, als sich schließlich herausstellte, daß der anfangs so unscheinbare Felsriß sich ein paar Kilometer weiter zu einem regelrechten Tal erweiterte, dessen Sohle etwa zweihundert Meter unter dem Niveau der Hochebene lag und sich nach Nordosten hin weiter senkte.

O'Keefe fuhr den Shift bis an den Rand des Tales und ließ die Aufnahmegeräte nach dem Hono Ausschau halten.

Er entdeckte ihn schließlich, etwa auf derselben Höhe, auf der die Gruppe der Fahrzeuge anhielt.

„Mein Gott", ächzte O'Keefe, „muß der gelaufen sein."

Auf dem Bildschirm war deutlich zu erkennen, daß der Hono nach oben blickte. Als er den Shift sah, dessen Bug sich um einen oder anderthalb Meter über dem Rand hinweggeschoben hatte, winkte er mit beiden Armen. Es war eine ziemlich heftige Geste, die einer von den apathischen Geläuterten niemals zuwege gebracht hätte.

Unter O'Keefes behutsamen Handgriffen schob sich das Fahrzeug über den Talrand hinaus, hielt sich eine Weile bewegungslos in der dünnen Luft und begann dann langsam in das Tal hineinzusinken. Die übrigen vier Shifts folgten.

Zehn Minuten später fing O'Keefe seinen Wagen dicht über dem Talboden auf. Der Hono wartete etwa fünfzig Meter weiter vorne und machte eine winkende Geste. O'Keefe folgte ihm, ohne Tiffs Anweisung abzuwarten.

Eine halbe Stunde später beschrieb das Tal einen Knick nach Norden, der ebenso unmotiviert war, wie die Existenz des Tales überhaupt. Der Hono marschierte um den Knick herum und führte die Shifts ein paar Stunden lang weiter nach Norden.

Mittlerweile wanderte die Sonne über den Zenit, und die Westwand des Tales begann lange, finstere Schatten zu werfen.

Dann schickte sich das Tal an, einen zweiten Knick zu beschreiben. Diesmal wandte es sich um neunzig Grad nach Osten. Aber genau an der Stelle der stärksten Krümmung blieb der Hono stehen, sah sich nach den Shifts um und setzte sich nieder.

O'Keefe fuhr bis auf zehn Meter an den Hono heran. Dabei schob sich auf dem Bildschirm der Knick in der östlichen Talwand ein Stück zur Seite und öffnete ein weiteres Blickfeld. O'Keefe, da er mit dem Manövrieren des Wagens vollauf beschäftigt war, sah nichts von den Dingen, die die weichende Wand enthüllte.

Aber Tiff hatte die Augen weit offen. Er sah den schmalen Felsriß an der gegenüberliegenden Wand und das kleine Rinnsal, das daraus hervortrat. Er sah, wie es in dem trockenen, porösen Felsboden sofort versickerte. Er sah den kleinen grünen Fleck zaghafter Vegetation, den das Wasser nährte, und die Gruppe baufälliger Hütten dicht vor der Wand.

„Stop!" schrie Tiff.

O'Keefe schrak zusammen. „Was ist . . ."

Tiff deutete auf den Bildschirm. „Dort!"

O'Keefe pfiff leise durch die Zähne, als er das kleine Dorf sah.

„Aha", machte er forsch. „Die geheime Stadt in den Bergen."

„Scheint leer zu sein", bemerkte Tiff.

„Sieht so aus. Aber der Hono hat ja gesagt, daß die Geläuterten ausgerissen sind."

Tiff nickte.

„Ich steige aus", sagte er.

Zwei Minuten später hatte Tiff den Wagen durch die Schleuse verlassen. Der Hono saß auf einem Stein, hatte den Kopf vornübergebeugt und rührte sich nicht. Tiff blieb drei Meter vor ihm stehen.

„He!" rief er.

Der Hono fuhr in die Höhe. Es sah aus, als habe er geschlafen.

„Ich weiß, daß du müde bist", sagte Tiff. „Aber ich hätte gerne gewußt, warum du uns hierhergeführt hast."

Der Hono antwortete: „Ich wollte dir die Spur der Götter zeigen, nicht wahr?"

„Richtig."

„Sie beginnt hier."

„Wo?"

„Dort drüben, bei den Häusern."

„Zeig sie mir!"

Der Hono machte eine abwehrende Handbewegung. „Nicht jetzt. Das Licht wird bald zu Ende sein, und ich bin müde."

Tiff war einverstanden. „Also morgen früh?“
„Ja, morgen früh. Sobald das Licht wiederkehrt.“
Tiff dachte nach.
„Wo wirst du schlafen?“ fragte er.
„Hier.“
„Warum nicht drüben in den Hütten? Dort hättest du es bequemer.“
Der Hono starrte ihn an, als zweifle er an Tiffs Verstand. „Dort drüben? Wo die Götter die Geläuterten vertrieben haben? Lieber würde ich überhaupt nicht schlafen.“
Tiff zuckte mit den Schultern. „Wie du möchtest. Ich wünsche dir eine gute Nacht.“
„Danke, ich dir auch.“
Tiff wandte sich um, um zu seinem Wagen zurückzukehren. Im Augenblick des Umdrehens spürte er einen kurzen, aber heftigen Ruck an der Schulter. Er wirbelte blitzschnell herum, aber so sehr er die Augen auch anstrengte, im Halbdunkel des frühen Abends konnte er nichts anderes sehen als den Hono, der unbeweglich auf seinem Stein saß, die Felsen, die im Tal lagen, und die Reihe der Hütten drüben an der gegenüberliegenden Wand.
Nichtsdestoweniger war er sicher, daß er, wenn er seinen Schutzanzug im geschützten Innern des Shifts inspizierte, an der Schulter ein winziges Loch finden würde.
Er beeilte sich, zu dem Wagen zurückzukommen.

Die drei Honos blieben zehn Meter vor dem Höhleneingang stehen. Chaney schaltete seine Helmgeräte so, daß seine Stimme durch die Außenlautsprecher nach draußen drang.
„Was wollt ihr?“ fragte er auf arkonidisch.
„Wir haben gehört, daß ihr hier abgestürzt seid“, antwortete einer von den dreien. „Wir dachten, ihr brauchtet Hilfe.“
„Das ist ziemlich anständig von euch“, murmelte Hathome.
Aber Chaney fragte: „Wie wollt ihr uns helfen?“
Der Hono antwortete: „Wir können euch die Stelle zeigen, an der die Wände dieses Tales weniger steil sind als hier. Wir können aber auch . . .“

Er zögerte ein wenig und weckte damit Chaneys Neugierde.

„Ihr könnt aber auch was?"

Der Hono dachte nach. Nach einer Weile sagte er gedehnt: „Euch die Spur der Götter zeigen."

„Der Götter?"

„Ja. Ihr sucht sie doch oder nicht?"

Chaney rekapitulierte blitzschnell. „Götter" gab es in der Mythologie der Geläuterten. Perry Rhodan war der Überzeugung, daß die Götter diejenigen waren, die das Argonin erzeugten.

„Woher wißt ihr das?" fragte Chaney.

Der Hono erklärte ihm, daß er es von den Geläuterten gehört habe, daß er selbst kein Geläuterter, sondern ein Ausgestoßener sei, daß die Geläuterten ihre Dörfer verlassen hätten und es den Ausgestoßenen gelungen sei, eine Spur der Götter zu entdecken.

Chaney entschloß sich schnell.

„Wartet eine Weile!" trug er den Honos auf.

Dann gab er vier seiner Leute den Befehl, die Höhle zu verlassen und sich zehn Meter vor dem Höhleneingang zu postieren.

Nichts geschah. Die Leute waren nach zehn Minuten noch genauso vernünftig wie in dem Augenblick, in dem sie die Höhle verließen. Das Unheil, das Crimson und Dee befallen hatte, schien das Tal verlassen zu haben oder Pause zu machen.

Chaney stand auf.

„Es ist gut", sagte er zu den Honos. „Wir kommen."

„Wir müssen nach Westen ins Tal hinein", erklärte einer von den dreien. „Weit werden wir nicht kommen. Aber morgen früh . . ."

„Macht euch keine Sorgen um die Dunkelheit", unterbrach ihn Chaney. „Wir haben Lampen. Wenn ihr nicht müde seid, können wir die Nacht hindurch marschieren."

Chaney hatte erwartet, daß die Honos ablehnen würden. Die Ausgestoßenen schienen sich jedoch von den Geläutertern in mannigfacher Hinsicht zu unterscheiden. Deren Apathie und Interesselosigkeit fehlte ihnen fast völlig. Der Hono antwortete: „Um so besser, dann werden wir schneller am Ziel sein."

Chaney fragte sich, warum der Hono so sehr darauf versessen war, wildfremden Leuten die Spur der Götter zu zeigen.

Er befahl seinen Leuten, die Höhle zu verlassen und den drei Honos zu folgen, die inzwischen den Weg nach Westen eingeschlagen hatten. Handscheinwerfer wurden bereitgehalten. In spätestens einer Stunde würde das Tal vollkommen finster sein.

Trotz des unebenen Talbodens ging der Marsch recht zügig vonstatten. Die drei Honos bewegten sich behende auf den langen Beinen, und den Terranern erlaubte die geringe Gravitation ein Tempo, das sie auf der Erde nicht einmal eine halbe Stunde lang durchgehalten hätten.

Chaney schätzte, daß sie pro Stunde etwa zwölf Kilometer zurücklegten.

Drei Viertel der Nacht mochten etwa vergangen sein, als die drei Honos plötzlich anhielten und warteten, bis Chaney mit seinen Leuten aufgeschlossen hatte.

„Was gibt's?" fragte Chaney.

„Wir sind kurz vor dem Ziel", antwortete einer der Honos.

„Was nennst du Ziel?" wollte Chaney wissen.

„Ein verlassenes Dorf, in dem die Spur beginnt."

„Aha. Dann also weiter!"

Der Hono zögerte.

„Ich – wir . . .", stotterte er.

Chaney war übermüdet. Er war nervös, ohne es zu wissen. „Was ich, wir? Führt uns zu dem Dorf!"

„Die Götter werden uns strafen."

Chaney lächelte böse. „Die Götter! Ich denke, ihr glaubt nicht an sie?"

„Nicht in der Art, wie die Geläuterten es tun", gab der Hono zu. „Aber mächtig sind sie ohne Zweifel."

„Wir werden euch vor ihnen schützen", versprach Chaney. „Führt uns weiter!"

„Vor ihnen schützen? Könnt ihr das?"

Chaney glaubte leisen Spott in der Frage zu hören und nahm sich vor, den Bogen nicht weiter zu überspannen.

„Ich glaube", antwortete er. „Wenigstens wollen wir's nach Kräften versuchen."

Der Hono machte eine zustimmende Geste. „Wir sind einverstanden. Wir werden uns hinter euren Rücken verstecken, wenn die Götter uns etwas anhaben wollen."

Tiff fühlte sich kräftig an der Schulter gerüttelt. Er fuhr in die Höhe.

Über sich sah Tiff im Halbdunkel des Wageninnern O'Keefes besorgtes Gesicht.

„Da kommt etwas!" meldete O'Keefe.

Tiff kam auf die Beine. Noch immer schlaftrunken, zwängte er sich zwischen Bänken und schlafenden Männern hindurch bis zum Pilotensitz.

Auf dem Bildschirm bot das Tal einen gespenstischen Anblick. Der Sternenschimmer reichte von oben her nur zur Hälfte an den Wänden herab. Unterhalb des matt beleuchteten Streifens gähnte schwarze Finsternis.

Tiff mußte ziemlich lange hinschauen, bevor er wußte, was O'Keefe meinte. Die Finsternis unterhalb des beleuchteten Teils der Talwände war nicht vollkommen. Dicht über dem Boden, etwa an der Stelle, an der Tiff nach seiner Erinnerung den östlichen Knick der Talwand vermutete, zeigte sich ein Fleck verwaschener Helligkeit. Tiff stellte fest, daß der Grad der Helligkeit nicht immer derselbe war, und schließlich auch, daß der Lichtfleck nicht am gleichen Ort blieb.

„Was halten Sie davon?" fragte er O'Keefe.

O'Keefe brummte: „Sieht aus wie ein Handscheinwerfer von weitem und hinter einer Ecke."

„Genau. Aber wer läuft in dieser Gegend mit einem Handscheinwerfer herum?"

O'Keefe wollte etwas antworten, aber Tiff besann sich früher und fügte hinzu: „Augenblick mal! Wie weit sind wir noch von der Stelle entfernt, an der Chaney abgestürzt ist?"

O'Keefe nickte zustimmend. „Wollte ich eben gerade sagen. Das könnte Major Chaney mit seinen Leuten sein."

„Gut. Fahren Sie eine Sonde aus. Wenn es Chaney ist, dann wird er sich mit seinen Männern unterhalten. Chaney ist ebenso mit Schutzanzügen ausgerüstet wie wir."

O'Keefe fuhr eine elektromagnetische Sonde aus, eines jener Geräte, die Radiowellen des gesamten Radiospektrums registrierten. Die Sonde war an einen einfachen Lautsprecher gekoppelt, und O'Keefe hatte sie kaum eingeschaltet, da dröhnte es aus dem Lautsprecher: „Er sagt, das Dorf liegt direkt im Knick, Halligan. Halten Sie die Augen offen!"

Und Halligan antwortete: „Jawohl, Sir. Bin dabei.“

O’Keefe fing an zu stöhnen.

„Nein!“ Er schnaufte. „Das kann der Himmel mir nicht antun. Halligan, der alte Menschenfresser!“

Die Freund-Feindschaft zwischen den beiden Sergeanten Halligan und O’Keefe war in der Raumflotte eine bekannte Sache. Halligan und O’Keefe waren zwei Männer, die man keine fünf Minuten lang an einem Tisch pokern lassen konnte, ohne daß sie sich in die Haare gerieten.

Schmunzelnd strahlte Tiff über den Bordsender ein Kodezeichen ab, das auch in Chaneys Helmempfänger zu hören sein würde, und sagte: „Leutnant Tifflor meldet sich zur Stelle. Wir liegen mit fünf Shifts direkt hinter dem Talknick. Aber stolpern Sie bitte nicht über unseren Hono. Er sitzt dicht an der Wand.“

Ein paar Augenblicke lang war alles still. Dann hörte man Chaneys überraschte Stimme: „Tifflor! Können Sie mich verstehen?“

„Sehr gut. Wir haben eine Sonde ausgefahren.“

„Ausgezeichnet. Wir kommen. Blenden Sie einen Scheinwerfer auf.“

Tiff gehorchte. Ein paar Minuten später bog Chaneys Gruppe, von den drei Honos geführt, um den Knick. Tiff war inzwischen ausgestiegen. Er setzte Chaney auseinander, daß in den Fahrzeugen nur noch Platz für die Hälfte seiner Männer sei und daß die übrigen im Freien übernachten müßten. Das war Chaney unsympathisch, und Tiff erfuhr auf diese Weise, was mit Leutnant Crimson und Sergeant Dee geschehen war.

Aber unter den suchenden Lichtkegeln der Scheinwerfer fand sich in der östlichen Talwand eine Höhle wie die, in der Chaneys Gruppe sich bis zum Auftauchen der Honos versteckt hatte. Chaney quartierte zwei Drittel seiner Männer dort ein und brachte die übrigen in den Shifts unter. Er selbst und Sergeant Halligen kletterten in Shift Nr. 1. O’Keefe, der sie auf dem Bildschirm kommen sah, legte sich nieder und stellte sich schlafend, als sie durch die Schleuse hereinkamen.

Die drei Honos, die Chaney voranmarschiert waren, hatten sich inzwischen zu dem vierten, dem Führer von Tiffs Gruppe, gesellt. Es gab keine Begrüßungszeremonie. Die drei hockten sich in der gleichen Weise nieder und schliefen mit baumelnden Köpfen.

Auf diese Art schien das Unternehmen Chaney zum Schluß doch noch eine günstige Wendung genommen zu haben. Die TITAN wurde über das Zusammentreffen sofort informiert, und der wachhabende Offizier machte aus seiner Erleichterung kein Hehl. Tiff bat um weitere Anweisungen und wurde informiert, daß er nun auf eigene Faust die Suche unter Führung der Honos fortsetzen könne. Es wurde darauf verzichtet, einen der Honos oder gar alle zu einem Besuch der TITAN zu zwingen. Rhodan gab zu verstehen, daß er ihre Version von der Zugehörigkeit zu der Kaste der Nichtgeläuterten für durchaus glaubhaft hielt und nicht erwartete, von ihnen auch auf psychoanalytischem Weg etwas Wichtiges zu erfahren.

Aufregend war lediglich, daß Tiff am nächsten Morgen, einem bestimmten Verdacht folgend, die Schutzanzüge von Dee und Crimson untersuchte und seinen Verdacht vollauf bestätigt fand.

Beide Anzüge wiesen je drei feine Einstiche auf, die aber – im Gegensatz zu den Löchern, die Tiffs Schutzanzüge davongetragen hatten – durch die Plastikmasse hindurchdrangen. Die beiden Kranken wurden in einem der Shifts entkleidet und auf Stichwunden untersucht. Es fanden sich jedoch keine. Wenn es welche gegeben hatte – und davon war Tiff überzeugt –, dann hatten sie sich im Laufe des vergangenen Tages geschlossen, ohne eine Spur zu hinterlassen.

Als nächstes wurde das verlassene Dorf untersucht. Die Hütten waren aus bambusähnlichen Hölzern primitiv errichtet und bestanden jeweils nur aus einem einzigen Raum. Dem Schmutz nach zu urteilen, der auf den festgetretenen Böden lag, mußte das Dorf schon länger verlassen sein, als Terraner ihren Fuß auf Honur gesetzt hatten. Aber Tiff, Chaney und Hathome, die die Untersuchung leiteten, gaben zu, daß über die hygienischen Begriffe der Geläuterten nur wenig bekannt war. Es war durchaus möglich, daß der Schmutz, der in den Hütten lag, gerade der war, in dem sie sich am wohlsten fühlten.

Während der Untersuchung hielten sich die vier Honos weit im Hintergrund. Sie schienen sich vor den verlassenen Hütten zu fürchten. Aber Tiff mußte die Honos herbeirufen, weil er selbst die Spur der Götter nicht finden konnte.

Sie kamen zögernd herbei, derjenige, der Tiff und seine Gruppe geführt und dem Sergeant O'Keefe den Namen Nathan gegeben hatte, an der Spitze.

„Wir suchen die Spur der Götter“, sagte Tiff, „aber wir können sie nicht finden.“

„Sie ist nicht hier“, antwortete Nathan würdevoll, „sondern weiter hinten, dort, wo der Einschnitt beginnt.“

Tiff besah sich den Einschnitt. Er war höchstens zwei Meter breit und schien sich nach hinten noch weiter zu verengen. Der kleine Bach rauschte in gemächlichem Tempo daraus hervor, was darauf hindeutete, daß der Boden des Einschnitts nur wenig geneigt war.

An der Stelle, wo der Bach aus der Wand trat, zog sich niedriges, hartblättriges Gebüsch am Fels entlang.

Tiff, Chaney und Hathome suchten in der Nähe des Gebüsches den Boden ab. Nathan und die drei anderen Honos sahen ihm zu, als ginge sie die ganze Sache nichts an.

Erst nach ein paar Minuten sagte Nathan: „Ihr müßt in das Gebüsch hinein. Ihr seht, daß es dort eine schwache Stelle hat. Dort ist die Spur.“

Tiff fand die schwache Stelle, untersuchte sie und kam zu der Überzeugung, daß sie nicht auf natürlichem Weg entstanden war.

„Sehen Sie hier diese abgebrochenen Äste?“ fragte er Chaney.

Chaney nickte. „Sieht so aus, als hätte sich etwas mit Gewalt durch den Busch gezwängt. Vor ein paar Tagen, schätze ich.“

Tiff kniete nieder.

„Bis auf die Wurzeln hinunter“, murmelte er. „Sogar die Stämme sind geknickt.“

Chaney zwängte sich in den Busch hinein, schuf sich mit dem Ellbogen Weg und verschwand in dem Einschnitt. Tiff hörte ihn voller Überraschung keuchen, und dann kam ein Schrei: „Hathome! Tifflor! Kommen Sie her!“

Mit einem kräftigen Satz durchbrach Tiff das Buschwerk. Hathome war ihm auf den Fersen. Im Dämmerlicht des Felsenrisses kauerte Major Chaney neben dem schmalen Bachlauf und deutete mit der behandschuhten Hand auf einen tiefen, deutlichen Eindruck im Boden.

Der Eindruck war etwa einen Meter lang und einen halben breit. Der Breite nach war er durch tiefe Streifen in kleine Rechtecke von fünfzig Zentimetern Breite und zwanzig Zentimetern Länge unterteilt.

Tiff wußte ein paar Augenblicke lang nicht, was er damit anfangen sollte.

Aber Chaney war inzwischen ein paar Meter weitergegangen und rief: „Hier! Hier ist es noch deutlicher!"

Das zweite Stück Spur war ein wenig länger, etwa knapp zwei Meter. Ansonsten sah sie genauso aus wie die erste – bis auf den schmutzigweißen, plattgedrückten Körper eines Nonus, der mitten in dem Abdruck lag.

„Eine Raupe!" stieß Tiff hervor. „Eine einfache Panzerraupe!"

Chaney nickte und stieß mit dem Finger auf den Boden. „Ohne Zweifel. Aber nur *eine!* Wo ist die zweite Raupe?"

Tiff maß die Weite des Einschnitts.

„Ich glaube nicht, daß es eine zweite gibt", meinte er.

„Wie?"

„Er meint, es ist ein einbeiniges Fahrzeug", flocht Hathome ein.

„Genau. Die Spur ist einen halben Meter breit. Ein schmales Fahrzeug kann sich auf solcher Unterlage bequem halten."

Chaney dachte nach.

„Sie können recht haben, Tifflor", gab er zu. „Und ein schmales Fahrzeug muß es sein, sonst hätte es hier nicht hereingepaßt."

Tiff betrachtete das tote Bärchen.

„Wenn man jetzt noch bedenkt, daß die Geläuterten keine anderen Fahrzeuge als ihre eigenen Beine kennen . . .", sagte er nachdenklich.

„. . . dann kommt man zu dem Schluß", ergänzte Chaney resolut, „daß wir hier tatsächlich eine Spur der sogenannten Götter vor uns haben."

Hathome war nicht ganz einverstanden. „Wenn Sie mir noch sagen könnten, was jemand mit einem Kettenfahrzeug hier in diesem finsteren Loch sucht, dann wäre ich Ihnen sehr verbunden."

„Wieso?" unterbrach Chaney. „Sie sind dort hineingefahren. Wahrscheinlich haben sie die Honos in ein Versteck gebracht. Nach allem, was ich über die Geläuterten weiß, wären sie ohne die Zuhilfenahme des Fahrzeugs nicht sicher gewesen, daß die Honos sich schnell genug bewegten."

„Das könnte sein . . .", murmelte Hathome.

„Überwinden Sie Ihre Skepsis", riet Chaney ihm gutgelaunt. „Hier ist die Spur, und wir werden ihr folgen."

Tiff sah sich ostentativ um. Chaney bemerkte es.

„Bedenken?“ fragte er.

„Ja, um ehrlich zu sein“, antwortete Tiff. „Wir können mit den Shifts hier nicht herein.“

„Das ist richtig. Wir werden die Hälfte unserer Leute mit den Shifts hier zurücklassen müssen, um eine Rückendeckung zu haben. Im übrigen aber glaube ich, können wir uns mit unserer Bewaffnung alle Unannehmlichkeiten vom Leibe halten.“

Tiff dachte an die kleinen Löcher in den Raumanzügen, aber er widersprach nicht. Nicht, weil er sich Chaney gegenüber vor dem Widerspruch gescheut hätte, sondern weil er selbst viel zu begierig war, der Spur nachzugehen.

Der Augenblick sollte kommen, in dem die Verantwortung für diese Leichtfertigkeit unerträglich schwer auf ihm lasten würde.

Chaney war inzwischen abermals ein Stück weiter in den Spalt hineinmarschiert. Der Boden war im allgemeinen hart und bestand aus glatten Felsen. Nur dort, wo der Bach eine kleine Biegung machte und Sand oder Geröll angeschwemmt hatte, drückte sich die Raupenspur ab. Außerdem standen dort Büsche oder kleine Bäume, und an der Art, wie sie verformt, beschädigt oder gar abgebrochen waren, konnte man Vermutungen über die Form des Fahrzeugs anstellen, das sich hier durchgezwängt hatte.

Es schien etwa einen Meter hoch und nicht wesentlich breiter zu sein als die Spur, die die Raupe hinterließ. Wenn es länger war als zwei Meter, dann mußte es zudem noch gelenkig sein, denn in dem Spalt gab es allein auf den ersten hundert Metern wenigstens vier Stellen, an denen ein ungelenkiges Fahrzeug dieser Länge steckengeblieben wäre.

Ein wenig seltsam erschien Tiff, daß in drei von den acht Spurenabdrücken, die sie auf den ersten hundert Metern fanden, ein totes Bärchen mit eingepreßt war. Hathome murmelte ein wenig unsicher: „Sieht so aus, als hätten sie alle dreißig Meter eines von ihren Bärchen vor die Raupen geworfen. Vielleicht als Opfer?“

Es war müßig, darüber nachzudenken. Man wußte zu wenig von der Mentalität der Geläuterten, um eine Antwort zu finden.

Sie kehrten zum Ausgang des Spalts zurück. Die vier Nonos, Nathan an der Spitze, warteten immer noch jenseits des Gebüschs.

„Habt ihr die Spur gefunden?“ fragte Nathan.

„Ja“, antwortete Major Chaney laut und fröhlich. „Und wir werden ihr folgen.“

Nathan machte eine Geste des Bedenkens.

„Ihr wißt, daß wir über die Götter anders denken als die, die sich die Geläuterten nennen“, sagte er. „Trotzdem glauben wir, daß die Götter überaus mächtige Wesen sind. Wir wissen nicht, ob ihr gut daran tut, ihrer Spur zu folgen. Sie könnten euch in eine Falle locken und vernichten.

Major Chaney blieb dicht vor Nathan stehen.

„Hör zu, mein Junge“, sagte er freundlich. „Wozu habt ihr uns die Spur dann gezeigt? Damit wir sie uns ansehen und wieder verschwinden?“

„Nun, nein – das dachten wir eigentlich nicht.“

„Sondern?“

Nathan warf einen Blick auf seine Artgenossen, dann antwortete er ein wenig sicherer: „Wir glaubten schon, daß ihr der Spur folgen würdet. Aber wir wollten euch vorher gewarnt haben.“

„Werdet ihr mit uns kommen, wenn wir der Spur folgen?“ fragte der Major.

Nathan erschrak. „Wir? Was sollten wir euch helfen können?“

„Oooh“, machte Chaney gedehnt, „ich denke nicht an helfen. Ich meinte, es würde für euch sicherlich interessant sein, wenn wir den Schlupfwinkel der Götter finden.“

Wieder sah Nathan, wie um Hilfe suchend, seine drei Genossen an.

„Ich füchte“, gestand er schließlich ein, „wir haben nicht das gleiche Maß an Selbstvertrauen wie ihr.“

Chaney nickte.

„Wenn ihr euch fürchtet“, meinte er, „mögt ihr getrost hier warten, bis wir zurückkommen.“

Die Einteilung der Raumfahrer in solche, die bei den Shifts und den beiden Kranken zurückblieben, und solche, die mit Major Chaney und Leutnant Tifflor – Hathome würde das Kommando bei den Shifts übernehmen – der „Spur der Götter“ folgen würden, ging bis auf eine kleine Episode ohne Zwischenfälle vonstatten.

Für die Episode sorgten die Sergeanten Halligan und O'Keefe. Als O'Keefe nämlich hörte, daß Halligan ebenso wie er an der Suche teilnehmen wollte, meldete er sich bei Tiff.

„Das geht nicht", beschwerte er sich keuchend, „daß ich und dieser Falschspieler Halligan zusammen in einer Gruppe sind. Ich werde nichts dazu können, aber ich schwöre Ihnen, innerhalb einer Stunde gibt es Mord und Totschlag."

Tiff wollte den Wütenden besänftigen, aber bevor er dazu kam, hörte er Major Chaneys Stimme im Helmempfänger.

„Chaney ruft Tifflor! Melden Sie sich!"

Tiff meldete sich prompt.

„Hören Sie zu, Leutnant", sagte Chaney, und seine Stimme klang so, als wolle er im nächsten Augenblick anfangen zu lachen. „Vor mir steht Sergeant Halligan und meint, er könne unmöglich mit uns marschieren, wenn ein zweiter Sergeant, nämlich O'Keefe, ebenfalls von der Partie ist. Eine Frage an Sie: Steht das Pendant zu diesem Sergeant zufällig gerade bei Ihnen?"

Natürlich hatte O'Keefe in seinem Helmempfänger die Worte ebenso deutlich verstanden wie Tiff. Tiff sah ihn die Augen rollen.

„Tja, wenn das so ist . . .", machte Tiff.

O'Keefe trollte sich ohne ein weiteres Wort.

Schließlich gab es noch eine echte Überraschung. Nathan, der Hono, verursachte sie. Er meldete sich bei Major Chaney und erklärte: „Wir vier haben uns die Sache überlegt. Wir möchten doch gerne mit euch kommen."

Chaney war diplomatisch genug, sich den Spott, der in ihm aufstieg, nicht anmerken zu lassen.

„Ich bin damit einverstanden", erklärte er.

Ohne die vier Honos waren es zwanzig Mann, die unter Major Chaneys Führung gegen Mittag aufbrachen. Außer den Waffen war das wichtigste Stück ihrer Ausrüstung ein tragbares Sendegerät fast unbeschränkter Reichweite, das aus einem der Shifts ausgebaut worden war und mit einem Notaggregat betrieben wurde. Auf diese Weise wurde die Verbindung mit den Fahrzeugen aufrechterhalten. Im Ernstfall konnte auch die TITAN mühelos erreicht werden.

Den vierzig Mann, die mit den Shifts zurückblieben, war eingeschärft worden, daß sie die Fahrzeuge nicht verlassen durften. Zwar hatte sich das unbekannte Ding, dem Crimson und Dee ihre Krankheit verdankten, in der Zwischenzeit nicht wieder bemerkbar gemacht, aber der Schluß, daß man von nun an in Sicherheit war, konnte daraus sicherlich nicht gezogen werden.

Chaney und Tiff hatten ursprünglich angenommen, der Spalt, der schon an seiner Mündung so eng war, könne sich nicht weiter als einen oder zwei Kilometer in den Fels hineinziehen. Als sie jedoch bis zum Einbruch der Dämmerung marschiert waren, ohne etwas anderes zu sehen als den kleinen Bach, den glatten Felsboden und die gelegentlichen Sand- und Geröllablagerungen und die Sträucher, die darin wuchsen, kamen sie zu dem Schluß, daß ihre Annahme voreilig gewesen sei und daß der Spalt ebenso gut ein paar hundert Kilometer lang sein konnte.

Glücklicherweise fanden sie die Raupenspur in jeder Sandablagerung von neuem, so daß sie wenigstens über den Weg, den der unbekannte Gegner genommen hatte, nicht im unklaren waren.

Als es vollends dunkel geworden war, ließ Chaney rasten. Er postierte je drei Mann mit Handscheinwerfern an die Spitze und an das Ende und ließ sie pausenlos den Spalt ableuchten. Den übrigen Männern riet er, zu schlafen.

Bei der gedrängten Enge des Lagerplatzes gab es für die vier Honos keine Möglichkeit, sich von den übrigen abzusondern. Mitten unter den Terranern suchten sie sich einen Sitzplatz und richteten sich zum Schlafen ein.

Tiff hatte es sich an der Wand bequem gemacht. Er lag dicht neben Nathan. Nathan hatte die langen, knochigen Arme über die Beine gelegt und starrte nachdenklich vor sich hin. Von Zeit zu Zeit beleuchtete der Strahl eines der Scheinwerfer sein scharfgeschnittenes Gesicht.

„Ich hätte gerne gewußt“, sagte Tiff plötzlich, „worin ihr euch eigentlich von den Geläuterten unterscheidet.“

Nathan schrak zusammen. Er sah zur Seite und versuchte zu erkennen, wer da mit ihm sprach.

„Ach, du bist es. Deine Frage ist leicht zu beantworten: Wir glauben an die Götter nicht in der gleichen Weise wie die Geläuterten.“

„Mhm“, machte Tiff. „Das habe ich schon ein paarmal gehört. Ihr glaubt nicht in der gleichen Weise. In welcher Weise glaubt ihr denn?“

Tiff spürte, daß Nathan die Frage Unbehagen bereitete.

„Wir halten die Götter für mächtige Wesen“, antwortete Nathan nach einer Weile, „aber nicht für Götter.“

„Und worin unterscheiden sich mächtige Wesen von Göttern?“

„Sie können keine Wunder vollbringen“, antwortete Nathan rasch, und es schien Tiff so etwas wie ein Seufzer in seiner Stimme mitzuschwingen.

„Was würdet ihr als ein Wunder bezeichnen?“

Nathan dachte nach. „Wenn zum Beispiel die Götter eure Vernichtung nur zu wünschen brauchten, um euch zu vernichten. Wenn sie also keiner Hilfsmittel dazu bedürften.“

„Hör mal“, protestierte Tiff, „das ist kein freundliches Beispiel.“

Nathan ließ so etwas wie ein Kichern hören. „Aber es ist deutlich.“

„Bist du sicher, daß die Götter unseren Untergang wünschen?“

„Ja, völlig.“

„Warum?“

„Weil sie bisher noch nie geduldet haben, daß ihnen jemand nachschleicht.“

„Habt ihr es nie getan?“

„Nein. Wir fürchten uns vor den Göttern.“

„Und ihr wißt auch nicht, wo sie leben?“

Nathan machte eine verneinende Geste. „Es gibt unter den Geläuterten eine Sage . . .“

Er zögerte, als müsse er darüber nachdenken, ob er Tiff solche Kenntnis anvertrauen dürfe.

„Eine Sage?“ drängte Tiff.

„Ja. Die Geläuterten glauben, daß die Götter unter dem Boden wohnen. Aber natürlich ist das Unsinn. Wenn sie Götter sind – oder auch nur mächtige Wesen, wie wir glauben –, warum sollten sie dann die Unannehmlichkeit auf sich nehmen, unter dem Boden zu hausen?“

Der Schluß war einleuchtend. Tiff dachte über die Sage nach, und als er Nathan eine weitere Frage stellen wollte, merkte er, daß der Hono eingeschlafen war. Oder wenigstens eingeschlafen zu sein vorgab, um weiteren neugierigen Fragen aus dem Weg zu gehen.

Die Nacht und der darauffolgende Tag verliefen bis zum späten Nachmittag ohne bedeutende Ereignisse. Der Marsch wurde fortgesetzt, der Spalt zog sich in stets gleichbleibender Breite und ohne sein Aussehen zu verändern leicht ansteigend durch den Fels. Auf den sandigen Stellen zeigte sich immer noch die seltsame Spur des Raupenfahrzeugs.

Am späten Nachmittag allerdings weitete sich der Spalt plötzlich zu einem Talkessel. Der Übergang geschah so plötzlich und unerwartet, auch konnte er wegen des ständigen Dämmerlichts nicht vorausgesehen werden, daß die vordersten Männer schon auf dem grasigen Boden des Kessels standen, bevor Chaney Halt gebot.

Der Kessel war, wie Chaney sich durch Ableuchten überzeugte, kreisrund und hatte einen Durchmesser von etwa fünfzig Metern. Die Wände stiegen überall senkrecht in die Höhe. Der Bach, an dessen Lauf entlang Chaneys Trupp gekommen war, schien in der gegenüberliegenden Wand zu entspringen, durchquerte den Kessel und gab dem Boden dabei soviel Feuchtigkeit, daß eine für Honur-Begriffe ausgesprochen üppige Vegetation entstanden war. Der Boden war bedeckt mit hohem, dichtem Gras, Büsche wuchsen hier und dort, und am Lauf des Baches entlang standen niedrige Bäume.

Der fruchtbare Kessel inmitten der öden, felsigen Bergwelt war eine Art Wunder, und es dauerte eine Weile, bis selbst der sonst immer zielstrebige und wenig romantische Chaney sich von seiner Überraschung soweit erholt hatte, daß er nach der Spur der Raupe zu suchen begann.

Natürlich hielt das Gras, weil es sich wieder aufrichtete, die Spur nicht so lange wie der unbelebte Sandboden in den Anschwemmungen des Baches, aber immerhin zeigte ein schmaler Streifen vertrockneter Halme, in welcher Richtung das fremde Fahrzeug sich bewegt hatte.

Chaney zögerte, seine Gruppe in den Kessel einmarschieren zu lassen.

„Ich weiß nicht“, sagte er über Helmfunk zu Tiff. „Die Sache gefällt mir nicht. Wenn wir drinnen sind, braucht hier nur einer zuzusperren, dann sitzen wir in der Falle.“

Tiff sah sich um. Zwei der Handscheinwerfer waren mit weiten Strahlbündeln immer noch in den Kesseln hineingerichtet. Es schien keinen zweiten Ausgang zu geben.

„Die TITAN könnte uns im Notfall ein paar Gazellen zu Hilfe schicken", meinte Tiff.

Chaney lachte bitter. „Sie sind auf Honur noch nie mit einer Gazelle zur Landung gezwungen worden."

„Rhodan würde dann mit der TITAN anrücken", verteidigte Tiff seinen Standpunkt. „Auf jeden Fall, meine ich, sind wir inkonsequent, wenn wir an dieser Stelle umkehren."

Chaney nickte und murmelte vor sich hin: „Das schon. Aber lieber inkonsequent als tot."

Aber schließlich benachrichtigte er die Shifts von der Entdeckung des Kessels, ließ das Gelände von einer aus zehn Mann bestehenden Patrouille abkämmen und hatte demnach keine Bedenken mehr dagegen, daß die ganze Gruppe auf dem Streifen vertrockneten Grases, den die Raupe hinterlassen hatte, bis zur gegenüberliegenden Wand marschierte.

Das heißt: Die Spur hörte ein paar Meter vor der Wand wie abgerissen auf. Aber Chaney wollte mit der intensiven Suche erst am nächsten Morgen beginnen. Die Dunkelheit stand kurz bevor, und in erster Linie wichtig war nur, den neuen Lagerplatz kennenzulernen und ihn so abzusichern, daß eine Überraschung nicht zu befürchten war.

Die Männer, die Chaney rings um den Kessel herum an den Wänden entlangschickte, meldeten, daß es nur eine einzige Höhle gab. Sie war so klein, daß höchstens vier Mann darin Platz hatten. Das war Chaney unangenehm, denn seit Crimson und Dees plötzlicher Erkrankung hatte er eine Abneigung gegen freie Flächen.

Aber er konnte nichts daran ändern. Er hätte mit den Desintegratoren eine genügend große Höhle in den Fels brennen können, aber Desintegratoren hatten einen Energieverbrauch, der mit geeigneten Meßgeräten über Tausende von Kilometern hinweg registriert werden konnte. Diesem Risiko zog Chaney das eines Lagers im Freien bei weitem vor.

Auch der Männer hatte sich spürbare Unruhe bemächtigt. Jeder konnte sehen, daß hier im Kessel die Spur, der sie bisher gefolgt waren, zu Ende ging. Das Raupenfahrzeug mußte sich entweder noch im Kessel befinden oder es war durch die Felswände verschwunden.

Auf jeden Fall war hier eine Art Wendepunkt erreicht.

Tiff versuchte, auch in dieser Nacht einen Platz in Nathans Nähe zu finden, aber der Hono schien das vermutet zu haben und wich ihm aus. Offenbar hatte er keine Lust, weiter ausgefragt zu werden.

Das Schlafen im Raumanzug war eine ungemütliche Angelegenheit. Der Helm bot dem Kopf zwar eine Art Stütze, aber als Stütze war nur die Rückwand des Helms zu gebrauchen. Wer nicht gewohnt war, auf dem Rücken zu schlafen, hatte von vornherein verloren.

Tiff wachte mehrmals in der Nacht auf. Er verfluchte seinen unbequemen Helm, rückte den Kopf einen halben Zentimeter zur Seite und versuchte, wieder einzuschlafen.

Aber einmal rutschte er von dem Stein, den er als Unterlage gewählt hatte, vollends herunter und wurde bei der Mühe, die ihn das Aufrichten kostete, hellwach.

Fünf, zehn Minuten lag er bewegungslos, starrte in das kreisrunde, sternenübersäte Stück Himmel hinaus, das die Wände des Talkessels aussparten, und suchte den verlorenen Schlaf wiederzufinden.

Mehr mit dem Unterbewußtsein nahm er wahr, daß etwas in seiner Umgebung nicht stimmte. Langsam und vorsichtig rutschte er an dem Stein, auf den er sich so mühsam hinaufbugsiert hatte, wieder herunter, so daß der Kopf fast in aufrechte Stellung kam, und beobachtete.

Minuten vergingen. Tiff war schon halb davon überzeugt, daß ihn etwas genarrt habe, da sah er die Bewegung. Etwas kroch, etwa fünf Meter von seinen Füßen entfernt, behutsam durch das Gras.

Zunächst war es reine Neugierde, die Tiff empfand. Chaneys Posten standen an allen wichtigen Stellen des Talkessels, und nicht einmal von oben herunter hätte ein Fremder den Kessel unbemerkt betreten können.

Dann aber sah Tiff zu dem Platz hinüber, an dem Nathan sich am Abend niedergesetzt hatte, etwa zehn Meter von seinem eigenen Schlafplatz entfernt.

Das Licht der Sterne war hell genug, um ihm zu zeigen, daß Nathans Platz leer war.

Tiff richtete sich auf und suchte die anderen Honos. Sie hatten neben Nathan gesessen und waren ebenso verschwunden wie er.

Tiffs erster Verdacht war, sie hätten inzwischen den Entschluß bereut, den Spuren der Götter zu folgen, und wollten sich heimlich aus dem Staub machen. Aber er hielt die Sache für wichtig genug, um ihr nachzugehen.

Er richtete sich halb auf, ließ sich vornüberkippen und kroch dorthin, wo er die schattenhafte Bewegung gesehen hatte. Halb tastend, halb sehend entdeckte er die breite Spur, die sich durch das Gras zog. Zu denken gab ihm, daß sie nicht etwa auf den Ausgang des Kessels zulief, sondern nach links hin zur Wand.

Er folgte ihr und näherte sich der Wand ziemlich schnell, ohne die Honos zu sehen. Erst kurz vor der Wand, etwa zwanzig Meter rechts von der Stelle, an der die Kette der schlafenden Männer begann, sah er dicht vor sich noch einmal die gleiche hastige, undeutliche Bewegung, die ihn vorhin aufmerksam gemacht hatte.

Ohne jede Bedenken richtete er sich vollends auf und sprang in zwei weiten Sätzen bis zur Wand hinüber. Die Idee, daß er sich in Gefahr begab, kam ihm erst in dem Augenblick, in dem eine unsichtbare Gestalt nach ihm faßte, ihn zurückschleuderte und mit seinem Kopf etwas machte, was sich anfühlte, als sei im Gehirn eine Handgranate explodiert.

Tiff fiel zur Seite und lag ein paar Sekunden fast ohne Bwußtsein. Mit großer Mühe stemmte er sich hoch und starrte zur Wand hinüber. Er war ihr nahe genug, um zu sehen, daß die Honos – oder das, was er an ihrer Stelle verfolgt hatte – verschwunden waren.

Er begriff die Gefahr, ohne sie zu verstehen, schaltete mit einem Ruck seine Helmgeräte auf höchste Leistung und schrie: „Alarm! Die Honos sind ausgerissen!“

Eine Weile lang hörte er in seinem Empfänger nur das Geräusch von Leuten, die aus dem Schlaf erwachten, sich langsam aufrichteten und an ihren Helmgeräten herumdrehten. Aber dann kam, leger und väterlich, Major Chaneys Stimme: „Worüber regen Sie sich auf, Tiff? Was kümmern uns die Honos, solange das Leben so unbeschreiblich schön ist?“

17.

Der Angriff auf die TITAN begann mitten in der Nacht. Er traf das Schiff nicht unvorbereitet, denn seitdem die TITAN zum zweitenmal auf Honur gelandet war, hatten die Männer die Augen offengehalten.

Zudem wurde er auf so seltsame Weise vorgetragen, daß an dem Ausgang des Kampfes keine Sekunde lang Zweifel bestehen konnten. Horden von Robots tauchten aus den Tälern, von den Ufern des Sees und von der Ebene her auf den Suchbildschirmen des Schiffes auf und marschierten auf das Schiff zu.

Perry Rhodan saß um diese Zeit selbst im Kommandostand. Er ließ die Robots herankommen, bis sie durch eine Salve von Schüssen aus einer Art Impulsstrahler ihre wahre Absicht zu verstehen gaben.

Die Schutzschirme der TITAN absorbierten die Salve mühelos. Desintegrator-Schüsse aus den Riesengeschützen des Schiffes rissen weite Furchen in die Reihen der Robots und trieben flirrende Wolken von Metallstaub über den See.

Die fremden Maschinen stoben auseinander. Unaufhörlich zischten ihre grellweißen Energiestrahlen gegen die unsichtbaren Schutzschirme und verpufften mit bunten Leuchterscheinungen.

In den Geschützständen der TITAN mußten die Männer zum Punktfeuer übergehen, nachdem sie mit mächtigen Salven etwa die Hälfte der Robotarmee vernichtet hatten. Die Gesamtzahl der Robots wurde auf achttausend geschätzt. Sie gehörten zur gleichen Sorte wie die, die beim ersten Aufenthalt auf Honur von einem gelandeten Raumschiff aus die TITAN angegriffen hatten.

Perry Rhodan leitete die Schlacht vom Kommandostand aus.

Der Haufen der Robots schmolz dahin. Nirgendwo kam er näher als bis auf hundert Meter an die TITAN heran. Einzelne Maschinen, die sich zu weit nach vorn gewagt hatten, verglühten im Schirmfeld.

Die Schlacht dauerte zwei Stunden, dann rührte sich kein Robot mehr.

Auf der TITAN begann dafür das Nachdenken, wozu dieser Angriff gedient habe. So schlecht informiert konnte der Gegner nicht sein, daß er glaubte, er könnte mit acht- oder auch zehntausend solcher Robots ein Schiff wie die TITAN erobern.

Die automatischen Empfangsgeräte, die auch während des Kampfes weitergearbeitet und aufgezeichnet hatten, wußten die Antwort. Der Funkoffizier entnahm, als er nach der Entwarnung an seinen Arbeitsplatz zurückkehrte, dem Register eine Telekom-Meldung der Shiftgruppe.

„Kommando Chaney-Tifflor von unbekannten Gegnern angegriffen. Position . . ."

Es folgten ein paar Daten, mit deren Hilfe der kleine Talkessel in den Bergen auf der Karte genau zu lokalisieren war. Die Meldung gab außerdem an, daß Leutnant Tifflor den Alarmruf abgegeben habe.

Der Robotangriff auf die TITAN hatte keinem anderen Zweck gedient, als die Aufmerksamkeit von dem Suchtrupp in den Bergen abzulenken.

Ein paar Minuten später hatte die Shiftstation noch folgende Sendung aufgefangen: „Macht euch keine Sorgen um uns! Uns geht es gut. Das Leben ist so schön."

Auch diese Meldung war wortgetreu an die TITAN weitergeleitet worden.

Panik kam im Kommandostand auf. Jeder hastete an seinen Platz und streckte die Hände aus, um zu dem Handgriff bereit zu sein, den er tun mußte, wenn Rhodan den Befehl zum Blitzstart gab.

Aber Rhodan tat nichts dergleichen.

„Ich sehe nicht, wie wir den armen Kerlen im Augenblick helfen könnten", erklärte er.

Warum er glaubte, er könnte ihnen vielleicht *später* helfen, sagte er allerdings nicht. Um die Verwirrung unter den Offizieren noch größer zu machen, befahl er der Shift-Gruppe, auf dem schnellsten Weg zur TITAN zurückzukehren.

Eine Weile später, nachdem die Shifts sich längst auf den Weg gemacht hatten, empfing das Schiff eine kurze, absonderliche Botschaft auf handelsüblicher Funkwelle.

„Wir drei machen jetzt eine Landpartie . . ."

Soweit man dem Empfänger trauen konnte, war es Tiffs Stimme, die sprach – und zwar mit einem Akzent wie nach zwei Flaschen Whisky. Die Offiziere im Kommandostand machten das Argonin für Tiffs Ausgelassenheit verantwortlich – natürlich! Was hätte es anderes sein sollen? – aber Rhodans heimliches Schmunzeln gab ihnen zu denken.

Natürlich war Rhodan sich seiner Sache nicht völlig sicher. Tiff konnte sich an das Stichwort „Landpartie" auch im vergifteten Zustand erinnern und sich einen Spaß daraus machen, seinen Kommandanten an der Nase herumzuführen, indem er das verabredete Zeichen gab.

Aber Rhodan zweifelte daran, daß ein Argonin-Berauschter eines gezielten Scherzes noch fähig war. Weitaus wahrscheinlicher war, daß Tiff es verstanden hatte, sich und noch zwei Männer vor dem allgemeinen Freudentaumel zu bewahren.

Von nun an galt es etwas zu tun, was Perry Rhodan nach seiner Natur haßte wie kaum etwas anderes: warten. Warten auf den Erfolg der „Landpartie".

Fast ebenso schlimm war es, daß Rhodan all seine Weisheit für sich behalten und die verwirrten oder ratlosen Gesichter der anderen geduldig ertragen mußte.

Aber das Risiko war zu groß. Es mußte damit gerechnet werden, daß der Feind jeglichen Funkverkehr abhörte. Ohne Zweifel war ihm unter diesen Umständen auch die englische Sprache längst geläufig. Und wenn durch Unachtsamkeit auch nur die leiseste Andeutung über Tifflors wahres Schicksal – zum Beispiel in einem Gespräch mit der GANYMED – erwähnt wurde, dann würde Tiff keine Minute länger seine „Landpartie" machen, und das ganze Unternehmen stand wieder am Anfang.

Tiff verstand sofort, was geschehen war: Der schlimmste von allen Fällen, die sein Marschbefehl erwähnte, war eingetreten.

Nach Tiffs Alarmruf und Major Chaneys fröhlicher Antwort befand sich der ganze Kessel in Aufruhr. Scheinwerfer blitzten auf und beleuchteten Männer, die in grotesken Sprüngen durch das Gras hopsten. Die Schreie der Überraschten, noch nicht Vergifteten, mischten sich mit dem Jubel derer, die das Argonin schon aufgenommen hatten.

Mit der Zeit wurde der Jubel lauter, und die Schreie nahmen ab.

Tiff robbte flach auf dem Boden quer durch den Talkessel zu jener Stelle hinüber, an der Chaneys Männer gestern abend die kleine Höhle entdeckt hatten. Währenddessen schrie er vor sich hin: „Wer noch gesund ist – in die kleine Höhle!“

Er schrie solange, bis er meinte, daß jeder Gesunde ihn verstanden und sich danach gerichtet haben konnte. Mittlerweile hatte er selbst die Höhle erreicht. Sie war leer bis auf einen einzigen Mann.

„Wer ist das?“ fragte Tiff.

„Sergeant O'Keefe“, kam die Antwort.

„Sind Sie bewaffnet?“

„Nicht nur das, ich habe auch das Sendegerät.“

„Ausgezeichnet!“

Tiff nahm ihm das Gerät ab und gab jenen ersten Spruch durch, der in der TITAN erst nach dem Ende der Robotschlacht abgehört werden sollte. Dann befahl er O'Keefe: „Drehen Sie Ihre Geräte auf kleinste Leistung, Sergeant. Man darf uns keine drei Meilen weit hören.“

O'Keefe gehorchte wortlos. Dann fragte er: „Und was jetzt?“

„Warten Sie“, murmelte Tiff. „Ich will die Sache nicht zweimal erzählen.“

Etwa eine Stunde, nachdem das Durcheinander begonnen hatte, war Tiff ziemlich sicher, daß außer O'Keefe und ihm selbst niemand dem heimtückischen Anschlag entgangen war.

Draußen im Kessel johlten und heulten die Argonin-Vergifteten wie die Besessenen und freuten sich ihres Lebens. Über die gedrosselten Empfänger kam der Lärm, den sie machten, gedämpft herein.

Als sich durch das Gras schließlich ein dunkler Klumpen langsam auf die Höhle zuschob, war Tiff zunächst davon überzeugt, es handle sich um einen Vergifteten, der sich eine besondere Art von Vergnügen mache.

Aber dicht vor der Wand richtete der Klumpen sich auf und fragte mit halblauter Stimme: „Leutnant Tifflor?“

Tiff gab sich zu erkennen. „Halligan? Sind Sie das?“

„Jawohl, Sir!“

„Kommen Sie herein. Wo waren Sie so lange?“

„Ich habe gewartet, bis diese surrenden Biester alle verschwunden waren.“

„Haben Sie sie gesehen?“ fragte Tiff überrascht.

„O ja, sehr gut sogar. Neben mir saß einer von den Narren, die es am ersten erwischt hatte. Er leuchtete mit seinem Scheinwerfer in der Gegend herum, und man konnte die Mücken ziemlich deutlich sehen.“

Halligan kam hereingekrochen. Jemand seufzte laut.

„Um Himmels willen!“ stöhnte Halligan. „Das ist doch nicht etwa dieser Riesenfrosch, O’Keefe?“

„Doch, genau der!“ knirschte O’Keefe wütend. „Und ich will dir was sagen, wenn . . .“

„Ruhe!“ befahl Tiff fest. „Keine Zeit für eure Späßchen.“

Zwei Stunden nach Beginn des Überfalls rötete sich der Himmel allmählich. Tiff wußte, daß jetzt kein Gesunder mehr kommen würde. Zusammen waren sie zwanzig Mann gewesen, siebzehn davon hatte das Argonin auf dem Gewissen – oder vielmehr der geheimnisvolle Feind, den zu finden sie ausgezogen waren.

Tiff nahm ein zweites Mal das Funkgerät zur Hand, verband es mit dem Außenlautsprecher seines Helmes und sang in der Art eines Betrunkenen: „Wir drei machen jetzt eine Landpartie.“

Und zu den beiden Sergeanten sagte er kurz darauf: „Natürlich werden wir ab sofort ebenso verrückt tun wie die dort draußen. Ich nehme an, daß der Feind den Talkessel scharf beobachtet. Er darf nicht dahinterkommen, daß wir drei noch gesund sind. Wir wollen nämlich unsere Suche fortsetzen, und wenn wir uns geschickt anstellen, dann haben wir noch nie so gute Chancen gehabt wie gerade jetzt.“

Als das Licht hell genug war, verließen sie die Höhle und mischten sich unter die, die unter dem Einfluß des Argonins im Kessel herumtobten wie die kleinen Kinder.

O’Keefe und Halligan fanden sich schnell in ihre Rolle. Sie sprangen umher und sangen närrische Lieder.

Tiff dagegen fiel es schwer, Theater zu spielen. Die siebzehn Männer, die da kindisch durch das Gras tollten und nichts auf der Welt mehr gelten lassen wollten als den Spaß, den sie am Leben hatten, boten bei aller Fröhlichkeit – die ja doch nur durch ein Gift hervorgerufen war – einen traurigen Anblick. Tiff lag schwer auf der Seele, daß er am Eingang des Spaltes, als Chaney die Spur der Raupe entdeckte, nicht alle seine Bedenken geäußert hatte. Vielleicht hätte sich Chaney doch dazu bewegen lassen, weniger Männer mitzunehmen.

Ein Kranker rempelte Tiff derb an und schreckte ihn aus seinem Nachdenken auf.

„Kamerad! Warum so traurig? Gefällt dir das Leben nicht?"

Es war Chaney. Tiff sah ihn an, aber er war nicht sicher, ob Chaney ihn überhaupt erkannte.

„Doch, Freund", gab Tiff strahlend zurück, „mir gefällt es. Ich bin noch nie glücklicher gewesen als im Augenblick."

„Na also. Komm, wir singen einen zusammen."

Ohne eine Antwort abzuwarten, stimmte Chaney ein Lied an. Tiff sang ein paar Zeilen mit, dann hopste er mit einem übermütigen Sprung zur Seite, kugelte kopfüber durch das Gras, stieß einige ziemlich hysterische Jauchzer aus und entzog sich Chaneys sangesfreudiger Umgebung.

Halligan und O'Keefe hatten in der Zwischenzeit die gegenüberliegende Wand erreicht. Sie hielten sich rechts und links von der Stelle, an der Tiff in der Nacht den Hono zum letztenmal gesehen hatte.

Tiff machte einen Kopfstand und ließ die Beine lässig in den Knien abknicken. Mit der Wade schlug er auf den kleinen Gegenstand, den er schon vor ein paar Minuten entdeckt und nach dem er sich nicht zu greifen getraut hatte, weil er sicher war, daß der Feind den Kessel beobachtete.

Übermütig wälzte er sich herum und brachte schließlich das kleine Ding in die Hand. Seine Aufforderung: „Und jetzt singen wir das Lied von Clementine!" war für die beiden Sergeanten das Zeichen zum Rückzug.

In der Höhle trafen sie sich wieder, nachdem sie mehr als eine Viertelstunde gebraucht hatten, um die fünfzig Meter Weg so unauffällig wie möglich zurückzulegen.

Einer von den Kranken rief ihnen hinterdrein: „Was wollte ihr in der Höhle? Bleibt hier draußen, wo die Sonne scheint!"

Aber Tiff antwortete geistesgegenwärtig: „Wir kommen schon noch. Vorläufig ist es in der Höhle noch so richtig gemütlich warm."

Das beseitigte die Bedenken des Kranken. Hoffentlich auch die des Feindes.

In der Höhle untersuchten sie das kleine Ding, das Tiff gefunden hatte. Ursprünglich waren sie ausgezogen, um eine Spur der Honos zu entdecken, aber das Gerät war vorerst wichtiger.

Es schien aus einem Stück gegossen, und Tiff mußte mit einem haarscharf gezielten, schwachen Desintegratorschuß die Deckplatte lösen, um sehen zu können, was drinnen war.

Das Gerät entstammte fremder Technik, aber so verschieden voneinander können Prinzipien, die dem gleichen Zweck dienen, gar nicht sein, als daß ein Fachmann Schwierigkeiten hätte, eine Gabel als Gabel, einen Kamm als Kamm und einen Kodegeber als Kodegeber zu identifizieren.

Dies hier war ein Kodegeber. Soweit Tiff erkennen konnte, war das Gerät in der Lage, wenigstens zehn verschiedene Kodesignale über Hyperfunk, wenn auch mit winziger Leistung, abzustrahlen.

Einer der Honos – wahrscheinlich der, der auf Tiff geschossen hatte – mußte das Gerät in der Aufregung verloren haben.

Einer der Honos. Seit wann besaßen Honos solche Geräte?

Das brachte Tiff zu der Frage, wie glaubwürdig die Geschichte von den Geläuterten und den nicht Geläuterten unter den augenblicklichen Umständen überhaupt noch war. Nathan und seine drei Begleiter – waren sie nicht eher Beauftragte der „Götter" gewesen? Mit dem Auftrag, die Feinde der Götter in eine möglichst sichere Falle zu locken?

Dann mußten sie ein Mittel haben, um die Götter zu benachrichtigen. Einen Kodegeber zum Beispiel.

Die Folgerung war durchaus logisch, und nichts hätte Tiff gehindert, sie für richtig zu halten. Aber er hatte von der ersten Landung der TITAN her die Honos, die Geläuterten, noch deutlich in Erinnerung: friedfertige, apathische, fast dumme Geschöpfe, die nichts anderes zu tun hatten, als mit ihren Nonus zu spielen.

Was mußte man mit solchen Wesen anfangen, um sie zu so zielbewußter Arbeit zu veranlassen, wie Nathan und seine drei Genossen sie verrichtet hatten?

Tiff wurde unterbrochen. Sergeant O'Keefe räusperte sich anhaltend. „Sir, ich habe auch etwas gefunden . . ."

„Glaub' nur nicht, du wärst der einzige, der etwas gefunden hat!" fuhr Halligan dazwischen. „Ich bin sicher, daß das, was ich gefunden habe, Sie mehr interessieren . . ."

Tiff lachte.

„Zeigt mal beide her!" befahl er.

Sie hielten ihm die Hände unters Gesicht. Sie hatten beide das gleiche gefunden, aber selbst in doppelter Ausführung war es noch interessant genug, um Tiff in helle Aufregung zu versetzen.

Er nahm O'Keefe seinen Fund vorsichtig aus der Hand. Das kleine Ding, etwa fünf Zentimeter lang, bestand aus fünf gegeneinander beweglichen Teilen. Vier davon sahen aus wie zwei Paar Flügel, das fünfte war ohne Zweifel der Rumpf des seltsamen Wesens. Es gab keinen deutlich erkennbaren Kopf, sondern an dessen Stelle eine lange, scharf zulaufende Spitze und an der Wurzel dieser Spitze einen Kreis von fünfzehn winzigen, kristallisch schimmernden Punkten.

Eine der „Mücken", die Halligan in der Nacht beobachtet hatte.

Bei der Aufregung, in der Halligan die Beobachtung gemacht hatte und der ungewissen Beleuchtung war es ihm leichtgefallen, sich über die wahre Natur der eigenartigen Wesen zu irren. Tiff aber, der das Ding vor sich auf der Hand liegen hatte, erkannte seine Eigenart an der metallischen Spitze und an der regelmäßigen Form der Flügelgelenke.

Die „Mücke" war kein organisch gewachsenes Wesen. Sie war ein Miniatur-Roboter.

Es dauerte ziemlich lange, bevor Halligan und O'Keefe daran glaubten. Die größten Schwierigkeiten bereitete ihnen dabei die Vorstellung, jemand könnte einen fernlenkbaren Robot von dieser Winzigkeit bauen. Aber Tiff erinnerte sie an die Fähigkeiten, die zum Beispiel die Ferronen im Wega-System auf dem Gebiet der Mikrotechnik besaßen, und überzeugte sie Schritt für Schritt.

„Das Wunderbare an der Sache", erklärte er schließlich, „liegt ganz woanders. Jedes dieser Maschinchen muß für sich gesteuert werden. Bei einem Überfall wie in der vergangenen Nacht hätte es keinen Zweck, den Schwarm als Ganzes zu lenken. Die Mücken wären jetzt noch nicht mit ihrer Arbeit fertig. Um aber einen Schwarm von etwa hundert solchen Miniaturrobots in einem solchen Kampf zu steuern, Kommandos in Bruchteilen von Hundertstelsekunden zu geben, wieder umzuwerfen und durch neue zu ersetzen – dazu bedarf es einer positronischen Kontrollautomatik. Kein lebendes Wesen besitzt einen solch weiten Überblick und eine solch gewaltige Reaktionsfähigkeit. Allerdings hat selbst die Positronik anscheinend ihre Schwierigkeiten, denn diese beiden Mücken sind offenbar in vollem Flug gegen die Wand geprallt und abgestürzt."

O'Keefe und Halligan staunten.

„Ich vermute überhaupt", fuhr Tiff nachdenklich fort, „daß wir auf Honur anstelle des eigentlichen Gegners ein raffiniert ausgeklügeltes System von Positronengehirnen und positronisch gesteuerten Robots vorfinden werden, falls wir überhaupt etwas finden. Ich meine, wir hätten sonst schon wenigstens einmal etwas von unserem Feind sehen müssen. Aber natürlich ist dies nur eine Vermutung."

„Sie meinen nicht, daß die vier Honos . . .", begann Halligan.

Tiff schüttelte den Kopf. „Nein. Ich denke, sie waren nur Beauftragte."

Halligan schwieg. Auch O'Keefe hing seinen Gedanken nach. Tiff ließ eine Weile verstreichen, dann sagte er: „Wir werden in der kommenden Nacht versuchen, den Honos zu folgen."

Die Köpfe der beiden Sergeanten ruckten in die Höhe. „Den vier Honos? Wissen Sie denn, wohin . . ."

„Ich habe den letzten von ihnen dort drüben vor der Wand gesehen, wo wir den Kodegeber gefunden haben. Ich bin sicher, daß es dort einen zweiten Ausgang gibt."

O'Keefe starrte zur Höhle hinaus.

„Ich kann aber nichts sehen", murmelte er verbissen.

„Kein Wunder", Tiff lachte. „Sie wären dumm, wenn sie das Loch offenließen."

„Sie denken an eine Art verkleidetes Tor?" fragte Halligan.

„Ja."

„Wie wollen Sie es öffnen?"

Tiff tippte auf den Kodegeber.

„Mit dem hier", antwortete er. „Eines unter seinen zehn Signalen muß das sein, das den Ausgang öffnet – oder den Eingang, wie man's nimmt. Wie hätten die Honos sonst so schnell ausreißen können?"

Er sah Halligan und O'Keefe ernst an.

„Es *muß* einfach so sein", schloß er.

Bei Einbruch der Dunkelheit mischten Tiff, Halligan und O'Keefe sich von neuem unter die Kranken. Aber diesmal hatten sie außer ihren Waffen auch das Sendegerät und den kleinen Kodegeber dabei.

Unauffällig näherten sie sich der gegenüberligenden Felswand, und während Halligan und O'Keefe sich in einer Kletterpartie versuchten, wobei sie planmäßig, aber trotzdem schmerzhaft immer wieder abrutschten und herunterfielen, weil sie nicht wußten, wann Tiff das Öffnen des Felstores gelingen werde, ließ Tiff das kleine Gerät alle Kodes ausstrahlen, die auf seinem Band aufgezeichnet waren.

Jedesmal, wenn er ein neues Kodesignal gegeben hatte, wartete er eine Weile und hörte sich aufmerksam um. Er hatte keine Ahnung, welche Reaktion die Signale hervorriefen, und es war keineswegs unmöglich, daß auf eines von ihnen die Robotfliegen wieder ins Tal gestürzt kamen.

Aber nichts dergleichen geschah. Das ganze Manöver entwickelte sich weitaus reibungsloser, als Tiff es sich vorgestellt hatte. Als er das vierte Kodezeichen ausstrahlte, trat dicht vor ihm plötzlich ein Streifen Wand zurück und schwenkte zur Seite, noch bevor Tiff die beiden Sergeanten herbeirufen konnte. Die Öffnung, die sich so gebildet hatte, war etwa drei Meter breit und zwei Meter hoch.

Halligan und O'Keefe kamen heruntergefallen. Torkelnd und lallend wie Betrunkene stolperten sie in das finstere Loch hinein. Tiff folgte ihnen und drängte sie weiter in den Gang, der hinter der Öffnung zu beginnen schien. Dann wandte er sich um und wartete in atemloser Spannung darauf, ob sich das Tor von selbst schloß oder auf ein weiteres Signal wartete.

Es schloß sich von selbst, und obwohl es Tiff wie eine halbe Ewigkeit vorkam, waren zwischen Öffnen und Schließen nicht mehr als dreißig Sekunden vergangen. Keiner der Argonin-Kranken hatte von dem Vorfall etwas gemerkt. Tiffs Entschluß, das Unternehmen in der Nacht zu beginnen, war richtig gewesen.

„Machen Sie Licht!" befahl Tiff in die Finsternis hinein.

Der scharfe Strahl eines Handscheinwerfers leuchtete auf und beleuchtete einen mit Plastikguß ausgekleideten Gang, der ebenso hoch und breit war wie das Felsentor und mit sanfter Neigung bis zu unabsehbaren Tiefen hin vordrang.

„Vorwärts!" befahl Tiff. „Und haltet die Waffen bereit! Wir müssen damit rechnen, daß das Öffnen der Tür irgendwem ein Signal gegeben hat. Irgendwo werden wir sicher schon erwartet, wenn man uns nicht gar entgegenkommt."

Aber der Gang war still und finster. Das Johlen der Kranken hallte nur noch schwach in den Helmempfängern.

Sergeant O'Keefe übernahm die Spitze. Halligan und Tiff marschierten Seite an Seite hinter ihm. O'Keefe machte kräftige Schritte und brummte ungeduldig dazu. Es hörte sich an, als wolle er etwas sagen, aber daraus wurde nur ein entsetzter Schrei, in den Tiff und Halligan einstimmten.

Der Boden unter ihren Füßen hatte angefangen sich zu bewegen. O'Keefe verlor das Gleichgewicht und stürzte. Der Scheinwerfer glitt ihm dabei aus der Hand und erlosch. Tiff hörte Fahrtwind um seinen Helm rauschen.

„Machen Sie wieder Licht, O'Keefe", sagte er.

O'Keefe zischte etwas zwischen den Zähnen hindurch, was glücklicherweise niemand hören konnte. Tiff hörte ihn mit den behandschuhten Händen auf dem Boden herumklatschen, dann einen Seufzer der Erleichterung, und schließlich leuchtete der Scheinwerfer wieder auf.

„Laufband", murmelte Tiff. „Bewegt sich mit etwa hundert Kilometer pro Stunde. Der Boden in seiner ganzen Breite ist ein einziges Band."

Die beiden Sergeanten schwiegen verwirrt und warteten auf Anweisungen. Tiff dachte nach. Er wußte nicht, ob sich das Band automatisch einschaltete oder ob jemand die Absicht hatte, die drei Eindringlinge auf diese billige Weise dorthin zu transportieren, wo er sie haben wollte.

Auf jeden Fall lag Tiff nichts daran, einem feindlichen Empfangskomitee in die Arme zu fallen.

„Halligan, gehen Sie nach vorne", wies Tiff den Sergeanten an, „und halten Sie Ihren Desintegrator schußbereit. Wenn ich das Zeichen gebe, dann schneiden Sie den Boden einen Meter vor sich von Wand zu Wand durch. Ich denke, das wird die Fahrt zum Stehen bringen. Aber vorläufig können wir uns nichts Besseres wünschen, als so bequem gefahren zu werden."

Halligan stellte sich einen halben Schritt vor O'Keefe und hielt den

Lauf seiner Waffe auf den Boden gerichtet. Tiff schätzte, daß es im Ernstfall nur eine einzige Sekunde dauern würde, bis Halligan das Band zerschnitten hatte, und vielleicht insgesamt zehn, bis es zur Ruhe kam. Der Ruck würde heftig sein, aber sie waren darauf gefaßt.

Tiff achtete auf seine Uhr. Etwa eine Viertelstunde lang bewegten sie sich mit beachtlicher Geschwindigkeit durch den Gang, bevor O'Keefe seine Begleiter durch Zuruf auf die Veränderung aufmerksam machte, die sich weiter vorne andeutete.

Fast im selben Augenblick wurde das Band langsamer.

„Halten Sie sich bereit, Halligan!" mahnte Tiff.

Aber vorläufig war noch kein Grund zur Besorgnis gegeben. Das Band mündete in einen kreisrunden Raum von ebenfalls zwei Metern Höhe und einem Durchmesser von etwa dreißig Metern. Tiff erfaßte die neue Situation mit ein paar Blicken. Das Band lief bis zu einer runden Scheibe in der Mitte des Raumes und schob die drei Männer, ohne daß sie den Übergang spürten, auf deren glatte Oberfläche. Die Geschwindigkeit des Bandes war bis dahin längst auf Fußgängertempo abgesunken.

Aber auch die Scheibe ließ den drei Überraschten keine Zeit zum Nachdenken. Kaum hatte das Band Tiff als letzten auf der Scheibe abgeladen, da begann sie sich zu drehen. Tiff sah hauchdünne Nähte im Boden strahlenförmig von der Scheibe ausgehen und begriff die Situation. Die Scheibe drehte sich so weit, bis Sergeant Halligan mit seinem immer noch nach unten gerichteten Desintegrator zwischen zwei parallele Nähte zu stehen kam. Der Boden unter ihm geriet abermals in Bewegung, zog Halligan von der Scheibe und transportierte ihn mit rasch wachsender Geschwindigkeit auf die Wand der Halle zu.

Die parallelen Nähte im Boden waren nichts weiter als die Ränder anderer, schmalerer Laufbänder, und dort, wo sie auf die Hallenwand stießen, würde sich im rechten Augenblick wahrscheinlich eine bislang unsichtbare Tür öffnen.

Die Scheibe drehte sich mittlerweile weiter und lud den entsetzten O'Keefe auf ein anderes Band, das mit dem von Halligan einen Winkel von etwa vierzig Grad bildete. Tiff jedoch hatte nicht die Absicht, seine ohnehin kleine Streitmacht nur um der Bänder und Drehscheiben willen noch weiter aufzuspalten. Er schrie: „Abspringen!"

Hier war es kein Problem – im Gegensatz zu dem Gang, durch den sie gekommen waren.

Halligan und O'Keefe machten einen Schritt zur Seite und standen auf dem festen, ruhenden Boden der Halle. Ihre Laufbänder glitten mit leisem Surren noch ein Stück weiter, dann kamen sie zur Ruhe.

Auch Tiff war von der Scheibe abgesprungen. O'Keefe hatte mittlerweile seinen Scheinwerfer nach oben gerichtet und den Strahl soweit aufgefächert, daß in der ganzen Halle ausreichende Helligkeit herrschte.

Halligan und Tiff übersprangen eine Reihe von Bändern, um wieder in O'Keefes Nähe zu kommen. Halligan hängte sich mit einem Seufzer den Desintegrator wieder um die Schulter. Es gab kein Band mehr zum Durchschneiden.

„Offensichtlich ist das hier eine Verteilerstelle", erklärte Tiff. „Was von draußen hereinkommt, wird von der Drehscheibe zurechtgestellt und auf dem richtigen Band weitergeleitet. Wenn ich nur wüßte, woran sie erkennen, *wer* auf welchem Band weiterfahren muß."

Tiff begutachtete die Bänder, die nach achtzehn verschiedenen Richtungen von der Mittelscheibe fortführten, aber es war eines wie das andere. Es gab kein Kennzeichen, welches von ihnen am tiefsten in die Geheimnisse dieser Anlage hineinführte.

Tiff entschied sich aufs Geratewohl. „Wir nehmen dieses hier."

Er ließ Halligan und O'Keefe auf das Band treten und wartete. Was er gehofft hatte, trat ein. Das Band setzte sich in Bewegung, als es belastet wurde.

Auch an der Wand geschah genau das, was Tiff geahnt hatte: Fünf Meter vor Halligan, der die Spitze bildete, glitt ein Stück der Wand beiseite und ließ das Band mitsamt seinen drei Passagieren unangefochten hindurch.

Was dahinter kam, das allerdings hatte Tiff nicht voraussehen können. O'Keefes Scheinwerfer beleuchtete nur die Decke, da O'Keefe den Arm waagerecht hielt, und es war unverkennbar, daß das Band sich mit rasch wachsendem Neigungswinkel in die Tiefe senkte. Panik überfiel Halligan.

Er schrie: „Hilfe! Wir stürzen ab!"

Tiff kauerte sich auf das Band nieder und versuchte, es mit den Händen zu fassen, um einen Halt zu bekommen. Aber bevor ihm das noch gelang, glitt das Band vollends in die Senkrechte hinüber, und aus dem Sturz, den Halligan befürchtet hatte, wurde ein sanftes Gleiten. Das seltsam ziehende Gefühl, das das künstliche Schwerefeld hervorrief, ließ sich nicht verkennen. O'Keefe hatte sich schnell gefaßt und leuchtete nach unten in den Schacht, durch den sie sich bewegten.

Ein Antigravlift.

Tiff wies O'Keefe nach einer Weile an, den Scheinwerfer auszuschalten. Als die Augen sich an die plötzliche Finsternis gewöhnt hatten, sah Tiff unten Licht. Es war nicht der scharfgezeichnete Punkt einer Lichtquelle, sondern mehr ein Schimmer.

Es dauerte zwei Stunden, bis sie hinunterkamen, und in der Zwischenzeit schätzte Tiff, hatten sie einen Höhenunterschied von acht bis zehn Kilometer überwunden.

Der Schacht fand auf gleicher Höhe mit dem Lichtfleck ein Ende. Die Öffnung, durch die das Licht hereindrang, war ein halbkreisförmiges, drei Meter hohes Tor, und das Licht selbst kam von einem Leuchtkörper, der hoch oben in der Kuppel eines gewaltigen Felsendomes hing.

Der Felsendom war kreisförmig. Tiff schätzte seinen Durchmesser auf dreißig Kilometer.

Der Boden des Domes war mit Gras bewachsen. Die Riesenlampe im Zenit ahmte die Strahlung der Sonne Thatrel, um die Honur kreiste, offenbar in vollendeter Weise nach. Das Gras war durch niedrige Zäune in Parzellen aufgeteilt, jede von ihnen nahezu oder ganz quadratisch mit einer Seitenlänge von zwanzig Metern. Die Parzellen bildeten lange Reihen, und zwischen je zwei Reihen war ein freier Gang von nicht mehr als anderthalb Metern Breite.

Hinter den Drahtgrenzen aber tobten die Nonus. Auf jeder Parzelle waren etwa dreißig von ihnen untergebracht. Steine und Aststücke lagen herum, damit sie ihre Nester bauen konnten. Sie schienen sich in der künstlichen, unterirdischen Welt recht wohl zu fühlen, denn ihr Plappern erfüllte den Riesendom mit einem höllischen Lärm.

Der Gestank übrigens, der Tiff und seinen beiden Leuten durch die Filter drang, stammte ohne Zweifel auch von ihnen.

Und schließlich gab es noch etwas Bemerkenswertes: In den Gängen zwischen den Parzellenreihen sah man hochgewachsene, buntgekleidete Honos, die in würdevollem Gang einherspazierten.

Tiffs und der beiden Sergeanten starre Überraschung hielt eine ganze Weile an. Halligan war der erste, der seine Sprache wiederfand.

„Der Doppelimpuls!“ stöhnte er. „Oh, wir Narren!“

Tiff drehte den Kopf. „Was ist los?“

Halligan erklärte es ihm.

„Kurz bevor wir abgeschossen wurden“, berichtete er, „bekamen wir auf den Oszillographenschirmen der Radarlote einen Doppelreflex. Es sah so aus, als sei das Gerät kaputt oder als hätte Honur einen doppelten Boden. Na, sehen Sie, einen doppelten Boden hat der Planet.“

Tiff schwieg nachdenklich. Er kannte die technischen Einrichtungen der Fernaufklärer vom Typ Gazelle. Er wußte, daß sie außer den automatischen Registriergeräten ebenso automatische Informationsgeber besaßen, die die Meßergebnisse laufend an das Mutterschiff, in diesem Fall die TITAN, übertrugen.

Perry Rhodan wußte, was die Radarlote der drei Gazellen gemessen hatten. Er wußte, daß sie alle drei gleichzeitig denselben Effekt gemessen hatten und würde nicht, wie Halligan und Dee, an einen Defekt der Geräte glauben.

In Gedanken strich Tiff den Bericht über den unterirdischen Dom von der Liste der Dinge, über die er Rhodan kurz vor dem Zeitpunkt X, dem Augenblick des Zuschlagens, zu berichten hatte. Rhodan wußte längst, auf welche Weise der Feind seinen Stützpunkt auf Honur angelegt hatte.

Tiff erinnerte sich an das Gespräch, das er im Lager in der Bachschlucht mit Nathan, dem Hono, geführt hatte. „Es gibt unter den Geläuterten eine Sage, wonach die Götter unter dem Boden wohnen.“ Nathan hatte es gewußt, die Bemerkung über die Sage diente der Täuschung. Warum hatte er es überhaupt erzählt? War er so sicher gewesen, daß dem Überfall der Robotmücken im Talkessel keiner entgehen und deswegen keiner von dieser Kenntnis Gebrauch machen könne?

O'Keefe riß Tiff in die Wirklichkeit zurück.

„Wir sollten einen dieser Honos am Kragen nehmen und ausfragen“, schlug er vor. „Vielleicht weiß er etwas. Wie kommt er überhaupt hier unten herein?“

Einer der Honos, die zwischen den Parzellenreihen auf- und

abspazierten, war bis auf zehn Meter an das halbkreisförmige Tor herangekommen. Er hatte die drei vermummten Gestalten längst gesehen, aber sie interessierten ihn nur eine Sekunde lang.

Tiff erinnerte sich. *Das* war die Art, wie die Honos sich bei der ersten Landung der TITAN verhalten hatten. Diese hier schienen echt zu sein – im Gegensatz zu Nathan und seinen drei Begleitern.

„Kommen Sie mit!“ befahl Tiff.

Der Hono hatte inzwischen das Ende der Parzellen erreicht, wandte sich gemächlich um und schritt seinen Weg wieder zurück. Tiff und die beiden Sergeanten hatten ihn mit ein paar Schritten erreicht. Tiff schaltete seinen Außenlautsprecher auf größere Leistung.

„Einen Augenblick, bitte!“ rief er dem Hono hinterher.

Der Hono blieb stehen und drehte sich um. Er maß die drei Fremden mit einem gelangweilten Blick.

„Was tust du hier?“ fragte Tiff.

Der Hono machte eine gemächliche Handbewegung nach beiden Seiten. „Ich achte auf die Nonus, damit ihnen nichts geschieht.“

„Sind es *deine* Nonus?“

„Nein, sie gehören den Göttern.“

„Und was machen die Götter mit ihnen?“

Diese Frage rief bei dem Hono die erste Spur von Erregung hervor. „Wie kannst du fragen? Sind die Götter dir Rechenschaft schuldig?“

Tiff lenkte ein. „Nein, natürlich nicht. Wo findet man die Götter?“

Der Hono machte eine gelangweilte Gebärde des Nichtwissens.

„Wer bin ich“, fragte er, „daß die Götter ausgerechnet mir verraten sollten, wo sie leben?“

„Hast du schon einmal einen Gott gesehen?“ fragte Tiff weiter.

Der Hono bewegte die Hände zum Zeichen der Zustimmung. „Ja, zwei von ihnen. Sie waren sehr freundlich.“

„Wann war das?“

„Das weiß ich nicht.“

Tiff überlegte, welche Fragen er noch stellen konnte.

Da drang ein neues Geräusch über das Keckern der Nonus hinweg. Es war ein hohes, eintöniges Singen, vermischt mit drohendem dumpfen Brausen. Halligan rotierte auf seinen Stiefelabsätzen, um zu sehen, woher es kam. Ihm kippte vor Schreck die Stimme über, als er rief: „Dort! Sie kommen!“

Tiff fuhr herum. Unter dem halbrunden Tor, durch das sie gekommen waren, hing eine zuckende, summende, schillernde Riesentraube – vom Zenit des Halbkreises bis fast auf den Boden. Die Traube sah aus wie ein gewaltiger Bienenschwarm.

Tiff schätzte, daß es insgesamt fünftausend Robotfliegen waren, die sich da wie ihre organisch gewachsenen Artgenossen benahmen und anscheinend auf den pasitronischen Befehl zum Angriff warteten.

„Achtung!" keuchte Tiff. „Haltet eure Waffen schußbereit, es wird Ernst! Sie haben uns entdeckt!"

Er hatte kaum zu Ende gesprochen, da begann die Traube sich aufzulösen. Schwirrend und schimmernd wie kleine Projektile schossen die mechanischen Fliegen nach allen Richtungen davon.

Tiff wies Halligan an, seinen Desintegrator auf Fächerleistung zu stellen, und tat mit dem seinen das gleiche. Sie stellten sich Schulter an Schulter, und zwar so, daß die Läufe ihrer Waffen einen regelmäßigen, dreizackigen Stern bildeten. Die Hälfte des gefährlichen Raumwinkels war durch die beiden gefächerten Desintegratoren ausgeblendet. Alles, was an Robot-Fliegen dort hineingeriet, war verloren.

Tiff erkannte nach ein paar Sekunden, daß sie sich auf dem offenen Grasland nicht lange halten konnten. Die Robotfliegen störten die Zäune wenig, sie schienen ausgezeichnete Ortungsorgane zu besitzen und schossen zwischen den Maschen hindurch.

Die Desintegratoren fraßen Dutzende und Hunderte von ihnen. Metallstaub trieb in Schwaden durch die Luft.

O'Keefe schoß wahllos nach oben, nach unten und geradeaus. Zehn Schritte vor ihm hatte der Boden angefangen zu kochen.

Aber gerade die Hitze, die O'Keefe verbreitete, war es schließlich, die den drei Männern zu einer Pause verhalf. Tiff bemerkte rasch, daß die Fliegen die vom Boden aufsteigende Wärme nicht schnell genug ausmanövrieren konnten. Ein Schwall heißer Luft warf sie dicht vor dem Ziel ein paar Meter weit in die Höhe und ließ sie weit über die Köpfe der Bedrohten hinwegzischen.

Tiff gab seine Anweisungen.

„Wir ziehen uns zur nächsten Wand zurück!" rief er. „Wir brauchen einen freien Rücken. O'Keefe, schießen Sie nur noch auf den Boden!"

O'Keefe verstand nicht, worum es ging, aber er tat, was ihm befohlen war. Er senkte den Lauf seiner Waffe und zog glühende Kreise um den jeweiligen Standort herum. Fast augenblicklich verschwanden die Fliegen, die bisher bis auf anderthalb Meter weit an die Männer herangekommen waren. Fünf Meter über den Köpfen ihrer Ziele konnten sie keinen Schaden mehr anrichten.

„Lauft!" schrie Tiff. „Dort, zur Wand hinüber!"

Halligan rannte als erster davon, Tiff folgte ihm, und O'Keefe deckte den Rückzug, indem er mit pausenlosen Schüssen das Gras verbrannte und den Boden quadratmeterweise in flüssiges Magma verwandelte.

Die Fliegen waren hilflos. Die Steuerpositronik hatte offenbar noch nicht erfaßt, worum es ging.

Tiff fühlte sich ruhiger, als er die glatte Wand des Felsendoms im Rücken spürte. Neben ihm hatte Halligan sich breitbeinig aufgebaut und schoß aus den Schwärmen, die O'Keefes Hitzewelle hoch in die Luft geschleudert hatte, herunter, was ihm vor den Fächerstrahl des Desintegrators kam.

Tiff begann zu glauben, daß sie durch O'Keefes Heißluftabwehr eine echte Chance hätten, den Überfall unbeschadet zu überstehen. Von den fünftausend Fliegen, die er zu Anfang geschätzt hatte, mußten mittlerweile wenigstens zweitausend vernichtet sein.

Aber dann, als O'Keefe schließlich auch die schützende Wand erreicht hatte, schien die Positronik verstanden zu haben, warum ihre Fliegen ständig am Ziel vorbeischossen. Tiff sah einen Schwarm von ihnen anfliegen – viel zu steil, als daß sie unter normalen Umständen hätten gefährlich werden können, aber die Hitzewelle korrigierte ihren Kurs und hob sie geradewegs auf das Ziel zu. Halligan riß seinen Desintegrator gerade noch rechtzeitig herunter und wehrte die Gefahr ab.

„O'Keefe, halten Sie nach oben!" befahl Tiff.

Der nächste Schwarm, positronisch auf den neuen Kurs eingerichtet, schoß fünf Meter vor der Wand in den Boden und blieb mit den scharfen Stacheln hilflos dort stecken, weil durch O'Keefes Zielwechsel die Heißluft schwächer geworden war.

Aber vom dritten Angriff an ließ sich die Positronik nicht mehr foppen. Sie schickte die Fliegen steil herunter und richtete sie von sich aus auf, wenn die Heißluft fehlte. Tiff hörte die metallenen Geschöpfe gegen die Felswand klatschen, nachdem sie den Abwehrwall aus Thermo- und Desintegratorstrahl durchflogen hatten.

Es war noch einmal gut gegangen. O'Keefe und Halligan feuerten immer noch verbissen, aber Tiff wußte, daß es nur noch eine Frage von Sekunden war, wann eine und dann noch eine und schließlich eine dritte Fliege ihr Ziel finden würde.

Zwischen zwei Angriffen ging O'Keefe ein Stück zur Seite, um mit seiner Thermowaffe ein besseres Schußfeld zu haben. Unwillkürlich schaute Tiff zu ihm hinüber.

Niemand wußte später, was eigentlich geschehen war. Hatte O'Keefe einen verborgenen Kontakt berührt oder öffnete sich jene Tür automatisch, wenn ihr nur jemand nahe genug kam – auf jeden Fall gähnte hinter O'Keefes Rücken plötzlich ein Loch, das O'Keefe selbst nicht einmal bemerkte.

Tiff rief ihn an. O'Keefe fuhr herum, entdeckte das Loch und stieß einen jubelnden Schrei aus, der deutlich über den Lärm der verängstigten Nonus hinwegdrang.

Tiff stieß Halligan an. „Verschwinden Sie!"

Es bedurfte nur ein paar weiter Sprünge – die Positronik war auf Heißluft eingestellt, aber daß ihre Opfer nun einfach davonliefen, kostete sie von neuem ein paar Sekunden –, um das Loch zu erreichen. O'Keefe war als erster verschwunden. Halligan schoß hinter ihm drein, und Tiff machte den Abschluß. Hinter ihm schloß sich die Tür prompt, und die Sorge wegen der Robotfliegen hatte vorerst ihr Ende gefunden.

Die Tür war der Beginn eines langen, hellerleuchteten Ganges, der sich schräg in den Felsen hineinzog.

Tiff zögerte. War es jetzt an der Zeit, Rhodan das Zeichen zum Angriff zu geben? Kannten sie die Geheimnisse des unterirdischen Stützpunkts schon gut genug, um der Mannschaft der TITAN jedes Risiko zu ersparen?

Die Antwort war „nein". Außerdem zog Tiff in Rechnung, daß der Positronik der rettende Seitensprung durch das verborgene Tor entgangen und sie sich über die Position ihrer Opfer im Augenblick im unklaren war. Diesen Vorteil würde er durch einen leicht anpeilbaren Funkspruch zunichte machen.

Er marschierte hinter seinen beiden Männern her in den Gang hinein.

Er schätzte die Länge des Ganges auf zweieinhalb Kilometer. Dann mündete er in einen niedrigen, saalartigen Raum, der völlig leer war und durch nichts darauf hinwies, welchem Zweck er diente.

Insgesamt hatten sie damit rund vierzig Kilometer in vertikalen oder horizontalen Gängen zurückgelegt. Sie hatten außerdem den Felsdom gesehen. Das war genug, um sie davon zu überzeugen, daß der Gegner unter den Bergen von Honur nicht nur einen Stützpunkt schlechthin, sondern eine ganze künstliche Welt geschaffen hatte.

Tiffs Achtung vor den technischen Fähigkeiten des Feindes war in den vergangenen Stunden erheblich gewachsen.

Ohne Zögern machte er sich mit Halligan und O'Keefe zusammen daran, die Wände des rechteckigen Raumes abzusuchen. Die Vorliebe des unbekannten Gegners, Türen so anzulegen, daß sie nicht erkannt werden konnten, war ihnen inzwischen kein Geheimnis mehr.

Zunächst schien es auch völlig gleichgültig zu sein, an welcher Stelle ein Ausgang aus dem hellerleuchteten Viereck gefunden wurde. Dann aber blieb Halligan, der es übernommen hatte, vom Gang aus die linke Seite des Raumes abzusuchen, plötzlich stehen und rief halblaut: „Hier gibt's etwas zu hören!"

Tiff lief hinüber. Er mußte sich konzentrieren, um wahrzunehmen, was Halligan gehört hatte, aber daß ein Geräusch durch die Wand drang, ließ sich nicht bestreiten. Es pflanzte sich im massiven Felsen und in den Wänden fort und wurde schließlich von den Wänden der dünnen Luft mitgeteilt, die den viereckigen Saal erfüllte.

Das Geräusch war ein monotones Summen in verschiedenen Tonlagen.

Irgendwo dort hinter der Wand arbeitete ein mächtiges Aggregat. Vielleicht die Luftversorgung des Stützpunkts, vielleicht die Energiebereitung oder die Positronik, die die Abwehrmaßnahmen steuerte?

„Wir sollten hier in dieser Ecke eine Tür finden", sagte Tiff voller Spannung. „Es *muß* eine geben!"

Sie gingen ein paarmal dicht vor der Wand auf und ab, und es war wiederum O'Keefe vorbehalten, die richtige Position zu finden, so daß ein Stück der Wand plötzlich zur Seite glitt und einen schmalen Gang freigab, der schräg von dem Saal aus in den Felsen hineinführte.

Das Summen wurde um einige Grade lauter, als sich die Tür öffnete. O'Keefe zögerte und wies mit stummer Geste in den Gang hinein.

Tiff nickte. „Nur zu!“

Sie marschierten hinein, und die Tür schloß sich hinter ihnen automatisch. Der Gang schien im Vergleich zu den anderen recht kurz zu sein. Von vorn her gleißte eine blendende Lichtfülle, die aus einem größeren Raum zu kommen schien, aber keine Konturen erkennen ließ.

Tiff drängte nach vorn. Er war plötzlich sicher, daß sie einen Teil des Rätsels gelöst haben würden, wenn sie in den Raum dort vorn hineinschauten.

Später hatte er keine allzu deutliche Erinnerung mehr daran, was dann eigentlich kam, und auch bei den beiden Sergeanten setzte das Gedächtnis aus. Tiff sah noch, wie die Wände des Ganges zur Seite wichen und sich zu einem kreisrunden Raum von erheblichem Durchmesser öffneten. Er sah, daß der Raum vollgepfropft war mit einer Menge von Geräten, deren Zweck er nicht kannte, und daß die auffallendsten von ihnen eine Serie von Hohlspiegel waren, die in unerträglicher Helligkeit glänzten.

Dann war er vollends aus dem Gang heraus, und von irgendwoher traf ihn ein mörderischer Schlag, der ihm das Bewußtsein augenblicklich raubte.

18.

Perry Rhodan gestand sich ein, daß er noch selten unangenehmere Stunden verbracht hatte als diese. Nach wie vor war er seiner Sache sicher, daß es Leutnant Tifflor und zwei weiteren Männern gelungen war, der allgemeinen Euphorie zu entrinnen, und daß sie der Spur des Feindes weiter folgten.

Aber der Zustand der Nachrichtenlosigkeit zerrte an den Nerven. Stunden verstrichen und reihten sich zu Tagen.

Aber von Tifflor kam keine Nachricht.

Rhodan begann damit zu rechnen, daß Tiff und seine beiden Männer dem Feind in die Hände gefallen waren. Unter diesen Umständen würde die TITAN eingreifen müssen. Eingreifen wo und gegen wen, davon hatte allerdings niemand eine Ahnung.

Während Rhodan grübelnd in der Zentrale der TITAN saß, kam plötzlich ein Funkspruch herein. Was der Empfänger von sich gab, war zwar vorerst noch nichts, womit man etwas hätte anfangen können, aber Rhodan gab die Hoffnung nicht auf.

Und er hatte recht. Das unartikulierte Gestammel formte sich zu Worten. Rhodan kannte die Stimme nicht, die da sprach – Tifflors war es nicht –, aber sie sprach Englisch, und das beseitigte die meisten Zweifel, die Rhodan gehabt hatte.

„. . . Talkessel – Eingang in nordöstlicher Wand – unterirdische Anlage – Vorsicht vor Robot-Fliegen – fünf Zentimeter lang, etwa wie Libelle – tragen Argonin – Netze bereithalten, engmaschig . . .“

Diese Meldung schien die Kraft des Sprechenden erschöpft zu haben. Eine Zeitlang kam nichts als das übliche Rauschen aus dem Empfänger.

Dann meldete sich die Stimme von neuem und wiederholte, was sie schon gesagt hatte. Rhodan erkannte, daß er nicht mehr erfahren würde, und gab dem technischen Stab die nötigen Befehle.

Rund tausend Mann brauchbare Besatzung hatte die TITAN an Bord. Fünfhundert davon befahl Rhodan zu dem bevorstehenden Großeinsatz. Die Zurückbleibenden reichten aus, um die Schiffsgeschütze im Fall eines Angriffs zu bedienen.

Die GANYMED, die immer noch auf einer Umlaufbahn Honur wachsam umrundete, wurde in Alarmzustand versetzt. Oberst Freyt wurde darauf hingewiesen, daß eine Landung des Schiffes von nun an in jedem Augenblick notwendig sein könne.

Die Vorbereitungen zum großen Schlag gegen den Feind wurden in aller Eile getroffen. Die wichtigsten Dinge hatte Rhodan, ohne daß jemand ahnte, wozu sie gut seien, ohnehin schon längst zuvor erledigen lassen.

Nun mußten nur noch in aller Eile die Netze hergestellt werden, aber das war kein Problem.

Tiff erwachte vom monotonen Klang einer Stimme, die zu ihm sprach.

Sprach?

Im Halbdunkel des zurückkehrenden Bewußtseins versuchte er, die Sprache zu erkennen. Er erkannte sie nicht, trotzdem verstand er die Worte.

Er schlug die Augen auf und sah Dämmerlicht um sich her. Er versuchte, den Kopf zu bewegen und sich umzusehen, aber der Kopf bewegte sich nicht. Er bemühte sich, den Arm zu heben oder das Bein zur Seite zu setzen, aber nichts davon gelang ihm.

Er war gefangen. Gefangen durch eine Methode, die sein Gehirn paralysierte.

Trotzdem verstand er die Stimme.

„. . . glaubtet ihr, den Göttern trotzen zu können. Ihr wißt nicht, was für arme Würmer ihr gegen die gewaltigen Götter seid. Sie verfolgten euren Weg und nahmen euch gefangen, als sie es für richtig hielten. Hier werdet ihr bleiben und den Rest eures Lebens als Diener der Götter verbringen."

Die Stimme schwieg. Je deutlicher Tiffs klarer Verstand zurückkehrte, desto mehr war er davon überzeugt, daß er nicht in Wirklichkeit eine Stimme hörte, sondern sein Gehirn eine Telepathie-Sendung aufgefangen hatte.

Deswegen konnte er die Sprache nicht erkennen. Es waren keine Worte, sondern Gedankenimpulse, die frei waren von jeder Einengung durch die gesprochene Sprache.

Tiff versuchte sich zu erinnern. Da war der kurze, schräge Gang gewesen, der Raum voller Instrumente, die Serie der Hohlspiegel – und dann der fürchterliche Schlag.

Tiff erinnerte sich, daß er einen ähnlichen, wenn auch nicht so heftigen Schlag damals verspürt hatte, als er in der Nacht im Talkessel den Honos folgte und sie kurz vor der Talwand noch einholte.

Was war es? Eine Lähmungswaffe?

Einem Gegner, der ein so seltsames Gift wie das Argonin produzierte, war zuzutrauen, daß er Nervenwaffen besaß.

Daher also die Lähmung, registrierte Tiff. Alles, was ich bewegen kann, sind die Augenlider.

Er untersuchte den Raum, in dem er sich befand – das heißt: den Ausschnitt, den er von seinem Platz aus sehen konnte. Das war ziemlich wenig, aber Tiff stellte fest, daß er in einer kleinen niedrigen Kammer lag. Wie weit sie sich hinter ihm noch fortsetzte, entzog sich seinem Blick. Tiff sah weiterhin – und das erschreckte ihn sehr – drei schimmernde Hohlspiegel, die dort hingen, wo die Wand der Kammer an die Decke stieß, und zwar genau vor ihm. Die Spiegel waren so geneigt, daß einer davon Tiff genau ins Gesicht leuchtete.

Es dauerte eine Weile, bis Tiff verstand, was das bedeutete: Der einmalige Schock, den die Strahlung der großen Hohlspiegel in jenem kreisrunden Raum erzeugt hatte, reichte nicht aus. Um ihrer Gefangenen sicher zu sein, mußten die „Götter" sie dauernd unter Beeinflussung halten.

Die Spiegel dort oben zertrümmern, dachte Tiff, und alles ist wieder in Ordnung.

Aber er konnte nicht einmal den Kopf bewegen, geschweige denn aufstehen, um seinen Gedanken in die Tat umzusetzen.

Drei Spiegel, dachte Tiff, das heißt . . .

Instinktiv versuchte er, den Kopf ein zweites Mal zu bewegen. Aber es gelang ihm ebenso wenig wie zuvor.

Halligan und O'Keefe mußten in der Nähe sein, sonst hätten die drei Hohlspiegel keinen Sinn. Oder gab es mehr solche Räume, und die „Götter" hatten die Gefangenen einzeln untergebracht?

Tiff zerbrach sich den Kopf darüber, und schließlich beantwortete sich die Frage auf höchst merkwürdige Art und Weise. Im Empfänger seines Raumhelms hörte Tiff ein Geräusch, das sich wie das Raspeln einer Säge ausnahm. Dahinter kam ein scharfes, zischendes Pfeifen.

Und dann sagte jemand, unbeholfen und langsam: „S-s-s-sir . . ."

Tiff wollte antworten, aber Zunge, Kiefer und Stimmbänder gehorchten ihm ebenso wenig wie die anderen Muskeln. Er blieb stumm.

„S-s-sir?" fragte es zum zweitenmal, diesmal schon ein wenig flüssiger.

Es war O'Keefes Stimme, kein Zweifel.

Seltsamerweise schien O'Keefe die Lage zu kennen, in der Tiff sich befand. Er sagte: „S-sir – weiß, wie es – Ihnen geht. B-bin ein bißchen – besser dran. Habe im letzten Augenblick noch auf die verdammten – Spiegel geschossen – keinen so schweren Schock gekriegt. Kann mich noch bewegen."

Braver O'Keefe, dachte Tiff. Wenn er sich bewegen kann, warum steht er nicht auf und macht die Spiegel kaputt?

O'Keefes Gerede wurde flüssiger, je länger er sprach. „Die verdammten – Götter haben uns hier eingesperrt. Waffen, Sender – noch alles da. Sie – trauen uns nichts mehr zu – denken, wir sind alle lahm. Ich kann – Ihr Gesicht sehen, Sir. Soll ich – Spiegel dort oben entzweischießen? Wenn ja, machen Sie – zweimal hintereinander die Augen zu. Oder können Sie die Augen auch nicht . . ."

O'Keefe, alte Hundeschnauze, dachte Tiff begeistert. Dann schloß er die Augen zweimal hintereinander.

„. . . ist gut", stöhnte O'Keefe. „Hab' verstanden."

Tiff hörte eine Serie von Geräuschen. Er glaubte zu hören, wie O'Keefe sich auf die Seite drehte und wie er langsam seinen Arm nach etwas ausstreckte, was ein ganzes Stück weit von ihm entfernt zu liegen schien. Er stöhnte ununterbrochen und murmelte zornige Flüche vor sich hin. Und dann: „. . . uuuh – oooh – ich hab's. Jetzt gleich – S-sir – warten Sie . . ."

Ganz rechts in Tiffs eingeengtem Gesichtsfeld tauchte die vordere Spitze eines Thermostrahlerlaufs auf. Tiff kniff die Augen zusammen. O'Keefe stöhnte noch einmal, als ob es ihm Anstrengung bereitete, den Auslöser zu drücken. Dann schoß er.

Blendende Helligkeit fraß die drei Hohlspiegel von einer Sekunde zur anderen. Flüssiges, dampfendes Metall tropfte von der Decke und versprühte auf dem Boden.

In Tiffs Raumanzug schaltete sich die Klimaanlage klickend ein. Tiff spürte, wie der Druck von ihm abfiel, als die Spiegel verschwanden, aber als er versuchte, sich zu bewegen, gelang es ihm immer noch nicht.

O'Keefe kannte seine Sorgen.

„Glauben Sie nicht . . .", ächzte er, „daß jetzt – alles gleich – wieder gut ist. Es dauert eine Weile . . ."

Er kam von selbst auf die Idee, daß man als nächstes die TITAN informieren mußte. Tiff war glücklich, als er ächzend und jammernd zu dem Sendeaggregat hinüberkroch, es in Betrieb setzte und einen kaum artikulierten Spruch durchgab.

Dann kam O'Keefe zurück und legte sich, wie er berichtete, in die Kuhle, auf die einer der drei Spiegel gerichtet gewesen war.

Tiff wußte, was nun kommen würde, deshalb versuchte er, das Seinige dazu zu tun, daß die Nerven ihre Aktionsfähigkeit zurückerhielten.

Er konzentrierte sich ein paar Minuten lang auf das Bewegen des rechten Armes, dann ließ er die ganze aufgestaute Gehirnenergie explosionsartig in den einen Befehl fließen: Rechten Arm beugen!

Und der Arm bewegte sich. Zwar nicht so, wie Tiff es gewünscht hatte, aber er bewegte sich.

Tiff ließ nicht nach. Nach einer Weile konnte er den rechten Arm so bewegen, wie er wollte. Mit dem linken Arm kam er schneller zurecht. Dann trainierte er die Beine und schließlich Mund, Zunge und Stimmbänder.

Anderthalb Stunden, nachdem er erwacht war, konnte er das erste Wort sagen. Es hieß: „Gut . . .“

Und er meinte O'Keefe damit.

Dann stand er auf. Das Bewegen machte ihm Schmerzen, und wenn seine Stimmbänder besser in Ordnung gewesen wären, hätte er geschrien. An Halligans reglosem Körper vorbei torkelte er dorthin, wo die „Götter“ die Waffen ihrer Gefangenen deponiert hatten – offenbar fest davon überzeugt, daß diese sie niemals mehr würden benutzen können – und nahm seinen Desintegrator auf.

Die Anstrengung war so groß, daß er sich hinsetzen mußte, als er die Waffe im Arm hatte.

Es wunderte ihn, daß die „Götter“ sich nicht rührten. Sie mußten bemerkt haben, daß die drei Hohlspiegel ausgefallen waren. Warum taten sie nichts, um sich ihrer Gefangenen von neuem zu versichern?

Ein Teil der Antwort war gewiß, daß der Gegner die lange Nachwirkung der Schockbeeinflussung kannte und er deshalb keine Eile zeigte.

Den anderen Teil der Antwort konnte Tiff nicht kennen. Die „Götter“ zerbrachen sich im Augenblick den Kopf über einen anderen Eindringling, der ihnen weitaus mehr Sorge machte als die drei Gefangenen, weil er sehr zielstrebig, rasch und mit einem Optimum an Ausrüstung gegen den Stützpunkt vorging.

Perry Rhodan mit seinen fünfhundert Mann.

Die Anfertigung der Netze hatte anderthalb Stunden gedauert und um den Talkessel mit Shifts zu erreichen, brauchte Rhodan nochmals zwei Stunden.

Die Argonin-Vergifteten aus dem Kessel zu entfernen und auf den Weg zur TITAN zu bringen, nahm eine halbe Stunde in Anspruch.

Den verborgenen Zugang zum unterirdischen Stützpunkt zu finden, dauerte nur zehn Minuten. Rhodan ließ die Felswände des Kessels mit Desintegratoren abrasieren. Was übrigblieb, war eine um zwanzig Meter weiter zurückliegende Wand und das dunkle Loch eines schräg in die Felsen führenden Stollens.

Im selben Augenblick griffen die Fliegen zum erstenmal an. An den Netzen, die mit engen Maschen den Männern weit von den Helmen herunterhingen, blieben sie jedoch hängen, verloren ihre Energie und fielen kraftlos zu Boden. Dort blieben sie liegen, bis die Positronik sie mit neuer Kraft versorgte.

Bis dahin aber waren Rhodans fünfhundert Mann schon in den Stollen eingedrungen.

Halligan wäre längst nicht so schnell auf die Beine gekommen, wenn ihn nicht O'Keefes Spott so über alle Maßen geärgert hätte.

Denn O'Keefe behauptete: „Du lahme Ente wirst in fünf Tagen hier noch auf dem Boden liegen . . ."

Da fuhr er mit einem Ruck, den ihm niemand zugetraut hätte, in die Höhe, kam auf die Beine und torkelte mit erhobenen Fäusten auf O'Keefe zu. Kurz bevor er sein Ziel erreichte, verließen ihn jedoch die so gewaltsam aktivierten Kräfte, und Halligan machte vor O'Keefe einen wenig eleganten Kniefall.

„Siehst du", O'Keefe lachte, „so ist's richtig!"

Tiff konnte nicht anders, er mußte lachen. Dabei ließ er für ein paar Augenblicke in seiner Sorgfalt nach – und auf O'Keefe war ohnehin nicht zu zählen, weil er gerade mit Halligan seinen Spaß hatte –, so daß das Stück Wand, das auf der linken Seite der Kammer beiseiterollte, schon eine meterbreite Öffnung freigegeben hatte, bevor Tiff endlich aufmerksam wurde.

Er brachte nicht mehr als einen unartikulierten Schrei zuwege, als er das metallisch schimmernde Etwas sich durch die Wand schieben sah.

Tiff ließ sich nach hinten fallen, schlug hart auf und hatte Mühe, seinen Desintegrator in Anschlag zu bringen. O'Keefe dagegen war zur Seite gesprungen, um Halligan nicht zu gefährden, irritierte durch dieses Manöver den wuchtigen Robot, der den Waffenarm schon erhoben hatte, und schoß kniend vom Boden herauf.

Das Ziel war nicht zu verfehlen. Bevor der Robot den Arm noch in die neue Lage geschwenkt hatte, erfaßte ihn der Bündelstrahl der Thermowaffe, riß ihn auseinander und verstreute glühende, dampfende Metallteile nach allen Seiten.

O'Keefe sprang nach vorn und bezog kauernd neben der offenen Tür neuen Posten. Es war erstaunlich, welche Leistungen seine Muskeln schon wieder vollbrachten.

Von O'Keefes Aktivität angespornt, erhob sich Halligan zum zweitenmal, griff nach seiner Waffe und kroch auf der anderen Seite zur Tür hin.

O'Keefe sah ihn kommen und knurrte: „So war's nicht gemeint, mein Junge. Leg dich noch ein bißchen hin und ruh' dich aus. Ich mach' das hier schon allein."

„Hast du gedacht", brummte Halligan, und die ersten Worte kamen so, als hätte er zwei dicke Klöße im Mund.

O'Keefe zuckte mit den Schultern und schob den Kopf nach vorn, um vorsichtig aus der Tür hinauszusehen.

„Draußen ist ein Gang", meldete er. „Zehn Meter lang nach beiden Seiten. Auf beiden Seiten verschlossen. Keine Robots mehr."

„Woher kam der Robot?" fragte Tiff.

O'Keefe betrachtete die Überreste der Kampfmaschine. „Von rechts, würde ich sagen."

„Also schön", ächzte Tiff, „gehen wir nach rechts. Die Spielerei mit den Fliegen scheint aufgehört zu haben. Die Götter greifen nach handfesten Waffen."

Sie waren – bis auf O'Keefe, der sich inzwischen völlig erholt hatte – ein müder Haufen, der da den Gang entlangkam.

Der Abschluß der Gangwand war kein besonderes Hindernis. O'Keefe ging ein paar Schritte davor hin und her, dann glitt die Wand beiseite. Und was dahinter kam, überraschte O'Keefe so sehr, daß er auf der Stelle in die Knie ging.

Tiff wich zur Seite, so schnell er konnte.

„Machen Sie das mit den Desintegratoren!“ rief O’Keefe. „Wenn ich mit dem Thermo schieße, kommen wir hier nicht mehr durch.“

Der Raum, in den die Tür führte, war unübersehbar tief. Gedämpftes Licht fiel auf schimmernde, reglose Metallfiguren, die in straffer Ordnung glied- und reihenweise gestaffelt auf etwas zu warten schienen.

Robots. Hunderte von Robots.

Tiff entschied sich ohne langes Zögern. Die Robots waren nicht aktiviert. Noch wußten die Götter nicht, daß ihre drei Gefangenen vor dieser Tür standen, noch erhielten die Robots keinen Befehl zum Handeln.

Halligan hatte seine Waffe längst erhoben.

„Fächern und Feuer!“ schrie Tiff, und plötzliche Wut wischte den Rest von Schmerz, den die Schockbehandlung hinterlassen hatte, endgültig beiseite.

O’Keefe in der Mitte, marschierten Halligan und Tiff in den gewaltigen Raum hinein. Die Robots rührten sich nicht und ließen die Vernichtung ohne Gegenwehr über sich ergehen.

Tiff schätzte ihre Gesamtzahl auf fünfhundert. Die Zeit, die sie brauchten, um die ganze Robotarmee zu vernichten, kam ihm wie eine Ewigkeit vor, aber in Wirklichkeit waren es nicht mehr als fünfzehn Minuten gewesen.

Die Luft schwirrte und glitzerte von Metalldämpfen und -staub.

Als der letzte Robot sich unter dem grünen Strahl der Desintegratoren aufgelöst hatte, standen sie vor der Rückwand des Raumes.

„Gott sei Dank!“ seufzte O’Keefe aus vollem Herzen. „Ich dachte, sie würden jeden Augenblick über uns herfallen.“

Tiff schritt an der Rückwand entlang und fand die Tür, die sie durchdrang, genau derjenigen gegenüber, durch die sie hereingekommen waren.

Dahinter lag ein weiterer Raum – nicht so groß wie die Robothalle, aber ebenso matt erleuchtet.

Tiff stieß einen jubelnden Schrei aus. „Wir sind kurz vor dem Ziel! Das ist ein Kontrollraum!“

Es war nicht zu verkennen. Große Schalttafeln bedeckten die Wände, Oszillographen- und Bildschirme hingen dazwischen.

Leises Summen kam aus Hunderten von Instrumenten.

Aber von den „Göttern“ war keiner zu sehen.

Tiff stürmte weiter. Die nächste Tür öffnete sich vor ihm. Ein Gang nahm ihn auf. O’Keefe und Halligan folgten ihm.

Der Gang weitete sich, wuchs zu einer gewaltigen Halle, in deren Zentrum das schwache Licht die Umrisse eines kleinen, zylinderförmigen Raketenschiffs mehr ahnen als erkennen ließ.

Mit dem ersten Blick erfaßte Tiff die drei langbeinigen, in bunte Umhänge gekleideten Gestalten, die vor ihm auf das anscheinend startbereite Schiff zueilten.

„Die Götter!“ jubelte O’Keefe. „Die Götter reißen aus!“

Er kniete nieder und brachte seinen Thermostrahler sorgfältig in Anschlag.

„Wir wollen sie *lebend*!“ mahnte Tiff.

O’Keefe nickte nur. Dann schoß er.

Er zog einen glühenden Strich neben den drei flüchtenden Gestalten entlang. Das zwang sie nach links hinüber. Er zog einen zweiten Strich links an ihnen vorbei, das brachte sie in Verwirrung. Einer von ihnen stolperte, fiel hin und stand rasch wieder auf. Die beiden anderen waren ihm vorausgelaufen.

O’Keefe erhöhte die Schußleistung und brachte den Felsboden neben den Flüchtenden zum Glühen. Sie versuchten, nach der anderen Seite auszuweichen, aber O’Keefe war unerbittlich und kreiste sie mit einem Graben aus Feuer und Magma ein.

Tiff sah sie fallen, der Reihe nach. Die Hitze hatte ihnen das Bewußtsein genommen. Mit einem mißtrauischen Blick auf das Raketenschiff wollte er zu den Bewußtlosen hinüberlaufen.

Da füllte plötzlich dröhnendes Brausen die Halle. In einer Wolke von aufwirbelndem Staub hob sich das Schiff vom Boden, verharrte eine Weile scheinbar reglos in der Luft und schoß dann auf die Decke der Halle zu. Tiff sah, was ihm bisher entgangen war: In der Decke klaffte ein weiter Spalt, durch den rotes Licht hereinfiel. Es gab keine künstliche Lichtquelle, wie Tiff zuerst angenommen hatte.

Mit kaum mehr erträglichem Donnern verschwand die Rakete durch den Spalt und ließ nichts weiter hinter sich zurück als den orkanartigen Sturm, der sich infolge des schnellen Starts in der Halle ausbreitete und an den Wänden nur langsam ausklang.

O’Keefe richtete sich langsam auf.

„Der Schuft!“ knirschte er in ohnmächtigem Zorn.

Tiff verstand, was er meinte. Die drei Bewußtlosen hatten im Einflußbereich des Raketentriebwerks gelegen. Zum Start verwandte jede Rakete im Großen Imperium hoch beschleunigte Partikelströme.

„Die drei armen Kerle“, murmelte O'Keefe verstört, „sind so radioaktiv wie ein Stück Blei, das zwei Jahre in einem Reaktor gesteckt hat.“

Sie marschierten hinüber – gemächlich, weil sie keine Zeit mehr zu gewinnen hatten. Die drei „Götter“ lagen da, als schliefen sie. Niemand konnte ihnen ansehen, mit wieviel Radioaktivität sie vollgepumpt waren.

O'Keefe und Halligan drehten sie auf den Rücken.

Es waren Nathans ehemalige Begleiter – die drei Honos, die Major Chaney den Weg zu dem verlassenen Dorf gewiesen hatten.

Am Eingang der Halle war plötzlich Bewegung. Tiff ruckte in die Höhe. „Was ist . . .“

„Keine Sorge“, beruhigte ihn Halligan. „Es ist nur der Chef.“

Perry Rhodans erster Fünfzig-Mann-Trupp, Rhodan an der Spitze, stürmte in die Halle.

19.

Sie brauchten zehn Tage, um den unterirdischen Stützpunkt zu untersuchen. Danach wußten sie, daß es auf Honur keine „Götter“ mehr gab.

Das kleine Raketenboot, dem die Flucht aus dem unterirdischen Hangar gelungen war, war in den Bergen zerschellt. Rhodan schickte Gucky zum Wrack, um festzustellen, wer als Pilot fungiert hatte.

Es war Nathan, wie zu vermuten gewesen war. Entweder hatten die Maschinen versagt oder Nathan war ein stümperhafter Pilot gewesen.

Der unterirdische Stützpunkt diente, wie die Untersuchung ergab, in erster Linie der Erzeugung des Argonins. In drei gewaltigen Felsendomen wurden die Nonus unter künstlich geschaffenen, der

Oberwelt bis ins Detail nachgeahmten Lebensbedingungen gezüchtet. Das Gras, von dem sie sich ernährten, war präpariert. Aus dem präparierten Gras produzierten die kleinen Bärchen das verheerende Gift.

Es gab Anlagen, mit deren Hilfe in wenigen Stunden hunderttausend Nonus alles überschüssige Gift entzogen und in Ampullen abgefüllt werden konnte. Das alles funktionierte vollautomatisch. Der ganze Stützpunkt brauchte nur vier Mann zum Beaufsichtigen.

Die vier Mann waren tot, und niemand konnte ihnen mehr entlocken, warum sie dieses manchmal so groteske Spiel der Verwirrung und Täuschungen gespielt hatten.

Es gab nur Theorien. Rhodans Theorie zum Beispiel: „Trotz der gewaltigen Anlagen fürchteten sie sich vor uns. Sie mußten danach trachten, die Besatzung der TITAN sozusagen Zug um Zug mattzusetzen. Sie zwangen drei Gazellen zur Landung und nahmen sich auch der Shift-Gruppe an, um sie dorthin zu führen, wohin sie sie haben wollten, um sie zu vernichten. Zuvor hatten sie alle wirklichen Honos evakuiert und bei der Evakuierung des Dorfes in der Schlucht eine genügend deutliche Spur hinterlassen, auf die sie sich dann berufen konnten. Wir haben das Raupenfahrzeug inzwischen gefunden. Es ist gelenkig gebaut, etwa sechs Meter lang und bietet der Einwohnerschaft eines Dorfes – rund zwanzig Mann – gerade Platz. Wenn wir andere Dörfer absuchten und die Augen offenhielten, würden wir die gleichen Raupenspuren dort auch finden, nur wären sie da wahrscheinlich nicht so deutlich. Also weiter: ‚Die Götter' versuchten, Major Chaneys Gruppe durch Angriffe mit Robot-Fliegen zu vernichten. Das gelang ihnen nicht, weil Chaney sehr gut aufpaßte. Also führten sie ihn mit den Shifts zusammen und beschwichtigten sein Mißtrauen. Sie führten ihn und seine Leute in den Talkessel und ließen die Fliegen angreifen, als Chaney schon kaum mehr an ihre Existenz glaubte. Daß sie sich selbst dabei rechtzeitig aus dem Staub machten, weist auf zweierlei hin: Erstens sind sie selbst für Argonin empfindlich, zweitens haben sie das Gegengift nicht hier auf Honur. Sonst hätten sie sich nämlich nicht durch ihre Flucht vorzeitig verdächtig gemacht.

Auf jeden Fall setzte hier unser spezieller Plan ein. Ich hatte – unter anderen Möglichkeiten – auch mit dieser gerechnet und Leutnant Tifflor die nötigen Anweisungen gegeben. Daß es außer ihm noch zwei

Sergeanten gelang, gesund zu bleiben, ist ein besonders glücklicher Zufall. Diese drei Männer drangen in den Stützpunkt ein. Die Geschichte kennen Sie. Verwunderlich ist lediglich, daß es ihnen so verhältnismäßig leicht gelang, bis zu den ‚Göttern' selbst vorzustoßen. Ich würde sagen, das liegt daran, daß die ‚Götter' den Maßstab noch nicht kannten, mit dem sie uns messen müssen. Sie vertrauten, da es sich nur um drei Mann handelte, so sehr auf ihre technische Überlegenheit, daß sie sich keine großen Sorgen machten – erst recht nicht mehr, als die drei Eindringlinge durch Nervenschock lahmgelegt waren. Das war ihr Fehler und unsere Rettung. Als Tifflor und die beiden Sergeanten den Rest der Robotarmee vernichteten, bevor sie die Robots noch aktivieren konnten, verloren sie die Nerven und flohen. Drei von ihnen wurden an der Flucht gehindert. In kaltblütiger Konsequenz brachte der vierte sie um, damit sie uns nichts erzählen könnten. Das war alles. Und ich denke, ich habe nicht allzu weit an der Wahrheit vorbeigeraten."

Die Zuhörerschaft verhielt sich nun schweigsam. Lediglich Tifflor räusperte sich nach einer Weile und meinte: „Ich wäre Ihnen dankbar, Sir, wenn Sie uns darüber aufklären wollten, wieso es auf Honur zwei so grundverschiedene Sorten von Einwohnern gibt. Die Apathischen und die vier, mit denen wir es zu tun hatten."

Rhodan schlug sich lächelnd gegen die Stirn. „Richtig! Gut, daß Sie mich daran erinnern. Leutnant Tifflor", seine Stimme war plötzlich ernst, „ich muß Sie rügen."

Tiff erschrak. Rhodan beschwichtigte ihn mit einer Handbewegung.

„Nicht so schlimm. Es hätte an der Lage nichts geändert, wenn Sie es erkannt hätten. Leutnant Tifflor, welche Hautfarbe haben die Honos?"

Tiff dachte nach.

„Rötlichbraun, Sir", antwortete er.

„Und die vier ‚Götter', mit denen Sie es zu tun hatten?"

Tiff begann ein Licht aufzugehen. „Farblos, Sir. Albino-Typ."

„Alle vier?"

„Ja, Sir. Alle vier."

Rhodan nickte. „Das hätte Ihnen zu denken geben sollen, nicht wahr? *Ein* Albino kann vorkommen. Aber *vier*, und dazu noch unter so verdächtigen Umständen!"

Er machte eine kurze Pause. Tiff wußte, was jetzt kam.

„Die ‚Götter' sind keine Honos. Sie sind nicht auf diesem Planeten geboren, sondern gehören einem anderen Volk an. Unser Freund Crest hat den abgestürzten ‚Gott' untersucht, und dabei kehrten eine Reihe von Informationen in sein Gedächtnis zurück, die wir besser schon am Anfang gehabt hätten. Ein Zweigvolk der Springer sind die Aras. Sie stehen mit den Händlern kaum mehr in Verbindung und führen ihr eigenes Leben. Die Schöpfung hat sie mit besonderer Begabung auf dem Gebiet der biologischen Medizin bedacht. Es gibt wenige Krankheiten in der Galaxis, die die Aras nicht kennen und heilen können. Aber es gibt ein paar, die sie selbst erfunden haben und dann einsetzen, wenn sie es für nötig halten. Denn von Skrupeln sind sie, wie man von Crest hört, kaum belastet. Die Aras sind die größten Fabrikanten auf dem Medikamenten-Sektor, die die Galaxis kennt. Fünfundneunzig Prozent aller Medikamente, die in der Milchstraße gebraucht werden, werden von den Aras hergestellt. Und neunundneunzig Prozent aller Rauschgifte! Das, Leutnant Tifflor, sind die Aras. Keine Honos, wie Sie glaubten. Ich gebe allerdings zu, daß man nicht so schnell auf den Gedanken kommt, sie für Angehörige eines anderen Volkes zu halten. Ihre Figur ist etwa die gleiche wie die der Honos."

Rhodan machte eine kurze Pause und fuhr dann fort: „Um die Informationen zu bekommen, die wir benötigen, müssen wir uns an die zentrale Positronik auf Arkon wenden. Jetzt, da unsere beiden Schiffe mit Strukturkompensatoren ausgerüstet sind und nicht mehr zu befürchten ist, daß die Positronik jede einzelne Station unseres Fluges ortet und anpeilt, bestehen keine Bedenken mehr gegen einen solchen Flug. Schließlich hoffe ich, daß wir auf Arkon ein Mittel finden, die erkrankten Besatzungsmitglieder zu heilen. Selbstverständlich werden wir gegenüber dem Regenten nicht von siebenhundert Erkrankten sprechen. Dies würde unsere Position erheblich schwächen, wenn nicht gar dazu führen, daß uns der Regent die TITAN wieder abnimmt, in der Annahme, daß wir unfähig sind, sie zu besitzen. Wir zeigen acht Kranke vor. Die anderen werden versteckt. Gucky und Sengu werden dafür sorgen, daß der Robot einige Beweise ihrer außerordentlichen Fähigkeiten erhält. Der Robot weiß nicht, daß wir tausend neue Leute übernommen haben. Freyts Rückkehr ist infolge des abschirmenden Strukturkompensators unbekannt geblieben, dank den Galaktischen Händlern, die dieses wunderbare Gerät entwickelt haben. Wir sind mit siebenhundert Männern gestartet, mit siebenhundert kommen wir zurück. Eine klare Sache, oder? Acht Kranke weisen wir vor. Sie sind zu unerheblich, um als Minuspunkt für die Gesamtbewertung unserer Hilfeleistung zu gelten. Zugleich erfahren wir, ob ein Heilmittel vorhanden ist. Außerdem ist da noch das Mooff-Problem, das einer Lösung bedarf. Der Regent hat uns mit dieser Aufgabe betraut und wird auf der Durchführung beharren. Wir werden also keineswegs ohne Erfolg Arkon verlassen. Entweder gibt uns der Roboter entsprechende Daten über die Aras, oder er sagt uns, wo der Planet der Mooffs zu finden ist. Wir werden uns trotz allem in acht nehmen müssen. Aber die Informationen, die wir bekommen, sind es zehnmal wert, daß wir unsere Augen und Ohren offenhalten."

Die Kranken, die das Unternehmen Honur gekostet hatte, wurden bei den übrigen siebenhundert untergebracht.

Inzwischen sahen sich die Ärzte gezwungen, die erkrankten Menschen in künstlichen Dauerschlaf zu versetzen. In den letzten Stunden war die Euphorie so weit fortgeschritten, daß die Erkrankten jede Nahrungsaufnahme verweigerten. Um sie aber am Leben zu erhalten, mußte man zu diesem Mittel greifen und sie künstlich ernähren. Alle Versuche, eine Heilung herbeizuführen, verliefen ergebnislos.

Der Stützpunkt der Rauschgifthändler wurde so unbrauchbar gemacht, daß er zur Erzeugung des Argonins bis in alle Ewigkeit nicht mehr benutzt werden konnte.

Die vier toten Aras wurden am Ufer des Sees begraben. Rhodan mochte selbst dem hinterhältigsten aller Feinde die letzte Ehre nicht versagen.

Aus den Männern, die von Major Chaneys Gruppe gesund geblieben waren, wurde ein neuer Zug gebildet, den Leutnant Hathome anführte. Zu diesem Zug wurde auch Sergeant Halligan versetzt. Als er seine Sachen gepackt hatte und sich von Tiff verabschiedete, sagte er: „Eigentlich tut es mir leid, daß ich Sie verlasse. Ich hätte ja darum gebeten, bei Ihnen bleiben zu dürfen, aber . . ."

„Aber?"

Halligan nickte verdrießlich. „Da ist nur ein einziger Grund: Ich kann nun einmal die Nähe dieses O'Keefe nicht vertragen. Manchmal ist er ja ein ganz netter Bursche, aber meistens ist er einfach unausstehlich."

Tiff lachte. O'Keefe aber, der im Hintergrund des Raumes beim Aufzeichnen eines Berichts saß, sprang auf und schrie in höchstem Zorn: „Nun mach aber, daß du 'rauskommst, sonst muß ich dich wirklich noch verprügeln."

Halligan setzte sein Gepäck ab und hob die Fäuste.

„Ruhe!" donnerte Tiff. „Sergeant O'Keefe, ich weise Sie darauf hin, daß Sergeant Halligan als unser Gast sich von uns verabschiedet. Ich lege Wert darauf, daß Sie sich dementsprechend verhalten."

O'Keefe stutzte. Dann fing er an zu lachen.

„So einen Dummen", schnaufte er, „findet er sein Leben lang nicht wieder, der einen solchen Burschen wie ihn als *Gast* aufnimmt."

Halligan nahm sein Gepäck wieder auf und marschierte würdevoll hinaus.

20.

„Start in zehn Minuten. Everson, Sie heben das Schiff ab. Tiff, Nachricht an Freyt. Er soll eine Minute vorher starten."

Rhodan blieb hinter dem Sessel des Ersten Offiziers stehen und überwachte Eversons Anweisungen. Chef-Ing. Garand erschien kurz auf dem Bildschirm. Sein pausbäckiges Gesicht war schweißüberströmt.

Die Klarmeldungen der einzelnen Stationen liefen ein. Freyts Bestätigung kam durch.

Neun Minuten später erwachte die auf den Bildschirmen erkennbare GANYMED zum Leben. Das 840 Meter hohe und 200 Meter durchmessende Schlachtschiff stand auf seinen riesigen Heckflossen knapp drei Kilometer entfernt.

Sanft, nur mit Hilfe der Antigravfelder, erhoben sich die beiden Schiffe und stießen in den Weltraum vor.

Knapp zehn Minuten nach dem Eintauchen in den leeren Raum erreichten sie einfache Lichtgeschwindigkeit. Die Programmierung der Sprungautomatik war beendet. Arkon, das Zentralgestirn des Großen Imperiums, lag nur 47 Lichtjahre entfernt.

Perry Rhodan hatte die Anweisung erteilt, die Transition durch den fünfdimensionalen Überraum „normal" auszuführen. Dies bedeutete eine deutlich anmeßbare Strukturerschütterung.

„Wenn das nur nicht ins Auge geht", murmelte Marcus Everson vor sich hin, ehe er von den Kräften des Entmaterialisierungsfelds erfaßt und zur stofflichen Unwirklichkeit verformt wurde.

Die rote Zwergsonne Thatrel wurde zur flimmernden Scheibe. Dann verschwand sie.

Das Eintauchen der beiden Schiffsriesen in den Normalraum war für arkonidische Verhältnisse alltäglich und selbstverständlich gewesen. Hier herrschte ein unübersehbarer Verkehr.

Dennoch waren Rhodans Schiffe sofort angemessen worden. Die fünftausend Raumfestungen des äußeren Abwehrgürtels hatten das gültige Kodezeichen verlangt. Rhodan hatte nur mit dem veralteten Schlüssel antworten können, worauf sich das Robotgehirn auf Arkon III direkt eingeschaltet hatte.

Die erste Überraschung war sofort nach Aufnahme der Funkverbindung gekommen. Der Automat, der sich selbst „Großer Koordinator" oder „Regent" nannte, hatte den Einflug der beiden Schlachtschiffe in das innere System bewilligt. Dazu hatte Rhodan erfahren, daß seit fünf Tagen gültiger Standardzeit Arkon II, die für den galaktischen Warenaustausch bestimmte Welt, wieder freigegeben worden war.

Das war eine Nachricht, die an Bord der TITAN schlagartig zu den wildesten Vermutungen geführt hatte. Als Perry Rhodan zum erstenmal in das Arkonsystem eindrang, hatte der befehlende Großrobot noch eifersüchtig darüber gewacht, daß die drei Arkonwelten nicht angeflogen wurden. Mittlerweile schien man die bedenklichen Zerfallserscheinungen der arkonidischen Zivilisation aber so weit vertuscht zu haben, daß es die Maschine ohne Prestigeverlust wagen konnte, zahllosen Raumfahrern erneut die altgewohnte Landeerlaubnis zu erteilen.

Die Bahn des fünften Planeten der Sonne Arkon war überschritten. Wieder wurde ein Kodezeichen verlangt. Die beiden Schlachtschiffe wurden in die interplanetarische Anflugschneise 32–17 eingewiesen. Eine Maßnahme, die bei dem hier herrschenden Raumschiffsverkehr ohne weiteres angebracht war.

Rhodan riß sich von dem atemberaubenden Anblick der beiden erkennbaren Welten los. Arkon Nr. 1 war vom Standort der TITAN aus nicht zu sehen. Es wurde von der flammenden Sonne verdeckt.

Ein Schalter knackte. Tifflors Gesicht erschien auf dem Kontrollbildschirm.

Rhodan befahl: „Tiff, rufen Sie den Regenten auf der bekannten Hyperfrequenz an. Dringendzeichen durchgeben. Ich bitte um eine Unterredung noch vor der Landung. Schalten Sie um auf die Zentraleschirme."

Drüben, jenseits der durchsichtigen Trennwand aus Panzerplastik, begannen die mächtigen Hyperkomaggregate des Superschlachtschiffs zu arbeiten. Die Männer der Zentralebesatzung sahen sich bedeutungsvoll an. Der Augenblick schien gekommen zu sein.

„Verbindung klar, ich lege um", kam Tiffs Stimme durch.

Rhodan drehte bedächtig den hochlehnigen Pilotensessel nach rechts. Auf einem Sektor der Rundumbildflächen erschien das verworrene, in sich zerlaufende Farbmuster der eingehenden Sendung. Sekunden später entwirrten sich die Linien. Die gebuckelte Panzerschale inmitten der großen Halle erschien. Es war ein nur winziger Ausschnitt des Gehirns, aber es schien ein wichtiger zu sein.

„Rhodan von Terra an den Großen Koordinator", sprach Rhodan in das Mikrophon. Sein Gesicht war unbewegt.

„Ich höre!" kam die kühle, unmodulierte Antwort. Neugierde schien der Robot nicht zu kennen. Er fragte auch nicht nach dem Grund des Anrufs.

„Ich bitte um die sofortige Bereitstellung eines arkonidischen Ärzte-Teams. Ich habe acht Kranke an Bord."

„Welcher Art ist die Erkrankung?"

„Unbekannt. Anscheinend eine Vergiftung. Ich bin nach dem abgeschlossenen Einsatz auf Zalit auf der Welt Honur gelandet, um dort die Besatzung in aller Ruhe zu schulen. Kleine Tiere tauchten auf. Wir erkannten zu spät, daß sie giftige Stoffe ausschieden."

„Warten Sie!"

Schlagartig kamen die flimmernden Linien zurück. Rhodan fuhr unter der Berührung durch eine zarte Pfote zusammen. Gucky war plötzlich neben dem Sitz erschienen.

„Schwierigkeiten?" fragte der Ilt.

Rhodan winkte unmerklich ab. Guckys Pfoten blieben auf der Lehne des Sessels. Plötzlich war die stählerne Sektorkuppel wieder zu sehen.

Der Regent sprach: „Angaben überprüft. Der Planet Honur ist seit 14 Jahrtausenden gesperrt. Giftträger sind bekannt. Das Hautsekret der niederen Intelligenzen bewirkt in ungereinigter Form die Zerstörung organischer Nervenzellen. Chemisch aufbereitet, dient das Gift als Grundstoff des bekannten Rauschmittels *Kan'or.* Der galaktische Handelsring ist vor achthundert Jahren von der Arkon-Flotte zerschlagen worden. Noch Fragen?"

Rhodan hatte sich etwas verfärbt. Weit hinten stürzte der Biologe Janus van Orgter in die Zentrale. Mit keuchenden Lungen, schwer atmend, kam er näher.

„Wir ahnten nichts von der Gefahr", gab Rhodan rasch zurück. „Acht meiner Leute sind mit den Tieren direkt in Berührung gekommen. Der Zustand ist beängstigend. Thora, aus der Dynastie Zoltral, ist ebenfalls unter den Vergifteten. Ich bitte dringend um Hilfe."

Das Gehirn schaltete schnell. Überflüssige Fragen kamen nicht aus dem Lautsprecher. Es wußte bereits, warum Rhodan angeblich auf Honur gelandet war.

„Sie waren unvorsichtig. Landen Sie auf Arkon zwei. Ich werde eine Hilfeleistung versuchen. Warum bezeichneten Sie Ihren Anruf als dringend?"

Rhodan hielt eine Verwünschung zurück. Dr. Certch, ein an Bord der GANYMED von der Erde gekommener Robot-Psychologe tauchte hinter Rhodans Sitz auf. Er wedelte beschwörend mit beiden

Armen. Er wollte sagen, daß der Robot das Ersuchen um Heilung der Kranken niemals als dringend ansehen würde. Rhodan verstand. Es schien ungeheuer kompliziert zu sein, gefühlsbedingtes, organisches Denken auf die eiskalte Logik einer monströsen Rechenmaschine umzustellen.

Rhodan sagte: „Ich habe Hinweise über die wahren Urheber des Zalit-Aufstands entdeckt. Die Mooffs sind selbst beeinflußt worden. Die Vergiftung meiner Leute geschah planmäßig. Genauere Daten später, Regent. Wir entdeckten eine getarnte Zentrale der Galaktischen Mediziner, die von Crest aus der Familie der Zoltral mit dem Namen Aras bezeichnet wurden."

„Welcher Art war die Zentrale?"

„Ein Großlabor, in dem die von uns Nonus genannten Tiere gezüchtet wurden. Das Körpersekret wurde zu Rauschgiften verarbeitet. Ich bin davon überzeugt, daß die Lösung des Rätsels bei diesen Aras liegt. Ich bitte um genaue Daten. Wo sind die Leute anzutreffen? Unsere Bordkartei sagt nur aus, daß die Aras das medizinisch-biologisch-pharmazeutische Monopol in der Galaxis besitzen. Wie sind sie zu finden?"

Der Bildschirm wurde von einer fluoreszierenden Lichtfülle überflutet.

„Antwort negativ, passen Sie auf", sagte Dr. Certch.

Dann kam das Bild der Stahlkuppel zurück.

Das Gehirn hatte in schneller Reaktion das Wesentliche der Anfrage erkannt. Es lehnte ab, ohne das Wörtchen „Ablehnung" auszusprechen.

„Überall und nirgends. Unser Abkommen sieht nicht vor, wertvolle Zeit zu vergeuden. Es muß als widersinnig betrachtet werden, das Mooff-Problem zurückzustellen. Ich lehne es ab, Ihnen fragwürdige Daten über die Aras zu geben."

„Sind sie denn fragwürdig?" fiel Rhodan ein.

„Ja. Meine Unterlagen geben keine genauen Aufschlüsse. Wenn die Heilung der Kranken nicht gelingt, müssen die Leute aufgegeben werden. Ich schlage Ihnen folgendes vor, Rhodan von Terra: Wenn Ihre Vermutung, die Mooffs wären von den Aras vorgeschickt worden, richtig ist, besteht die Wahrscheinlichkeit, daß sie auf Mooff VI nähere Hinweise erhalten. Landen Sie sofort, und führen

Sie Ihre Kranken vor. Es wird sich innerhalb kürzester Zeit erweisen, ob ich helfen kann oder nicht. Ende."

Rhodan schrie noch eine Frage hinaus, bis er erkannte, daß die Maschine abgeschaltet hatte. Blaß drehte sich der Kommandant um.

Crest kam bedächtig näher. Auf den Schirmen der Rundum-Erfassung leuchteten die sichtbaren Arkonplaneten schon apfelgroß.

Everson sagte leise: „Bremsmanöver in zwei Minuten."

„Landen Sie ruhig", fiel Crest ablenkend ein. „Wenn das Gehirn erklärt, die Untersuchung beanspruche nur kurze Zeit, so ist damit bestenfalls eine halbe Stunde gemeint. Ist bis dahin kein Gegenmittel in dem vorhandenen Medikamentenvorrat entdeckt worden, können wir sofort wieder starten. Weiteres Warten wäre sinnlos. Der Robot wird keine besonderen Anstrengungen wegen einiger Menschen unternehmen."

Rhodan ging auf den Kontrollsitz zu. Die Automatik gab bereits Rotwert. Die drei Begleitschiffe hatten mit dem Bremsmanöver begonnen. Die beiden Planeten waren zur Kürbisgröße angewachsen.

Augenblicke später begannen die Triebwerke der TITAN zu dröhnen. Die hohe Fahrt wurde mit Gegenschub von 500 Kilometern pro Sekundenquadrat abgebremst. Die Fernsteuerzentrale des II. Arkonplaneten meldete sich.

Während das Superschlachtschiff mit aufbrüllenden Korrekturtriebwerken eingeschwenkt wurde, erklärte Rhodan über die Bordverbindung: „Kommandant an alle! Die Landung erfolgt in etwa fünfzehn Minuten. Sorgen Sie dafür, daß die Kranken unter keinen Umständen gefunden werden können. Die Mediziner bitte auf den Alarmposten bleiben. Notfalls Betäubungsgas anwenden. Es dürfen keine Schreie oder verfängliche Rufe durchkommen, da es ungewiß ist, ob wir Besuch erhalten oder nicht. Achtung, Manoli – bring Thora, Bully und die sechs anderen Männer in das Bordlazarett. Sie dürften dort vermutlich von Robotern abgeholt werden. Verwischen Sie die Spuren der erfolgten Klinikbenutzung. Alles muß einwandfrei sauber sein. Notbetten verschwinden lassen. Klinikbetten frisch beziehen. Wir werden wahrscheinlich nach kurzem Aufenthalt erneut starten. Ich werde auf den Vorschlag des Robots eingehen, um damit ernsthafte Verwicklungen von vornherein zu beseitigen. Außerdem haben wir keine andere Wahl, als auf Mooff VI zu versuchen, Klarheit in die Geschehnisse zu bringen. Das wäre alles für den Augenblick. Vorläufige Gefechtsbereitschaft herstellen, Ende."

Rhodan schaltete ab, als die TITAN dröhnend in die oberen Luftschichten von Arkon II eintauchte.

Arkon II – ein etwa erdgroßer Himmelskörper mit einer Schwerkraft von 0,7 Gravos, technifiziertes, industrialisiertes Gebilde von vollendeter Fugenlosigkeit –, die Welt der robotgesteuerten Mammutfabriken, der riesenhaften Raumhäfen. Außerdem war er der Umschlagplatz für den intergalaktischen Handel.

Die weißflammende Arkon-Sonne hing in einem leicht dunstigen, wolkenlosen Himmel. Dieser zweite Planet der synchronisierten Dreiergruppe war *die* wirtschaftliche Großmacht in der Milchstraße. Die hier fabrizierten Güter waren nicht nur qualitativ hochwertig, sondern auch quantitativ ausreichend, um mit ihnen sämtliche Kolonialwelten überschwemmen zu können. Es gab kaum etwas, was auf Arkon II nicht hergestellt wurde.

Der Raumhafen von Olp'Duor wimmelte von Handelsschiffen aller Art. Rhodan erhielt Gelegenheit, menschenähnliche und fremde Lebewesen zu betrachten.

Seltsame Gebilde ragten hier und da vom Boden auf. Noch seltsamere Geschöpfe verließen mit mehr oder weniger schweren Schutzanzügen die Pforten ihrer Raumfahrzeuge.

Die vollautomatischen Verladeanlagen des Hafens arbeiteten mit Hochdruck. Crest schätzte den Wert der tagtäglich auf Olp'Duor umgeschlagenen Waren auf etwa 8 Milliarden Dollar irdischer Währung. Aber dies war nur *ein* Raumhafen von 300.

Schwerfällig wirkende Frachter dröhnten unablässig in den Himmel. Andere kamen mit wildem Getöse an. Es war unvorstellbar, wieviel Maschinen auf diesem Gelände angehäuft waren.

Die Kugelform herrschte nur bei arkonidischen Raumern vor. Zumeist sah man walzenartige oder sehr schlanke Konstruktionen. Hier landeten die Sendboten fremder Völker, die in den meisten Fällen aus ehemaligen Arkon-Auswanderern hervorgegangen waren.

Sie glichen ihren Vorfahren in nichts mehr.

Die Nachkommen früherer Kolonisten hatten sich längst den

jeweiligen Umweltbedingungen angepaßt. Mannigfaltige Einflüsse hatten dabei eine entscheidende Rolle gespielt. Durch Schwereeinflüsse anderer Himmelskörper, kosmische Strahlung, Temperaturen, atmosphärische Zusammensetzungen und biochemische Gegebenheiten waren körperlich und auch geistig veränderte Wesen entstanden, die mit den alten Arkoniden oftmals kaum noch etwas gemein hatten.

Alle aber dachten sie, lebten sie und arbeiteten sie. Rhodan hatte Arkon II als kosmischen Ameisenhaufen bezeichnet.

Arkoniden waren nur sehr wenige zu sehen. Wenn sie aber auftauchten, geschah es mit der für sie charakteristischen Müdigkeit. Das Robotgehirn hatte zu zwangsweisen Hypnoschulungen gegriffen, jedoch hatte es sich herausgestellt, daß der nach uralten Programmierungen handelnde Automat die Begriffe Wissen und körperliche Leistungsfähigkeit verwechselt hatte.

Die nach anderen Idealen strebenden Gehirne der Arkoniden waren kaum noch aufzurütteln. Geschah es aber, so machte der anfällig gewordene Organismus nicht mehr mit.

Genau betrachtet, war Arkon am Ende. Die entscheidende Initiative ging von den Schaltungen eines Großrobots aus, an dem Generationen von Technikern und Wissenschaftlern gebaut hatten. Rhodan wußte, daß die Maschine mit all ihren zahllosen Nebenschaltungen eine Bodenfläche von etwa 10 000 Quadratkilometern beanspruchte.

Die TITAN war nahe der östlichen Platzbegrenzung fernsteuertechnisch gelandet worden.

Die von der TITAN verkörperte Machtfülle ließ sich erst erahnen, wenn man aus größerer Entfernung näherkam. Das gelandete Superschlachtschiff sah aus wie ein kugelrunder Berg von 1500 Metern Höhe, in der Mitte umgeben von einem reifenartigen Ringwulst, in dem die meisten der auf Olp'Duor gelandeten Handelsraumer bequem Platz gefunden hätten. Ein jedes der 18 TITAN-Triebwerke hatte durchschnittlich die Abmessungen kleinerer Raumschiffe.

In diesem Gebilde aus Arkonstahl und gebändigter Sonnenenergie warteten 1000 gesunde Männer. Die 700 Erkrankten ahnten nichts von der Zwischenlandung auf Arkon II.

Leutnant Tanner saß seit einer knappen Stunde vor der Feuerorgel, wie man das Waffen-Hauptleitgerät nannte. Impulsgeschütze und Desintegrator-Kanonen lauerten mit summenden Gleichrichtungs- und Abstrahlungs-Kraftfeldern hinter den noch geschlossenen Klappen der Panzertürme.

Die TITAN war klar zum Gefecht, die nur knapp 1000 Meter entfernt gelandete GANYMED ebenfalls.

Das Gelände war für den Verkehr hermetisch abgeriegelt worden. Dennoch tauchten auf den Bildschirmen der Vergrößerungsautomatik immer mehr fremdartige Lebewesen auf, die mit Neugierde und Angst in den Gesichtern zu dem Giganten hinüberstarrten.

Es gab erst zwei Flottenneubauten der Universum-Klasse. Die TITAN gehörte dazu.

Nirgends konnte daher ein Universum-Riese mehr Beachtung finden, als auf einem Raumhafen des 2. Arkonplaneten.

Rhodan sah auf die Uhr. Die mächtigen Bildschirme der Panoramagalerie zeigten das Gelände so, wie es war: überschwemmt von allen möglichen Raumschiffen, Roboterkommandos und schweren Verladeeinrichtungen.

„Sie haben sich getäuscht, mein Freund", meinte Rhodan zu Crest. „Die Untersuchung dauert länger als nur dreißig Minuten."

In diesem Augenblick kam der Mausbiber von seinem dritten „Ausflug" zurück. Der Ilt materialisierte mitten in der Zentrale. Captain Everson fuhr fluchend zurück, als der ein Meter hohe Mausbiber plötzlich vor ihm entstand.

Gucky zeigte seinen riesigen Nagezahn Dann tippelte er auf seinen kurzen Beinen zur Hauptkontrolle hinüber.

„Und?" fragte Rhodan kurz.

Gucky schwang sich ächzend auf den nächsten Sitz. Seine Mausohren lauschten zu den anderen Männern hinüber.

„Schlecht, Chef. Sie sind noch immer in dieser Klinik. Vier Arkoniden untersuchen, dazu einige Robotmaschinen. Es sieht nicht so aus, als wollte man ihnen etwas antun. Ich habe mich für einige Augenblicke gezeigt. Die Leute sind vielleicht türmen gegangen, ha!"

Gucky lachte laut und schrill. Die zarten Haare seines rotbraunen Pelzes richteten sich in der Nackengegend steil auf.

Der Mausbiber blieb eben auch in ernsten Situationen immer zu Späßen aufgelegt.

„Du sollst nicht Bullys schlechten Wortschatz übernehmen", kritisierte Rhodan. „Türmen gehen – so etwas!"

„Nun gut, sie sind also mit Tempo zwanzig abgezittert", pfiff Gucky. „Das war ein Spielchen."

„Crest, kümmern Sie sich bitte um die vernachlässigten Manieren dieses Offiziers", bat Rhodan.

„Leutnant Guck", zwitscherte der Mausbiber begeistert. „Das bin ich! So ist es richtig, wenn ich im Dienst bin, soll mich ja niemand Gucky nennen."

Rhodan verbiß ein Lächeln. Plötzlich fuhr der Mausbiber zusammen. Seine großen Samtaugen wurden starr.

„Thora kommt", sagte er tonlos. „Ich spüre ihre Impulse. Sie ist noch immer krank."

Wieder schaute Rhodan auf die Uhr. Die acht Kranken waren noch immer nicht zurückgekommen. Vor einer Stunde hatte ein Robotkommando sie abgeholt.

Die Glocke des normal lichtschnellen Telekoms sprach an. Oberst Freyt, Kommandant des Schlachtschiffs GANYMED, erschien auf dem Bildschirm.

„Sir, wir haben ein großes Fahrzeug auf den Schirmen. Die Kranken kommen zurück. Außerdem nähert sich uns ein riesenhaftes Ding mit Greifarmen. Sieht aus wie eine Beladungsmaschine. Ich bitte um Anweisungen."

„Warten Sie. Das Gehirn wird sich melden. Ich habe Frischwasser und Lebensmittel angefordert. Eine Auffüllung der Magazine vor dem Einsatz ist unbedingt notwendig. Sie benötigen für 500 Mann Verpflegung. Nehmen Sie alles, was Sie kriegen können. Das Gehirn versprach, eine Verproviantierungsliste aufzustellen. Bei der ungeheuren Präzision dieser Maschine dürfte alles angeschleppt werden, was eine große Besatzung benötigt."

Freyt verzog die Lippen. Etwas wie Ekel schimmerte in seinen Augen. „Aber synthetische Lebensmittel. Gerade nicht mein Fall."

„Fremde Völker, fremde Sitten. Sie werden kaum eine Vorstellung davon haben, was die arkonidische Chemie mit Hilfe einer erstklassig funktionierenden Photosynthese herzustellen vermag. Warum soll man den Umweg über das pflanzenfressende Schlachttier wählen, wenn man besseres, reineres und humaner gewonnenes Fleisch in

Direktherstellung beziehen kann? Glauben Sie nur nicht, daß man Ihnen widerlich aussehende Nahrungsmittel anbieten wird. Auf Arkon versteht man zu leben, und dort ernährt man sich seit Jahrtausenden mit Hilfe der künstlichen Photosynthese. Also machen Sie Ihre Luken auf, und kommandieren Sie die Verladungsroboter ab."

Der Bildschirm verblaßte. Zehn Minuten später meldete sich vor Schleuse 28 das Robot-Begleitkommando. Thora, Bully und die sechs anderen Männer wurden kommentarlos abgeliefert.

Rhodan lief nach unten. Schwer atmend beugte er sich über das blasse, abgezehrte Gesicht der jungen Arkonidin. Thora wirkte rührend hilflos, aber sie atmete ruhig und gleichmäßig.

„Tiefschlaf", stellte Dr. Manoli fest. „Also war die Untersuchung negativ. Was nun?"

Wortlos nahm Rhodan den leichten Körper von Thora auf seine Arme. Ebenso schweigsam legte er Thora auf einem bequemen Pneumatiklager der Schiffsklinik nieder. Sie hatte gleich den anderen Frauen einen Einzelraum erhalten. Nebenan schliefen Anne Sloane, Ishy Matsu und das Mädchen Betty Toufry.

Hier waren ständig Ärztewachen postiert worden. Wenn die Mutanten ihre Kräfte spielen ließen, konnte das Schiff vernichtet werden.

„Kümmern Sie sich bitte um Thora", sagte Rhodan leise und niedergeschlagen.

Die Toxikologin Tina Sarbowna musterte ihn mit einem prüfenden Blick.

„Ihnen täten einige Stunden der Ruhe gut," sagte die grobknochige Frau. „Müssen Sie sich unbedingt zu einem Nervenbündel machen? Damit ist niemand gedient."

„Sie haben recht, ich werde mir eine kleine Portion Schlaf gönnen", murmelte Rhodan abwesend.

Fünf Minuten später kamen vor den Bodenschleusen der TITAN ebenfalls Verlademaschinen an. Ein hektisches Treiben begann. Tifflors Brüllen war überall zu hören. Er war als Proviantoffizier abkommandiert worden.

Große Mengen von Nahrungsmitteln aller Art kamen an Bord. Ersatzteile, Medikamente, Spezialraumanzüge, Kampfroboter,

Bodenfahrzeuge und Antigrav-Panzer folgten. Die TITAN wurde von unermüdlichen Maschinen vollgestopft, als ginge es darum, ein Sternenreich zu erobern.

Die Ausrüstung dauerte vier Stunden Bordzeit. Aber das Gehirn hatte inzwischen nichts von sich hören lassen. Rhodan wurde bereits ungeduldig.

Die GANYMED meldete klar. Freyt berichtete: „Man hat mir mehr als zweihundert unheimliche Maschinen an Bord gebracht. Betriebsanweisungen wurden gleich mitgeliefert. Es handelt sich um Schwebepanzer, die auf einem Kraftfeld knapp meterhoch über dem jeweiligen Gelände operieren. Strahlgeschütze sind eingebaut. Dazu kommen noch fünfzehnhundert Kampfroboter."

Rhodan antwortete: „Wir werden zu echten Verbündeten. Ich bin neugierig, wie die Endrechnung aussieht. Warten Sie auf meine weiteren Anweisungen. Ich hoffe, bald einige Nachrichten zu erhalten. Ende."

Rhodan schaltete eben ab, als sich der Robot-Regent meldete. Auf dem Spezialschirm der Interkom-Anlage erschien das sinnverwirrende Farbmuster. Die Stahlkuppel mit dem Haupt-Schaltelement der Maschine wurde wenig später erkennbar.

Der Automat kam übergangslos auf die Sachlage zu sprechen.

„Eine Heilung der erkrankten Personen ist nicht möglich", dröhnte es aus den Lautsprechern. „Der Giftstoff kann nicht neutralisiert werden. Vorhandene Heilmittel haben versagt, da es sich nicht um eine erregerbedingte Schädigung handelt. Versuchen Sie, auf Mooff VI nähere Hinweise zu finden. Starten Sie sofort. Die Sprungkoordinaten werden Ihnen übermittelt. Die Sonne Mooff ist sechsunddreißig Lichtjahre entfernt."

„Und die Kranken?" schrie Rhodan.

„Die Kranken müssen aufgegeben werden."

„Junge", staunte Everson fassungslos. „Das nenne ich Kurzfassung. Über diese Dinge hätte ich schätzungsweise zwanzig Lage- und Einsatzbesprechungen abgehalten. Ich . . ."

„Programmierung läuft ein", kam Tiffs Stimme aus den Lautsprechern. Er hatte die Kontrolle des Hauptrechengehirns übernommen. Die Sprungdaten kamen an. Es war ein Impuls von nur acht Sekunden Dauer. Dann nochmals ein kurzes Zirpen.

„Da haben Sie Ihre Planetendaten“, sagte Rhodan erbittert. „Klar zum Startmanöver, Everson. Gefechtsbereitschaft aufheben.“

Fünf Minuten später wurde der riesige Raumhafen von Olp'Duor durch orkanartige Druckwellen erschüttert. Obwohl weit entfernt, begannen große Handelsraumschiffe in ihren Halterungen zu beben.

Die TITAN startete mit Minimalwerten. Langsam hob sich der Koloß in den Himmel.

Erst in 100 Kilometer Höhe ging das Superschlachtschiff mit aufbrüllenden Maschinen auf Fahrt.

Die GANYMED folgte eine Minute Standardzeit später. Auch sie war ein Ungetüm, nur wirkte sie neben der TITAN klein. Das änderte aber nichts daran, daß die Waffen der GANYMED ausreichten, um jedem Gegner Paroli zu bieten.

Die Antigravitationsgeneratoren zur Neutralisierung der planetarischen Schwerkraft liefen aus. Zurück blieb ein künstliches Gravofeld von 0,9 g, was fast irdischen Bedingungen entsprach.

Die Robotbegleitschiffe tauchten wieder auf, doch diesmal hielten sie sich in respektvoller Entfernung.

Die von dem Gehirn übermittelten Transitionsdaten sahen den Sprungbeginn noch innerhalb des großen Arkonsystems vor, ein Zeichen dafür, wie wichtig der Robot den Einsatz nahm. Normalerweise hütete sich jeder Befehlshaber, im Bereich der verworrenen Gravitations- und Kraftlinien eines Sonnensystems eine Strukturerschütterung zu erzeugen.

In zehn Minuten kamen die beiden Riesen auf einfache Lichtgeschwindigkeit. Die Programmierung der fünfdimensionalen Sprungautomatik war beendet.

Wenn die Raumer wieder aus dem zeitlosen Hyperraum mit seinen extrem andersartigen Gesetzen auftauchten, mußten sie dicht vor einer mittelgroßen, gelben Sonne stehen, die auf den Katalogen als „Mooff“ eingetragen war.

Rhodan schloß die Augen vor dem Leuchten der zahllosen, auf engstem Raum konzentrierten Sonnen. Der Kugelsternhaufen M-13 durchmaß rund 230 Lichtjahre, doch enthielt er ungefähr 150 000 Sterne.

Hier gab es nichts mehr, was das suchende Auge an den normalen, von der Erde aus betrachteten Sternenhimmel erinnerte.

Lichtkaskaden überfluteten die Bildschirme. Nirgendwo war die galaktonautische Navigation schwieriger als inmitten dieser kosmischen Ballungsgruppe. Ein klarer Überblick war nahezu unmöglich. Doppelsterne und andere Konstellationen dieser Art waren unter keinen Umständen erkennbar. Hier bedeutete die Transition ein nahezu blindes Hineinschlüpfen in die energievollen Wunderwerke der Schöpfung.

Ehe Rhodan den Sprungimpuls gab und das machtvolle Strukturfeld zur totalen Abschirmung vierdimensionaler Energieeinflüsse entstand, versuchte er nochmals, den Zielstern ausfindig zu machen.

Seine Augen versagten kläglich. Das, was in der „offenen“ Galaxis selbstverständlich war, wurde hier zur sinnestäuschenden Unwirklichkeit. Die Sonne Mooff war vor diesem Hintergrund einfach nicht zu erkennen. Da half nur noch die komplizierte Hypermathematik.

Die beiden Schlachtschiffe verschwanden in einer flimmernden Leuchterscheinung. Ihr gewaltsamer, maschinell bedingter Eintritt in den Hyperraum hob die physikalischen Gesetze des Normaluniversums auf, aber er verursachte auch die typischen Störungen im Gefüge der bekannten Dimensionen.

21.

Das kleine System der Sonne Mooff war wie ausgestorben. Vor fünfzehn Minuten waren die TITAN und die GANYMED aus der Transition gekommen.

In der Zentrale der TITAN herrschte gespannte Atmosphäre. Die beiden Schiffe näherten sich Mooff VI.

„Eine Höllenwelt!“ Everson schluckte. Ahnungsschwer starrte er auf die großen Rundumbildschirme des Superschlachtschiffs.

Die Triebwerke des Raumers liefen seit acht Minuten mit voller Bremsschubleistung.

Nach weiteren fünf Minuten schwenkte die Positronik sauber und exakt auf die berechnete Kreisbahn ein. Die GANYMED folgte im

Abstand von nur 2000 Kilometern. Letzte Korrekturen regelten den Kurs, ehe beide Schiffe in den freien Fall übergingen.

Die rumorenden Reaktoren im Außenwulst der TITAN erstarben. Es wurde still an Bord des Schiffes.

Rhodans Blick galt den beiden übersinnlich begabten Lebewesen, die als einzige aus dem sogenannten Mutantenkorps nicht erkrankt waren.

Gucky saß reglos auf seinem verdickten Hinterteil und spähte zu den Bildschirmen hinüber. Das pfiffige Gesicht des Mausbibers hatte sich gewandelt. Eine Spur von verhaltener Unruhe glomm in den großen Braunaugen.

Wuriu Sengu, mächtig von Gestalt und etwas rauh in seinen Sitten, fingerte unbewußt an seinem breiten Waffengürtel herum. Er starrte durch die elektronischen Fenster des Schiffes hindurch, und es war, als blicke der Mutant in unbekannte Fernen.

Die Klarmeldungen der einzelnen Stationen liefen ein. Die Kranken verhielten sich ruhig. Die Tiefschlaftherapie schien die einzig richtige zu sein.

Eine halbe Stunde nach dem Einschwenkmanöver begann die Einsatzbesprechung zwischen den führenden Wissenschaftlern und Offizieren der beiden Schlachtschiffe.

Rhodan erklärte die Planung in aller Ruhe.

„Niemand übersieht die Schwierigkeiten“, beendete Rhodan die ausgedehnte Besprechung. „Freyt bleibt mit der GANYMED auf der Kreisbahn zurück. Halten Sie mir den Rücken frei.“

Der hochgewachsene Mann nickte wortlos.

Dr. Haywards riesige Gestalt tauchte aus dem Hintergrund auf. Er hatte bis jetzt im Großlabor des Schiffes gearbeitet. Die Köpfe ruckten herum. Es war Hayward gewesen, der das unbekannte Gift isoliert hatte. Damit war aber noch lange kein wirkungsabsorbierender Gegenstoff gefunden.

„Nichts“, beantwortete Hayward die unausgesprochene Frage. „Der Begriff Argono-Hexylamin ist schon eine kleine Unmöglichkeit für sich. Ich weiß genau, daß die empfindlichen Nervenzellen der Kranken nicht mehr lange durchhalten. Das blutbildende Mark wird ebenfalls vom Argonin angegriffen. Die Blutbilder sehen durchweg übel aus. Zusätzlich zur Hyper-Euphorie wird es in spätestens drei bis vier Wochen noch zu einer Leukämie kommen. Haggards Serum dürfte wirkungslos sein.“

Hayward setzte sich auf die Kante eines Messetisches. Tiefes Schweigen lag über dem großen Raum.

„Das ist ja eine sehr beruhigende Mitteilung“, sagte Rhodan in bitterer Ironie. „Es muß doch eine Möglichkeit geben, diesen Giftstoff zu binden.“

„Gibt es auch, nur kennen wir diese nicht“, antwortete Tina Sarbowna. „Das ist eine Sache, die schätzungsweise eine drei- bis vierjährige Forschungsarbeit verlangt.“

Rhodan wandte sich resigniert ab. Es war sinnlos, die Diskussion über diese Angelegenheit fortzusetzen.

Er wandte sich ihrem Vorhaben zu und sagte zu den Offizieren: „Klären Sie Ihre Leute in schonungsloser Offenheit darüber auf, daß wir gegen parapsychisch begabte Lebewesen anzugehen haben. Die Mooffs werden niemals fähig sein, eine ganz gewöhnliche Schraube oder gar Raumschiffe herzustellen. Daran ändert auch die fraglos vorhandene Intelligenz nichts. Diese Wesen leben im Luftozean einer eisigen Überdruckwelt. Ihre natürliche Nachrichtenverbindung ist die Telepathie. Dazu besitzen sie suggestive Kräfte. Wir haben erlebt, daß der gedankliche Zusammenschluß mehrerer Mooffs ausreicht, um einen geistig gesunden Mann um den eigenen Willen zu bringen. Sie haben daher die generelle Anweisung an alle Einsatzkommandos zu geben, daß sich die Männer nur in Gruppen von wenigstens fünf Personen aus dem Schiff wagen dürfen. Sollten bei jemand suggestive Einflüsse bemerkt werden, haben sich die Begleiter sofort darum zu kümmern. Jeder, der nach draußen geht, nimmt zusätzlich einen Lähmungsstrahler mit. Bei Gefahr ist nur dieser einzusetzen. Wir wollen die Mooffs nicht töten. Das gleiche gilt für die Bordgeschütze. Ausnahmslos dürfen bei Aktionen gegen die Mooffs nur die Lähmungswaffen eingesetzt werden.“

„Sie übersehen das Primäre“, warf der Robotpsychologe Dr. Certch ein.

„Was meinen Sie?“

„Einmal müssen wir diese Mooffs überhaupt finden, ehe wir etwas unternehmen können. Haben wir sie aber entdeckt, steht die Frage offen, ob sie etwas von den Galaktischen Medizinern wissen, die im

Endeffekt für die Vergiftung verantwortlich sind. Ich möchte Ihnen raten, nicht zu großes Gewicht auf die parapsychologischen Fähigkeiten der Mooffs zu legen. Die Auswertung beweist mit größter Sicherheit, daß es auf dieser Welt einen Stützpunkt der Aras gibt. Sie sind die Leute im Hintergrund."

Rhodan winkte ab. Die Tatsachen waren bekannt und längst berücksichtigt worden. Er dachte nicht daran, die Mooffs im Sinne des Robotgehirns zu unterjochen. An der Kolonialpolitik des Imperiums lag ihm nichts.

Dagegen ahnte er, daß der Weg zu einem wahrscheinlich vorhandenen Stützpunkt der Galaktischen Mediziner nur über die Nichtmenschlichen führen konnte.

Rhodan löste die Versammlung auf.

Oberst Freyt kehrte mit einem Verbindungsboot zur GANYMED zurück. An Bord der riesigen TITAN begann das hektische Treiben der Einsatzvorbereitung.

Robotkommandos wurden vorprogrammiert. Die neuen Schwebepanzer aus den Fabrikationsstätten des 2. Arkonplaneten wurden klargemacht. Sie sollten die alten Shifts ersetzen, da die neuen Fahrzeuge wesentlich bessere Möglichkeiten boten. Ihre Maschinen wurden mit der vorherrschenden Schwerkraft von 2,8 Gravos leicht fertig, und ihre Bewaffnung hätte ausgereicht, um eine konventionelle irdische Armee aufzureiben.

Eintausend hochspezialisierte Männer, darunter auch jene, die das Schiff nicht verlassen sollten, wurden mit arkonidischen Einsatzanzügen ausgerüstet. Rettungsmannschaften in Hochdruck-Raumpanzern aus Arkonstahl standen mit Antigrav-Fluggeräten bereit.

Acht Stunden nach der Ankunft im Mooff-System zuckten grelle Leuchterscheinungen aus den Umlenk-Kraftfelddüsen des Superschlachtschiffs. Mit rasch absinkender Fahrt folgte es dem Zug der Gravitation. Mit dumpf aufbrüllenden Prallfeld-Projektoren raste die TITAN in die obersten Schichten einer Atmosphäre hinein, deren giftige Gase allein ausgereicht hätten, um einen Menschen sofort zu töten.

Es war ein Höllenplanet, zu groß, zu mächtig und zu fremd, um jemals als echter Stützpunkt eines sauerstoffatmenden Volkes dienen zu können.

Gucky, das letzte gesunde Lebewesen mit telepathischen Eigenschaften, lauschte mit geschlossenen Augen. Die quallenartigen Mooffs hatten Intelligenz entwickeln können, jedoch sagten die verfügbaren Unterlagen über diese Wesen einwandfrei aus, daß man mit Bauwerken und anderen Zeugnissen hochentwickelter Technik nicht rechnen durfte.

Diese Individuen waren niemals fähig gewesen, die einfachsten Dinge zu schaffen, da es ihnen einfach an den körperlichen Voraussetzungen mangelte. Hände, die besten Werkzeuge der Natur, waren den Mooffs niemals verliehen worden.

Vor dem Bugschirm der mit hoher Fahrt fliegenden TITAN ballten sich aufglühende Gase. Infolge der natürlichen Luftverdichtung war es ein nur kurzer Weg bis zur Komprimierung der Moleküle.

Die automatisch arbeitenden Gravitations-Neutralisatoren hoben den auf die TITAN einwirkenden Schwerezug restlos auf. Die mit Nulleistung laufenden Triebwerke hatten lediglich die Masse der Schiffszelle zu halten und zu bewegen. Die Überwindung des Luftwiderstands war eine Sache, die ein einziges der achtzehn Triebwerke mit Anlaufwert bewältigte.

„Echoortung negativ“, gab Captain Brian aus der Funkzentrale durch. „Keine technische Anpeilung, Sir. Kein Funkverkehr und nichts. Spurentaster ebenfalls negativ. Nur natürlich vorkommende Elemente, keine Kunststoffe oder Legierungen.“

In Rhodans Gesicht zuckte kein Muskel. Stumm sah er auf die mächtigen Bildschirme der Panoramagalerie.

Jetzt durchquerte das Superschlachtschiff eine Sturmfront von erschreckender Turbulenz. In den höheren Luftschichten von Mooff VI schienen dämonische Mächte gegen jene Spuren echten Lebens zu kämpfen, das sich auf dem Grund des Luftmeeres langsam entwickelt hatte.

„Sektor P drei abgeflogen, umschwenken auf Suchzone P vier“, gab die Automatik plärrend bekannt.

Die TITAN begann mit der zweiten Umkreisung des Planeten, diesmal aber näher der Äquatorzone. Reliefkarten der erkennbaren Oberfläche wurden im infraroten und elektronischen Tasterverfahren aufgezeichnet, sinngemäß programmiert und in der Form millionenfältiger Impulse an den Spritzguß-Former weitergeleitet. Breite

Plastikstreifen glitten aus dem Auswerfer des Kartographie-Automaten. Die dreidimensionale Formung berücksichtigte Toleranzwerte von ± 0,001 Prozent.

Nach der zwölften Umkreisung war das Kartenbild der nördlichen Halbkugel vollendet. Zehn Minuten später kamen die ersten Impulse durch. Es geschah so überraschend und übergangslos, daß der Mausbiber heftig zusammenfuhr.

„Eben . . .", kam es schrill aus Guckys Mund. Seine großen Augen glänzten.

Rhodan sprang zu dem offensichtlich verstörten Pelzwesen hinüber. Kleine, rosige Hände umklammerten Rhodans Arm.

„Was ist?" forschte der Späher Wuriu Sengu erregt. Angespannt beugte er sich über den Ilt.

„Kleiner, rede doch", flüsterte Rhodan beschwörend. „Was hast du?"

Eversons Finger zuckten über die Schalter der Direktautomatik. Dumpfes Aufbrüllen in den beiden vorderen Triebwerken des Ringwulstes – dunkles Grollen aus den Hallen der Andruck-Neutralisatoren.

Die TITAN hob im Bruchteil einer Sekunde ihre hohe Fahrt auf. Nachhallendes Rumoren aus den Maschinenräumen kam durch. Zartfingrige Filigranbündel hochverdichteter Korpuskularstrahlen hielten das Schiff in der Schwebe. Brummende Hilfskreisel reagierten unter der automatischen Stabilisierungsschaltung.

Die Männer an der Feuerorgel des Großkampfschiffs ruckten herum, ehe sich ihre Blicke auf die kleinen Bildschirme der Zielortung konzentrierten.

Es war nichts zu bemerken. Nirgends zeichneten sich Objekte ab, die man als störend oder gar bedrohlich hätte ansehen können.

Plötzlich zuckte Gucky zusammen. Auch Rhodan spürte jetzt einen dumpfen Druck im Kopf. Alle schienen es zu fühlen.

Telepathisch-suggestive Impulse! durchzuckte es Rhodan.

Jemand rief. Er rief in heller Not und tiefgreifender Besorgnis so eindringlich, so lautstark und so konzentriert, daß der Mausbiber zu wimmern begann.

„Nicht landen – bleibt wo ihr seid – nicht landen. Sie erwarten euch. Geht, woher ihr gekommen seid, Gefahr – nicht landen."

Rhodan murmelte leise vor sich hin. Dr. Certch kauerte vor dem verkrümmt stehenden Kommandanten auf dem Boden. Es war eine unwirkliche, zermürbende Situation.

Es waren auch immer wieder die gleichen Nachrichten, die Unbekannte durchgaben. Plötzlich wurden die Impulse noch stärker.

Rhodan vernahm helles Schreien. Gucky wand sich in höchsten Qualen auf dem Boden.

„Hayward, schnell!“ brüllte jemand in vollster Lautstärke. Der Mediziner war schon da. Unter dem hellen Zischen der Hochdruckspritze nahm Guckys Gewebe das Narkotikum auf. Es dauerte noch eine knappe Minute, bis sich das Pelzwesen beruhigte. Dann lag es still auf dem Pilotensitz.

Rhodans Gesicht war verzerrt. „Rufen Sie Manoli an, schnell. Die Telepathen des Korps doppelt beobachten. Wenn sie aus ihrem Tiefschlaf erwachen . . .“

Er unterbrach sich, um das Gesicht in beide Hände zu betten. Es wurde ruhig in der riesigen Zentrale des Superschlachtschiffs. Nur die Männer an den Waffenschaltungen flüsterten sich hastig Informationen zu. Es war aber nichts da, was man hätte angreifen können.

„Da haben wir es“, sagte Dr. Certch. „Ein geistiger Überfall, der zu allem Überfluß noch so klingt, als gäbe es da unten nur gute Freunde. Soll eine Warnung sein.“

„Es klang echt“, meinte Everson.

„So echt wie meine altmodische Nickeluhr.“ Certch nickte. „Nehmen wir an, die Warnung wäre ehrlich gemeint. Wer sollte sie wohl ausgestrahlt haben?“

„Wahre Freunde werden ihre parapsychische Sendung wohl nicht mit derart brutaler Geistesgewalt ausstrahlen, daß ein guter Empfänger wie Gucky darunter zusammenbricht. Wohlwollende Telepathen erkennen sofort, wenn der Empfänger überlastet wird. Weshalb hat man nicht aufgehört, als der Mausbiber zu wimmern begann?“ fragte Rhodan.

„Ihr Argument kann einen überzeugen, Rhodan. Glauben Sie ernsthaft, es gäbe außer den Mooffs noch andere, ebenfalls telepathisch begabte Lebewesen? Wenn ja, weshalb sollten sie uns dann warnen? Unter der Voraussetzung, daß die Unbekannten mit den Mooffs in erbitterter Feindschaft leben, wäre eine Warnung wahrscheinlich. Dann wäre aber zu klären, wie diese Wesen zu raumfahrttechnischen Begriffen kommen. Sie sagten doch, wir sollten nicht landen, oder? Den Begriff ‚landen' wollen wir doch einmal festhalten. Was wissen Methan-Ammoniak-Atmer ohne eigene Technik über eine Raumschiffslandung? Ist es nicht viel eher wahrscheinlich, daß sie überhaupt nichts davon ahnen? Wer also hat die telepathische Nachricht durchgegeben? Tatsächlich unbekannte Freunde?"

„Und Ihre Schlußfolgerung?" fragte Rhodan.

„Ein Trick, was soll es sonst sein? Jemand hat Angst. Es gibt nur eine Entscheidung. Landen Sie!"

Augenblicke später begannen die Programmierungstasten des kleinen Rechengehirns zu klicken. Der Robotpsychologe schien auch etwas von natürlicher Psychologie zu verstehen. Möglicherweise waren die Handlungen nichtmenschlicher Wesen mit denen einer reinen Maschine annähernd identisch.

„Dr. Certch hat recht. Was soll es sonst sein, ein jämmerlicher Trick!" Rhodan war der gleichen Meinung wie der kleine Doktor. Und dann befahl er: „Everson, Feuerbereitschaft! Kommando klar zum Ausschleusen! Brian, Nachricht an die GANYMED, absetzen! Die kartographische Erfassung der südlichen Halbkugel soll aus dem Raum fortgesetzt werden! Sofort damit beginnen! Freyt soll ferngesteuerte Meßsonden in die Atmosphäre schicken! Nur auf Materietastung Stufe A einstellen. Ich will wissen, ob es hier etwas gibt, was nicht natürlich entstanden ist. Da ist nämlich noch ein kleiner Haken, Doktor Certch."

Diesmal zeigte Rhodan ein bissiges Lächeln. Certch stieß seine riesige Brille auf den Nasenrücken. Der ausgestreckte Zeigefinger blieb in der Luft hängen.

„Sie haben übersehen, daß wir die Aras suchen. Die Nachricht kann von ihnen stammen. Oder können Sie nachweisen, daß einige dieser Burschen *nicht* telepathisch begabt sind?"

Certch begann schrill und falsch zu pfeifen. Seine hellen Äuglein zwinkerten. Im selben Augenblick begann das Landemanöver der TITAN.

Landeteller senkten sich in den nachgebenden Boden. Es wurde finster über dem Superschlachtschiff. Die Sonne Mooff zeigte sich noch als blasse Scheibe hinter dichten Wolkenschichten.

Salze und flüssige Ammoniakpfützen reagierten unter den entstehenden Temperaturen und dem vorherrschenden Außendruck in verblüffender Form. Die vorhandenen Spurenelemente Stickstoff und Wasserstoff schienen die TITAN als Katalysator anzusehen. Unter der enormen Triebwerkshitze und dem vorherrschenden Luftdruck begannen sie ebenfalls zu reagieren. Es waren chemische Prozesse, wie sie normalerweise kaum in einem Labor erzeugt werden konnten.

Die aus der TITAN hervorschießende Energieglocke entfachte in der Giftatmosphäre einen wütenden Wirbelsturm. Es war, als wäre man inmitten der Unterwelt gelandet. Der freie Raum schien unendlich weit entfernt zu sein. Freyts Funkmeldungen kamen nur unter schweren Störungen durch.

Man war angekommen, aber man wußte noch nicht, weshalb man eigentlich die erste Treppenstufe zur Hölle betreten hatte.

Siebenhundert Männer sahen sich mehr oder weniger gelassen an. Die Ingenieure in den Energiezentralen dankten ihrem Herrgott, daß sie nicht in diese Hochdruck-Giftküche hinausgeschickt wurden.

Die Männer der Bodenkommandos überprüften wieder und wieder die einwandfrei funktionierenden Mikrogeneratoren ihrer Arkoniden-Anzüge. Die Wissenschaftler dachten darüber nach, was beim Ausfall der Körper-Schutzschirme mit einem Menschen geschehen müsse. Eigentlich brauchten sie nicht darüber nachzudenken. Sie wußten sehr genau, was Druck, Schwerkraft und Giftgase bewirken mußten.

Im Interesse einer uneingeschränkten Bewegungsfreiheit war es unmöglich, unter den arkonidischen Einsatzanzügen noch schwere, ungefüge Raumpanzer für Sonderunternehmen zu tragen. Außerdem hätten diese unförmigen Rüstungen auch nur die giftigen Gase und den hohen Druck abwehren können. Gegen eine Schwerkraft von 2,8 Gravos halfen sie auch nicht.

„Eine Frühlingsnacht in der mexikanischen Sonora wäre mir lieber", sagte jemand tonlos.

Draußen tobte ein Orkan. Die Windgeschwindigkeit wurde mit 480 km/h gemessen.

22.

„Wie verhalten sie sich?“ fragte Crest.

„Sie“, das waren die Geschöpfe, die kurz nach der Landung aufgetaucht waren. Zu Tausenden, wahrscheinlich aber zu Zehntausenden, umlagerten sie in respektvollem Abstand das gelandete Schlachtschiff.

Sie waren viel größer, als man sie in der Erinnerung hatte. Etwa 2,5 Meter hoch, mehr als 1,5 Meter breit, lasteten sie in ihrer glockenförmigen Quallengestalt auf dem Boden. Oben schoben sich runde Köpfe mit weit hervortretenden Knopfaugen aus dem farblosen Schwammkörper, dessen Elastizität unverhoffte Orkanböen unter starken Verformungs- und Abflachungserscheinungen absorbierte.

Sie waren von der Natur so eingerichtet, daß sie den heftigen Winden immer die Schmalseite zudrehen konnten, gleichgültig, wie sie nun auf dem Grund kauerten.

Mehr als ein Kauern schien es nicht zu sein, und doch hatte man unglaublich rasche und flinke Bewegungen beobachtet. Aus dem unteren Rand des aufgewölbten Quallenleibs ragten zahllose, stummelartige Gehwerkzeuge hervor. Natürliche Greifmechanismen schienen die Mooffs nicht zu haben. Wenigstens hatte man noch nie welche bemerken können.

Gucky war kurz nach der Landung aus seiner Kurznarkose erwacht. Nun hockte der Mausbiber vor den Bildschirmen und belauerte die Geistesimpulse der Nichtmenschlichen. Sie waren natürliche Telepathen. Ein normales, menschenähnliches Sprechen wäre im Geräuschinferno der ewigen Orkane auch kaum möglich gewesen. Die Natur hatte einen glänzenden Ausweg gefunden.

Seit zehn Minuten trug jeder Mann der Besatzung einen arkonidischen Einsatzanzug, aber Rhodan hatte den Ausschleusungsbefehl noch nicht gegeben. Er wartete auf etwas, was er als selbstverständlich voraussetzte.

Wenn jemand die Zentrale betrat, tat er es niemals allein. Nach dem telepathischen Überfall hatte Rhodan die einzelnen Kommandos auf zumindest zehn Mann verstärkt. Jeder hatte jeden zu beobachten, ob er sich auch normal benahm.

So stand die TITAN auf ihren turmstarken Landebeinen inmitten einer weiten, von Schluchten zerrisenen Ebene. Weit entfernt ragte ein flaches Gebirge in den wolkenverhangenen Himmel. Vom Orkan gepeitschte Ammoniakkristalle zuckten in ununterbrochener Folge in den hochgespannten Schutzschirm des Schiffes hinein. Es sah aus, als veranstalte ein Unsichtbarer ein gewaltiges Feuerwerk.

An der der Windrichtung zugekehrten Seite leuchtete und blitzte es ohne Unterlaß auf. Die Kristalle verglühten unter Entwicklung hochgiftiger Dämpfe.

Man hatte festgestellt, daß die TITAN einer der wenigen Raumer der Arkon-Flotte mit kristallfeldintensivierter Hülle war. Man konnte also notfalls lange Zeit auf diesem Giftplaneten bleiben, ohne daß die Hülle angegriffen wurde. Dies zeigte, daß die TITAN für expeditionsähnliche Unternehmen konzipiert war.

„Warum greifen sie nicht an? Warum nicht?" sagte Rhodan vor sich hin. Sein fragender Blick streifte die führenden Offiziere des Riesenschiffs.

Everson saß vor den Vergrößerungsschaltungen der Infra-Ortung. Die Körper der Mooffs entwickelten ein hervorragendes Wärmeecho, obwohl sie in dieser unterkühlten Atmosphäre ebenfalls lebenden Eisschränken gleichen mußten. Etwas Körperwärme besaßen sie aber doch. Die I-Erfassung war besser als die rein optische Beobachtung, die immer wieder von stiebenden Materiewolken getrübt wurde.

„Taktik", meinte Everson unruhig. „Sie werden einige Zeit brauchen, um sich in genügender Anzahl zu versammeln. Schließlich haben sie keine Flugzeuge."

„Denen erginge es auch schlecht bei diesen Orkanen", sagte Tanner. Er saß vor den Narkosewaffen des Superschlachtschiffs.

Julian Tifflor, der Kommandant der Bodentruppen, meldete sich über Telekom. Neben ihm drängten sich die schwerbewaffneten Männer des Einsatzkommandos in der großen Bodenschleuse der TITAN.

„Tiff, wenn in genau fünfzehn Minuten noch nichts geschehen ist, stoßen Sie in einem Blitzunternehmen vor. Nehmen Sie Schwebepanzer, und setzen Sie die Traktorstrahler ein. Fangen Sie wenigstens zehn dieser großen Mooffs ein. Sonst bleibt kaum etwas zu tun. Nur von ihnen können wir erfahren, wo es hier einen Stützpunkt der Aras gibt. In fünfzehn Minuten also. Die Zeit läuft."

Tifflor bestätigte knapp. In den Rückentornistern der arkonidischen Einsatzanzüge begannen die Mikroreaktoren zu summen. Kurze Kontrollen bestätigten die Betriebsbereitschaft der einzelnen Felderzeuger.

Von der vorherrschenden Schwerkraft, fast genau 2,8 Gravos, mußten 1,8 g neutralisiert werden, wenn die gewohnte irdische Schwere von nur einem Gravo konstant gehalten werden sollte.

Das bedeutete eine erhebliche Schwächung der Energiereserven, die dem Energieschirm zur Abwehr des hohen Luftdrucks entzogen werden mußten. Immerhin reichte die Reaktorleistung aus, um sowohl Antigrav-Neutralisatoren als auch Schutzschirmprojektoren noch unterhalb der Höchstwerte zu halten.

Wenn man jedoch starkes Feuer auf die Schutzschirme erhalten sollte, würde die Sicherheitsautomatik alle Kräfte auf die Felder umschalten. So konnte es leicht geschehen, daß man urplötzlich der vollen Schwerkraft des Planeten ausgesetzt war.

Der Gedanke, mit einem fast verdreifachten Körpergewicht hilflos auf dem Boden liegen zu müssen, verursachte beinahe körperliche Schmerzen.

Tifflor sah auf die Uhr. Fünf Minuten waren bereits vorüber. Die Mooffs griffen noch immer nicht an, obwohl sie von der unfehlbaren Tasterautomatik zu Tausenden beobachtet wurden. Sie hielten sich weit entfernt, wenigstens zwei Kilometer jenseits der Energieschirm-Grenzen.

Da stieß Gucky einen hellen Warnruf aus.

Aber die Mooffs dachten nicht daran, auch nur einen Schritt näher an das Schiff zu kommen, um es anzugreifen.

„Die Gedankenimpulse werden jetzt ruhiger, sie fließen, gehen ineinander über", schrie Gucky. „Vorsicht, Vorsicht, eben geschieht eine körperliche Kontaktverbindung. Wenn sie jetzt denken, denken Zehntausende in der gleichen Richtung. Sie werden zu einem Ganzen. Vorsicht!"

„Tanner, klarhalten!“ schrie Rhodan zu den Narkosegeschützen hinüber. „Dr. Garand, Schutzschirme verstärken. Ich . . .“

Rhodan unterbrach sich. Eine nur im Bewußtsein aufkommende Fremdgewalt machte sich bemerkbar. Es begann mit einem zarten Ziehen in der Nackengegend, bis ein plötzlich aufzuckender Schmerz entlang der Schädeldecke das Gehirn traktierte.

Rhodan kämpfte mit aller Willenskraft dagegen an.

Es war eine paranormale Sturmflut, die über alles Lebende und Denkende hereinbrach. Die Überschwemmung geschah in Sekunden. Mit jedem verstreichenden Augenblick steigerte sie sich ums Vielfache, bis der suggestive Charakter dieser Gewalt nicht mehr verkannt werden konnte.

Es war ein Rütteln an den Grundfesten des Verstandes. Marcus Everson tappte bereits auf die Hauptkontrollen zu. Tanner erhob sich ruckhaft aus dem Kommandositz vor den Narkosegeschützen.

Die Mooffs waren dabei, die gesamte Besatzung auf einen Schlag lahmzulegen.

„Gucky!“ röchelte Rhodan verzweifelt. Er taumelte nach vorn, alle Willenskraft auf das Feuerleitgerät gerichtet. Er versuchte abzublokken, zu neutralisieren und die unerhörte geistige Gewalt als gegenstandslos anzusehen.

Nur der Mausbiber, der diesmal vorbereitet war, schien kaum etwas zu empfinden. Rhodan bemerkte einen huschenden Körper. Er sah, wie das Pelzwesen plötzlich vor den Feuerkontrollen auftauchte. Die Automatik war längst auf die verschiedensten Zielgebiete einjustiert. Man hatte bisher nicht geschossen, aber es mußte jetzt geschehen, denn sonst waren sie alle verloren.

Everson langte nach dem Hauptschalter der Eigenkontrollen. Damit konnte er sämtliche Nebenstationen lahmlegen.

„Feuer, Gucky, Feuer!“ rief Rhodan. Jeder seiner Schritte wurde zur Qual. Etwas Fremdes wollte ihn daran hindern. „Feuer!“

Guckys zarte Pfoten wurden zum ausführenden Organ. Die grünen, blauen und roten Knöpfe schwenkten nach unten.

Sämtliche Narkosegeschütze der TITAN eröffneten das Feuer.

Zwei Sekunden später war der parapsychische Spuk vorbei.

Everson fuhr ruckartig von den Kontrollen zurück.

Rhodan wurde erneut von quälenden Kopfschmerzen geplagt.

„Ungewohnter Einsatz brachliegender und zu rasch aktivierter Nervenbahnen“, sagten die Parapsychologen dazu.

„Weg von hier“, stöhnte Rhodan. Vor seinen Augen wirbelten rote Feuerräder. „Schiff anheben, zwanzig Kilometer entfernt aufsetzen! Vor den Bergen! Ausführung!“

Sein Kopf sank auf die Armaturen nieder. Gucky sandte beruhigende, schmerzlindernde Impulse aus. Die Männer handelten rasch und sicher. Sie fühlten nur noch einen leichten Druck im Schädel.

Sanft hob der 1500 Meter durchmessende Riesenberg aus Arkonstahl vom Boden ab.

In nur hundert Metern Höhe strich das Schiff mit geringer Fahrt über die paralysierten Mooffs hinweg.

„Manoli spricht“, klang es aus den Lautsprechern der drahtlosen Bordsprechverbindung. „Die Kranken sind unruhig. Sie scheinen unbewußt die Nähe des Gegners zu fühlen. Willst du den Einsatz auf Mooff sechs fortsetzen?“

„Ja, warum?“ fragte Rhodan.

„Dann bin ich gezwungen, die Kranken anzuschnallen und die Mutanten zusätzlich in Tiefnarkose auf der Basis eines totallähmenden Narkotikums nach Kurare-Art zu versetzen. Ich kann sonst für nichts garantieren. Bist du einverstanden? Die hochempfindlichen Nervenzentren der Mutanten reagierten auf den Angriff trotz des Tiefschlafs. Es muß sein.“

„Du bist der Arzt. Veranlasse es.“

Sofort danach setzte die TITAN erneut auf. Diesmal dicht vor dem knapp 1500 Meter hohen Gebirge, dessen höchste Gipfel von dem Riesenschiff noch überragt wurden.

„Die sind ja schon wieder da!“ stöhnte Captain Brian mit einem hilflosen Blick in die Erfassungsoptik der Bildsprechverbindung. „Sir, die Mooffs haben auf uns gewartet.“

„Wenn das Mooffs sind, schlucke ich zehn Kilogramm Bartcreme“, sagte Marcus Everson, als ein Mann im Maschinenleitstand II gellend zu schreien begann.

Das dumpfe Tosen eines tragbaren Impulsstrahlers marterte Mikrophone und Lautsprecher der allgemeinen Übertragungsanlage.

Auf dem automatisch einblendenden Bildschirm wurde der Mann sichtbar.

Er trug einen arkonidischen Schutzanzug, doch er war nicht mehr dazu gekommen, sein Körperfeld einzuschalten.

Ein pulsierendes Etwas, grau, farblos, gummiartig, hatte den Ingenieur umfangen. Es sah aus, als lege das unbekannte Ding größten Wert darauf, sein Opfer in sich aufzusaugen.

Es trug keine Waffen, aber es setzte etwas ein, was man wohl als Waffe ansprechen konnte. Seine Kräfte waren unmenschlich, sowohl körperlich als auch geistig.

Die aus dem Körper hervorzuckenden Greifarme umklammerten den hilflosen Menschen mit brutaler Gewalt. Zugleich geschah etwas, was Gucky in blitzschneller Reaktion eingreifen ließ.

Das Pelzwesen verschwand in einer flimmernden Leuchterscheinung aus der Zentrale. Fast im selben Augenblick materialisierte Gucky im Maschinenleitstand.

Wabernde Hitze, hervorgerufen von zwei planlosen Strahlschüssen eines völlig verstörten Technikers, griff schmerzhaft den zarten Pelz an.

Aus mehr als 20 Stationen kamen Panikmeldungen. Ungeheuer der gleichen Art waren plötzlich aufgetaucht, aber es waren keine Mooffs. Niemals zuvor hatten menschliche Augen solche Gebilde gesehen. Sie erschienen so unvermittelt, als wären die meterstarken Stahlwände des Schlachtschiffs flüchtige Nebelschwaden, die mit einem Schritt durchdrungen werden konnten.

Gucky sah nur noch das pulsierende Ding vor sich. Hastig in einen geschützten Winkel zurückweichend, setzte der Mausbiber seine telekinetischen Fähigkeiten ein.

Der besinnungslos gewordene Ingenieur wurde von unsichtbaren Gewalten aus der Umklammerung gerissen. Das augenlose Etwas fuhr herum. Wachsende Greifarme langten nach dem Mausbiber, der in diesen entscheidenden Momenten entdeckte, weshalb die Ungeheuer so überraschend erscheinen konnten.

Es war still geworden in der Maschinenzentrale. Gucky erkannte zu seiner Überraschung, daß es kaum einer größeren Anstrengung bedurfte, um das Ding zu bändigen. Schreiend glitt es vom Boden empor, ehe es gegen den gewölbten Stahl geschleudert wurde.

Hinter Gucky glitt ein Schott auf. Zwei Männer des Einsatzkommandos, einer von ihnen war Sergeant O'Keefe, stürmten mit eingeschalteten Schutzschirmen herein. Wieder und wieder wurde das seltsam tönende Gebilde durch Guckys Kräfte gegen die Decke geschleudert. Als er es endlich fahren ließ, fiel es schnell zu Boden.

Der Mausbiber traute seinen Augen nicht. Fluchtartig wich er vor dem erneut angreifenden Ding hinter eine Maschine zurück.

„Vorsicht!" schrillte Guckys hohe Stimme.

Das fremde Lebewesen, eben noch so platt und unförmig wie ein Kuchenblech, wölbte sich zur Kugel auf, aus der zwei dünne, hochelastische Greifarme hervorzuckten.

Er war noch nicht einmal verletzt worden.

Sergeant O'Keefe wartete ab. Breitbeinig stand er inmitten des großen Leitstands. Die Querschnittsverstellung seiner Waffenmündung stand auf Wert 6.

Er drückte erst den Feuerknopf nieder, als das unbegreifliche Geschöpf kaum noch zwei Meter von ihm entfernt war.

Ein breitfächernder Energiestrahl verließ den Lauf. Die aufgeblähte Kugel wurde erfaßt.

O'Keefe stand noch immer auf dem gleichen Fleck, als der fünf Meter durchmessende Ball sich unter hohen, melodischen Tönen asymmetrisch verformte.

Inmitten der zuckenden Strahlschußentladung versuchte das Ding auf die gleiche Art zu entkommen, wie es erschienen war.

O'Keefe schoß ein zweitesmal. Nur ein winziger Teil des Dings verschwand. Der Rest blieb zurück. Es geschah nichts mehr.

Die automatische Klimaanlage begann zu schrillen. Die Hitze im Maschinenleitstand II war über den erlaubten Höchstwert angestiegen. O'Keefe zog sich im Schutz seines Energieschirms rasch zum Schott zurück. Schwelende Dämpfe gingen von dem zerstörten Etwas aus.

Der angegriffene Ingenieur sah sich plötzlich von einem flimmernden Kraftfeld umgeben, das die tödliche Glut von ihm abhielt. Gucky hatte es im letzten Augenblick geschafft, den Schalter des Anzug-Projektors umzulegen.

„Verschwinde!" schrie O'Keefe zu dem Pelzwesen hinüber.

Im selben Moment spürte Gucky Rhodans Impulse. Er war in Not.

Ein schneller Teleportersprung brachte Gucky aus dem Gluthauch der hocherhitzten Luft.

Als er in der riesigen Kommandozentrale der TITAN materialisierte, entstand auch endlich der Schutzschirm seines kleinen Spezialanzugs.

Zwei Ungeheuer hatten sich auf Everson und Janus van Orgter gestürzt. Das Kraftfeld des Biologen lief. Everson war noch nicht geschützt.

Die körperlichen Kräfte des schweren Mannes versagten kläglich in der Umklammerung des Ungeheuers.

Gucky hörte Rhodans Schreien. Zur Hilflosigkeit verdammt, standen die Männer mit angeschlagenen Waffen vor den wirbelnden Massen farbloser Körper, unter denen nur hier und da die Glieder der Überfallenen auftauchten.

Von van Orgters Schutzfeld gingen helle Blitze aus. Das Ungeheuer kam immer wieder mit dem Schirm in Berührung, und doch wurde es von ihm nicht abgetötet.

Everson war wesentlich übler dran. Sein Keuchen war kaum noch vernehmbar. Als Gucky erschien, ließ Rhodan die Strahlwaffe fallen, um mit dem Kappmesser der Einsatzkombination auf den farblosen, schwammigen Gewebeberg loszugehen.

„Zurück!" schrillte Guckys Stimme. Rhodan konnte sich noch zur Seite werfen, als das fremdartige Gebilde von telekinetischen Kräften emporgerissen wurde. Der halb besinnungslose Everson fiel aus zwei Metern Höhe zu Boden, wo er verkrümmt liegen blieb.

Glühende Strahlschüsse vernichteten das an der Decke klebende Etwas.

Das war der Augenblick, in dem Janus van Orgter unsichtbar wurde. Sie hörten sein verzweifeltes Rufen in den Lautsprechern der Funkgeräte. Dort, wo er von dem Monstrum umklammert wurde, entstand ein helles Nebelgebilde, das sich unvermittelt verflüchtigte. Der Biologe war aus der Zentrale verschwunden.

Im selben Moment begannen die Geschütze der TITAN zu arbeiten. Tanner hatte erfaßt, worum es hier ging. Guckys kurze Rufe waren wohl verstanden worden.

Diese gummiartigen Wesen mußten Teleporter sein, also Lebewesen, die es durch geistige Kräfte verstanden, ihren eigenen Körper über gewisse Entfernungen hinweg zu transportieren. Nur so war ihr unverhofftes Auftauchen erklärbar, nur so ihr plötzliches Verschwinden.

In der Ortungszentrale begann Brian zu brüllen. Rhodan begriff. Ein harter Schlag seiner Handkante schaltete die automatischen Feuerkontrollen ab. Das dumpfe Tosen in den Waffenkuppeln der TITAN erlosch.

„Feuer einstellen, van Orgter ist draußen gelandet! Das Biest hat ihn mitgenommen!“ rief Rhodan über Bordsprech. „Tiff, schleusen Sie ein Roboterkommando aus. Van Orgter ist knapp fünfhundert Meter vom Schiff entfernt. Lassen Sie ihn bergen. Heraus mit den Kampfmaschinen. Diese Kreaturen sind sehr schwache Teleporter. Sie müssen bis dicht ans Schiff herankommen, ehe sie einen Sprung wagen können. Verhindern Sie, daß sie das Energiefeld durchdringen.“

„Sie reagieren nicht darauf“, kam die Antwort. „Sie springen durch den Schirm, materialisieren in der inneren Glockenzone und setzen von dort aus zum zweiten Sprung an.“

„Dann faßt sie innerhalb der Schutzzone. Einzelfeuer, jeder sucht sich sein Ziel.“

Bereitstehende Kampfroboter begannen zu stampfen. Janus von Orgter, der sich unvermittelt in die Hölle versetzt sah, bemerkte die aufgleitende Bodenschleuse. Im Schutzschirm entstand eine Strukturlücke.

Silbrig glänzende Titanen mit mächtigen Waffenarmen und unempfindlichen Mechano-Organismen schwebten spielerisch leicht zum Boden nieder.

Sie waren noch weit entfernt, eigentlich zu weit, wie sich van Orgter eingestand.

Ringsum heulte der Orkan. Als er sich nach dem abklingenden Rematerialisierungsschmerz zu regen begann, erwachte auch die gummiartige Masse des Ungeheuers, das sich breit und fladenhaft über ihm ausgebreitet hatte.

Janus stieß mit den Knien zu. Das Ding rührte sich kaum. Er wuchtete die Fäuste nach oben und brach in Schweiß aus, als die Automatik seines Schutzanzugs alle verfügbaren Energiereserven auf den Abwehrschirm schaltete.

Mit einem dumpfen Ächzen gab der Biologe auf. Die volle Schwerkraft von 2,8 Gravos sprang ihn an wie ein Raubtier.

Immer heftiger wurde die Blitzentwicklung. Sein Mikroreaktor arbeitete mit Höchstwerten, um das kontaktsuchende Hindernis zu beseitigen. Das Monstrum reagierte aber nicht auf die normalerweise tödlichen Energien des Feldes.

Schwach pulsierend, offenbar zutiefst erschöpft, überdeckte es den Körper des Menschen mit einer dünnen, unglaublich zähen Decke. Da ahnte Janus van Orgter, daß die Kampfroboter zu spät kommen würden.

Die dichte Atmosphäre des Planeten Mooff VI schien ein guter Schalleiter zu sein.

Er hörte das Heulen des Sturmes, und er vernahm auch das melodische Singen im zuckenden Leib des Monstrums. Ihm war, als wäre es krampfhaft bemüht, neue Kraftreserven zu sammeln.

Janus glaubte zu ersticken. Die mörderische Schwerkraft fesselte ihn nunmehr mit solcher Wucht an den Boden, daß die nach Sauerstoff gierenden Lungen den Dienst versagten.

„Aus", gab er röchelnd über Sprechfunk durch. Rhodans Rufe trafen nur noch sein Ohr, aber nicht mehr sein Bewußtsein. Das Ding über ihm rührte sich noch immer nicht.

Janus überlegte eben, daß er besser hätte schießen sollen, als etwas im seltsamen Gewebe des Dinges geschah.

Unvermittelt zog sich der flache Fladen zusammen. Es war, als griffe eine unsichtbare Gewalt ein.

Schreiend fuhr das Ding auf, verformte sich zu einer Kugel, die sofort darauf in einer grellen Leuchterscheinung explodierte. Der harte Druck wich von van Orgters Lungen. Auf einmal konnte er wieder frei und ungebunden atmen. Sein summender Energiereaktor fiel in sein normales Arbeitsgeräusch zurück.

Andere Monstren, eben erst neu erschienen, explodierten ebenfalls. Es war, als wäre ein Unbekannter zu Hilfe gekommen. Van Orgter richtete sich taumelnd auf, um von der nächsten Orkanwelle umgeworfen und über den Boden gewirbelt zu werden. Das mächtige Schutzfeld der TITAN kam ihm bedrohlich nahe.

Orgter schrie. Vom bisherigen Halt des Ungeheuers entlastet, wurde er gleichsam zum welken Blatt inmitten eines Sturmes.

Er hörte, daß die TITAN erneut das Feuer eröffnete. Tosende Energiestrahlen fuhren über ihn hinweg. Weit entfernt entstanden glühende Krater. Für Augenblicke fand van Orgter einen Halt an einer wandernden Düne aus massierten Ammoniakkristallen. Als sie von seinem grell aufleuchtenden Schutzschirm berührt wurden, begannen sie sofort zu reagieren. Dicht vor van Orgters Augen bildeten sich giftige Dämpfe. Nach Sekunden wurde er durch die Düne gewirbelt und weiter auf die Energieglocke der TITAN zugerissen.

Weit hinten rasten schattenhafte Gestalten über den rissigen Boden. Doch wurden die Roboter immer wieder aufgehalten, da stetig neue Monstren innerhalb der Energieglocke erschienen. Sie folgten ihrer Programmierung, die ihnen in erster Linie vorschrieb, nichtmenschliche Ziele unter Feuer zu nehmen.

Janus van Orgter sah sein Ende nahen. Vor ihm wuchs die leuchtende Feuerwand in den Himmel.

Julian Tifflor riskierte alles. Nachdem die „Schildkröte", ein mächtiger Schwebepanzer aus der Kriegsmaschinerie des Planeten Arkon, aus dem Bodenluk und durch die Strukturlücke im Schutzschirm geglitten war, hatte er ohne Rücksicht auf die Umgebung Fahrt aufgenommen.

Die breiten Raupenketten des Wagens ruhten. Er hing auf seinem energetischen Abstoß-Prallfeld, das ihn immer 50 bis 60 Zentimeter über dem jeweiligen Untergrund hielt. So ließen sich enorme Geschwindigkeiten erzielen.

Tifflor kümmerte sich nicht um die überall auftauchenden Ungeheuer, die von den ausgeschleusten Kampfrobotern unter Feuer genommen wurden. Nur noch sehr wenigen gelang es, nach dem Durchqueren der Energiesperre zum zweiten Teleportersprung anzusetzen. Sie hatten eine Reichweite von knapp einem Kilometer, was die Männer des Mutantenkorps als äußerst beschränkte Gabe bezeichnet hätten.

Für die Menschen an Bord des Schlachtschiffs reichte es in höchstem Maß. Nunmehr, da sie auf das jähe Auftauchen dieser Gummiwesen gefaßt waren, war immer jemand da, der das Flimmern der Materialisation rechtzeitig bemerkte.

Dann dröhnten die Strahlwaffen, ehe der ungebetene Eindringling handeln konnte. Es war eine harte Abwehrschlacht in allen Räumen des Schiffes.

Seit einigen Minuten nannte man die Monstren „Meistersinger". Jemand hatte den Namen ausgesprochen, und schon war er in den Sprachschatz der Männer aufgenommen worden. Die melodische Geräuschentwicklung mochte die Ursache für diese Bezeichnung sein.

Die Raumfahrer im Schiff hatten sich zu Zehnmann-Trupps zusammengeschlossen. Solange van Orgter noch nicht geborgen war, konnte an einen Start nicht gedacht werden. Also galt es, den Erfolg oder Mißerfolg des Kommandos abzuwarten.

Tifflor und seine zehn Männer wußten, daß sie es eigentlich nicht hätten riskieren dürfen, den Schutz der Schiffswände zu verlassen. Wenn ein Monster direkt in den Wagen sprang, waren sie so gut wie verloren. Man hätte es nicht wagen können, innerhalb der engen Räumlichkeit thermische Strahlwaffen einzusetzen. Die Zerstörung des Panzers wäre gewiß gewesen.

Auf die sonst unfehlbaren Desintegrator-Strahlen reagierten die Wesen überhaupt nicht. Die Gewebestruktur ihrer Körper mußte einen äußerst seltsamen molekularen Aufbau haben.

Bisher hatten sie nur auf die gröbsten und gefährlichsten Waffen der Menschen angesprochen, nämlich auf die Glutbündel der Thermowaffen. Dies schien auch für jenen fremden Organismus zuviel zu sein – wenn es überhaupt ein Organismus im Sinne des Wortes war.

Tifflor fluchte in allen Tonarten, denn van Orgters Körper war mit der optischen Bilderfassung nicht mehr auszumachen. Nur die I-Ortung zauberte ein klares Wärmeecho auf den Schirm.

Danach fuhr Tifflor den Panzer über das Gelände. Seine Augen waren schweißverklebt. Jedermann an Bord des Wagens hatte darauf verzichten müssen, den Körperschirm des jeweiligen Einsatzanzugs einzuschalten. Es hätte bei der ständigen Berührung der Felder zur Selbstvernichtung geführt.

„Er treibt weiter ab", schrie der Leutnant ins Mikrophon. „Könnt ihr die Schirmglocke um einige hundert Meter vorverlegen?"

Rhodans Gesicht blickte von einem kleinen Bildschirm. Er nickte nur. Sekunden später hatten die Ingenieure in der Kraftzentrale geschaltet. Das riesenhafte Abwehrfeld begann zu wandern.

Draußen, weit vor ihm, ergriffen unförmige Wesen die Flucht. Die Mooffs waren natürlich auch da, obwohl sie diesmal auf einen direkten Angriff verzichtet hatten. Dafür hatten sie andere Wesen nach vorn geschickt. Wesen, die sicherlich unter der suggestiven Kontrolle der Mooffs standen.

„Anhalten, zwei Sekunden", dröhnte Rhodans Stimme aus dem Lautsprecher.

Tifflor riß den Stufenschalter des kleinen Strahltriebwerks nach hinten. Infolge des hohen Atmosphärenwiderstands blieb der Wagen sofort auf der Stelle stehen.

„Zum Verrücktwerden", ächzte ein Mann der Besatzung, als es in der riesenhaften Kugelwandung des Schlachtschiffs zu flammen begann. Ein Feuerorkan brauste über die „Schildkröte" hinweg. Gleißende Helle stach von den Bildschirmen in die Augen der Männer. Niemals zuvor hatten sie von außen erlebt, wie ein einziger Feuerschlag des Schiffsriesen aussah.

Sofort danach nahm Tifflor wieder Fahrt auf. Van Orgters Körper hing zur Zeit am Fuß einer irrlichternden Kristallsäule, die vor wenigen Augenblicken noch nicht dagewesen war. Verflüssigte Materie hatte sich bei den Niedertemperaturen zu eigenartigen Gebilden verformt.

Sie kamen mit dem Wagen an, als van Orgter erneut davongewirbelt wurde, doch diesmal zuckte ein Traktorstrahl aus der Werfermündung. Der Biologe wurde mitten im rasenden Davonwirbeln aufgehalten. Nur knapp 50 Meter entfernt wölbte sich der Energieschirm in den düsteren Himmel.

„Vorsichtig heranziehen!" schrie Tifflor durch das Getöse. „Zum Teufel, wer schießt da! Ich . . ."

Das Dröhnen des eigenen Impulsgeschützes riß ihm die Worte von den Lippen. Aus dem wirbelnden Dunst tauchten gleichzeitig zwanzig und mehr Monstren auf.

Die marschierenden Roboter feuerten so dicht an dem stillstehenden Panzer vorbei, daß dessen starker Schutzschirm krachende Entladungen ausspie.

Tifflor sah vier Ungeheuer das Wagenfeld durchdringen. Als sie zu flimmern begannen, wußte er, daß dies der Beginn eines kurzen Teleportersprungs war, der sie in den Panzer bringen mußte.

„Feuer!“ schrie er entsetzt. In dem Augenblick zerbarsten die vier Gebilde zu glühenden Feuerkugeln.

Tifflor starrte noch mit weit aufgerissenen Augen, als seine Männer den besinnungslosen Biologen bereits durch eine Strukturlücke in die Luftschleuse brachten. Der Leutnant schwieg auch noch, als das Fahrzeug mit hoher Fahrt auf die wartende TITAN zujagte.

Sie wurden von dem starken Antigravfeld der Bodenschleuse aufgenommen. Ein letzter Feuerschlag brach aus den Waffentürmen des Riesenschiffs.

Tifflor lauschte dem Röhren und Tosen mit taubwerdenden Ohren. Rhodan erschien im großen Materialhangar. Die Kampfroboter kamen der Reihe nach emporgeschwebt. Draußen entwickelte sich ein Sturmwind, wie man ihn noch nicht erlebt hatte. Irgendwo im Schiff dröhnten Thermostrahler auf. Es mußte wieder ein Monster eingedrungen sein.

Als es stiller wurde und die Triebwerke mit Startleistung zu poltern begannen, fragte Tifflor tonlos: „Immer wenn es am schlimmsten wurde und die Situation nicht mehr zu retten war, flogen einige der Biester auseinander. Wieso ausgerechnet in solchen Momenten? Wer hat da eingegriffen? Gucky?“

Tifflors leerer Blick fand das Gesicht des Kommandanten.

„Nein. Nicht Gucky. Er hatte hier genug zu tun, unsere Leute aus den Umklammerungen zu befreien.“

Tifflor schien bestürzt. „Nein? Ja aber, wer tat es nun wirklich? Die Dinger explodierten doch nicht von selbst. Die waren doch gerade auf dem besten Weg, uns endgültig auszuschalten.“

„Nun kommen Sie nur nicht auf die telepathische Warnung vor der Landung zu sprechen“, fiel Rhodan erschöpft ein. „Tun Sie es nur nicht, oder die Leute drehen uns durch.“

Rhodan drehte sich ruckartig um. Die TITAN hing bereits in der turbulenten Luft. Zurück blieben die „Meistersinger“.

Blicklos starrten sie dem unerreichbar gewordenen Schlachtriesen nach. Jenseits der bizarren Berge tat sich eine andere Ebene auf. Ein Ammoniaksee größeren Ausmaßes schimmerte auf den Bildschirmen.

Da kam die Meldung von der im Raum wartenden GANYMED. Auf der südlichen Halbkugel war etwas entdeckt worden, was nicht in diese Giftküche hineinpaßte.

Jedenfalls erschien es unwahrscheinlich, daß der Planet Mooff VI erstklassigen Leichtstahl mit molekülverdichteter Oberfläche erzeugt haben sollte.

Die TITAN ruckte ungestüm an. Hinter den Kontrollen saß ein Mann mit brennenden, tief eingesunkenen Augen.

Im Lazarett des Schiffes stöhnten die Kranken.

23.

Etwas war sicher: Ein kompliziertes Bauwerk auf Mooff VI konnte weder von den Mooffs selbst, noch von den „Meistersingern" geschaffen worden sein.

Ebenso sicher war es, daß beide verschiedenartigen Lebewesen in einer Art Symbiose lebten. Die Mooffs beherschten die Unwirklichen. Die Aras wiederum kontrollierten die Quallenwesen.

Mediziner, Chemiker und Biologen der TITAN waren längst an der Arbeit. Die aufgefundenen Überreste abgetöteter Monstren wurden untersucht. Sie hatten kein Gehirn. Sie hatten überhaupt nichts, was sie zum selbständigen Denken befähigt hätte.

Dennoch lebten sie, dennoch griffen sie mit erstaunlicher Folgerichtigkeit an. Es war nur erklärbar mit einer gewissen Fernsteuerung, die mit den telepathisch-suggestiven Fähigkeiten der intelligenten Mooffs einwandfrei in Verbindung stand.

Die „Meistersinger" selbst boten Rätsel über Rätsel. Ihr Gewebe schien nicht organisch zu sein. Van Orgter schüttelte nur noch den Kopf. Die Chemiker murmelten etwas von „lebensaktiven Kunststoffen unter Hinweis auf artfremde, unbekannte Verbindungen in einer Methan-Ammoniak-Hochdruckzone".

Damit war niemand gedient, am wenigsten aber der Schiffsführung.

Auf den Bildschirmen der TITAN glänzte eine riesige, bläulich schimmernde Stahlkuppel. Sie war flach und nur wenig gewölbt. So ruhte sie mit einem Durchmesser von wenigstens drei Kilometern auf einem sturmgepeitschten Ozean aus verflüssigtem Ammoniak.

Vor zehn Minuten war sie von der TITAN in Eigenortung ausgemacht worden, nachdem die im Raum lauernde GANYMED vorher als übertragende Relaisstation gedient hatte.

Mit langsamer Fahrt schob sich das Kugelschiff näher. Die Energie aller Kraftwerke lag auf den dreifach gestaffelten Schutzschirmen. Nur 0,3 Prozent der verfügbaren Leistung wurde von den laufenden Schwerkraftabsorbern beansprucht.

Neue Meldungen kamen durch. Oberst Freyt teilte mit, der planetarische Raum der Sonne Mooff sei wie ausgestorben. Nirgends wäre ein Fremdkörperecho auszumachen.

„Berechnen Sie eine neue Kreisbahn“, befahl Rhodan. „Bleiben Sie über dem Zielgebiet stehen, und halten Sie Ihre Waffen klar. Achten Sie auf Funksendungen.“

Freyt bestätigte. Die Raumtaster der TITAN zeigten an, daß das Schlachtschiff mit kurz anlaufenden Maschinen aus dem bisherigen Umlaufkreis wich.

„Damit dürften die da unten verloren haben“, sagte Everson. Dabei massierte er die blauen Flecken und Quetschungen, die er bei der „Umarmung“ durch das Ungeheuer davongetragen hatte.

An Bord des Schiffes herrschte eine unwirkliche Spannung. Diese gewaltige Stahlkuppel konnte nur ein Bauwerk der Galaktischen Mediziner sein.

Gucky, dessen übergeordnete Sinne voll geöffnet waren, meldete die Anwesenheit zahlloser „Meistersinger“, deren fremdartige Körperimpulse er einwandfrei empfangen konnte.

Die Berichte aus dem Lazarett lauteten zufriedenstellend. Seitdem man sich in der Luft befand, hatte sich die Unruhe der Kranken gelegt. Die körperlichen Zerfallserscheinungen seien aber nicht mehr zu übersehen, hatte Dr. Eric Manoli mitgeteilt. Rhodan wußte, daß es allerhöchste Zeit war.

Die Ufer des gewaltigen Ammoniak-Ozeans näherten sich. Der weite Horizont des riesigen Planeten war nicht zu erkennen. Weit vor dem Punkt, wo sich Himmel und Boden berühren sollten, begann bereits die finstere Unduchsichtigkeit der wallenden Gasschwaden.

Man näherte sich der Nachthalbkugel von Mooff VI. Der gelbe Stern dieser Welt wurde von sturmzerzausten Wolkenbänken verdeckt.

„Entfernung zur Kuppel zweiundfünfzig Kilometer“, gab Captain Brian aus der Ortungsstation durch. „Die Energietaster zeichnen atomare Kraftwerke von hoher Leistung aus. Die da unten dürften bewaffnet sein, und der Durchmesser der Kuppel ist gerade nicht gering. Bestimmt haben sie Maschinenanlagen, die denen der TITAN ebenbürtig sind.“

Das waren die gleichen Gedanken und Überlegungen, die Rhodan seit einer knappen halben Stunde hegte. Wenn es hier, auf dieser lebensfeindlichen Welt, einen Stützpunkt der technisch hochstehenden Aras gab, dann war er auch schwer bewaffnet.

Nahe der Küste, genau 50 Kilometer von der Kuppel entfernt, wurde das Superschlachtschiff angehalten. Mit summenden Anti-Gravitatoren stand es trotz des aufkommenden Sturmes reglos in der Luft.

Die mathematische und geologische Abteilung waren mit den Berechnungen über dieses Phänomen beauftragt worden. Für Rhodan war es unvorstellbar, daß die relativ flache Stahlscheibe auf dem Ammoniakmeer schwimmen sollte.

Das Gewicht der Kuppel mußte unter der vorherrschenden Schwerkraft so beträchtlich sein, daß sie trotz ihrer Ausdehnung kaum schwimmfähig erscheinen konnte. Natürlich mochte man sich über den Auftrieb des fraglos vorhandenen Hohlraums täuschen. Dennoch glaubte Rhodan nicht an eine flüssigkeitsgebundene Festung.

Die TITAN verfügte nach arkonidischer Einrichtungsplanung über ein komplettes Forschungslabor. Es waren Geräte vorhanden, mit denen man aus größten Entfernungen feststellen konnte, woraus ein bestimmtes Landgebiet bestand. Die Spurentaster wiesen auch in diesem Falle einwandfrei nach, daß sich um das mächtige Bauwerk herum fester Fels befand. Demnach war es auf einer stabilen Insel errichtet, die ringsum von den ätzenden Ammoniakfluten umgeben wurde. Fraglos war der Stützpunkt von Land her kaum zu erobern.

Wieder war es Dr. Certch, dessen Berechnungen zu einer bedeutsamen Meldung führten. Er kam in die Zentrale gestürmt.

„Haben Sie gehört, daß schwimmende Mooffs erkannt worden sind?“ erkundigte er sich. Mit einer raschen Handbewegung tat er seine eigene Frage ab. Natürlich war der Kommandant von Gucky orientiert worden. „Etwas stimmt nicht. Es gibt mir zu denken, daß diese Mooffs nach dem beinahe geglückten Suggestiv-Überfall plötzlich überhaupt nichts mehr von sich hören lassen. Es ist unwahrscheinlich, daß sie bereit sind, auf ihre starken Kräfte zu verzichten. Wenn die Aktion mit den Halb-Lebewesen endgültig fehlschlägt, dürften wir eine katastrophale Überraschung erleben."

Rhodan bestätigte nickend. Natürlich war es seltsam, daß die Quallen so ruhig geworden waren. Dafür aber schwammen sie in gewaltigen Mengen in dem Ammoniak-Ozean. Everson zog fröstelnd die Schultern hoch, als er daran dachte, in diese Giftbrühe hinuntertauchen zu müssen.

Janus van Orgter hatte sein Hauptquartier ebenfalls in die Zentrale verlegt. Er sah blaß und erschöpft aus.

„Energieecho", dröhnten die Verbindungslautsprecher zur Ortungsstation. „Lautstärke zwölf, jetzt vierzehn, geht hoch auf zwanzig. Sehr starke Maschinen laufen an. Achtung, Impulsecho geht ein. Wir werden angetastet. Überlichtschnelles Verfahren, offenbar Hypertaster, Ende."

In allen Abteilungen des Schiffes waren die in der Zentrale gesprochenen Worte vernehmbar. Die Daumen der Männer entfernten sich niemals weit von den Schaltern der Körperfelder. Man rechnete mit dem plötzlichen Auftauchen weiterer „Meistersinger", obwohl die Mediziner behaupteten, das in 10 Kilometern Höhe stehende Schlachtschiff wäre außerhalb ihres Aktionsbereichs.

Rhodans Blick suchte die Anzeigen der Kraftfeldgeneratoren. Alle Werke hingen mit vollster Kapazität auf den Schutzschirmen. Es war undenkbar, eventuell von einem als normal anzusehenden Strahlschuß getroffen zu werden.

Die Vergrößerungsschaltung der Bilderfassung holte das seltsame Objekt noch näher heran. Einzelne Ausschnitte der weiten Stahlkuppel erschienen auf den Bildschirmen.

„Sie haben keine Schutzglocke errichtet", sagte Rhodan vor sich hin. „Wieso nicht? Das technische Wissen haben sie, es sei denn, wir hätten ganz andere Leute als erwartet vor uns."

Dr. Certch fuhr zusammen. Argwöhnisch musterte er den Kommandanten. „Das sind Galaktische Mediziner."

„Woher wollen Sie das so genau wissen?"

„Sie sind es", fiel Gucky ein. „Ich spüre ihre Impulse aus der

Kuppel. Ich kenne sie von Honur her. Ich fühle mich nicht wohl. Etwas Unheilvolles geschieht. Zahllose Mooffs sind vor der Insel. ‚Meistersinger' ebenfalls. Wenn wir da landen . . ."

Der Mausbiber unterbrach sich. Rhodan blickte direkt in seine großen Augen. Unbewußt fuhr er dem kleinen Burschen über das zarte Nackenfell.

„Sie warten ab. Sie glauben, uns in der Tasche zu haben", ließ sich Crest vernehmen. Seine hohe Gestalt war etwas gebeugt. Tiefste Sorge zeichnete sich in seinem zeitlos wirkenden Gesicht ab. „Sie wissen, daß wir ihretwegen gekommen sind. Fraglos haben sie erfahren, daß wir es waren, die die von ihnen ausgeschickten Mooffs auf dem Planeten Zalit ausgeschaltet und damit einen Aufstand gegen das Imperium verhindert haben. Sie erkennen uns allein an der gewaltigen TITAN. Außerdem werden sie über unsere Kranken informiert sein. Die Galaxis hat Ohren, Perry. Dabei können Sie sich gar nicht vorstellen, wie groß und scharf diese Ohren sind. Nachrichten gehen schnell von Stern zu Stern. Diese Burschen wissen, daß wir nicht einfach auf sie schießen dürfen, wenn wir jemals ein Heilmittel für die Kranken finden wollen."

Rhodan lachte humorlos. „So hängen wir hier in der Luft, haben den Gegner gefunden, aber wir können ihn nicht angreifen. Eine feine Situation, nicht wahr?"

„Möglicherweise ist die Inaktivität der Mooffs auf diese Überlegung zurückzuführen", warf Certch erregt ein. „Sie bringen mich da auf einen Gedanken. Entschuldigen Sie!"

Dr. Certch stürmte auf die Schotte der Zentrale zu.

Im selben Augenblick begann Brian aus der Ortungszentrale erregt zu schreien. Seine Worte verloren sich im allgemeinen Rufen. Unvermittelt war über dem Ammoniakmeer eine riesenhafte Blase entstanden. Sie leuchtete erst weißblau, ehe sich ihr Licht zu einem milden Schimmern mäßigte.

Von da an blieb es konstant, als wäre es schon immer vorhanden gewesen.

„Also doch eine Energiekuppel", sagte Rhodan wenig beeindruckt. „Es wäre ja auch ein Wunder gewesen. Tanner, geben Sie mit Nummer siebzehn einen Probeschuß ab. Abwehrkapazität anmessen."

Geschützkuppel 17 enthielt einen mittelschweren Thermostrahler. Die Zielortung lag längst fest. Augenblicke nach Rhodans Befehl brüllte es in der äußeren Kugelwandung der TITAN auf. Aufglühende Luftmassen wurden zur Seite gerissen. Der fünf Meter starke Impulsstrom war schneller, als das Auge folgen konnte.

Dumpfes Dröhnen lag über den zahllosen Räumen des Superschlachtschiffs. Weit voraus flammte es im soeben errichteten Energieschirm des Gegners auf. Entladungen zuckten in den Himmel. Die Abwehrglocke schien plötzlich von leuchtenden Rissen und Schründen überzogen zu werden. Trotzdem wurde die auftreffende Energie im schrägen Winkel abgeleitet. Donnernd, kaskadenartig versprühend, zuckte es hinauf in die Wolken, deren blutrotes Aufleuchten das düstere Meer erhellte.

„Keine Wirkung", gab Brian in lakonischer Kürze durch. „Das Ding hält mehr aus. Die Schirme dürften so stark sein wie die unseren. Da kommen wir auf normalem Weg niemals hinein."

Rhodan sah noch einige Augenblicke auf die Bildschirme, ehe er sagte: „Die wollen uns in aller Ruhe in der Luft verhungern lassen. Oh, man grüßt ebenfalls."

Die Schußbahn war schneller da, als es der Verstand erfassen konnte. Ungerührt ließ Rhodan den Treffer in die eigenen Schirme rasen. Auch hier erfolgte eine totale Ablenkung der eingeschlagenen Gewalten. Restenergien wurden absorbiert und der eigenen Abschirmung zugeführt. Die gewaltige TITAN schüttelte sich kurz. Das war alles.

„Viel haben sie auch nicht, und unsere überschweren Geschütze möchte ich nun doch nicht einsetzen", murmelte Rhodan im Selbstgespräch. „Naturgemäß muß ein gleichgroßes Panzerfort jedem Raumschiff überlegen sein, da es keiner Antriebsmaschinen bedarf. Der freiwerdende Platz nimmt noch einige Reservekraftwerke auf. Trotzdem, unseren dicken Brummern würden sie nicht standhalten. Kleiner . . ."

Gucky fuhr zusammen. Dann kam er eilig zum Pilotensitz herüber.

„Kleiner, würdest du dich in das Wespennest hineintrauen? Ein kurzes Spielchen machen?"

Der Mausbiber wurde schlagartig um einige Zentimeter größer. Das Spielen mit gefährlichen Dingen war seine große Leidenschaft.

„Ich mache das Spiel, Chef", schrillte er. „Was soll's?"

„Du bist der letzte einsatzbereite Teleporter. In dieser Kuppel gibt es mit Sicherheit zahlreiche Strukturschleusen, so daß du den Energieschirm passieren kannst. Unsere Waffenmixer werden dir einen schwarzschimmernden Ball geben. Den legst du nach Einschaltung des Zünders dort nieder, wo die größten Generatoren stehen. Dann wollen wir einmal sehen, wo unsere Freunde mit ihrer schönen Abwehrglocke bleiben."

Gucky zeigte seinen Nagezahn. Es hätte ungeheuer lustig gewirkt, wenn es in seinen großen Braunaugen nicht seltsam geglitzert hätte.

Minuten später gingen die einzelnen Befehle heraus. Die marschbereiten Roboterkommandos schritten in die entstehenden Antigravfelder hinein.

Die Männer der Einsatzgruppe formierten sich.

In der Zentrale wandte sich Rhodan an den Mutanten Wuriu Sengu. Der wuchtig gebaute Japaner lauschte mit schiefgehaltenem Kopf.

„Ich werde die Kuppel überfliegen, damit du einen Blick hineinwerfen kannst. Weise Gucky die Stelle an, wo er nach seinem Teleportersprung zu materialisieren hat. Schätzungsweise gibt es da drüben eine zentrale Reaktorhalle, die größer sein dürfte, als fünf Kraftwerke der TITAN zusammen. Dort soll der Kleine landen."

Der Späher nickte wortlos. Augenblicke später ruckte das Großkampfschiff an.

Das war der Moment, in dem Rhodan die zweite telepathische Warnung erhielt, nur waren die Impulse diesmal nicht so stark, wie kurz vor der ersten Landung.

„Bleibt da, wo ihr seid! Gefahr! Wir können euch nicht mehr helfen. Fliegt nicht weiter, kehrt um!"

Klar und deutlich entstand der Sinn der Mitteilung in Rhodans Gehirn. Gucky verstand es noch besser.

„Wer bist du?" gab das Pelzwesen rasch zurück. „Antworte, Freund. Du meinst es gut, oder?"

„Ich meine es gut", kam die Antwort an. „Dies ist meine letzte Warnung. Ihr seid ungehorsam gegen euch selbst. Fliegt wieder fort. Die Festung der Fremden könnt ihr nicht einnehmen."

„Wer bist du?"

„Trorth nenne ich mich, doch das ist unwichtig. Geht wieder!"

Gucky fragte weiter. Es erfolgte keine telepathische Antwort mehr.

„Wir haben also doch Freunde“, sagte Rhodan erregt. „Kleiner, wie sah es im Gehirn des Unbekannten aus?“

Der Mausbiber breitete die kleinen Arme aus. „Keine Ahnung, Chef. Nicht hineinzukommen. Das muß ein ganz komisches Etwas sein. Es war aber kein verborgener Haß in den Schwingungen.“

Rhodan gab es auf. Wer immer der Unbekannte sein mochte, er konnte nichts mehr an der Sachlage ändern.

Die TITAN glitt gefährlich langsam über die Energiekuppel hinweg. Beinahe berührten sich die Abwehrschirme. Der Gegner unternahm nichts.

„Die Energiestation liegt tief im Fels“, berichtete Sengu. „Ein riesiger, anscheinend ausgebrannter Hohlraum.“

Mehr wollte Rhodan nicht wissen. Dreißig Minuten später meldete sich der Mausbiber. Er trug seinen speziellen Einsatzanzug, an dessen Gürtel ein kleiner, kopfgroßer Metallball hing.

24.

Gucky sah sich noch einmal in dem hallenartigen Raum um, ehe er den Zünder niederdrückte. Es war sonst niemand da. Die Mammutmaschinen liefen vollautomatisch.

Gucky materialisierte wenig später an Bord der TITAN. Knapp zwanzig Sekunden nach der geglückten Flucht begann die Bombe zu reagieren. Eine explodierende Atomwaffe hatte man nicht einsetzen wollen. Es genügte völlig, wenn der Schutzschirm zusammenbrach.

Inmitten der Maschinenanlage entwickelte sich ein fünfdimensionales Gravitations-Wirbelfeld, dessen Energievolumen um so stärker wurde, je mehr reaktionsfreudige Hyperelemente davon erfaßt wurden. Hyperelemente aber waren in den Impulskonvertern der riesigen Kraftstation genügend vorhanden.

Der Alarm innerhalb der Kuppel kam zu spät. Er wäre auch zu spät gegeben worden, wenn man Gucky während des Zündens beobachtet hätte.

Dumpfes Heulen kam aus den Tiefen der Felsinsel. Irrlichternde Leuchtspiralen schoben sich aus Belüftungsschächten und anderen Öffnungen. Ein Reaktor nach dem anderen stellte automatisch den Dienst ein, als die Hyperkatalysatoren der Impulskonverter in den angeregten Prozeß übergingen. Zerstörungen im Sinn des Wortes wurden überhaupt keine angerichtet. Sobald das einmal entstandene Feld keine Nahrung mehr fand, erstarb es von selbst.

Zurück blieb ein rätselhaftes Wallen und Raunen in der sauerstoffhaltigen Luft der Kuppel. Dazu kamen noch auslaufende Hochleistungsmaschinen, deren thermisches Energievolumen infolge der ausgefallenen Umformer keine Abnehmer mehr fand. In der ganzen Galaxis gab es keine Atomkraftmaschine, die sich beim Versagen des Stromverbrauchers nicht von selbst stillgelegt hätte. Stromabnehmer war aber zu 99 Prozent das Energiefeld rings um die Kuppel gewesen.

„Es war einfach", behauptete Gucky enttäuscht, als die eben noch so unüberwindbar erscheinende Schirmfeld-Wandung nach einem müden Aufleuchten in sich zusammenbrach.

Rhodan wartete keine Sekunde länger als nötig. Das Superschlachtschiff ruckte an. In knapp einer Sekunde hatte es die Distanz zwischen Küste und Inselfestung überwunden. Nun kam es nur noch darauf an, die schweren Waffen des mächtigen Gebildes so schnell außer Gefecht zu setzen, daß die Landungsmannschaften nicht in konzentriertes Feuer gerieten. Das Schirmfeld eines arkonidischen Einsatzanzugs konnte wohl den Schuß aus einer Handwaffe neutralisieren, niemals aber die energievollen Todesbahnen größerer Geschütze.

Mit aufbrüllenden Triebwerken und brummenden Andruck-Absorbern kam die TITAN direkt über der Festung zum Stillstand.

Die Geschützstellungen der Südseite waren längst durch Energieortung ausgemacht und in die Zielautomatik der eigenen Batterien einprogrammiert worden.

Rhodan nickte wortlos. Tanner drückte mit allen zehn Fingern auf die grünen Knöpfe der Desintegratoren.

Nur das dumpfe Jaulen der Strukturumformer klang auf. Dies war nicht das betäubende Donnern der Impulskanonen, deren sonnenheiße Strahlbündel nicht mehr angebracht waren.

Lautlos, kaum erkennbar in der diesigen, turbulenten Luft, zuckten die Wellenbündel aus den gleichrichtenden Schirmfeldern.

Unten schien nichts zu geschehen.

„Vorsicht!“ schrie jemand gellend über die Bordverbindung. Es wäre überflüssig gewesen. Bevor man den Ruf befolgen konnte, waren die grellweißen Glutbahnen schon da. Das Fort hatte das Feuer eröffnet, noch ehe man die Stellungen hatte zerstören können.

Lohendes Atomfeuer hüllte die reglos in der Luft hängende TITAN ein. Es war ein starkes, hochkonzentriertes Feuer. Es bestätigte Rhodans Theorie über die gewaltige Schlagkraft einer stationären Festung.

Ein Dröhnen fuhr durch die Räume des Schiffsriesen. Die Zelle verwandelte sich zur schwingenden Glocke, und sekundenlang sah es aus, als wollten die Abwehrschirme haltlos zusammenbrechen.

Rhodans Daumen ruhte auf dem auffällig markierten Notleistungsknopf. Sogar die Reservestationen tief unten im Leib des Riesenschiffs waren eingefallen, um den jählings emporschnellenden Energiebedarf der Schutzschirme decken zu können. Die Defensivwaffen der TITAN waren noch niemals in dieser Weise beansprucht worden.

Rhodan sah, wie sein Erster Offizier Everson von dem wilden Rucken des Schiffes nach vorn geschleudert wurde, bis ihn die Haltegurte auffingen.

Dann schlug es unten ein. Es hatte ohnehin nur den Bruchteil einer Sekunde gedauert. Die letzten Entladungen zuckten aus dem dreifach gestaffelten Abwehrmantel der TITAN, als sich an genau 22 Stellen der Festungskuppel gähnende Öffnungen auftaten.

Sie entstanden geisterhaft lautlos. Zuerst begannen die Ränder zu bröckeln, dann wurden sie glatt, bis sich die Öffnungen im Zug der blitzschnellen Erweiterung zu sauber gestanzten Löchern umformten.

Es entstand keine Hitze, und es kam auch kein Glühen auf. Dafür aber geschah etwas, was in dieser Form nur auf einem ausgesprochenen Überdruckplaneten geschehen konnte.

Im leeren Raum wären nun allerlei Gegenstände aus den Löchern gerissen worden. Hier enstand jedoch keine explosive Dekompression, sondern eine nicht minder heftige Implosion durch das Eindringen der giftigen Atmosphäre.

Dann kamen die grellen Leuchterscheinungen, auf die die Physiker der TITAN gewartet hatten. Die sauerstoffhaltige Luft der an 22 Stellen angeschlagenen Kuppel hatte sich mit den Methangasen zu einem chemisch explosiven Gemisch verbunden, das an den nachglühenden Energiegeschützen einen guten Zünder fand.

Riesige Feuerzungen schossen aus den gähnenden Öffnungen. Diesmal kamen die Bruchstücke nach außen geflogen, was bewies, daß ein gewisser Druckausgleich erfolgt war. Es zeigte aber auch an, daß man auf schwere Sicherheitsschotte nicht verzichtet hatte. Die Kanonenstellungen mochten restlos zerstört sein, nicht aber die anderen Anlagen der mächtigen Kuppel.

Rhodan zögerte auch diesmal nicht. Direkt nach den erfolgten Treffern begannen die Paralyse-Waffen des Schlachtschiffs zu arbeiten. Die vor dem erkennbarem Inselufer liegende See wurde mit breitfächernden Strahlbündeln abgestreut.

Das Paralysefeuer zur Absicherung der Landungsmannschaften gegen die heranschwimmenden Mooffs wirkte.

Tiefer sank das Schiff. Genau 1200 Meter über dem Ammoniak-Ozean blieb der Raumer erneut in der Luft stehen.

Damit war er noch außerhalb des Teleportationsbereichs der unheimlichen Gebilde, die man aus Galgenhumor „Meistersinger“ genannt hatte.

„Roboter in Sicherheitsformation absetzen!“ klang Rhodans Stimme aus allen Lautsprechern.

Dreitausend arkonidische Kampfmaschinen schwebten im Schutz ihrer Antigravfelder aus den aufgleitenden Schiffsschleusen. Die robotgesteuerten Panzer folgten.

Zwei Minuten nach dem Absetzen der vierarmigen Waffenroboter folgten die Männer der Einsatzkommandos. Als Chef fungierte Julian Tifflor.

Vierhundert Mann verließen die Schleuse des Superschlachtschiffs. Sehr schnell sanken sie nach unten.

„Everson, halten Sie das Schiff in sicherer Höhe“, war Rhodans letzter Befehl, ehe er sprang.

In den Muscheln der Kopfhörer klangen die Befehle der einzelnen Offiziere auf. Die Einschußöffnungen wurden von verschiedenen Trupps gestürmt. Rhodan stieß mit Gucky zu Leutnant Tifflor vor. Die 35 Männer seines Kommandos waren eben dabei, kopfüber im knapp 50 Meter durchmessenden Schußloch zu verschwinden.

Spezialroboter folgten, aber noch war niemand zu sehen.

„Ich sehe mich um, Chef", gab der Mausbiber über Funkspruch durch.

Rhodan hob die Hand. Gucky verschwand zu seinem zweiten Teleportersprung.

Sie gelangten in eine große, weite Halle mit völlig zerstörten Waffenanlagen.

Zwei Schüsse aus den tragbaren D-Geschützen der Robots genügten, um auch die rückwärtige Schleusenwand zu sprengen.

„Festhalten!" konnte Rhodan eben noch warnend schreien, ehe ein wilder Orkan entstand.

Die Überdruckatmosphäre des Riesenplaneten fauchte in die hinter den Schußöffnungen liegenden Räume hinein. Was nicht niet- und nagelfest war, wurde mitgerissen.

Rhodan fühlte, daß sich sein Griff lockerte. Die schmerzenden Finger öffneten sich ruckweise, und dann war es soweit.

Zusammen mit anderen Männern wurde er über den Boden gewirbelt. Die Schlitterfahrt endete erst, als der Druckausgleich erfolgt war.

„Keine Hitzewaffen einsetzen!" schrie Tifflor schrill über Funk. „Explosionsgefahr! Hier ist ein böses Gasgemisch entstanden!"

Rhodan blieb in der weitläufigen Halle zurück. Die Einrichtung, offenbar zu einem Großlabor gehörend, war schwer demoliert worden. Wieder wurden keine Lebewesen angetroffen.

Rhodan suchte sich eine stille Ecke und steuerte von dort aus die einzelnen Unternehmen. Dunkles Tosen und Donnern näherte sich. Die Männer der Spezialkommandos gingen vor.

„Kein Feuer, keine Gegenwehr", gab Tifflor über Bildfunk durch. Sein vom Schutzschirm leicht verzerrtes Gesicht erschien auf der Bildfläche des tragbaren Geräts.

„Stoßen Sie in Ihrem Sektor weiter vor! Halten Sie Verbindung mit mir und den Nachbartrupps!"

Der Angriff lief. Er war nicht mehr aufzuhalten. Wenn hier Aras waren, dann mußten sie den Menschen rettungslos unterlegen sein.

„Meistersinger!" schrillte ein Ruf aus den Hörmuscheln. „Leutnant Hathome, Trupp sechzehn spricht. Wir dringen in eine Halle vor. Sie wimmelt von Kunststoffmonstren. Sie greifen an."

„Zurückziehen! Garand, wie weit sind Sie mit Ihrer Entlüftung?"

„Gebläse laufen. Luftanalyse zufriedenstellend. Methan-Sauerstoffgemisch in allen überfluteten Räumen ungefährlich geworden“, gab der Chefingenieur des Schiffes durch.

Rhodan lauschte auf das helle Singen der rasenden Turbogebläse. Diese Spezialaggregate wurden sogar mit der Gasdichte des VI. Mooff-Planeten fertig.

Die Luftanalyse wurde von Spezialrobotern vorgenommen.

Leutnant Hathome, bewährt im Honur-Einsatz, ließ das sinnlose Feuer mit den Desintegrator-Handstrahlern einstellen. Die Ungeheuer reagierten nicht darauf. Als sich seine Männer eben fluchtartig zurückzogen, gab Rhodan den entscheidenden Befehl durch.

„Feuererlaubnis mit Thermowaffen für alle Einsatzkommandos! Bei Auftauchen von Mooffs oder Aras sind wieder die Paralysatoren einzusetzen! Explosionsgefahr beseitigt! Wir pumpen Außenluft in alle Räume und saugen das gefährliche Gemisch ab. Legen Sie los!“

Hathome war es, der sich im letzten Augenblick hinter ein tragbares Impulsgeschütz warf, um das herankommende Ungetüm unter Feuer zu nehmen.

Es verging im lohenden Odem der Waffe. Weiter hinten schrie ein Mann in der Umklammerung eines „Meistersingers“. Es dauerte nur Augenblicke, bis Gucky erschien. Von da an hatte das Ding keine Chance mehr.

„Ruft mich über Funk, wenn einer gefaßt wird“, kam die Stimme des Mausbibers durch das allgemeine Brüllen und Rufen.

Jeder Trupp war auf sich allein angewiesen. Die draußen stehenden Kampfroboter befanden sich in einer erbitterten Abwehrschlacht gegen teleportierende Monstren, die der Gegner in Erwartung einer Landung zu Tausenden auf der Insel abgesetzt hatte.

Diese Maßnahme rächte sich nun. Sie kamen nicht mehr in die Festung hinein, da sie dazu erst einmal die Sperre der Kampfmaschinen zu überwinden hatten.

Rhodan wartete ab.

Es hatte zwei Stunden Bordzeit gedauert, bis sie die inneren Räumlichkeiten erreicht hatten. Die Kuppel mit all ihren riesenhaften Sälen, Hallen und ringförmigen Korridoren erschien äußerlich fast unbeschädigt. Von innen glich sie einem geradezu überdimensionalen Trümmerhaufen.

Vor einer Minute war die erste wirkliche Feindberührung erfolgt. Man hatte ein dünnes, menschenähnliches Wesen von weißlicher Hautfarbe und zerbrechlichem Körperbau tot aufgefunden.

Rhodan beugte sich über das graue, nichtssagende Gesicht mit den erstarrten Augen.

„Ein Ara“, gab er über Funk durch. „Die gleichen Kerle, die wir auf Honur gefunden haben. Wo sind die anderen?“

„Hinter jener Tür“, erklärte Tifflor erschöpft. Sein Gesicht hinter dem leicht flimmernden Schutzschirm des Einsatzanzugs glich einer geisterhaften Maske. „Sir, es ist fürchterlich. Links von Ihnen, das große Tor da, führt in eine Art Großlabor. Da liegen ganze Stücke von jenen Monstren herum, mit denen wir es laufend zu tun haben.“

„Stücke?“ wiederholte Rhodan.

„Jawohl, Sir. Die Biologen sind schon drin. Sie sagen, dies wäre eine Großstation zur Erzeugung synthetischer Gebilde. In den Kesseln wallt und kocht es.“

Rhodan ging wortlos in den anderen Raum hinein. Grauengeschüttelt blieb er stehen. Die vollautomatische Anlage lief noch. Es war wie in einer Automobilfabrik, in der Einzelteile auf dem Endband zusammengefügt werden. Nur handelte es sich hier um pulsierendes, rätselhaftes Syntholeben, das ganz am Ende der Halle schlauchartig aus einer dampfenden Maschine kam. Das, was auf den Transportbändern fortgeschafft wurde, lebte, aber es dachte nicht.

Der Biologe Janus van Orgter stellte fest: Fraglos konnten diese Monstren nur handeln, wenn sie von einem starken Willen gesteuert wurden. Wahrscheinlich wurden sie von den Galaktischen Medizinern als Hilfskräfte verkauft.

Rhodan befahl: „Tifflor, schießen Sie die Bänder und Maschinen zusammen! Alles ’raus hier, auch die Wissenschaftler!“

In dem Augenblick kam Guckys Hilferuf durch. Jeder hörte die hohe Stimme in den Kopfhörern.

„Ich, ich halte drei Aras fest“, stöhnte Gucky. „Sie wehren sich. So kommt doch!“

Tifflors Trupp reagierte schnell. Letzte Trennwände zerbröckelten unter arbeitenden Desintegratoren.

In einem kleinen Raum stand Gucky vor drei dünnen Wesen. Sie hingen an den stabilen Wänden des Raumes, als wären sie dort angeklebt worden. Sie trugen feste Raumanzüge, die den hohen Gasdruck des Planeten aushielten.

Zugreifende Männerfäuste rissen die Hilflosen aus dem telekinetischen Bann. Wenig später kam von Wuriu Sengu die Meldung, er könne nirgends mehr Aras sehen.

Es dauerte nochmals fünf Stunden, bis Roboter und Menschen die Kuppel durchsucht hatten. Unterdessen befanden sich die drei gefangenen Aras bereits auf der TITAN im Hypnoverhör. Dr. Hayward leitete die Untersuchung.

Als Rhodan oben ankam, lagen die Ergebnisse vor.

Die Mediziner Hayward und Manoli zeigten starre Gesichter. Rhodan stockte im Schritt.

Langsam tastete er nach einem arkonidischen Kontursessel, der sich sofort um seinen Körper schmiegte.

„Sie wollen doch hoffentlich nicht sagen, das Verhör wäre ergebnislos verlaufen?“ erkundigte er sich.

Hayward räusperte sich. Seine Stirn war von feinen Schweißperlen bedeckt. „Es war ein Erfolg, jedoch ein für uns negativer Erfolg, wenn ich so sagen darf. Diese Wesen sind psychisch wenig widerstandsfähig. Wir drangen mit dem Hypnoseverhör bis in die letzten Winkel ihres Geistes vor.“

„Und?“

„Negativ für uns, wie gesagt. Diese Station diente dazu, synthetisches Leben zu erzeugen. Die fabrizierten Monstren wurden regelmäßig von Schiffen der Galaktischen Mediziner abgeholt. Mit den Vorfällen auf dem Planeten Honur haben die hiesigen Aras nichts zu tun. Die Aussagen sind unbedingt glaubwürdig, wenn man bedenkt, daß auch die Aras in zahllose Einzelsippen gespalten sind.“

Rhodan hatte das Gesicht in den Händen geborgen.

‚Umsonst!‘ hämmerte es in seinem Gehirn. ‚Alles umsonst!‘

Hayward sprach bekümmert weiter: „Das Unternehmen war ein Fehlschlag. Wir gingen von falschen Voraussetzungen aus. Die hier lebenden Aras kannten uns wohl, aber nicht infolge der Vergiftung, sondern lediglich durch die Ereignisse auf Zalit. Sie waren es, die die Mooffs nach dort brachten und ihnen befahlen, die Revolte durch suggestive Beeinflussung der zalitischen Führungsschicht zu veranlassen. Die Aras haben die Mooffs auf Zalit auch dazu gebracht, uns nach Honur zu locken, damit sie uns los hatten. Denken Sie an Thoras und Bullys Probleme. Doch über die Anlagen auf Honur wissen die Aras von Mooff VI nicht viel – sie wird von einer anderen Sippe verwaltet. Das heißt, daß es hier kein Heilmittel für unsere Kranken gibt."

Rhodans Hände sanken schlaff nach unten. Seine Augen waren blicklos in weite Fernen gerichtet. „Und jetzt?"

„Eine Aussage ist immerhin von Bedeutung", sagte Hayward. „Die Aras besitzen sogenannte Zentralwelten, auf denen sich der Handel mit anderen Völkern abspielt. Wenn wir das Gegenmittel überhaupt finden, dann nur auf einer Welt, die die Gefangenen Aralon nennen. Dort ist gewissermaßen eine medizinisch-pharmazeutische Verkaufszentrale, die alle möglichen Heilmittel vorrätig hat. Außerdem gibt es dort einige Ara-Führer. Die Gefangenen sind sicher, daß wir Hilfe finden können. Wie, ist natürlich eine andere Frage."

Rhodan nickte und befahl: „Sperren Sie die Gefangenen ein, und geben Sie ihnen Verpflegung."

Er stand müde auf, als Gucky in der Zentrale erschien.

„Unser Freund hat gerufen", erklärte der Mausbiber. „Dieser Trorth. Er möchte mit uns sprechen, ehe wir abfliegen. Wir müssen aber hinunter, er kann in unserer Luft nicht leben."

Rhodan dachte nach.

„Nun gut", entschied er. „Gehen wir."

25.

Sie waren mit den Antigravanzügen nach unten geschwebt, und dann hatten sie in heller Panik die Waffen nach oben gerissen.

Die Paralysatoren waren noch immer im Anschlag. Nur Guckys anhaltendem schrillen Ruf war es zu verdanken, daß sie nicht geschossen hatten.

Trorth war allein gekommen. Einsam ruhte er mit seinen stummelartigen Gehwerkzeugen auf dem kristallinen Boden. Sein quallenartiger Körper schaukelte im Wind, und die großen Knopfaugen inmitten des runden Kopfes waren weit geöffnet. Zwei Meter hoch, eineinhalb Meter breit – so stand er vor den Menschen.

Gucky stieß wimmernde Laute aus. Seine rosigen Pfoten lagen unterhalb des Energieschirms über den großen Ohren.

„Nicht schießen", kam es als leiser telepathischer Impuls in Rhodans Bewußtsein an. „Es ist genug gekämpft worden. Meine Brüder weinen. Haben wir nicht versucht, euch mit unseren Kräften zum Start zu veranlassen, nachdem ihr trotz unserer Warnung gelandet seid? Wir halfen euch, wo immer wir konnten. Als einige von euch in Not gerieten, zerstörten wir die Nichtlebenden. Sie vergingen in Feuerbällen, als wir unsere kollektiven geistigen Kräfte einsetzten."

„Wir dachten bereits, daß ihr die Meistersinger angegriffen habt", gab Rhodan zurück. „Anfangs, als wir auf Zalit operierten, hielten wir die Mooffs für gefährliche Wesen. Dann jedoch erkannten wir, daß Unbekannte hinter den Aktionen auf Zalit standen, und wir begannen, nach ihnen zu suchen. Dabei stießen wir schließlich auf die Aras."

Trorths Gedanken wurden bitter.

„Die Aras haben gelernt, sich gegen unsere Kräfte abzuschirmen und uns in ihren Dienst zu zwingen", erklärte er. „Es liegt uns nichts daran, Macht zu gewinnen."

„Das dachte ich mir." Rhodan nickte. „Es erleichtert mich, daß keinem von euch etwas geschehen ist. Eure Artgenossen auf Zalit leben noch. Sie befinden sich im Zustand der Bewußtlosigkeit. Ich werde dafür sorgen, daß sie auf dem schnellsten Weg hierher auf ihre Heimatwelt gebracht werden. Die Mooffs, die wir während unserer Landung auf dieser Welt paralysieren mußten, werden ebenfalls bald wieder erwachen."

Die Gedanken des Mooffs bestanden aus einer Mischung von Dankbarkeit und Furcht.

„Die Aras werden zurückkommen", befürchtete er.

Rhodan schüttelte den Kopf. „Das bezweifle ich. Wir werden ihren Stützpunkt völlig zerstören, so daß sie ihn nicht mehr benutzen können. Nach allem, was wir über die Galaktischen Mediziner erfahren haben, operieren sie gern aus dem Hintergrund. Nun, da ihr Stützpunkt auf Mooff sechs entdeckt ist, werden sie ihn aufgeben."

Gedanken strömten hin und her.

„Außerdem", fuhr Rhodan fort, „haben wir vor, einem der Hauptstützpunkte der Aras, Aralon, einen Besuch abzustatten. Meine kranken Freunde brauchen so schnell wie möglich Hilfe. Ich werde den Aras klarmachen, daß Mediziner anderen Wesen zu helfen haben. *Das* ist ihre eigentliche Aufgabe, wo immer sie wirken."

Rhodans Zuversicht schien auf Trorth ansteckend zu wirken, denn eine Welle zufriedener Impulse drang in Rhodans Bewußtsein. Der Mooff wurde schläfrig, eine Folge der starken Konzentration, zu der er sich in den letzten Stunden gezwungen hatte.

„Ich glaube", wandte Rhodan sich an den Mausbiber, „wir sollten unseren Freund jetzt allein lassen."

26.

Vor dem Start versammelte Rhodan einige der gesund gebliebenen Raumfahrer in der Zentrale. Crest nahm in einem der Sessel Platz. In seinen rötlichen Augen schimmerte nur wenig Zuversicht. Zu hart hatte das Schicksal zugeschlagen und Rhodan in eine fast aussichtslose Lage gebracht.

Leutnant Tifflor schien es leichter zu nehmen. Er saß vor dem Navigationsroboter und wartete ruhig auf die Entscheidung Rhodans, dem er äußerlich sehr ähnlich sah, wenn er auch bedeutend jünger war.

Der japanische Späher Wuriu Sengu blieb still und bescheiden stehen, wie es seinem Wesen entsprach.

Nicht so Gucky. Der Mausbiber machte sich auf der Couch breit.

Hell und zirpend erklang seine Stimme in der großen Zentrale der TITAN. „Wir sind startbereit, Rhodan. Also nach Arkon?"

„Ja", bestätigte Rhodan. „Natürlich könnten wir den einfacheren Weg beschreiten und von hier aus mit dem Regenten in Verbindung treten. Aber die Abhörgefahr ist trotz eines abhörsicheren Funkkanals zu groß. Und dieses Risoko können wir nicht eingehen. Wir können dem Roboter nun beweisen, daß die Aras sowohl hinter der Hyper-Euphorie als auch hinter der Verschwörung auf Zalit stecken. Ich hoffe, daß der Regent bereit ist, uns die Koordination von Aralon mitzuteilen. Es eilt. Der Verfall der Kranken schreitet trotz Tiefschlaf und künstlicher Ernährung rapide voran. Wer weiß, wieviel Zeit uns noch bleibt."

„Ich bin überzeugt davon, daß das Robotgehirn uns diesmal die notwendigen Informationen geben wird", sagte Crest.

„Start in zehn Minuten!" kam Rhodans letzte Entscheidung. „Koordinaten sind bekannt, Tiff. Bleiben Sie in Bildverbindung mit Oberst Freyt."

Gucky rutschte von der Couch und watschelte zur Tür. „Ich gehe lieber in meine Kabine, wenn die Transition stattfindet. Hier wird man ja doch nur gestört."

Sie sahen ihm lächelnd nach. Nur Crest blieb ernst.

„Ich möchte dabei sein, Perry, wenn Sie mit dem Robotgehirn sprechen", sagte er.

„„Wir werden alle an diesem Gespräch teilnehmen", versicherte Rhodan.

Sie besprachen noch weitere Einzelheiten. Die Zeiger der Uhr rückten vor.

Start . . .

Die Riesenwelt der Mooffs versank unter ihnen in der Tiefe des Alls. Als sie nur noch ein Stern war, erreichten beide Schiffe die Lichtgeschwindigkeit.

Dann verschwanden sie einfach aus dem normalen Raum. Sie flimmerten ein wenig, wurden undeutlich – und waren nicht mehr vorhanden.

Die fünfte Dimension, in der Zeit und Raum keine Bedeutung mehr besaßen –, hatte sie verschluckt.

Irgendwo, an einer anderen Stelle, materialisierten sie wieder – jetzt, in dieser selben Sekunde.

Und mit ihnen materialisierte alles, was sich zum Zeitpunkt der Transition an Bord befunden hatte.

Die beiden Raumschiffe kamen drei Lichtmonate von der flammenden Sonne entfernt aus dem Hyperraum. Relativ bewegungslos verharrten sie hier und bereiteten sich auf den neuen Einsatz vor.

In den Krankenstationen der TITAN ruhten die Erkrankten in ihren Betten. Sie schliefen tief und wußten nichts mehr von ihrer Umwelt. Die kürzlich von der Erde eingetroffene Verstärkung hatte sich inzwischen mit den Einrichtungen des Schiffes vertraut gemacht und die Posten der Arbeitsunfähigen übernommen.

Ärzte und Wissenschaftler kümmerten sich um die Kranken, aber wenn sie die Bedauernswerten auch am Leben erhielten, so gelang es ihnen nicht, ein Gegenmittel zu entwickeln.

Rhodan rief Crest, Tiff, Sengu und Gucky in die Funkzentrale, in der das Hyperfunkgerät bereits eingeschaltet worden war.

Auf dem großen Bildschirm flimmerten die verschlüsselten Simultansendungen des Gehirns. Farbige Muster veränderten ohne Unterlaß ihre Formen und bildeten ein unverständliches Durcheinander. Nur die richtig eingestellten Entschlüsselungsgeräte würden die abstrakten Bilder verdeutlichen können. Synchron zu den optischen Eindrücken drangen aus dem Lautsprecher nicht zu identifizierende Geräusche, die an elektronische Musik erinnerten.

Rhodan nickte den Gefährten zu und schaltete nun auch den Sender hinzu.

„Hier meldet sich die TITAN, Stellvertretender Kommandant Perry Rhodan. Ich bitte um Bestätigung der Verbindung."

Seine Worte gingen von der Richtstrahlantenne aus sofort in den Hyperraum und wurden ohne jeden Zeitverlust in drei Lichtmonaten Entfernung vom Empfänger in den Normalraum zurücktransferiert. In derselben Sekunde, in der Rhodan sprach, konnte er Lichtmonate oder gar Lichtjahrtausende entfernt gehört werden. Der Hypersender der TITAN verfügte über eine kaum vorstellbare Reichweite.

Das farbige Muster auf dem Schirm erstarrte zu einem abstrakten Bild, veränderte sich aber dann sofort wieder. Langsam entstand die bekannte Riesenhalle mit der auf ihrer Schnittfläche ruhenden Halbkugel aus schimmerndem Metall.

Das Robotgehirn von Arkon, Herrscher eines Sternenreichs.

Eine kalte, mechanische und unpersönliche Stimme kam aus dem Lautsprecher und sagte: „Identifikation anerkannt. Sprechen Sie."

Das Gehirn hatte also wieder dafür gesorgt, daß niemand ihr Gespräch abhören konnte, da es nicht verschlüsselt geführt wurde.

Rhodan berichtete: „Die TITAN meldet sich vom Einsatz zurück. Unsere Vermutung hat sich bestätigt. Die Mooffs haben tatsächlich keine Schuld an der Verschwörung auf Zalit. Wir haben auf Mooff VI eine Station der Aras ausgehoben und die Besatzung gefangengenommen. Die Aras sind es, die sowohl hinter der Verschwörung auf Zalit als auch hinter der Nonus-Pest stecken. Sie sind es, die an der Beseitigung des Robotgehirns von Arkon arbeiten."

Das Robotgehirn benötigte eine kaum meßbare Zeitspanne, um die Information zu verarbeiten. „Die Aras haben gegen die Gesetze des Imperiums verstoßen, aber wir benötigen ihre medizinischen Fähigkeiten. Deshalb kann ich nicht so, wie es notwendig wäre, gegen sie vorgehen."

Rhodan wußte, was der Robotregent unter „notwendig" verstand und sagte deshalb: „Davon würde ich auch abraten. Es gibt sicherlich andere Mittel, sie zur Einhaltung der Gesetze zu zwingen. Ich bitte Sie um die Daten von Aralon. Wie Sie wissen, habe ich acht kranke Besatzungsmitglieder, die dringend der Hilfe bedürfen. Wir wissen jetzt, daß das Gegenmittel nur auf Aralon aufzutreiben ist. Außerdem möchte ich Sie bitten, die Mooffs, die sich auf Zalit befinden, zu ihrer Heimatwelt zurückzubringen. Sind Sie dazu bereit?"

„Ich werde noch heute einen Transporter nach Zalit schicken, um die Mooffs abzuholen und zu ihrem Planeten zu bringen. Sind Sie damit zufrieden, Rhodan von Terra?" antwortete der Regent.

„Einverstanden", sagte Rhodan aufatmend. „Und wie steht es mit den Daten von Aralon? Kann ich sie haben?"

„Ja", antwortete der Regent, „Aralon umkreist als vierter von insgesamt sieben Planeten die kleine, gelbleuchtende Sonne Kesnar, deren Position ich Ihnen noch zuleiten werden. Weitere wichtige Informationen sind: Aralon ist unbewaffnet und besitzt keine eigentliche Raumflotte. Die Aras haben es nicht nötig, Gegner abzuwehren. Die Galaxis benötigt die Aras und ihre Medikamente und stellt sich daher gut mit ihnen. Die Aras sind, so betrachtet, das mächtigste Volk des Imperiums. Man kann sie nicht zwingen, ein Medikament gegen ihren Willen herzustellen und abzugeben."

„Aber es gibt ein Mittel, den Aras das Handwerk zu legen. Zum

Wohl aller intelligenten Völker der Galaxis muß es angewandt werden.“

„Welches Mittel?“ fragte das Gehirn.

„Die List.“ Rhodan zeigte auf Leutnant Tifflor, der im Hintergrund der Funkzentrale neben dem Japaner Sengu stand und sagte: „Meine List heißt Leutnant Tifflor, Regent. Schon einmal rettete dieser Terraner eine bewohnte Welt vor dem Zugriff der Galaktischen Händler, indem er sich als ‚kosmischer Lockvogel‘ zur Verfügung stellte.“

„Kosmischer Lockvogel?“

„In seinem Körper ist ein winziger Sender eingebaut, der unaufhörlich Impulse ausstrahlt. Das Entscheidende dabei ist, daß die Impulse ohne Zeitverlust fortgepflanzt werden und bis zu zwei Lichtjahren Entfernung aufzunehmen sind. Und zwar telepathisch, nicht durch mechanische Funkgeräte. Somit ist Leutnant Tifflor ein künstlicher Telepath, der seine Gedanken zwei Lichtjahre weit übertragen kann – wie gesagt, ohne jeden Zeitverlust. Ich werde Tifflor auf Aralon absetzen. Ein einzelner Mensch erregt kein Aufsehen und kann kaum als Vorbote einer galaktischen Streitmacht gewertet werden. Wir werden stets von dem unterrichtet sein, was danach auf Aralon geschieht. Dann können wir eingreifen.“

„Ein sehr gewagtes Unternehmen“, gab das Gehirn zu bedenken.

„Thora muß geheilt werden. Es ist daher unerläßlich, daß wir ein Risiko eingehen. Aber wenn wir weiterhin in Betracht ziehen, daß nicht nur Thora, sondern ganz Arkon von dieser Krankheit ergriffen werden könnte, ist das Risiko gering. Die Aras müssen davon überzeugt werden, daß sie dem Imperium bessere Dienste leisten können, wenn sie ehrlich arbeiten. Ihr jetziges Verhalten kommt einem Hochverrat gleich.“

„Lassen Sie mir Zeit, die erhaltenen Informationen auszuwerten“, bat der Regent. Das Knacken im Lautsprecher zeigte an, daß die akustische Verbindung unterbrochen wurde. Das Bild blieb bestehen.

Rhodan schaltete den Sender aus und wandte sich an Tifflor. „Sie sehen, Tiff, Ihnen steht einiges bevor. Mein Plan ist noch nicht klar, aber so ungefähr weiß ich, wie wir die Aras anpacken können. Wuriu Sengu und Thora werden Sie nach Aralon begleiten.“

Crest trat unwillkürlich einen Schritt vor. Seine Augen starrten erschrocken auf den Sprecher. „Sie wollen Thora in Gefahr bringen, Perry?"

Rhodan lächelte schwach. „Im Gegenteil, Crest. Thora wird die erste sein, die das Heilserum bekommt. Und zwar aus der Hand der Ärzte von Aralon."

„Und wie sollen die Aras dazu gebracht werden?"

„So genau weiß ich es noch nicht, aber es fällt mir ein, bis wir vor Aralon stehen – eine militärische Macht im Rücken, die jedem Angreifer die Stirn bieten kann."

„Ich hörte, Aralon sei unbewaffnet und völlig abgerüstet . . ."

„. . . was aber keineswegs bedeutet, daß Aralon schutzlos sein muß, Crest. Ich glaube, die Aras haben mächtige Freunde, wenn es darauf ankommt."

„Die Aras und Freunde? Wen?"

„Immerhin gehören sie zum Volk der Springer", erinnerte ihn Rhodan, winkte dann aber hastig ab. Im Lautsprecher hatte es geknackt. Schnell schaltete er den Sender wieder ein. Sekunden später ertönte die kalte Stimme des Regenten.

„Die Sonne Kesnar ist achtunddreißig Lichtjahre von Arkon entfernt. Alle anderen Daten werden von mir direkt in Ihre Bordpositronik gespeist. Sie erhalten von mir uneingeschränkte Vollmachten und können nach eigenem Ermessen handeln. Weiter stelle ich Ihnen eine robotgesteuerte Schlachtflotte zur Verfügung, die bis auf weiteres nur Ihren Befehlen zu gehorchen hat. Identifikation erfolgt auf der gleichen Frequenz, auf der ich mit Ihnen spreche. Sie sind Kommandant dieser Flotte. Die Einheiten werden in zehn Minuten zur Ihrer Verfügung stehen. Unterrichten Sie mich von Ihren Maßnahmen, sobald diese eingeleitet sind. Achtung, Warnung: Greifen Sie Aralon nicht ohne Grund an! Wir benötigen die Aras noch dringend. Noch gibt es Krankheiten auf den Welten des Imperiums."

„Ja, das stimmt, Regent. Und es wird sie solange geben, wie die Aras ungestört arbeiten dürfen."

„Sie erhielten meine Anordnungen", erwiderte der Regent unbewegt. „Halten Sie sich daran, wenn wir Partner bleiben sollen. Im übrigen wünsche ich Ihnen viel Glück und Erfolg, Perry Rhodan. Wenn Sie Hilfe benötigen, rufen Sie mich. Ende."

Rhodan wartete, bis das Bild dunkel wurde, dann schaltete er

Sender und Empfänger ab. Mit einem befreiten Aufatmen ließ er sich in den nächsten Sessel sinken. Für lange Augenblicke saß er zusammengesunken da, den Kopf in die Hände gestützt. Niemand wagte es, seine Ruhe zu stören. Sogar Gucky blieb still.

Crest wartete geduldig.

Endlich sah Rhodan auf, lächelte ein wenig und sagte: „Es kommt mir allmählich so vor, als habe mich das Robotgehirn zu einer Art Polizei gemacht. Nun, solange seine Interessen sich mit den meinen decken und solange sie sich nicht gegen die Imperiumsvölker richten, mag das angehen. Aber wehe, wenn unsere Interessen einmal konträr gehen – und das werden sie früher oder später. Was dann geschieht, ist mir noch nicht klar."

„Dann setzen wir den Regenten einfach ab und übernehmen die Regierung", zwitscherte Gucky zuversichtlich und rutschte von der Couch. Er richtete sich auf und warf sich in die mit hellerem Fell bedeckte Brust. „Ich eigne mich vorzüglich zum Außenminister."

Tiff grinste.

„Ich glaube eher, daß man dich zum Vergnügungsminister ernennen sollte", schlug er vor, wurde aber sofort wieder ernst. „Sie wollen mich also auf Aralon absetzen, Mister Rhodan? Und was soll ich dort? Ich kenne Aralon nicht."

„Niemand kennt diese Welt, auf der die Aras ihre medizinischen und biochemischen Laboratorien besitzen. Ich wette, wenn Sie erst einmal einige Tage auf Aralon weilen, wissen wir mehr darüber."

„Und Thora kommt mit?"

„Sie muß mit." Rhodan nickte. „Ohne sie wäre das Unternehmen sinnlos. Ja, was ist, Leutnant Fuchs?"

Der schon ältere Offizier hatte die Aufgabe, während Rhodans Unterredung mit dem Robotgehirn die Bildschirme der Zentrale im Auge zu behalten, um eventuelle Veränderungen sofort zu melden. Nicht immer wollte Rhodan sich ausschließlich auf die Instrumente verlassen. Normalerweise versah Fuchs den Dienst im Funkraum als wachhabender Offizier.

„Eine Flotte kommt aus der Transition. Wir sind bereits völlig von ihr eingeschlossen. Es sind Schiffe der Arkoniden."

„Das wird die angekündigte Verstärkung sein", sagte Rhodan ruhig und erhob sich. Zusammen mit den anderen ging er hinüber in die

Zentrale und sah auf die Panoramabildschirme, die in Farbe naturgetreu den umgebenden Raum wiedergaben.

Es war ein wahrhaft furchterregender Anblick.

Die massigen Schlachtraumer vom Typ der STARDUST II – Kugeln mit einem Durchmesser von achthundert Metern – standen mehr im Hintergrund. Gestaffelt formierten sich zu ihrem Schutz die Kreuzer und Zerstörer, die Mündungen ihrer gefährlichen Strahlgeschütze in Flugrichtung. Wendige Jäger hatten den Geleitschutz übernommen.

Rhodan wußte, daß nicht ein einziges menschliches Wesen dort auf den Raumschiffen weilte. Die einzelnen Kommandanten waren positronische Roboter, deren programmiertes Wissen größer als das der besten irdischen Wissenschaftler war. Sämtliche Handgriffe auf den Schiffen würden automatisch erfolgen und positronisch gesteuert sein.

Was sich dort im Raum formierte, war die gewaltigste Militärmacht, die Rhodan je erblickt hatte. Und sie stand zu seiner Verfügung.

„Fuchs, stellen Sie auf der Arkon-Frequenz eine Direktverbindung mit dem Flaggschiff der Arkoniden-Flotte her und legen Sie die Verbindung zu mir in die Zentrale. Ich will mit dem Kommandanten der Kampfflotte sprechen."

Crest fragte: „Was wollen Sie von ihm, Perry? Er wird seine Befehle vom Regenten erhalten haben."

„Nur den Befehl, mir zu gehorchen", gab Rhodan zurück.

Vom Nachrichten-Schirm herab blickte eine Minute später das starre Gesicht eines arkonidischen Roboters in die Zentrale der TITAN. In den Kristallinsen reflektierte das Licht der Kontrollbeleuchtung.

„Ich stehe mit meiner Flotte zu Ihrer Verfügung, Rhodan von Terra", eröffnete er die Unterhaltung. „Wie lauten Ihre Anweisungen?"

Rhodan unterdrückte seine Befriedigung. „Wir fliegen das System Kesnar an. Das Eintauchmanöver erfolgt drei Lichtmonate von Kesnar entfernt. Ihre Flotte bleibt stationär, während ich mit meinen beiden Schiffen mit einfacher Lichtgeschwindigkeit weiterfliege. Wir bleiben von diesem Augenblick an in permanenter Bild-Funk-Verbindung. Weitere Anweisungen erfolgen nach Bedarf."

„Verstanden. Wir haben Gravitationsbomben mit und können jederzeit . . ."

„Ich wünsche nicht, daß die Bomben eingesetzt werden. Wie ist Ihre Bezeichnung?"

„Mein Name lautet OR-775, Rhodan von Terra."

„Gut, OR-775. Dann befolgen Sie meine Anordnungen, und warten Sie auf die genauen Sprung-Koordinaten, die Ihnen mein Funker senden wird. Die Transition findet in einer Stunde statt."

„Verstanden. Ich bleibe auf Empfang."

Leutnant Fuchs streckte den Kopf in die Zentrale. „Die Koordinaten sind bestätigt, Sir. Soll ich sie dem Kommandanten der Flotte durchgeben?"

„Ja, tun Sie das, Fuchs. Die Transition findet in genau fünfzig Minuten statt. Bis dahin gehen wir auf Lichtgeschwindigkeit. Und dann wird es Zeit, daß wir uns den Kriegsplan überlegen. Tiff, Sie benötige ich dazu am dringendsten. Ebenfalls Sengu. Crest, ich wäre froh, wenn Sie ebenfalls dabei wären."

„Und ich?" kam es vorwurfsvoll aus der Ecke, wo Gucky wieder zusammengerollt auf einem Liegebett lag und der Unterhaltung lauschte. Die großen Ohren waren gespitzt, und die braunen Augen blickten treu und harmlos in die metallene Welt des Raumschiffs. „Ich habe das seltsame Gefühl, als gäbe es diesmal nichts für mich zu tun."

„Du irrst gewaltig, Gucky", belehrte ihn Rhodan. „In passiver Hinsicht hast du sogar eine Hauptrolle zu spielen. Tiffs Gedankensendungen können einzig und allein von dir aufgenommen werden. Wir haben keinen anderen Telepathen mehr zur Verfügung. Gut, zugegeben, du kannst nicht direkt mit nach Aralon, aber schließlich ist das eigentliche Abenteuer nicht immer das Wichtigste bei einem Unternehmen. Jedenfalls kann ich auf dich nicht verzichten. Zufrieden?"

Gucky pfiff schrill und unmelodisch. „Was bleibt mir übrig? Also gut, dann erläutere deinen Kriegsplan. Ich bin gespannt."

Rhodan lächelte flüchtig und wurde sofort wieder ernst. „Also gut, dann hört zu. Ich will euch meinen Plan in aller Kürze erläutern. Wir transitieren in fünfundvierzig Minuten und werden in drei Lichtmonaten Entfernung von Kesnar rematerialisieren. Dann werden wir . . ."

Rhodan sprach eine halbe Stunde, und er wurde kein einziges Mal von seinen gespannt lauschenden Zuhörern unterbrochen.

27.

Die Sonne Kesnar war ein kleiner, gelber Stern auf den Zielbildschirmen der TITAN. Drei Lichtmonate ließen selbst einen Riesen zu einem Zwerg werden – und Kesnar war alles andere als ein Riese.

Unbeweglich verharrte die gewaltige Flotte der Arkoniden im Raum. Rhodan hatte OR-775 die letzten Koordinaten übermitteln lassen. Wenn die Kampfflotte jetzt in Transition ging, würde sie wenige Lichtsekunden von Aralon entfernt materialisieren.

Die TITAN und GANYMED flogen mit einfacher Lichtgeschwindigkeit weiter auf das System zu. Bei diesem Tempo würden die beiden Schiffe drei Monate benötigen, um Aralon zu erreichen.

Die große Stunde Tiffs war abermals gekommen.

Man hatte seinen Zellsender vorübergehend herausgenommen und einige Änderungen an diesem Gerät vorgenommen. Es war nun in der Lage, Tifflors Gedanken aufzunehmen und in verstärkter Form abzustrahlen. Bisher hatte man nur die normalen Impulse des Senders empfangen können, aber nun sollte ein Telepath wie Gucky in der Lage sein, die mentalen Ströme des Zellsenderträgers zu empfangen.

Nach dem Einsatz sollte der Sender wieder zu seiner ursprünglichen Funktion umgeschaltet werden, denn Perry Rhodan wollte Tifflor nicht das Gefühl zumuten, alle Gedanken ständig in einer Reichweite von zwei Lichtjahren telepathisch befähigten Wesen zugänglich machen zu müssen.

Thora war wieder in tiefen Schlaf versetzt worden. Die Arkonidin lag unbeweglich in ihrem Bett.

Wuriu Sengu, der Späher, der kraft seines Willens durch feste Materie sehen konnte und außer Gucky der einzige parapsychisch Begabte, der nicht von der Krankheit befallen worden war, trug seine schlichte Uniform, die ihn als Mutanten der Dritten Macht Rhodans kenntlich machte. Auch Tiff trug die Uniform. Es bestand nicht die geringste Absicht, ihre Identität zu verheimlichen.

Im kleinen Hangar der TITAN, in der man die Gazelle untergebracht hatte, wurden die letzten Einzelheiten besprochen. Die Gazelle war ein Fernaufklärer in Diskusform. Ihr Durchmesser betrug nur dreißig Meter, während sie in der mittleren Verdickung achtzehn Meter hoch war. Immerhin konnte auch dieses kleine Raumschiff bis zu drei Lichtjahren in einem einzigen Hypersprung zurücklegen und besaß einen relativen Aktionsradius von fünfhundert Lichtjahren.

Rhodan nahm Tiff beiseite. „Sie wissen genau, welche Rolle Sie zu spielen haben, Tiff?"

„Es wird mir nicht immer leichtfallen, an Ihnen zum Verräter zu werden."

„Das gehört zu Ihrer Aufgabe – und vergessen Sie sie niemals. Denken Sie alle Gespräche mit, damit Gucky stets darüber orientiert ist, was geschieht. Besonders wenn die Aras reden, wiederholen Sie ihre Worte im Geist. Nur so ist es Gucky möglich, den Gesprächen zu folgen."

„Wenn nur Thora nichts geschieht."

„Unbesorgt, Tiff. Die Aras wissen genau, wie wertvoll die Geisel ist, die sie in den Händen zu haben glauben. Und auf der anderen Seite werden sie großen Wert darauf legen, Ihnen zu beweisen, wie groß ihre medizinischen Fähigkeiten sind. Sie werden sehen, es wird alles ganz glatt gehen – so wie wir es uns ausdachten. Ja, es wird Zeit. Ich wünsche Ihnen viel Glück, Tiff. Auf Wiedersehen."

„Auf Wiedersehen – möglichst bald!" gab Tiff zurück und reckte seine hagere Gestalt. In seinen grauen Augen funkelte es entschlossen auf. Er bückte sich und streichelte Gucky über das Fell. „Mach's gut, alter Freund. Wenn ich zurückkehre, kannst du dich bei mir melden. Ich werde dir eine halbe Stunde den Nacken kraulen."

„Das hat Bully schon mal fünf Stunden lang getan", tat der Mausbiber geringschätzig. „Aber eine halbe Stunde ist besser als nichts."

Crest klopfte Tiff auf die Schulter. „Viel Glück, Leutnant. Passen Sie gut auf Thora auf."

„Ich hüte sie wie meinen Augapfel, Crest", versprach Tiff und kletterte in den Einstieg. Sengu erwartete ihn bereits. Dann, nach einem letzten Winken, schloß sich die Luke.

Die Gazelle lag startbereit in dem Hangar. Rhodan und Crest

verließen ihn und kehrten in die Zentrale zurück. Von hier aus folgten sie den Ereignissen auf dem Bildschirm. Eine halbe Minute lang geschah nichts, dann schoß plötzlich die Gazelle seitlich ins Blickfeld. Sie strebte mit unerhörter Beschleunigung auf die ferne Sonne zu und entmaterialisierte von einer Sekunde zur anderen. Sie würde im selben Augenblick, drei Lichtmonate entfernt, wieder aus dem Hyperraum kommen – und auf Aralon landen.

Alles weitere war reine Spekulation.

Und viel Glück, wenn es nach Plan verlief.

Wohl fühlte sich Tiff nicht.

Niemand wußte, wie die Aras reagieren würden, wenn ein fremdes Schiff auf ihrer Zentralwelt landete. Sicher, sie waren als ein überlegt handelndes Volk bekannt, aber das schloß keinesfalls aus, daß sie sich zu wehren verstanden, wenn es um ihre Interessen ging, immerhin hatten sie versucht, mit Hilfe der suggestiv veranlagten Mooffs die Bevölkerung des Planeten Zalit unter ihre Kontrolle zu bringen, um das Robotgehirn auf Arkon zu vernichten und die Herrschaft über das Imperium an sich zu reißen. Ganz so harmlos und ohne Ehrgeiz, wie sie immer taten, waren die Aras also nicht.

Als die Gazelle materialisierte, war sie zwanzig Lichtminuten von Aralon entfernt und raste mit der Geschwindigkeit des Lichtes auf den Planeten zu, dabei ständig verzögernd.

Es blieb Tiff Zeit genug, sich durch den Augenschein zu orientieren. Aralon stand genau in Flugrichtung, ein hell funkelnder Stern, der mit jeder Sekunde heller und größer wurde.

Sengu erhob sich vom Liegebett. Er trat neben Tiff und sah auf den Schirm.

„Wann werden sie uns entdecken?“ fragte er besorgt.

Tiff zuckte mit den Schultern. „Keine Ahnung, das kommt darauf an, wie gut ihr Meldesystem funktioniert. Vielleicht haben sie uns schon längst auf den Bildschirmen ihrer Ortungsgeräte.“

„Soll ich mit den Funkgeräten auf Empfang gehen?“

„Das wäre jedenfalls kein Fehler. Vielleicht gelingt es Ihnen sogar, eine Verbindung zu erhalten. Geben Sie aber keine Antwort, sondern überlassen Sie das mir.“

Der Japaner nickte und machte sich an den Funkeinrichtungen zu schaffen.

Die Minuten vergingen und wurden zu einer halben Stunde.

Längst schon war die Geschwindigkeit stark gesunken. Die Gazelle bewegte sich mit knapp tausend Kilometer pro Sekunde. Aralon war ein hellgrünschimmernder Planet mit Kontinenten und Ozeanen. Er erinnerte an die weit entfernte Erde.

Im Empfänger für Normalfunk war ein nicht zu entwirrendes Durcheinander Hunderter von Stimmen. Sengu verstand kaum ein Wort. Die Sprache war zum größten Teil Interkosmo, die Umgangssprache des arkonidischen Imperiums. Alle Meldungen waren verschlüsselt.

Als Tiff mehr auf die Seitenbildschirme achtete, sah er zwei walzenförmige Raumschiffe auf die Gazelle zueilen. Ehe er sich überlegen konnte, was er tun sollte, waren sie schon vorbei. Sie machten eine Schwenkung nach links und flogen, wie er, auf Aralon zu, ohne ihn weiter zu beachten.

Das hatte Tiff noch nie erlebt.

Da näherten sie sich einer unbekannten Welt, die hoch zivilisiert war – und man kümmerte sich nicht um sie.

Ihm blieb keine Zeit, weiter über das Phänomen nachzudenken, von dem Gucky bereits unterrichtet sein würde. Leider bestand nicht die Möglichkeit, mit dem Sender auch Nachrichten zu empfangen. Das Gerät wirkte nur einseitig.

Von rechts kamen drei weitere Schiffe, ebenfalls walzenförmig. Sie überholten die Gazelle und stürzten mit irrsinniger Geschwindigkeit auf Aralon zu. Im Vergrößerungsschirm erkannte Tiff, daß sie auf den Hauptkontinent zuflogen, um dort zur Landung anzusetzen.

„Ziemlicher Verkehr hier", bemerkte er trocken zu Sengu, der dem Vorbeiflug der fremden Schiffe mit offenem Mund zugeschaut hatte. „Wenn das keine Tarnung ist, wird man kaum auf uns achten."

Er ahnte noch nicht, wie nahe er mit seiner Vermutung der Wahrheit kam.

Eine Umrundung genügte, um den Raumhafen zu orten. Es war ein freies Feld mit glattem Kunststoffboden, fast rund und mit einem Durchmesser von gut dreißig Kilometern.

So etwas hatte Tiff außer auf Arkon noch nie gesehen.

In langen Reihen standen die gelandeten Schiffe auf dem Feld, riesige Kugeln, walzenförmige Giganten und hoch emporragende Torpedos. Es gab Hunderte verschiedener Typen und mehr als zehntausend Schiffe. Das unaufhörliche Kommen und Gehen wirkte derart verwirrend, daß Tiff zu träumen glaubte.

Je tiefer er kam, desto gewaltiger wurde der Eindruck. Die Reihen der gelandeten Schiffe säumten regelrechte Straßen, auf denen schnellfahrende Wagen hin und her flitzten und so die Verbindung zu den flachen Randgebäuden herstellten, die das Feld wie ein Ring umgaben.

Tiff sank tiefer und erspähte eine freie Stelle, die Platz genug für die kleine Gazelle bot. Wie ein Zwerg zwischen Riesen kam er sich vor, als er sanft aufsetzte und den Antrieb ausschaltete.

Aber keiner der Riesen schien seine Ankunft zu bemerken. Niemand kümmerte sich um ihn. Es war, als habe er auf der Erde seinen Wagen in einer Lücke zwischen tausend anderen Wagen geparkt.

Sein Nachbar war ein Walzenschiff von mehr als dreihundert Metern Höhe. Tiff sah, wie einige der Besatzungsmitglieder mit einem Lift in die Tiefe fuhren und in einen bereitstehenden Wagen stiegen, um dann davonzufahren. Sie schenkten dem Diskus nicht einmal einen Blick.

In dem Wald der Metallungeheuer hatte er die Orientierung verloren. Mit Hilfe der Bordinstrumente rechnete er sich ungefähr aus, wo die langen Gebäude mit der Beflaggung liegen mußten, die er kurz vor der Landung gesehen hatte. Er vermutete, daß sie so etwas Ähnliches wie eine Anmeldung darstellten.

Sengu starrte immer nur verwundert auf die unzähligen Raumschiffe. Er rechnete aus, daß in einer Minute durchschnittlich fünfzig landeten und starteten. Von irgendwelchen Sicherheitsmaßnahmen war nichts zu bemerken. Vielleicht wäre den Aras das genauso lächerlich erschienen, als wollte man auf der Erde parkende Autos mit Radar einwinken.

„Unfaßbar!“ stöhnte Tiff und begriff überhaupt nichts mehr. „Wenn ich daran denke, daß noch vor zwanzig Jahren auf der Erde ein Raketenstart eine bessere Sensation darstellte . . .“

„Die Zeiten ändern sich – und sie ändern sich sehr schnell“, faßte

Sengu zusammen. „Übrigens kommt da schon der Wagen, der uns abholen soll.“ Er sah einfach durch die Wandung der Gazelle. „So ganz ohne Organisation geht es also doch nicht.“

„Ein Wagen?“

„Ja, allerdings ohne Fahrer. Ferngesteuert.“

Tiff schüttelte den Kopf, faßte sich aber wieder. „Wir lassen Thora in ihrer Kabine. Die Einstiegluke wird so verschlossen, daß niemand eindringen kann. Aber ich glaube nicht, daß jemand hier darauf erpicht ist, ein Schiff zu stehlen, obwohl es aller Wahrscheinlichkeit nicht einmal auffiele. Waffen nehmen wir keine mit.“

Er sagte es mit einiger Bitterkeit, während er sämtliche Kontrollen blockierte. Thoras Kabine wurde abgeschlossen. Die Arkonidin hatte erst kürzlich eine Nährinjektion erhalten. Sie schlief. Dann verließen sie die Gazelle, verschlossen die Luke und sprangen auf den harten, glatten Boden.

Der Wagen stand in einigen Metern Entfernung und wartete mit geöffneter Tür. Statt des Fahrers füllte ein automatisches Armaturenbrett den Vorderteil aus. Hinten war Platz genug, sechs Personen aufzunehmen.

Kaum saßen sie, da schloß sich geräuschlos die Tür. Das Fahrzeug setzte sich in Bewegung und raste die Raumschiffstraße entlang, bog einmal nach links ab und erhöhte die Geschwindigkeit.

Bis zum Rand des Landefelds waren es von hier aus etwa zwanzig Kilometer, wenn man die Richtung beibehielt. Tiff hatte genug damit zu tun, seine Eindrücke an Gucky zu übermitteln, dessen Gesicht er jetzt gern gesehen hätte.

Es war Tiff unmöglich, während der rasenden Fahrt die verschiedenen Typen der Schiffe einzeln zu beschreiben. Er begnügte sich mit einer umfassenden Schilderung und bekam allmählich eine gewisse Übung darin, zumindest große Unterschiede festzustellen und weiterzugeben.

Sengu war des eintönigen Anblicks bald müde. Er lehnte sich in die Polster zurück und schloß die Augen.

Fast zehn Minuten dauerte die Fahrt, dann wurden die Lücken zwischen den Schiffen größer, bis sich endlich der Rest des Feldes frei vor den Augen der beiden Terraner ausbreitete. Der Wagen fuhr geradewegs auf das langgestreckte Gebäude mit den Flaggen zu.

Sie durchquerten eine Barriere. Eine lange Reihe von Wagen stand nebeneinander. Sie fanden eine Lücke, und wie von unsichtbarer Hand gelenkt, schob sich das Fahrzeug genau hinein.

Die Türen öffneten sich.

Tiff nickte Sengu zu, und sie stiegen aus. Niemand verlangte eine Bezahlung, und Tiff war auch nicht sicher, ob sich der Automat mit der arkonidischen Währung zufriedengegeben hätte, die Crest ihm vorsorglich mitgegeben hatte.

„Was nun?" fragte Sengu ratlos. Die Menge der Schiffe war durch eine Unzahl von parkenden Fahrzeugen abgelöst worden. „Wohin?"

Tiff zupfte seine Uniform zurecht. Er brachte ein schwaches Lächeln zustande und zeigte auf das nahe Gebäude. „Dorthin!"

Vor dem Bau herrschte ein reger Verkehr. Humanoiden gingen hinein und kamen wieder heraus. Dazwischen erkannte Tiff mehr als einmal nichtmenschliche Gestalten, die er aber der Entfernung wegen nicht genau idenfifizieren konnte. Ein Mooff in einem Druckbehälter wurde vorbeigefahren und verschwand ebenfalls in dem offiziell aussehenden Gebäude. Breite und bunt gefärbte Stufen führten zu einem Portal hinauf, hinter dem einige schalterähnliche Einrichtungen sichtbar wurden.

Tiff gab das Nicken eines hochgewachsenen Mannes zurück, der an ihnen vorbeihastete. Wer war das gewesen? Ein Springer vielleicht? Oder der Angehörige eines anderen Volkes, das mit den Arkoniden verwandt war?

Langsam und mit einem ständig anwachsenden Gefühl von Unsicherheit schritten die beiden Terraner auf das Gebäude zu. Dort mußte sich entscheiden, ob Rhodans Theorie mit der Praxis zu vereinbaren war.

Ein stämmiger und höchstens ein Meter großer Mann in geschlossenem Raumanzug kam ihnen entgegen, warf ihnen einen forschenden Blick zu – und ging weiter. Tiff vermeinte, hinter der Sichtscheibe ein froschähnliches Gesicht gesehen zu haben, das von grünlichen Atmosphäreschleiern eingehüllt war.

„Viele Völker der Galaxis geben sich hier ein Stelldichein", flüsterte er Sengu zu, der seine Umgebung mit zusammengekniffenen Augen beobachtete. „Ich hätte mir niemals träumen lassen, daß es so etwas gibt."

„Jedenfalls ist hier mehr los als auf Arkon“, sagte der Japaner. „Sieht mir eher aus wie die Hauptwelt eines Imperiums.“

Das war eine sachliche Feststellung, deren Berechtigung nicht von der Hand zu weisen war. Tiff gab das innerlich zu – und erblickte endlich die ersten Aras.

Sie waren Abkömmlinge arkonidischer Siedler, genau wie die Galaktischen Händler. Ihre hohen, zwei Meter großen Gestalten waren die von Albinos. Die farblose Haut, die weißen Haare und die roten Augen bewiesen das zur Genüge. Sie waren unvorstellbar dünn und schienen nur aus Haut und Knochen zu bestehen.

Drei Aras waren es, die den beiden Terranern neugierige Blicke zuwarfen, sich dann aber nicht weiter um sie kümmerten. Sie trugen weiße Mäntel, auf denen in Brusthöhe einige Zeichen in Gold schimmerten. Ihr Gang verriet Selbstbewußtsein und Überlegenheit.

„Eingebildet sind die aber gar nicht“, murmelte Sengu, als die drei Männer außer Hörweite waren.

Sie erreichten die Portalstufen und gingen mit einigen anderen Humanoiden in das Gebäude hinein. Es mußte sich doch endlich jemand um sie kümmern.

In langer Reihe waren rechts und links nur Schalter, hinter denen weibliche Aras saßen und Anfragen zu beantworten schienen. Jedenfalls unterhielten sie sich mit vor den Schaltern stehenden Kunden, schoben Formulare hin und her und füllten Papiere aus.

Die drei Aras in den weißen Mänteln schritten durch die Menge und warfen forschende Blicke nach allen Seiten. Es war, als suchten sie etwas. Dann verschwanden sie schließlich durch einen rückwärtigen Ausgang.

Tiff gab Sengu einen leichten Rippenstoß und steuerte auf den nächsten Schalter zu.

Eine recht hübsche Ara blickte ihnen interessiert entgegen.

Tiff räusperte sich, aber noch bevor er den Mund zu einer Frage öffnen konnte, sagte das Mädchen in gebräuchlichem Interkosmo: „Hier – Ihr Formular. Füllen Sie es bitte aus.“

Tiff nahm den doppelten Bogen und starrte einige Sekunden verdutzt auf die bekannten Schriftzeichen. Er hatte die Sprache der Arkoniden in der Hypno-Schulung gelernt. Es würde ihm also nicht schwerfallen, die auf dem Formular gestellten Fragen zu beantworten.

Kam nur darauf an, dachte er, ob ich gewillt bin, sie alle zu beantworten.

Er nickte dem Mädchen zu und ging mit Sengu zu einem der zahllosen Schreibpulte, die in der weiten Halle standen. Ein magnetisch gesicherter Schreibstift stand jedem Besucher zur Verfügung. Man hatte also hier die gleichen Erfahrungen gemacht wie auf der Erde, stellte Tiff amüsiert fest, legte das Formular auf die Platte, nahm den Stift und starrte dann verwundert auf die erste Frage, die unter der Aufforderung, Name und Heimatplanet anzugeben, stand.

1.) Welcher Art ist die Krankheit, die Sie nach Aralon führt? (Ortsübliche Bezeichnung angeben oder Symptome beschreiben)

Sengu sah Tiff über die Schulter und verzog das Gesicht. „Nimmt man hier vielleicht an, jeder Raumfahrer sei krank?"

Tiff gab keine Antwort. Er las weiter.

2.) Wünschen Sie Direktbehandlung und sofortige Entlassung, oder ist eine längere Kur geplant?

3.) Geben Sie die gewünschte Klasse der Behandlung an.

4.) Sind Sie in der Krankenversicherung „Arakos" oder in einer anderen Versicherung? (Bitte genau angeben!)

Tiff sah auf und begegnete Sengus Blick.

„Ich glaube, ich habe den falschen Schalter erwischt", murmelte er unsicher. „Vielleicht haben sie eine Extraabteilung für erkrankte Raumfahrer."

„Versuchen wir es doch einfach an einem anderen", schlug der Japaner vor.

Tiff schob das Formular zusammengefaltet in die Tasche und ging mit gleichmütigem Gesicht zu einem anderen Schalter, der gerade frei wurde. Ohne ihn überhaupt anzusehen, schob ihm die hübsche, aber dürre Ara ein Formular zu. Tiff nahm es, obwohl er bereits wußte, daß es sich von dem vorher erhaltenen in nichts unterschied.

Er begann die Wahrheit allmählich zu ahnen.

Sie kehrten zu dem Schreibpult zurück. Tiff nahm den Stift und begann, das Formular auszufüllen.

Name: Thora aus der Sippe der Zoltral. Arkon-System.
Art der Krankheit: Hyper-Euphorie
Wo erkrankt: Planet Honur, System Thatrel
Gewünschte Klasse: Erster Klasse

Versicherung: Privatpatientin

Art der Behandlung: Direkt und ohne Kur

Sengu schüttelte mehrmals den Kopf und sah sich vorsichtig nach allen Seiten um. Die Geschichte begann ihm allmählich unheimlich zu werden. Niemand kümmerte sich um sie. In der Halle herrschte ein Gedränge wie auf einem Markt. Mehrmals erblickte der Japaner Aras in weißen Kitteln, die langsam und selbstbewußt durch die Menge schritten und die Neuankömmlinge musterten. Einige sprachen sie an, unterhielten sich mit ihnen und gingen dann weiter.

„Tiff, ich verstehe das alles nicht. Wo sind wir? Was geschieht hier? Sind wir verrückt geworden?"

Tiff setzte schwungvoll seinen Namen unter das ausgefüllte Formular und blinzelte Sengu vertraulich zu. „Wir sind nicht verrückt geworden, lieber Freund. Und was hier geschieht? Das ist sehr einfach. Wir sind auf Aralon gelandet, der Zentralwelt der Aras, einem Volk, das ausnahmslos aus Medizinern und deren Hilfskräften besteht. Was ist somit natürlicher, als aus einem ganzen Planeten ein einziges Hospital zu machen? Ja, Sengu, wir befinden uns hier in dieser Halle in der Anmeldung zu einem Hospital. Wer nach Aralon kommt, ist krank. Er will geheilt werden. Die Aras wollen auch leben – und sie leben von der Krankheit der anderen."

Sengu fiel es wie Schuppen von den Augen. Die Aras in den weißen Mänteln – das waren Ärzte, die untätig umherschlenderten und sich die neuen Patienten ansahen. Die vielen Schalter – an ihnen wurden die Neuzugänge nach Art der Erkrankungen und Zahlungsfähigkeit registriert und verteilt.

Ein Planet – *ein* Krankenhaus . . .

„Das ist – das ist unfaßbar!"

„Ist es das? Ich finde es ganz natürlich. Wir hätten es wissen müssen, bevor wir landeten. Nun, ich habe das Formular für Thora ausgefüllt. Liefern wir es ab und warten wir, was geschieht."

„Und wir? Benötigen wir keine Anmeldung?"

„Für Gesunde besteht anscheinend keine Meldepflicht. Wahrscheinlich halten sich Gesunde nicht länger auf Aralon auf, als unbedingt notwendig ist. Man bringt die erkrankten Freunde oder Familienmitglieder her und verschwindet wieder. Später holt man den geheilten Patienten wieder ab."

Er lächelte ein kurzes und kaltes Lächeln, nahm das Formular in die Hand und marschierte auf den nächsten Schalter zu. Sengu folgte ihm mit einem merkwürdigen Gefühl in der Magengegend.

Die Ara nahm das Formular entgegen, überflog es kurz und sah dann Tiff mit einem verbindlichen Lächeln an. „Diese Thora aus der Sippe der Zoltral – sie ist eine Verwandte von Ihnen?“

Es klang ein wenig ungläubig. Natürlich sah man auf den ersten Blick, daß Tiff und Sengu keine Arkoniden waren. Es gab so viele Völker im Imperium Arkons, daß die Ara keine Ahnung hatte, woher die Besucher kamen.

„Nein, natürlich nicht. Wir bringen sie nur im Auftrag ihrer Sippe.“

Das Mädchen nickte, schien aber noch nicht endgültig zufrieden zu sein. Mit einem erneuten Lächeln beugte sie sich etwas vor und sah Tiff in die Augen, als suche sie in ihnen nach der Antwort. „Es geht mich ja nichts an, aber von welchem System stammen Sie? Nicht von Heroinka?“

Tiff schüttelte so heftig den Kopf, daß man annehmen konnte, er hielte Heroinka für die Hölle.

„Heimatplanet Terra, System Sol“, sagte er leichthin. „Kennen Sie das?“

Sie schüttelte den Kopf, genau so heftig wie Tiff zuvor. „Noch nie gehört. Hatten bisher noch keine Kranken von dort. Wo liegt es?“

Tiff zuckte mit den Schultern. „Weit von hier – viele tausend Lichtjahre.“

Sie riß die Augen auf und starrte Tiff an. Dann lachte sie melodisch auf. In diesem Moment sah sie direkt hübsch aus. „Sie scherzen. Kein System kann mehr als hundertfünfzehn Lichtjahre von hier entfernt sein, wenn es zum Imperium gehört.“

„Terra“, sagte Tiff langsam, „gehört nicht zum Imperium.“

Die Ara hörte auf zu lachen. Sie machte einige Vermerke auf das Formular und warf es in eine Metallkiste. Ein kurzes und gepreßtes Schnaufen ertönte – und das Formular war verschwunden.

Sie nahm aus einem Fach eine runde Metallscheibe und gab sie Tiff. „Damit bezahlen Sie einen Krankenwagen, mit dem Sie Thora aus Ihrem Schiff holen können. Der Wagen bringt Sie automatisch in die richtige Station. Sie liefern die Patientin ab und können dann zu Ihrem Schiff zurückkehren. Ein langes Leben wünsche ich.“

Und sie wandte sich dem nächsten Besucher zu, einem unförmigen Etwas in Druckanzug und Atemmaske.

Tiff zog Sengu mit sich. Die Metallmarke hatte er in der Tasche verschwinden lassen. Als sie draußen im Freien standen, atmeten sie unwillkürlich auf. Die Luft war gut und lauwarm. Sie erinnerte an einen irdischen Frühlingstag.

„Man macht es uns hier verdammt schwer, Aufsehen zu erregen", sagte Tiff ernstlich besorgt. „Es ist wie in einem wirklichen Krankenhaus auf der Erde. Da kann man auch hineingehen, ohne daß man gefragt wird, wer man ist und was man wünscht – vorausgesetzt natürlich, es handelt sich um ein großes Krankenhaus. Betritt dagegen ein normales Mietshaus. Jeder schaut dir nach und will wissen, wer du bist und zu wem du willst. Dieser ganze Planet ist ein Hospital. Kein Wunder, wenn ihnen ganz egal ist, wer wir sind. Wenn wir nur einen Patienten und damit Geld bringen . . ."

„Und was tun wir jetzt? Wir können Thora doch nicht einfach abliefern und dann allein zurücklassen."

„Das habe ich auch nicht vor. Das Mädchen hat schon ihre Bemerkungen auf das Formular gesetzt. In der Zentrale, wo alle Informationen zusammenlaufen, wird man nun stutzig werden. Insbesondere dann, wenn man etwas von Terra liest."

„Du glaubst, man hat von Terra gehört?"

Tiff nickte zuversichtlich. „Auf jeden Fall wird man stutzen. Man wird sehr daran interessiert sein, uns kennenzulernen. Ich wette, man erwartet uns bereits dort, wohin uns der Wagen mit Thora bringen soll."

Sie fanden neben dem Autopark, den sie bereits kannten, einen anderen. Hier standen Fahrzeuge verschiedener Art herum, die ebenso verschiedene Arten von Patienten aufnehmen konnten. Einer besaß sogar die Form eines großen Aquariums und war mit Wasser gefüllt. Tiff hatte Phantasie genug, sich den darin beförderten Patienten vorstellen zu können.

Er zog die Metallmarke aus der Tasche und betrachtete sie genauer. Sie besaß eine Markierung. Die ebenfalls runde Markierung auf den Seitenwänden des fahrbaren Aquariums jedenfalls war nicht mit ihr identisch.

Sie hatten nicht lange zu suchen, bis sie den für sie bestimmten

Wagen fanden. Er erinnerte lebhaft an einen ganz normalen Krankenwagen. An Stelle der Klinke war ein Schlitz, darunter wieder die Zeichung der Münze.

„Raffiniert", murmelte Tiff. „Selbst ein Analphabet fände sich hier zurecht."

Gelassen schob er die Marke in den Schlitz.

Die Tür öffnete sich geräuschlos und wie von Geisterhänden bewegt. Sie stiegen ein. Die Tür schloß sich, und der Wagen setzte sich in Bewegung. Er fuhr hinaus auf das Feld und hielt auf die breite Straße zu, die zwischen den Raumschiffen hindurchführte.

„Woher will der Automat-Lenker denn wissen, wo wir unser Schiff stehen haben?" fragte Sengu mit einer Spur von Triumph. „Es gibt keinen einzigen Hinweis, wo die Gazelle parkt. Gibt es dafür vielleicht eine vernünftige Erklärung?"

„Ich denke schon", entgegnete Tiff und sah die riesigen Schiffe mit rasender Geschwindigkeit auf sich zukommen. „Schließlich hat uns ja auch ein Wagen abgeholt. In seinem positronischen Gehirn ist die Route zu unserem Schiff genau aufgezeichnet. Sie braucht nur angefordert zu werden, und schon sendet das winzige Robotgehirn des Wagens die gewünschten Daten, die wiederum dem Krankenwagen einprogrammiert werden. Du siehst, Sengu, es ist alles sehr einfach."

Der Japaner gab es auf. Wortlos wartete er, was geschah. Als der Wagen mit einem sanften Ruck genau unter der Einstiegluke der Gazelle anhielt, brachte er nur ein anerkennendes Brummen über die Lippen.

Thora war erwacht. Sie lächelte den beiden Männern entgegen, ohne zu begreifen, was um sie geschah. Da sie mit Riemen an das Bett gefesselt war, verzichtete Tiff darauf, sie erneut einzuschläfern. Mit Hilfe eines kleinen tragbaren Antigravgeräts bugsierten sie das Bett aus der Kabine, durch den engen Gang und schließlich in das wartende Auto. Wieder wurde der Einstieg verschlossen. Dann, als sie beide ebenfalls eingestiegen waren, schlossen sich die Türen des Fahrzeugs, und es setzte sich abermals in Bewegung.

Sie verließen das Landefeld nach fünfzehn Minuten und erreichten eine breite Straße, die sich allmählich zu senken begann und in einen Tunnel hinabführte, der unter der Oberfläche von Aralon verschwand.

Sengu beobachtete die Veränderung mit gemischten Gefühlen. „Soll das eine Falle sein, Tiff? Was hat ein Krankenhaus unter der Erde zu suchen?"

Tiff hatte die Augen eng zusammengekniffen. „Ich weiß es nicht, aber ich könnte mir vorstellen, daß die Aras das Sonnenlicht nicht besonders schätzen. Sie sind Albinos, vergiß das nicht. Je nach Art der Patienten werden sie Krankenabteilungen unter und über der Erde haben. Ich nehme an, wir werden zuerst zu einer Verteilerstelle gebracht."

Kein einziger Wagen überholte sie, aber es kamen ihnen mehrere entgegen.

Die Fahrt verlangsamte sich plötzlich. Der Wagen bog nach rechts ein und nahm wieder Tempo auf.

„Jetzt kann es nicht mehr lange dauern, bis wir wissen, woran wir sind", vermutete Tiff. „Ich bin froh, wenn die Ungewißheit vorüber ist."

„Ich auch", murmelte Sengu, aber es klang nicht sehr überzeugend.

Weiter vorn wurde es hell, dann glitt ihr Fahrzeug aus dem Tunnel auf einen weiten Platz, fuhr eine schmale Rampe empor und hielt vor einem Tor an. Es dauerte einige Sekunden, dann öffnete es sich wie durch Geisterhand. Der Wagen fuhr wieder an und hielt endgültig in einer hell erleuchteten Halle, in die verschiedene Gänge mündeten.

Alles blitzte vor Sauberkeit. Aras in weißen Mänteln gingen eilig hin und her, unterhielten sich lebhaft miteinander, warfen dem Wagen flüchtige Blicke zu – und verschwanden wieder.

Aus der anderen Richtung kamen fünf Aras und hielten bei dem Wagen an. Ihre ernsten Gesichter schienen Tiff wie eine Vorahnung dessen zu sein, was ihn erwartete.

Einer von ihnen warf eine Marke in den Registrierautomaten, und die Türen des Krankenwagen öffneten sich.

„Sie bringen die Patientin Thora von Arkon?" fragte einer der Aras und blickte Tiff forschend an.

Tiff nickte.

„Sie irren sich nicht", gab er zu und kletterte steifbeinig aus dem Sitz, um sich die Füße zu vertreten. „Ist dies hier die Abteilung für Hyper-Euphorie?"

Der andere reagierte nicht. „Wer sind Sie?"

„Leutnant Tifflor vom Planeten Terra, System Sol – falls Ihnen das ein Begriff sein sollte."

„Und der dort?"

Der Ara zeigte auf den Japaner, der ebenfalls ausgestiegen war.

„Wuriu Sengu, ebenfalls von Terra", gab Tiff Auskunft.

Der Ara nickte, als erführe er etwas, das er schon längst wußte.

„Also Terra", murmelte er befriedigt. „Wir ahnten es."

Tiff konnte seine Neugier nicht länger zügeln. „Sie haben schon von Terra gehört? Bei welcher Gelegenheit, wenn ich fragen darf?"

„Sie werden noch genug Anlaß finden, sich mit uns zu unterhalten. Folgen Sie uns jetzt."

„Was ist mit Thora? Sie ist krank und bedarf der sofortigen Hilfe."

„Wir werden uns um sie kümmern, keine Sorge. Die Nonus-Pest ist eine verhältnismäßig einfache Infektionskrankheit. Morgen weiß die Patientin nicht mehr, daß sie überhaupt krank gewesen ist. Nun kommen Sie mit, wir haben mit Ihnen zu reden."

Tiff zögerte noch. Der Gedanke, Thora alleinzulassen, behagte ihm nicht. Aber sie ließen ihm keine Zeit, weitere Verzögerungstaktiken anzuwenden. Auf einen Wink des Aras eilten vier stämmig gebaute Männer herbei, die im Vergleich zu den anderen Eingeborenen Aralons wahre Hünen waren. Je zwei von ihnen ergriffen Tiff und Sengu. Rücksichtslos bogen sie die Arme der Überraschten nach hinten und schoben sie vor sich her, auf eine Tür zu.

Der Japaner machte Anstalten, sich zur Wehr zu setzen, aber Tiff rief ihm zu: „Nicht, Sengu! Wir müssen erst erfahren, was sie von uns wollen. Keine Gegenwehr also."

Eine Tür wurde aufgerissen. Die vier Stämmigen schoben ihre Opfer in den dahinter liegenden Raum und ließen sie vorerst noch nicht los.

Drei der fünf Ärzte folgten.

Hinter einem breiten Tisch saßen drei weitere Aras mit den üblichen weißen Mänteln. Sie sahen Tiff und Sengu interessiert entgegen.

„Dürfen wir vielleicht erfahren", fragte Tiff scharf, „was das alles zu bedeuten hat? Wir bringen Ihnen eine Patientin, und Sie behandeln uns wie Verbrecher."

Der älteste der Aras nickte langsam und warf dann einen Blick in ein Aktenbündel, das vor ihm auf dem Tisch lag. Dann sah er wieder auf und blickte Tiff mit seinen rötlich schimmernden Augen ausdruckslos an.

„Das ist es ja eben – Sie bringen uns nur *eine* Patientin. Den erhaltenen Informationen nach muß es einige *hundert* Erkrankte geben. Was ist mit ihnen?"

Darauf war Tiff natürlich nicht gefaßt. Er benötigte einige Sekunden, ehe er antworten konnte: „Vielleicht bin ich persönlich nur daran interessiert, daß Thora geheilt wird."

Der Alte beugte sich vor.

„So?" Erneut blätterte er in den Akten. „Sie kommen von Terra, einem mehr als dreißigtausend Lichtjahre entfernten Planeten, der bisher keinen Kontakt mit dem Imperium hatte. Ihr Kommandant heißt Perry Rhodan und hatte bereits mehrere Zusammenstöße mit den Galaktischen Händlern. Warum sollten wir darauf erpicht sein, die Gegner unserer Freunde zu heilen?"

Beinahe hätte Tiff geantwortet: weil ihr sie auch krank gemacht habt. Aber er beherrschte sich.

„Wer sagt Ihnen, daß Thora ein Freund Rhodans ist?" fragte er. „Was berichten Ihre Informationen sonst noch?"

„Einiges", murmelte der Alte. „Sie werden sich entsinnen, daß auf einem Planeten, den die Springer Goszuls Planet nennen, eine Seuche ausbrach. Die erkrankten Springer kamen nach Aralon, um Hilfe zu erhalten. Dadurch erfuhren wir, daß es sich um eine künstlich hervorgerufene Seuche handelte, zum Glück eine selbst heilende Infektionskrankheit. Immerhin hat sich Perry Rhodan, den wir hinter dieser Aktion vermuten, einen traurigen Ruf erworben, und wir kennen nun die Terraner."

Tiff war nicht bereit, noch länger zu schweigen.

„So, Sie kennen uns?" rief er und befreite sich mit einem Ruck aus dem Griff der beiden Wächter. „Ich benötige keine Aufpasser, ihr Fliegengewichtler." Und wieder zu dem Alten hinter dem Tisch gewandt, fuhr er fort: „Mich interessieren vielmehr die Machenschaften der Aras. Oder wollt ihr abstreiten, daß ihr in der ganzen Galaxis die schlimmsten Krankheitserreger verbreitet, um an der Heilung der von Seuchen Befallenen zu verdienen? Dabei gäbe es genug für so intelligente Wesen zu tun und zu forschen. Künstliches Leben, ewiges Leben, die Beseitigung des körperlichen Todes – die Liste ist unendlich lang. Was aber tut ihr? Ihr fördert die Krankheiten, damit dieses Hospital niemals leer wird. Nun, was haben Sie zu sagen, Alter?"

Der Albino hinter dem Tisch hatte aufmerksam zugehört, ohne die geringste Erschütterung zu zeigen. Er besprach sich leise mit seinen Kollegen. Dann sah er Tiff fragend an. „Warum versuchen Sie, mich zu reizen? Wollen Sie etwas erfahren? Will Rhodan etwas wissen, das ihm nicht bekannt ist?"

„Rhodan!" Tiff sagte es so voller Verachtung, daß er selbst erschrak. „Was geht mich Rhodan an? Er ist es ja, der Thora für sich haben will. Die Krankheit kam ihm nur zu gelegen, denn Sie kennen ja die Symptome der Hyper-Euphorie, wie wir das ewige Lächeln bezeichnen. Ich will offen mit Ihnen reden . . ."

„Mein Name ist Themos, Chef dieser Abteilung und Forschungsleiter der mit uns verbundenen Laboratorien. Reden Sie weiter."

„Das war auch meine Absicht, Themos. Ich kam gegen den Willen Rhodans hierher. Glauben Sie denn, Rhodan hätte Ihnen nur Thora geschickt? Das ist Ihnen doch auch bereits aufgefallen, oder nicht?"

„Und warum brachten Sie Thora gegen den Willen Rhodans zu uns?"

„Ich – nun, ich möchte ihr einen Dienst erweisen, Themos. Es gibt verschiedene Gründe dafür. Thora ist sehr mächtig und kann mir weiterhelfen, wenn sie sich mir gegenüber zu Dank verpflichtet fühlt. Außerdem könnte ich sie davon überzeugen, daß ihr Leben in meinen Augen wertvoller ist als in denen Rhodans."

Themos beugte sich vor und starrte Tiff forschend an. „Sie wollen Rhodan verraten? Wie soll ich wissen, ob Sie mich nicht anlügen?"

„Sie glauben mir – oder Sie glauben mir nicht. Die Entscheidung muß ich leider Ihnen allein überlassen. Heilen Sie Thora, wenn Sie können, und ich werde Ihnen meine Dankbarkeit schon beweisen."

Der Alte betrachtete Tiff eine Weile, sah dann zu Sengu, der merkwürdigerweise ein sehr großes Interesse an dem Boden zeigte, auf dem er stand, und begann dann erneut eine leise geführte Unterhaltung mit den anderen fünf Aras.

Tiff hatte Zeit, Gucky einen telepathischen Bericht zu senden.

Die unverständliche Konferenz dauerte fast zehn Minuten, dann sagte Themos: „Wir werden Thora heilen, aber wir können Ihnen inzwischen nicht erlauben, zu Ihrem Schiff zurückzukehren. Betrachten Sie sich als unsere Gäste. Sie erhalten ein Zimmer, das Sie nur mit besonderer Genehmigung verlassen dürfen. Außerdem werden Sie wohl nichts dagegen haben, wenn wir Sie nach Waffen oder Nachrichten-Instrumenten durchsuchen?"

Innerlich ärgerte sich Tiff zwar über diese Zumutung, aber auf der anderen Seite konnte er die Aras nicht besser von seiner und Sengus Harmlosigkeit überzeugen. Sie besaßen ja in der Tat keine sichtbaren Waffen oder Funkgeräte. Die Aras würden in ihrer Wachsamkeit nachlassen, wenn sie sich davon selbst überzeugten.

„Natürlich haben wir nichts dagegen." Tiff nickte seelenruhig. „Wenn es Sie beruhigt. Nur gefällt es mir nicht, in ein Zimmer eingesperrt zu werden. Ich möchte wissen, was mit Thora geschieht, und ob ihr sie wirklich heilen könnt."

„Dafür garantiere ich mit meinem wissenschaftlichen Ruf", versicherte Themos selbstbewußt. „Schließlich handelt es sich bei der Nonus-Pest um eine von uns entwickelte Erregerkrankheit, für die ich selbstverständlich das Gegenmittel habe. Thora ist morgen bereits gesund. Übrigens war ich es, der Thora über die Mooffs beeinflußte und sie dazu veranlaßte, Rhodan vorzuschlagen, den Planeten Honur anzufliegen. Sie sehen, meine Macht ist groß." Er sah Tiff scharf an. „Weiß sie übrigens, wo und warum sie sich infizierte?"

„Woher sollte sie es wissen? Erst wenn sie gesund ist, wird sie begreifen oder sich erinnern. Arkon wird über Ihre Methoden, Krankheiten zu erzeugen, nicht sehr erfreut sein."

Themos lächelte kalt. „Wir werden dafür sorgen, daß Arkon es nicht erfährt. Und da Sie ja, wie Sie behaupten, gegen Rhodan stehen, werden Sie es Thora und den Arkoniden auch nicht verraten. Oder ..."

Tiff gab keine Antwort.

Sengu sagte plötzlich: „Ihre Laboratorien befinden sich tief unter der Oberfläche – noch tiefer als diese Abteilung des Hospitals?"

Verblüfft nickte Themos. „Ja, woher wissen Sie das? Unsere ganzen Anlagen sind unterplanetarisch, weil die Strahlung der Sonne auf die Dauer unangenehme Nachwirkungen zeigt."

„Wenigstens für Albinos", warf Tiff mit Betonung ein.

Themos schien nicht beleidigt.

„Ja, ganz richtig", bestätigte er sachlich. „Das ist der Grund, warum wir so wenig wie möglich an der Oberfläche weilen. Es ist darum auch keine böse Absicht, wenn Sie vorerst hier unten bleiben müssen, bis wir unsere Entscheidungen getroffen haben. Der große medizinische Rat wird sich damit in den kommenden Wochen befassen müssen."

Tiff beugte sich vor. „Wochen – sagen Sie? Glauben Sie denn, ich hätte soviel Zeit?"

„Haben Sie keine?" fragte Themos lauernd. „Wer sollte denn auf Sie warten, wenn Sie nicht zu Rhodan zurückkehren wollen?"

Tiff biß sich auf die Lippen. „Ich will mit Thora und meinem Freund zu einem abseits liegenden System, wo es einen idyllischen Planeten gibt. Thora und ich werden dort heiraten."

„Ach ..." Themos schien erstaunt. „Ein gewisser Etztak berichtete mir, zwischen Rhodan und dieser Thora bestünde eine Art – nun, sagen wir mal Freundschaftsverhältnis. Was wird er dazu sagen?"

„Ist das unsere Sorge?" erwiderte Tiff leichthin und hätte in diesem Augenblick gern Rhodans Gesicht gesehen, wenn Gucky ihn von dem Gespräch unterrichtete. Ganz so kraß war die Entwicklung nicht geplant gewesen. „Wir werden Rhodan niemals mehr wiedersehen."

„Das halte ich sogar für sicher – ob Sie ihn nun verraten oder nicht", behauptete Themos kalt und richtete sich auf. „Doch genug des Geredes. Handeln wir lieber. Sie werden auf Ihre Zimmer gebracht und dort durchsucht. Wehren Sie sich nicht, dann haben Sie auch keine Schwierigkeiten. Morgen findet eine ärztliche Untersuchung statt, die eine reine Routineangelegenheit ist – also keine Beunruhigung. Danach können Sie die gesunde Thora begrüßen. Dann werden wir ja sehen, was sie zu Ihren Heiratsplänen sagt. Ich hoffe in Ihrem Interesse, daß sie sehr glücklich ist ..."

Tiff hörte die Drohung aus den Worten, kam aber nicht mehr dazu, auch in dieser Hinsicht bestimmt auftretenden Mißverständnissen vorzubeugen. Vier kräftige Arme packten ihn von hinten, und dann wurde er aus dem Zimmer getragen. Sengu erging es nicht anders.

„Die Reise wird in die Tiefen des Planeten führen“, rief er Tiff auf englisch zu und grinste verzerrt. „Ziemlich tief sogar, fürchte ich.“

„Ruhe!“ donnerte einer der Wächter.

„Das regt mich weniger auf“, gab Tiff ebenfalls auf englisch zurück, ohne sich um die Aufforderung des Aras zu kümmern.

„Viel weniger als der Gedanke daran, was Thora sagen wird, wenn sie erfährt, daß sie meine Verlobte ist . . .“

28.

Die TITAN und die GANYMED unternahmen einen kleinen Hypersprung, der sie näher an das System Kesnar heranbrachte. Weiterhin mit Lichtgeschwindigkeit fliegend, waren sie noch einen Lichttag von Aralon entfernt.

Die Ruheperiode war ohne Ereignisse geblieben. Tiff hatte von seiner und Sengus Unterbringung in einem recht gemütlich eingerichteten Zimmer berichtet und betont, daß sie nun einige Stunden schlafen würden, da die Nacht angebrochen war und auch in der Unterwelt eine Art Pause eintrat.

Gucky erwachte und lauschte als erstes auf die Kurzimpulse von Tiffs Körpersender. Sie kamen regelmäßig und ohne klare telepathische Botschaften. Tiff schlief also noch.

Der Mausbiber streckte sich, rutschte aus dem Bett und begab sich in den nebenan gelegenen Duschraum. Mit innerlichem Grausen watschelte er dann unter den kalten Wasserstrahl und redete sich dabei ein, die Prozedur säubere nicht nur sein Fell, sondern sei auch noch gesund. Dann trocknete er sich unter dem Heißluftstrahl und machte sich auf den Weg zur Messe.

Er traf außer Crest und einigen Bekannten auch Rhodan, der sich sofort erkundigte, ob inzwischen etwas Neues geschehen sei. Gucky konnte ihn beruhigen und widmete sich dann mit Hingabe dem Frühstück. Zu seiner Freude fand er auf dem Teller eine Sonderration der köstlichen Mohrrüben, die man von der GANYMED geschickt hatte. Sie waren seine Lieblingsspeise.

„Wenn die Aras Wort halten, wird Thora heute noch gesund sein", sagte Rhodan und nahm einen Schluck des heißen Kaffees, den er anderen Konzentratgetränken vorzog. „Dann wissen wir, daß sie das Gegenmittel haben. Kein Grund also mehr, länger zu warten."

„Was hast du vor?" nuschelte Gucky kauend, was seinem einsamen Nagezahn nicht gerade leichtfiel. „Angreifen?"

„Was sonst?"

Crest ließ die Hand mit der Tasse wieder sinken. In seinen Augen schimmerte Besorgnis. „Aralon ist, wie wir nun wissen, das galaktische Hospital, Perry. Wir setzen uns automatisch ins Unrecht, wenn wir Aralon angreifen."

„Ja, Waffenlager unter dem Zeichen des Roten Kreuzes – das ist eine auch mir bekannte Geschichte. Hier verhält es sich ähnlich. Wir haben in Tiff immerhin den Beweis in der Hand, daß die Aras ihr Können und Wissen mißbrauchen."

„Tiff ist in ihren Händen", erinnerte ihn Crest.

Rhodan nickte. „Aber nicht mehr lange, Crest. Gucky weiß jederzeit, wo Tiff ist, und wenn wir nahe genug sind, daß Gucky ihn anpeilen kann, können sie ihn kaum vor uns verstecken. Ich habe nicht die Absicht, die Aras mit Samthandschuhen anzufassen."

Crest blieb skeptisch. „Trotzdem werden Sie in den Augen der anderen Völker ein Unrecht begehen, wenn Sie die Ärzte angreifen. Bedenken Sie, daß viele nach Aralon kommen, um Hilfe gegen Krankheit und Tod zu finden. Sie sind es ja, der die Helfer daran hindert, andere zu heilen. Und wenn Sie sie noch dazu töten . . ."

„Mit keinem Wort", sagte Rhodan sachlich, „habe ich durchblicken lassen, daß ich auch nur einen einzigen Ara töten werde."

Crest atmete auf. „Dann ist es gut, obwohl ich mich vergeblich frage, wie Sie sie durch bloße Drohung zum Nachgeben zwingen wollen."

„Wir werden sehen." Rhodan nickte. „Ehrlich gesagt, so genau weiß ich es selbst noch nicht."

Gucky sah plötzlich auf. Der Rest der Rübe fiel ihm aus den Pfoten und landete auf dem Teller. In seinen Augen war ein waches Funkeln. Leise flüsterte er: „Tiff ist geweckt worden. Sie kommen, um ihn erneut zu verhören . . ."

Die Tür wurde von außen aufgestoßen, und zwei kräftige Aras traten ein.

Tiff und Sengu waren sofort wach. Der normale Denkprozeß setzte wieder ein. Vierundzwanzig Lichtstunden entfernt fing Gucky die Impulse auf.

„Los, aufstehen! Themos will mit euch reden."

Tiff glitt seitlich aus dem Bett und nahm sich Zeit. Auch Sengu wusch sich ausgiebig, ehe er die Uniform überstreifte. Die beiden Aras traten ungeduldig von einem Fuß auf den anderen, aber sie mußten strenge Anweisungen erhalten haben, die Gefangenen nicht unnötig zu schikanieren.

Endlich war die Morgentoilette beendet.

„Wann gibt es Frühstück?" fragte Tiff. „Oder ist dies kein ordentliches Krankenhaus?"

„Themos wird Ihnen Auskunft auf Ihre Fragen geben", sagte der eine Wärter und öffnete die Tür. „Sie kommen freiwillig mit?"

Weder Tiff noch Sengu hielten es für nötig, die Frage zu beantworten.

Themos saß in seinem weißen Mantel wieder hinter dem bekannten Tisch mit der breiten, halbrunden Platte aus Kunststoff. Andere Aras waren bei ihm. Finster blickten sie den Eintretenden entgegen. Ihre Augen verhießen nichts Gutes.

Tiff vergaß das Frühstück. Er ahnte, was geschehen war. Seine Befürchtung bestätigte sich schon beim ersten Satz Themos'.

„Wir haben Thora geheilt, Terraner. Sie kann sich nicht entsinnen, Ihnen jemals Hoffnungen auf eine Heirat gemacht zu haben. Nach wie vor gilt ihre ganze Sympathie Perry Rhodan. Nun, was sagen Sie dazu, Leutnant Tifflor – oder wie Sie heißen mögen?"

Tiff ließ sich Zeit mit der Antwort. Er wiederholte Wort für Wort die kurze Rede des Aras im Geist, damit Gucky orientiert wurde. Dann erst zuckte er mit den Schultern und meinte bedauernd: „Wie schade. Die Krankheit muß einen Teil ihrer Erinnerung gelöscht haben. Sie weiß eben nichts mehr von den letzten Stunden, die wir gemeinsam verbrachten. Darf ich sie sehen?"

„Was wollen Sie noch von ihr? Thora ist eine Arkonidin, sie wird weder mit Ihnen noch mit Rhodan eine Verbindung eingehen, dafür werden wir sorgen. Sie hat sich entschlossen, für immer auf Aralon zu bleiben und ihre Kräfte dafür einzusetzen, Kranken und Hilfsbedürftigen zur Seite zu stehen. Glauben Sie nicht, daß das eine schöne Aufgabe ist – eine schönere jedenfalls, als einen Terraner zu heiraten?"

In Tiff begann es zu kochen. Er dachte intensiv und ganz auf Gucky konzentriert: *Sage Rhodan, daß es Zeit zum Handeln ist! Greift an! Ich werde ununterbrochen senden, damit du mich anpeilen kannst. Sie wollen Thora . . .*

„Warum antworten Sie nicht?" wurde er von Themos unterbrochen, der gar nicht mehr der freundliche alte Herr von gestern war.

Tiff sah ihm in die roten Augen. „Weil ich mich wundere, Themos. Habe ich nicht Thora zu euch gebracht, weil ich sie von Rhodan forthaben wollte? Habe ich nicht Rhodan verraten? Und was ist der Dank? Ihr wollt mich betrügen."

„Sie brachten Thora nach Aralon, um ihr Heilung zu verschaffen – denn nur wir sind es, die sie heilen konnten. Nur wir besitzen das Serum gegen die Nonus-Pest. Und wir werden es auch niemals aus der Hand geben. Wenn Rhodan noch Kranke an Bord seines Schiffes hat, so wird er zu uns kommen müssen, wenn er sie gesund wissen will. Und vielleicht werden wir ihm dann zwei Verräter übergeben."

Tiff gab keine Antwort. Er hatte etwas Ähnliches erwartet. Es kam den Aras nur auf Thora an. Sie mußten die Arkonidin für einen starken Trumpf in ihren Händen halten – kein Wunder, wenn sie ihnen verraten hatte, daß Perry Rhodan ihr etwas galt.

Themos gab den Wärtern einen Wink. „Bringt sie nach unten, in die Experimentier-Station für außerimperiale Wesen. Wir müssen erfahren, wie Terraner organisch aufgebaut sind. Vielleicht können wir sogar feststellen, ob sie von frühen arkonidischen Auswanderern abstammen, oder ob sie eine eigene Art sind."

Tiff und Sengu hätten sich wehren können, aber es wäre ein aussichtsloser Kampf gegen eine Übermacht gewesen. Warum ein nutzloses Risiko eingehen? Rhodan hatte den Hilferuf bereits empfangen und würde nicht zögern, Aralon anzugreifen. Es galt nicht nur Tiff und Sengu, sondern vor allen Dingen Thora zu befreien.

Ein Lift, in den man sie stieß, fiel mit zunehmender Geschwindigkeit in die Tiefe des Planeten. Die beiden Wärter nahmen an der rasenden Fahrt nicht teil.

Es war eine kleine, quadratische Kabine, deren Rauminhalt kaum mehr als acht Kubikmeter betrug. An den Wänden war ein immer lauter werdendes Pfeifen. Tiff bemerkte, daß sein Körpergewicht sich um die Hälfte verringert hatte. Aralon besaß die gleiche Gravitation wie die Erde. Sie fielen also mit der halben natürlichen Fallgeschwindigkeit des Planeten.

„Kannst du etwas sehen?“

Der Japaner, der sich nach allen Seiten umsah und dessen Augen merkwürdig starr dabei wurden, nickte. „Wir gleiten mit zunehmender Geschwindigkeit an unzähligen Stationen vorbei – Krankenstationen. Der ganze Planet muß unterhöhlt sein. Unter mir sehe ich einen endlosen Schacht. Mehr kann ich nicht erkennen.“

„Wie haben sie es nur geschafft, so tief in ihre Welt einzudringen?“

„Sie sind ein seit Jahrtausenden hochzivilisiertes Volk und vertragen trotz aller medizinischen Künste die Sonne nicht. Was blieb ihnen übrig, als *in* ihrem Planeten zu wohnen? Wir sind meiner Schätzung nach bereits drei Kilometer unter der Oberfläche.“

Die Sekunden wurden zu Minuten. Dann spürte Tiff, wie er wieder schwerer wurde. Doppelt so schwer wie gewohnt. Die Verzögerung hatte mit zehn Meter pro Sekundenquadrat eingesetzt.

Dann hielt der Lift mit einem harten Ruck an.

Es dauerte fast drei Minuten, ehe sich die schmale Tür öffnete. Grelles Licht drang in die kleine Kabine. Tiffs Augen gewöhnten sich schnell an den Helligkeitsunterschied. Er blickte in die entschlossenen Gesichter von mindestens einem Dutzend Aras, die sie erwarteten.

„Worauf warten Sie?“ fragte einer von ihnen barsch.

Tiff nickte Sengu zu und verließ den Lift. Die Aras wichen ein wenig zurück, als befürchteten sie eine ansteckende Krankheit. An die Möglichkeit, die Gefangenen könnten entfliehen, dachten sie nicht. Hier unten, mehr als zehn Kilometer unter der Oberfläche, gab es diese Gefahr kaum noch.

Die Wände der großen Halle unterschieden sich nicht von jenen oben dicht unter der Oberfläche. Die gleiche Sauberkeit, die gleiche Helligkeit.

„Folgen Sie uns“, wurden die beiden Terraner aufgefordert. Die Aras gingen voraus. Sie schienen nicht daran zu zweifeln, daß Tiff und Sengu folgten.

Tiff schickte Gucky eifrig Informationen und beschrieb ihre Lage. Seiner Schätzung nach mußten sie sich in zehn Kilometer Tiefe direkt unter dem Flugfeldrand befinden, dem Verwaltungsgebäude mit den Flaggen etwa genau gegenüber.

Sie durchschritten einen Korridor und gelangten in einen weiten Saal, in dem weiß gekleidete Ara-Wissenschaftler an Tischen und unbekannten Geräten arbeiteten. Das mußte eins der Laboratorien sein, von denen Themos gesprochen hatte – und die man auf Aralon vermutet hatte. In großen Gefäßen erkannte Tiff unbewegliche Lebewesen, die in einer konservierenden Flüssigkeit schwammen. Die Schilder an den Gefäßen bewiesen, daß es sich um Spezies handelte, die außerhalb des Imperiums beheimatet waren.

Terraner in Spiritus! dachte Tiff entsetzt und sah sich bereits in einem Glasbehälter schwimmen, um für die kommenden Generationen der Ara-Wissenschaftler aufgehoben zu werden. Erneut ging sein Hilferuf an Gucky: *Beeilt euch, um Gottes willen! Sie haben etwas Schreckliches mit uns vor!*

Tiff und Sengu bemerkten nicht, daß sich hinter ihnen die Türen stets völlig geräuschlos schlossen. Sie saßen in einer vollkommenen Falle. Nur der Weg nach vorn blieb frei, aber er war alles andere als verlockend.

Die Aras waren stehengeblieben. Einer von ihnen öffnete eine Tür seitlich und gab sie frei.

„Ihr Zimmer, Terraner. Sie erhalten gleich etwas zu essen. Die Umgebung darf Sie nicht stören, es wird Ihnen nichts geschehen – wenigstens vorerst nicht."

Tiff ging schweigend an ihm vorbei und trat ein, als er sah, daß es sich in der Tat nur um ein Zimmer und kein Labor handelte. Zwei Betten, sanitäre Anlagen und ein Tisch mit vier Stühlen machten den Raum sogar ein wenig wohnlich, wenn man die Nähe der Labors vergaß.

Sengu folgte ihm. Die Tür schloß sich mit einem dumpfen Laut.

Es war Tiff, als sei damit die letzte Möglichkeit eines Rückzugs abgeschnitten.

Er setzte sich seufzend auf eins der Betten und sah Sengu an. „Zehntausend Meter unter der Oberfläche. Kannst du mir verraten, wie wir hier wieder herauskommen sollen?"

Sengu sah auf den Boden. Er schüttelte den Kopf. Bei seiner Antwort benutzte er ebenfalls das kameradschaftliche Du. „Nein, natürlich nicht. Aber es wird dich sicher interessieren, zu erfahren, daß unter uns ein anderes Labor liegt. Es sieht eigentlich mehr wie eine Verpackungsanstalt aus. Daneben ein Lager mit Tausenden von Kisten und Behältern. Ob dort die Medikamente verpackt und gestapelt werden?“

„Wie tief liegt es unter uns?“

„Nicht mehr als zehn Meter.“ Der Blick des Japaners glitt seitlich zur Wand und ging dann hoch zur Decke, als verfolge er eine nach oben kriechende Fliege. „Ich sehe Thora. Sie wird im Aufzug nach oben gebracht.“

Tiff unterdrückte das unheimliche Gefühl, das ihn unwillkürlich überkam, wenn der Japaner so einfach durch die festen Wände sah.

„Was hatte sie hier unten zu tun?“ fragte Sengu.

„Vielleicht“, vermutete Tiff, „zeigte man ihr die Vorräte des heilenden Serums, denn man weiß, daß Rhodan daran interessiert ist. Sie wird als Lockvogel eingesetzt – oder man wird Rhodan mit ihr erpressen wollen. Verdammt, ich fürchte, wir haben wieder einmal zu human gedacht. Diese Aras sind keine Mediziner, wie wir sie von Terra her kennen, sie sind Teufel.“

Sengu sah immer noch gegen die Decke. „Bully sagte einmal: Wir werden auch mit dem Teufel fertig. Ich glaube ihm aufs Wort, Tiff. Keine zehn Meter unter uns lagert der Stoff, den wir brauchen. Sehen kann ich ihn, aber das hilft uns auch nicht weiter. Und doch weiß ich, daß wir ihn bereits morgen haben werden. Ganz bestimmt werden wir das . . .“

„Du bist Späher“, erwiderte Tiff ruhig, „kein Prophet.“

Thora war bereits einige Stunden zuvor, mitten in der Nacht, zu sich gekommen.

Wie aus einem Traum erwachend, schlug sie die Augen auf und starrte geblendet in die grellen Lampen, die über ihrem Bett in der Decke eingelassen waren.

Sie wußte nicht, was mit ihr geschehen war.

Als sich ihre Augen an das grelle Licht gewöhnt hatten, erkannte sie neben dem Bett das Gesicht eines älteren Mannes, der sie forschend ansah. In seinen Augen – den roten Augen eines Albinos – erkannte sie eine stumme Frage und eiskaltes Interesse.

Ihre Erinnerung setzte ein.

Ein Ara.

Wo war sie? Was war mit Rhodan?

„Wer sind Sie?" Sie richtete sich hoch, sank aber sofort wieder in die Kissen zurück. Sie fühlte sich furchtbar elend. „Wo bin ich?"

„In Sicherheit und geheilt", gab der Fremde zurück. Seine Stimme klang beruhigend, aber sie strömte eine sachliche Kälte aus, wie auch der ganze saubere Raum kalt und unpersönlich war. „Kennen Sie einen Leutnant Tifflor aus dem System Sol? Heimatplanet Terra?"

Thora nickte verwirrt. „Ja, ich entsinne mich . . ."

„Entsinnen Sie sich auch, daß Sie ihn heiraten wollten?"

„Sind Sie verrückt? Was wollen Sie überhaupt von mir? Wo bin ich, und wie komme ich hierher? Was ist mit Perry Rho . . ."

Sie stockte plötzlich.

Der Ara lächelte wissend. „Sprechen Sie ruhig weiter. Wo Perry Rhodan ist, wollen Sie wissen? Sie werden es erfahren, wenn Sie mir verraten, warum Sie Tifflor nicht zu heiraten gedenken."

„Wie kommen Sie auf die verrückte Idee? Tifflor ist ein guter Freund, aber ich liebe ihn nicht. Wenn ich überhaupt einen Mann liebe, dann . . ."

Wieder unterbrach sie sich.

„Vielleicht Rhodan?" fragte der Ara.

Sie gab keine Antwort, aber die Wahrheit war in ihrem Gesicht zu lesen. Der Ara nickte zufrieden und beugte sich ganz zu ihr hinab.

„Also doch Rhodan. Das freut mich sehr zu erfahren. Und Rhodan erwidert Ihre Zuneigung. Das ist ausgezeichnet. Dann wird er sicherlich sehr daran interessiert sein, Sie lebendig wiederzusehen."

Thora bäumte sich auf. In ihren goldenen Augen flammte Haß. „Wer immer Sie auch sind, die Strafe des Imperiums wird Sie treffen! Sie Scheusal . . ."

„Das ist der Dank, daß wir Sie heilten? Sie waren krank, Thora von Zoltral, sehr krank. Sie weilen auf Aralon, dem galaktischen Hospital der Aras. Sie werden erst dann frei sein, wenn Rhodan unser Gefangener ist. Täuschen Sie sich nicht über den Ernst der Lage hinweg. Und noch etwas: Sie haben soeben das Todesurteil über einen gewissen Tifflor gefällt. Er ist für uns wertlos geworden."

„Wie heißen Sie?" fragte die Arkonidin beherrscht.

„Mein Name lautet Themos. Warum wollen Sie das wissen?"

Ohne mit der Wimper zu zucken, sagte Thora: „Weil in dieser Sekunde ein zweites Todesurteil gefällt wurde. Über einen Ara mit Namen Themos. Verlassen Sie sich darauf, daß es innerhalb von vierundzwanzig Stunden vollstreckt wird."

Themos wurde noch blasser, als er ohnehin war.

Stumm starrte er in das erbarmungslose Gesicht der Arkonidin und erkannte plötzlich, wie schön diese Frau war . . .

. . . und wie gefährlich.

29.

Die Zentrale der TITAN war groß, aber im Verhältnis zu der anderthalb Kilometer dicken Raumkugel konnte man sie nur als winzig bezeichnen. Trotzdem konnte es leicht passieren, daß man Gucky übersah, wenn man nicht genau hinsah.

Der Mausbiber lag auf seinem Lieblingsplatz, einer Couch neben dem Navigationsroboter, den meistens Bully bediente. Jetzt wurde er von einem jüngeren Offizier, Leutnant Bristal, vertreten. Frisch aus der Raum-Akademie Terras hatte Oberst Freyt ihn mitgebracht, als er Verstärkung von der Erde geholt hatte.

Rhodan saß gespannt hinter den Hauptkontrollen, mit denen das riesige Schlachtschiff gesteuert wurde. Die Tür zum Funkraum war geöffnet. Crest stand dicht neben ihr und wartete besorgt auf die bevorstehenden Entschlüsse. Ihm war nicht wohl bei dem Gedanken, daß man kein anderes Mittel als die Gewalt gefunden hatte, Thora und ihre beiden Begleiter zu befreien und das Serum gegen die Krankheit zu erhalten, die siebenhundert Menschen befallen hatte.

Rhodan wandte sich an Gucky. „Nun, was ist? Keine Nachricht von Thora?"

„Sie muß wieder gesund sein, sonst hätte dieser Themos den Schwindel nicht aufdecken können. Tiffs Tod ist eine beschlossene Sache."

„Aber noch keine ausgeführte", gab Rhodan grimmig zurück. „Was meldet Tiff?"

„Sie sind noch im Zimmer neben dem Labor. Er glaubt, daß man ihre Sezierung bereits vorbereitet."

„Ist eine Anpeilung möglich?"

„Ja", zwitscherte Gucky zuversichtlich. „Tiff hat beschrieben, wie es an der Oberfläche aussieht. Ich glaube, daß ich es finden werde. Dann allerdings geht es noch zehn Kilometer in die Tiefe. Wie willst du das mit der TITAN schaffen? Warum läßt du mich nicht allein springen?"

„Wozu haben wir die arkonidischen Kampfroboter?" erinnerte ihn Rhodan. „Sie werden sich den Weg unter die Oberfläche schon frei machen können. Wenn ich erst einmal diesen Themos vor mir habe, wird er froh sein, sein Vorhaben noch nicht durchgeführt zu haben."

Gucky gab keine Antwort. Er hatte sich aufgerichtet und hockte nun, mit dem Rücken gegen die Wand gelehnt, auf der Couch. Angestrengt lauschte er in sich hinein, die Augen dabei geschlossen. Niemand störte ihn. In der Zentrale herrschte absolute Stille.

„Es ist soweit", flüsterte der Mausbiber endlich. „Sie holen Tiff zuerst. Er wehrt sich verzweifelt, aber die Übermacht ist zu groß. Er beschreibt einen grell erleuchteten Saal mit unheimlichen Geräten und blitzenden Instrumenten. Tiff meint, man wolle ihn operieren, obwohl er kerngesund sei."

„In seiner Lage – und noch Humor", staunte Rhodan. „Schnell, Gucky – ich benötige die letzten Ortsangaben."

„Unverändert. Handeln wir!"

Rhodan nickte. Alles war vorbereitet. Das Navigationsgehirn hatte die genauen Daten der geplanten Kurztransition bereits errechnet. Die TITAN würde knapp vor Aralon wieder materialisieren. Wenige Minuten später folgte dann die GANYMED und übernahm die Rückendeckung.

Es war ein gewagtes Unternehmen, wenn auch die Fahrt nun fast gestoppt war. Nicht bloßes Können, sondern insbesondere eine gute Portion Glück würde entscheiden, ob Rhodans Plan gelang oder nicht.

Das gewaltige Schiff verschwand aus dem Normalraum und materialisierte gleichzeitig in knapp 30 000 km Entfernung von Aralon.

Als die gigantische Kugel kurz darauf über der Ansammlung vom Raumschiffen erschien, stockte vielen der galaktischen Besucher der Atem. Sie erkannten auf den ersten Blick, worum es sich handelte. Was hatte ein arkonidisches Schlachtschiff dieser Größenordnung auf dem Planeten der Hilfsbereitschaft und Heilung zu suchen?

Rhodan ließ die TITAN durchsacken und setzte sie am Rand des Feldes auf. Keine drei Sekunden später öffneten sich die unteren Ladeluken, Rampen wurden ausgefahren – und dann marschierten die Roboter.

Es waren stählerne Riesen, fast zweieinhalb Meter hoch und vierarmig. Die beiden unteren Arme waren nichts als bewegliche Impuls-Strahler, mit denen jeder Widerstand im Keim erstickt werden konnte. Die Energie dieser Strahler konnte, wenn man sie bündelte, jede Materie verdampfen. Schwer und rhythmisch stampften die metallenen Beine der Kampfmaschinen die Rampen hinab, berührten den Boden Aralons und – marschierten weiter. Die Roboter formierten sich zu Kolonnen, deren Spitze gegen das hohe Randgebäude gerichtet war, unter dem die Laboratorien lagen.

Rhodan gab über Funk das letzte Kommando.

Die Armee der Roboter vergrößerte ihr Tempo.

Wie gelähmt hatten einige Aras, die vor den Portalen des administrativen Zentrums standen, dem Schauspiel zugesehen. Ihre Gehirne schienen nicht begreifen zu wollen, was ihre Augen erblickten. Aber dann, als die schimmernde Front auf sie zumarschierte, löste sich ihre Starre. Mit wehenden Mänteln eilten sie in das Gebäude und warfen die Türen hinter sich zu.

Völlig waffenlos verließ Rhodan mit Crest und Gucky die TITAN. Die beiden Männer schritten würdevoll und mit betonter Gleichmütigkeit hinter ihren Robotern her und gönnten den nahen Schiffen und ihren Besatzungen keinen Blick. Gucky, dem das Gehen schwerfiel und dessen Watschelgang auch alles andere als würdevoll wirkte, entsann sich seiner übernatürlichen Fähigkeiten und teleportierte ein Stück voraus.

Etwa zehn Roboter marschierten weiter und erreichten die Hauptportale des Verwaltungsgebäudes, in dessen Vorhof einige der Krankenwagen standen. Rhodan sah mehrere Energiebündel aufblitzen, dann waren die Portale nicht mehr vorhanden. Ohne aufgehalten zu werden, drangen die Roboter befehlsgemäß in den Bau ein und besetzten alle Ausgänge und Lifts, die in die Tiefe führten. Der ausdrückliche Befehl, niemand zu töten, blieb wirksam.

Rhodan schaltete den winzigen Sender am Armband ein. „Leutnant Bristal? Alles in Ordnung?"

Die Antwort kam sofort: „Alles klar. Man wagt nicht, uns zu belästigen. Auf den anderen Schiffen keine Veränderung. Unsere Geschütze sind bemannt und aktionsbereit. Erwarten weitere Anweisungen."

„Vorerst keine", sagte Rhodan grimmig und schaltete ab.

In etwa drei Kilometer Entfernung senkte sich ein achthundert Meter langer Zylinder langsam auf das dort fast leere Feld nieder und kam zur Ruhe. Die GANYMED war ebenfalls gelandet und würde, wie besprochen, zweihundert Roboter ausschleusen, die einen dichten Kordon um das Schiff bildeten. Diese Maßnahme war von Rhodan mehr als eindrucksvolles Schauspiel gedacht. Die Aras sollten sehen, daß Rhodan Macht besaß. Ob er sie auch einsetzte, hing einzig und allein von den Aras ab.

Crest flüsterte: „Dort drüben – ein Schiff der Springer. Es brachte Kranke, nehme ich an. Die Aras verschonen also ihre eigenen Verwandten auch nicht.

Rhodan sah genauer hin. Es war eine der ihm wohlbekannten Walzen, fast dreihundert Meter lang und senkrecht auf den Teleskopstützen stehend.

„Bristal. Justieren Sie Ihren Telekom auf die übliche Frequenz für Aralon und setzen Sie den Verstärker dazwischen. Ich möchte eine kurze Meldung an die hier versammelten Kommandanten durchgeben."

Nach einigen Sekunden kam die Bestätigung.

Während er seinen Weg fortsetzte und auch weiterhin den Robotern folgte, sagte Rhodan in sein Gerät: „Achtung, an alle auf Aralon stationierten Schiffe! Hier spricht Perry Rhodan von Terra, im Auftrag des Regenten von Arkon. Es ergeht eine Warnung an alle Besucher Aralons, sich nicht in die laufende Aktion einzumischen. Ich werde jeden vernichten lassen, der uns angreift oder den Aras zu helfen versucht. Es handelt sich um eine Polizeiaktion im Auftrag Arkons. Ich wiederhole: Wer sich einmischt, hat die Konsequenzen zu tragen!"

Rhodan wußte, daß jeder seine Worte hörte, denn kein Schiff ließ seine Funkstation unbesetzt. Jeder wußte nun, mit wem er es zu tun hatte – und jeder würde sich Gedanken darüber zu machen beginnen, wer Rhodan von Terra war. Ein Name, den man noch niemals zuvor gehört hatte.

„Sie schnallen Tiff auf dem Tisch fest", schrillte Gucky plötzlich in höchstem Alarm. „Seine Rufe werden dringender. Er weiß nicht, wo wir sind und ob wir ihn auch hören."

„Der arme Teufel", murmelte Rhodan und beschleunigte seine Schritte. „Leutnant Bristal! Lassen Sie die linke Roboter-Kolonne die Bewachung zum Flugfeld hin übernehmen. Die rechte Kolonne soll sich zu meiner Verfügung halten. Ich möchte den Kommandanten sprechen."

Der Befehl wurde sofort von der TITAN aus per Funk an die Robots weitergeleitet. Der linke Flügel schwenkte ein und nahm vor den langgestreckten Gebäuden Aufstellung. Ihre Waffen waren auf den Wald von Raumschiffen gerichtet. Der rechte Flügel hingegen hielt an. Einer der massigen Gesellen kam zurück und blieb vor Rhodan stehen.

„Ihre Befehle?" fragte er mit seiner unpersönlich klingenden Stimme, die ein wenig an die des Robotgehirns von Arkon erinnerte.

„Ich möchte, daß mich drei Roboter begleiten. Die anderen sorgen dafür, daß unser Vorstoß in die Labors Rückendeckung erhält. Crest und Gucky begleiten mich." Er wandte sich an den Mausbiber: „Richtung? Genau, wenn ich bitten darf."

Gucky zeigte schräg nach vorn auf den Boden. „Dort – in zehntausenddreiundzwanzig Meter Entfernung." Er sah wieder auf und heftete seinen Blick auf das vor ihnen gelegene Seitengebäude mit der Rampe und dem geöffneten Portal. „Dort sind die Lifts, mit denen man in die Tiefe fahren kann."

Rhodan zögerte keine Sekunde mehr, als die drei Roboter sich bei ihm meldeten. Ihre Serienbezeichnungen in Form kleiner Metallschilder auf der Brust wirkten gleichzeitig als Ansprech-Kode.

„RK-935! Du gehst voran und beseitigst Hindernisse materieller Art. Lebewesen nur lähmen. RK-940 und RK-999 übernehmen die Rückendeckung. Marsch!“

Der Vorhof schien ausgestorben. Einige Fahrzeuge standen leer und verlassen herum. Das aufgeschossene Portal gähnte wie ein Riesenmaul.

Gucky sagte plötzlich schrill: „Dort vorn erwarten sie uns – ebenfalls ohne Waffen. Sie wollen mit uns reden. Ja – einer von ihnen ist Themos. Ich konnte seine Gedanken genau identifizieren. Er will dir einen Vorschlag machen, Rhodan – einen hinterhältigen Vorschlag, glaube ich. Ja, es handelt sich um eine Art Geschäft.“

„Springer bleibt Springer“, murmelte Crest und beeilte sich, Rhodan zu folgen. Gucky war vorausgeeilt und erwartete die Gruppe bereits neben dem Portal.

Dahinter lag ein hell erleuchteter Gang. RK-935 schritt wuchtig weiter, die beiden Waffenarme schußbereit. Sein Kraftfeld war nicht aktiviert, da man mit keiner Gegenwehr rechnete.

Sie kamen in eine weiße Halle, die Tiff bekannt erschienen wäre. Zwei Krankenwagen standen seitlich in einer Wandausbuchtung. Korridore und Türen führten in alle möglichen Richtungen.

Eine Gruppe weißgekleideter Aras kam Rhodan entgegen und hielt in einiger Entfernung an. Einer von ihnen, ein älterer Albino, hob beide Arme und fragte in würdevollem Vorwurf: „Was soll eine bewaffnete Invasion auf dem Planeten der Heilkunst? Wie ich höre, geschieht das Ungeheuerliche mit Wissen Arkons. Darf ich um eine Erklärung bitten und fragen . . .“

„Wenn hier jemand fragt, bin ich es!“ unterbrach ihn Rhodan kalt. „Sie sind Themos, wenn ich mich nicht irre.“

Der Alte verriet Verwirrung. Woher wußte der Fremde seinen Namen? War es der Beauftragte Rhodans? Er konnte sich nicht vorstellen, daß Rhodan selbst kam – dazu noch waffenlos, wenn auch in Begleitung einiger Roboter.

„Ja, ich bin Themos, Leiter der Forschungsabteilung des außerimperialen Sektors. Was wollen Sie? Wer sind Sie?“

„Bevor ich Ihnen das sage, gebe ich Ihnen den guten Rat, sofort meine beiden Leute auf freien Fuß zu setzen. Experimentieren Sie, mit wem Sie wollen, aber nicht mit Leutnant Tifflor und Sengu.“

Ein flüchtiges Lächeln huschte über das Gesicht des Aras. „Welches Interesse haben Sie an Leuten, die Sie verraten wollten? Wer sie bestraft, dürfte gleichgültig sein . . ."

„Tun Sie, was ich Ihnen sagte, oder Sie tragen die Konsequenzen."

Themos zögerte. Er warf RK-935 einen kurzen Blick zu und wußte, daß hier mit Gewalt kaum etwas auszurichten war.

„Auf Thora legen Sie keinen Wert?" fragte er ruhig. „Wir haben sie geheilt. Sie können Rhodan davon unterrichten, daß . . ."

„Ich *bin* Rhodan."

Themos hatte es inzwischen erraten. Er zeigte keine Überraschung mehr. Lediglich seine Begleiter schienen um einige Zentimeter kleiner zu werden. Gucky kam Rhodan zuvor. Er watschelte einige Schritte vor, betrachtete Themos abschätzend – und setzte seine telekinetischen Fähigkeiten ein.

Der alte Ara verlor plötzlich den Boden unter den Füßen und begann, schwerelos und strampelnd gegen die hohe Decke der Halle zu steigen. Als er mit dem Kopf gegen die runde Lampe stieß, gab es einen dumpfen Laut. Sein Anblick wirkte nicht gerade ermutigend auf die anderen Aras, die dem Vorfall mit weit aufgerissenen Augen und ungläubigen Blicken gefolgt waren. Themos selbst hatte die Sprache verloren und sah ängstlich in die Tiefe.

Rhodan fragte: „Welcher Lift führt zum Medikamentenlager?" Als Themos keine Antwort gab, sagte er zu Gucky: „Runterlassen – aber nicht *zu* schnell."

Themos erhielt plötzlich sein natürliches Gewicht zurück und fiel die fünf Meter haltlos herab. Erst im letzten Augenblick bremste der Mausbiber den Sturz, aber nicht genug, um den harten Aufprall völlig zu verhindern.

Themos sackte zusammen und blieb mit einem Aufschrei liegen.

„Welcher Lift also?" wiederholte Rhodan.

Einer der Aras trat vor.

„Dort drüben die Tür", gab er bereitwillig Auskunft. Er schien eingesehen zu haben, daß man gegen Roboter und übernatürliche Kräfte nichts ausrichten konnte. „Aber ich mache Sie darauf aufmerksam, daß es verboten ist . . ."

„Menschenraub ist ebenfalls verboten!" schnitt Rhodan ihm das Wort ab. „Gehen Sie vor und zeigen Sie uns den Weg. RK-940, du bleibst hier in der Halle und sorgst dafür, daß die Aras sich nicht von der Stelle rühren.“ Er klopfte Gucky auf den Rücken. „Was ist mit Tiff?“

„Sie holen erst Sengu. Vorerst besteht keine direkte Gefahr. Ich konnte auch Thoras Gedanken empfangen. Sie ist in Sicherheit. In einem Raum, knapp hundert Meter unter uns, hat man sie eingeschlossen. Ich finde sie jederzeit.“

Der Ara, der ihnen den Weg zeigen wollte, hielt vor einer Tür an. Er drückte auf einen Knopf. Die Tür glitt zur Seite. Dahinter wurde eine winzige Kabine sichtbar.

Rhodan schüttelte den Kopf. „Es muß Lastenaufzüge geben. Dieser ist zu klein.“

Der Ara zuckte mit den Schultern und schritt zu einer breiten Tür, hinter der ein quadratischer Raum sichtbar wurde, der viermal so groß wie der erste war.

„Sie kommen mit uns“, befahl Rhodan und stieß den Ara vor sich her. „Und nun keine Verzögerungstaktik mehr, mein Freund. Sie wissen ja, wo unsere beiden Leute zu finden sind. Beeilen Sie sich. Wenn wir zu spät kommen, wird keiner von Ihnen Gelegenheit erhalten, das Pensionsalter zu erreichen.“

„Ich bin bereit, Ihnen zu helfen“, murmelte der Ara. „Glauben Sie nur nicht, daß wir alle mit Themos' Maßnahmen einverstanden sind.“

Rhodan sah Gucky an. Der Mausbiber forschte im Unterbewußtsein des Aras und schüttelte dann den Kopf. Schrill gab er das Ergebnis seiner telepathischen Sondierung bekannt: „Er lügt, weil er nicht anders kann. Die Aras leben von diesen Maßnahmen und halten sie für gesetzlich – für gesetzlich in ihrem Sinn, natürlich. Niemand lehnt sich gegen Themos auf. Und außerdem plant dieser Bursche, uns irrezuführen. Also Vorsicht.“

Mit unverhohlenem Entsetzen sah der Ara seine geheimsten Gedanken bloßgelegt. Wer war dieses unheimliche Wesen, das seine Gedanken lesen konnte? Gab es denn nichts, das diesen Rhodan aufhalten konnte, die Existenzgrundlagen Aralons zu zerstören?

Der Ara faßte einen heroischen Entschluß. Wenn nichts half, dann mußte er sich eben für sein Volk opfern. Wenn er starb und Rhodan starb mit ihm, würde niemals jemand erfahren, welches der Quell des unerschöpflichen Reichtums war, aus dem das Volk der Aras schöpfte.

Es war sein Vorteil, daß Gucky gerade in diesem Augenblick damit beschäftigt war, neue Hilferufe Tiffs aufzufangen. Sengu war herbeigeschafft worden – aber es war ein hoffnungsfreudiger Sengu, denn schön längst hatte er oben im Verwaltungsgebäude die Ankunft Rhodans gesehen. Durch mehr als zehntausend Meter fester Materie blickte er hindurch und wußte, daß die Rettung nicht mehr fern sein konnte. Es wurde aber auch höchste Zeit.

„Sie sind bereits im Lift", flüsterte er Tiff zu, der fest angeschnallt auf dem weißen Tisch lag. Grelles Licht zwang ihn dazu, die Augen geschlossen zu halten „Nur noch Minuten . . ."

Gucky fing die Gedanken Tiffs auf und wollte gerade Rhodan berichten, als der Ara mit einer schnellen Handbewegung zum Fahrthebel des Liftes griff und ihn mit einem scharfen Ruck über die Begrenzung hinausschob, mit aller Gewalt nachdrückte – und den Hebel abbrach.

Gleichzeitig wurden die Insassen der Kabine gewichtslos.

RK-999 war vorgetreten, um den Ara daran zu hindern, den Hebel überhaupt zu bewegen, da Rhodan noch keine entsprechende Anweisung gegeben hatte. Nun hoben sich seine Beine vom Kabinenboden ab, kein Widerstand stellte sich ihm entgegen. Schwerelos schwebte er auf den Ara zu, der ihm mit weit geöffneten Augen entsetzt entgegensah. Auch Gucky kam nicht mehr dazu, den ungewollten Flug des schweren Kampfroboters zu bremsen, der nun mit voller Wucht gegen den hilflosen Ara prallte.

Der Verräter hatte einen schnellen und schmerzlosen Tod.

Mit steigender Geschwindigkeit aber stürzte der Lift haltlos in die Tiefe, dem Mittelpunkt des Planeten entgegen.

„Nur noch Minuten . . ."

Sengu unterbrach sich. Niemand hinderte ihn daran, zu sprechen, aber er schwieg trotzdem erschüttert. Er hatte gesehen, wie der Ara den Lift zum Absturz brachte und dann starb.

„Was ist?" fragte Tiff und zerrte an den Lederriemen, die ihn an den Tisch fesselten. „Warum sprichst du nicht weiter?"

Sengu starrte unverändert gegen die Decke. Ohne sich zu wehren, ließ er es geschehen, daß man auch ihn anschnallte. Aras eilten geschäftig hin und her, legten blitzende Instrumente zurecht und unterhielten sich leise.

„Was ist?“ wiederholte Tiff seine Frage.

Einer der Wissenschaftler warf ihm einen Blick zu, kümmerte sich aber nicht weiter um die beiden Terraner, die in seinen Augen schon so gut wie tot waren.

„Der Lift . . .“, stöhnte Sengu erschrocken. „Er stürzt in die Tiefe. Der Ara hat den Fahrthebel abgebrochen. Niemand kann die fallende Kabine aufhalten.“

Tiff war es, als schnüre ihm die Angst plötzlich die Luft ab. Solange er Rhodan zu sich unterwegs wußte, hatte er zuversichtlich sein können, aber wenn der Retter selbst in der Falle saß, gab es keinen Ausweg mehr. Die Aras konnten ihre teuflischen Absichten ungehindert in die Tat umsetzen. Und dann, eines Tages, würden auch auf der Erde unbekannte Seuchen ausbrechen, zu deren Heilung nur die teuren Medikamente der Aras verhalfen. Der Kreis würde sich dann schließen.

Er bäumte sich auf und zerriß unter Anspannung aller seiner Kraftreserven den Riemen, der seinen linken Arm an den Tisch fesselte. Sofort sprangen einige der Aras auf ihn zu und drückten ihn zurück.

Plötzlich spürte er einen stechenden Schmerz im Nacken. Er wirbelte herum, aber die Hand mit der Injektionsnadel zog sich schnell zurück.

Die Lähmung kam sofort und raste von Gehirn in die Arme und Beine. Er wehrte sich nicht mehr, als sie ihm den Arm erneut an den Tisch fesselten.

Sengu schien von dem Vorfall nicht viel bemerkt zu haben. Mit schreckgeweiteten Augen starrte er schräg nach oben gegen die Decke. Sein Blick wanderte dann zur Wand, glitt an ihr herab und endete schließlich auf dem Fußboden.

Dann schloß er die Augen.

Es war, als wollte er nun nicht mehr sehen, was weiter passierte.

Teilnahmslos ließ er es geschehen, daß ein Ara sich näherte und ihm ebenfalls die lähmende Injektion gab.

Zehn wertvolle Sekunden verstrichen ungenutzt.

In diesen zehn Sekunden war die Kabine fast fünfhundert Meter tief gestürzt, und die Fallstrecke wuchs mit dem Quadrat der Zeit.

Rhodan schwebte mitten im Raum. Auf seinem Gesicht zeigte sich Schrecken, aber dann kehrte seine gewohnte Überlegung zurück. „Gucky – anhalten! Schnell!“

Der Mausbiber konnte sich auch im Schwebezustand ungehindert und zielbewußt bewegen. Trotz der mehr als bedenklichen Situation vergaß er nicht den Zweck ihres Hierseins. „Tiffs Sender ist ausgefallen – wenigstens die telepathischen Impulse. Ich höre nur noch die normalen Sendezeichen. Er muß schlafen oder bewußtlos geworden sein. Von Sengu spüre ich nichts mehr.“

„Die Narkose“, stieß Rhodan erschrocken hervor. „Beeile dich, Gucky!“

Der Mausbiber nickte gelassen und schob RK-999 zur Seite, der wie ein Ballon in die andere Ecke schwebte.

Nun bewies Gucky, was ein Telekinet vermochte.

Sein Blick richtete sich auf den Metallhebel der Schalttafel, dessen abgebrochenes Ende silbern glänzte. Er konzentrierte sich und bündelte seine telekinetischen Kraftströme auf diesen Stift, den er mit den Fingern nicht erreichen konnte.

„Vierzig Sekunden“, sagte Rhodan tonlos. „Nahezu achttausend Meter.“

Gucky hörte nicht. Seine Augen wurden merkwürdig starr.

Der abgebrochene Hebel bewegte sich millimeterweise auf die Nullstellung zurück, über die man ihn hinausgeschoben hatte. Er hörte in seiner Bewegung nicht auf, sondern glitt weiter.

Rhodan sank auf den Boden der Kabine, die beiden Roboter folgten ihm. Und dann spürte er, wie das alte Gewicht zurückkehrte – sich allmählich verdoppelte. Der Andruck stieg. Rhodan brach in die Knie und tat dann das Vernünftigste, was zu tun blieb. Er legte sich flach auf den Rücken, Arme und Füße lang ausgestreckt. Crest folgte seinem Beispiel.

Eine Minute.

Längst mußten sie die Zehn-Kilometer-Marke überschritten haben, aber der Schacht nahm noch kein Ende. Niemand wußte, wie tief er sich in den Planeten hineinbohrte.

Gucky schien zu lauschen. Er sah nicht mehr auf den Hebel, sondern schräg nach oben zur Decke. „Wir sind bereits tiefer als Tiff und Sengu – aber der Lift steigt bereits wieder. Geschafft!“

„Halte ihn an, wenn wir auf gleicher Ebene mit Tiff sind“, riet Rhodan atemlos. Das Atmen fiel ihm schwer.

Wieder konzentrierte sich Gucky. Der Hebel kroch langsam in entgegengesetzter Richtung. Das Gewicht wurde normal, dann hielt der Lift an.

„Wir sind da“, zirpte Gucky und schien mit dem Erfolg seiner Tätigkeit zufrieden. „Tiff kann nicht weit sein, auf jeden Fall hält er sich in gleicher Höhe wie wir auf.“

Rhodan suchte nach einer Vorrichtung, die Tür des Liftes zu öffnen, aber er fand keine. Gucky las in seinen Gedanken, pfiff schrill und – wie gewöhnlich – sehr unmelodisch. Mit gesträubtem Nackenfell löste er das Problem ganz auf seine Art, ehe Rhodan Einwendungen machen konnte. „Aufpassen, RK-999 – und nicht erschrecken!“

Ehe der schwere Kampfroboter wußte, was mit ihm geschah, fühlte er sich in die Höhe gehoben, schwebte gegen die Rückwand der Kabine und schnellte dann – wie ein Pfeil von der Sehne eines kräftigen Bogens – in die entgegengesetzte Richtung. Mit einem splitternden Krachen brach er durch die verschlossene Tür und landete in einer hell beleuchteten Halle. Rhodan sprang, ohne zu überlegen, hinter ihm her, gefolgt von Crest, RK-935 und Gucky, der sich strahlend wie ein Sieger nach allen Seiten umsah, als erwarte er Beifall.

Aber die zufällig in der Halle anwesenden Aras dachten nicht an Beifall. Der Schreck fuhr ihnen derart in die dürren Glieder, daß sie reglos verharrten und auf das Unbegreifliche blickten. Zwei metallene Monstren, zwei Menschen – einer von ihnen offensichtlich ein Arkonide – und ein seltsames, kleines Wesen waren durch die Wand gekommen.

„Rhodan!“ rief Gucky plötzlich schrill. „Tiffs Impulse entfernen sich! Sie werden nicht schwächer, aber sie entfernen sich.“

„Man hat die Aras gewarnt“, vermutete Crest. „Sie bringen ihre Geiseln in Sicherheit.“

„Gucky, folge den Impulsen – schnell!“ ordnete Rhodan an. „Wir bleiben dir dicht auf den Fersen.“

Gucky raste voran. Die Türen vor ihm öffneten sich wie durch Geisterhand. Aras blickten von ihrer Arbeit hoch und rissen voller Entsetzen die Augen auf, als sie die unheimliche Gruppe vorbeistürmen sahen. Als einer von ihnen eine unbedachte Bewegung machte, erfaßte ihn sofort der gebündelte Lähmstrahl eines Roboters. Mit einem Aufschrei brach er bewußtlos zusammen.

Als sie vielleicht fünfzig Meter zurückgelegt und mehrere Laboratorien durchquert hatten, blieb Gucky plötzlich stehen. Rhodan starrte auf die beiden Tische mit den daran befestigten Lederriemen. Nur ein Ara stand im Hintergrund und schaltete gerade das Videophon ab.

Gelassen drehte er sich um und sah die Eindringlinge furchtlos an. In seinen Augen war ein kaltes Flimmern. „Sie kommen zu spät, Rhodan. Ihre Freunde sind in Sicherheit."

Rhodan fragte Gucky: „Wo ist Tiff?"

„Sie bringen ihn nach unten, aber nicht weit. Höchstens zehn Meter. Jetzt hält der Lift. Ja, Tiff ist nun direkt unter uns. Eine weitere Ortsveränderung erfolgt nicht."

Mit ungläubigen Blicken hatte der Ara zugehört. Vielleicht begann er in diesen Sekunden an Zauberei zu glauben und hielt Rhodan für einen Supermenschen. Jedenfalls wußte er, daß die überstürzte Maßnahme, von der Zentrale angeordnet, umsonst gewesen war. Woher die Fremden wußten, wohin man die Gefangenen gebracht hatte, blieb ein Rätsel. Jedenfalls galt es, die Befreiung zu verhindern.

Ehe es jemand ahnen konnte, warf er einen winzigen Hebel des Videophons nach unten.

„Befehl von Themos – die Gefangenen sofort töten!" schrie er laut und eilte dann auf die geöffnete Tür zu. Er rannte genau in das lähmende Energiebündel von RK-999 und stürzte, wie vom Blitz getroffen, zu Boden.

Rhodan wollte sich gerade in Bewegung setzen, um den Lift zu suchen, da fiel ihm eine bessere Lösung ein. „Gucky, zehn Meter sind wenig. Tiff ist also direkt unter uns? Gut, dann hole ihn und Sengu. Wir haben nur noch Sekunden. Schnell!"

Der Mausbiber nahm sich nicht die Zeit, bestätigend zu nicken.

Die Luft begann zu flimmern, seine Gestalt verschwamm, und dann war Gucky verschwunden.

Die Wirkung der Narkose hielt nur wenige Minuten an.

Als Tiff die Augen aufschlug, kam Sengu gerade wieder zu sich. Sie lagen auf dem Deckel einer großen und breiten Kiste in einem nur dürftig erhellten Raum. Hier war nichts von der blendenden Sauberkeit der Labors zu sehen. Die Wände waren dunkel und strömten eine eisige Kälte aus. Kisten und ganze Stapel versandfertiger Pakete füllten den Raum aus. Ein Fließband bewegte sich langsam längs eines Ganges und endete in einem Schacht, der senkrecht nach oben führte.

Ein Lager.

Ein Lager mit Medikamenten.

Tiff hatte keine Ahnung, wieso eine Veränderung stattgefunden hatte. Eben noch hatte er auf dem weißen Operationstisch gelegen und die lähmende Spritze erhalten, und nun war er in einem Lagerraum. Drei Aras in weißen Mänteln liefen aufgeregt hin und her. Sie stapelten Kisten vor der Tür, die aus dem Raum führte, als wollten sie den Zugang verbarrikadieren. Arbeiter kamen herbeigelaufen und halfen.

Plötzlich schrillte eine Glocke. Gleichzeitig erklang eine laute und aufgeregte Stimme. Tiff verstand jedes Wort.

„Befehl von Themos – die Gefangenen sofort töten!“

Die drei Ärzte ließen von ihrer Tätigkeit ab und sahen sich verwundert an. Einer von ihnen wischte sich mit müder Gebärde den Schweiß von der Stirn, warf Tiff und Sengu einen kurzen Blick zu und sagte zu seinem Kollegen: „Was nützen sie uns tot? Wie sollen wir ihren Organismus studieren, wenn dieser nicht mehr funktioniert?“

„Themos wird wissen, was er tut“, schnitt ihm ein anderer das Wort ab und griff nach einer Eisenstange, die gegen eine der Kisten gelehnt stand. „Ich werde es so machen, daß die Körper nicht beschädigt werden.“

„Ich bin Wissenschaftler“, warf der erste Ara ein. „Ich bin kein Mörder. Ich will damit nichts zu tun haben.“

Er kümmerte sich nicht weiter um seine Kollegen, wandte sich um und schritt würdevoll davon, in das Dunkel des Lagerraumes hinein.

Der Ara mit der Stange sah ihm eine Weile nach, dann lachte er gefühllos auf. Sein Blick ruhte kalt auf den beiden Gefangenen. „Ich hätte zwar lieber gehabt, wenn ich euch lebendig . . .“

Er kam nicht weiter.

Direkt zwischen ihm und den beiden Terranern begann es in der Luft zu flimmern. Eine kleine Gestalt materialisierte. Gucky hockte auf seinem Hinterteil und stützte sich auf seinen breiten Biberschwanz, der an einen stark vergrößerten Löffel erinnerte. Mit einem Blick erfaßte er die Situation und erkannte den einzigen gefährlichen Gegner.

Der Ara überwand seine Überraschung. Er gab sich nicht damit ab, eine Erklärung für das Unerklärliche zu suchen, sondern hob die Metallstange.

Gucky war keineswegs gewillt, sich den Schädel einschlagen zu lassen.

„Ich bin der Klabautermann", zwitscherte er mit süßlicher Stimme und streckte dem Ara beide Arme entgegen, der in seiner Bewegung jäh stockte. Mit einem sprechenden Geist, der wie ein Tier aussah, hatte er nicht gerechnet. Aber dann überwand er alle Bedenken. Die schwere Stange kam hoch – und blieb über ihm in der Luft hängen, als hielt sie jemand fest. Allerdings nicht er.

Sie machte sich selbständig, wirbelte wie eine Luftschraube aus seinen Händen, drehte einen vollendeten Looping und kreiste einmal durch den Lagerraum und bog sich dann, von unsichtbaren und unfaßbaren Kräften dazu veranlaßt, zu einem vollendeten R. Dieses R schwebte wie das Schwert des Damokles über dem Haupt des entsetzten Aras – dann fiel es.

Tiff sah, wie das metallene R nach unten stürzte und den zusammenbrechenden Ara unter sich begrub.

„Gucky!" rief er. „Das war in letzter Sekunde."

„Ich bin stets für Pünktlichkeit." Der Mausbiber nickte gelassen und sah sich suchend nach einem Gegenstand um, mit dem er die Fesseln durchschneiden konnte. Als er keinen fand, trat er zu Tiff und sagte zu Sengu, der neben dem jungen Leutnant lag: „Mach dir keine Sorgen, Wuriu. Ich bringe Tiff hoch und bin in einer Sekunde wieder da. Die Maulwürfe werden es nicht wagen, dich anzugreifen, sonst lasse ich das ganze Alphabet auf ihre Köpfe regnen. Bis gleich."

Er umfaßte den gefesselten Tiff mit beiden Armen – und war Sekunden später mit ihm verschwunden.

Sengu blieb allein zurück.

Es dauerte länger als nur eine Sekunde. Mit gemischten Gefühlen sah Sengu hinüber zur Tür, wo der Ara immer noch bewegungslos und wie an den Boden geschmiedet verharrte. Die Arbeiter hatten den Vorgängen verständnislos zugeschaut. Sie begriffen offensichtlich nichts.

Dann kam Gucky zurück.

„Nun?" zirpte er voller Erwartung. „Ist eine Lektion fällig?"

„Sie waren brav", stieß der Japaner erleichtert hervor. „Und nun weg von hier."

Gucky grinste und teleportierte mit Sengu ein Stockwerk höher, wo Tiff sich bereits die Handgelenke rieb und die Blutzirkulation anregte. Aber das Mausbiber schien noch nicht völlig zufrieden zu sein.

„Du wolltest von hier aus Themos mit dem Videophon anrufen?" erkundigte er sich bei Rhodan.

Rhodan nickte.

„Gut, ich werde inzwischen unten noch einmal nachsehen. Ich habe etwas vergessen."

„Vergessen?" fragte Crest erstaunt.

„Ja, vergessen", bestätigte Gucky – und konnte nicht mehr aufgehalten werden, weil er bereits verschwunden war.

Rhodan zuckte mit den Schultern und trat zum Videophon. Es fiel ihm nicht schwer, damit umzugehen. Ein kurzer Druck – und die Verbindung mit der Zentrale auf der Oberfläche war hergestellt. Auf dem kleinen Schirm erschien das Gesicht des alten Aras, das sich sofort mit Erschrecken und Überraschung überzog. An der Stirn schimmerte eine farbenprächtige Beule, aber sonst schien er den Sturz von der Decke gut überstanden zu haben.

„Sie . . .?" stammelte er ungläubig.

„Wie Sie sehen, Themos", gab Rhodan zurück. „Leutnant Tifflor und Sengu wurden befreit. Das Opfer Ihres Liftführers war vergeblich. Und nun werden Sie Thora freilassen, sonst geht es Ihnen schlecht. Wenn ihr etwas zustößt, werde ich diesen ganzen Planeten in eine Hölle verwandeln."

„Das werden Sie nicht wagen, Rhodan. Sie hätten dann die gesamte Galaxis gegen sich."

„Kaum, wenn die Galaxis die Wahrheit erfährt. Sie wissen, was ich damit sagen will, Themos. Es gibt nur einen einzigen Grund, warum ich Sie verschone: Ihr Volk ist intelligent und hat ungewöhnliche

Erfahrungen auf dem Gebiet der Medizin. Die Aras könnten dem Imperium unschätzbare Dienste erweisen, ohne zum Betrug greifen zu müssen. Aber wenn sie unbelehrbar bleiben, gibt es nur eine Alternative: Aralon muß vernichtet werden – die Brutstätte unzähliger Krankheiten. Habe ich mich nun klar genug ausgedrückt?"

Themos starrte Rhodan haßerfüllt an. „Wer sind Sie in Wirklichkeit?"

Rhodan lächelte kalt zurück. „Perry Rhodan von Terra, Bevollmächtigter des Robotgehirns von Arkon. Meine Vollmachten, Themos, sind unbegrenzt. Sie reichen bis zur völligen Vernichtung Aralons. Entscheiden Sie sich, sonst muß ich Thora selber befreien. Daß es mir gelingt, daran sollten Sie nun nicht mehr zweifeln."

Da geschah etwas sehr Merkwürdiges.

Themos' Gesichtsausdruck veränderte sich plötzlich. Er lächelte, und es war ein Lächeln, das Rhodan sofort wachsam werden ließ. „Also gut, Rhodan von Terra. Ich werde Thora freilassen. Bedingungslos. Mein Befehl erfolgt nach unserem Gespräch. Wohin soll ich sie bringen?"

„Oben in der Halle wartet mein Roboter RK-940. Rufen Sie ihn."

Es dauerte zwanzig Sekunden, dann sah Rhodan in die blitzenden Kristallaugen des Kampfroboters.

„RK-940! Hier spricht Perry Rhodan. Du wirst in genau fünf Minuten Thora gegenüberstehen und sie sofort zur TITAN in Sicherheit bringen. Wenn du Thora nach fünf Minuten nicht bei dir hast, vernichtest du sämtliche Nachrichtenanlagen der Zentrale."

„Verstanden!" schnarrte RK-940. In seinem komplizierten Innern begann es zu ticken.

Das Gesicht des Aras erschien wieder auf dem Bildschirm des Videophons.

„Beeilen Sie sich!" empfahl ihm Rhodan. „Jede Sekunde ist kostbar. Glauben Sie nicht, der Roboter würde Ihnen auch nur eine einzige Sekunde nachlassen."

Mit einem Ruck schaltete Rhodan das Gerät ab und überließ Themos seinem Zwiespalt. RK-940 würde sich mit der Präzision einer unfehlbaren Maschine an seine Anordnungen halten.

„Wo Gucky nur bleibt?" Tiff machte sich Sorgen. „Möchte wissen, was er noch im Keller zu suchen hat."

„Keller ist gut“, erinnerte ihn Rhodan daran, daß sie zehn Kilometer unter der Oberfläche weilten. „Ich kann es mir schon denken, was er dort macht. Einer der Ärzte ist ja noch dort, sagten Sie?“

„Ja, Sir. Meinen Sie etwa . . .“

„Was sonst, Tiff? Wenn wir uns nicht irren, wird Gucky bald mit einer sehr wertvollen Kiste auftauchen. Es ist die Kiste, wegen der unser Unternehmen gestartet wurde – abgesehen davon, daß wir die Aras und ihre Methoden vor allen Völkern des Imperiums entlarven wollten. Oder glauben Sie, ich hätte die Aktion ohne Grund so umfangreich und scheinbar unnötig kompliziert durchgeführt?“

Hinter ihnen krachte etwas zu Boden.

Sie fuhren herum und sahen, wie Gucky materialisierte. Die längliche Kiste war fünfzig Zentimeter gefallen, hatte aber keinen Schaden genommen.

Gucky richtete sich auf und verkündete mit dem Stolz eines siegreichen Feldherren: „Das Serum gegen die Lachkrankheit.“

So umschrieb er die Hyper-Euphorie, die alles andere als zum Lachen war.

„Gut gemacht“, lobte Rhodan. „Aber bist du sicher, nicht ein falsches Medikament erwischt zu haben?“

„Keine Sorge“, beruhigte der Mausbiber und ließ seinen Nagezahn sehen, was bei ihm gute Laune und Frohsinn verriet. „Der Ara mit dem weißen Mantel war glücklich, plaudern zu dürfen. In seinen Gedanken las ich dann die Wahrheit. Das Serum in der Kiste reicht für tausend Personen. Wir brauchen es nur zu injizieren. Es wirkt in einer Stunde.“

Tiff atmete auf und sah in Richtung der Tür, die zu den anderen Laboratorien führte, hinter denen eine verdächtige Ruhe herrschte.

„Dann ab zur TITAN – fragt sich nur, wie wir an die Oberfläche kommen. Der Lift ist reparaturbedürftig, wenn ich recht verstanden habe.“

„Die werden lange benötigen, um den Lift wieder in Ordnung zu bringen“, bemerkte Gucky geistesabwesend. Er lauschte. Wahrscheinlich empfing er telepathische Impulse. Die Vermutung der anderen bestätigte sich. „RK-940 hat soeben Thora in Empfang genommen. Sie ist frisch und munter, aber sie macht sich Sorgen.“

„Sorgen?“ wunderte sich Rhodan. „Warum?“

„Warum, das weiß ich nicht. Ich weiß nur um wen.“

„So?“ machte Rhodan.

„Ja, um dich.“ Gucky nickte und ließ den Nagezahn sehen. „Das läßt ja tief blicken . . .“

Crest nahm sich Zeit, Rhodan mit einem wissenden Lächeln zuzunicken, wurde aber wiederum von Gucky unterbrochen, der die Gelegenheit für eine respektlose Bemerkung gekommen glaubte.

„Da wird sich aber Tiff nach einer neuen Braut umsehen müssen.“

Tiff wurde rot wie ein Schuljunge.

„Mir war eine bessere Idee nicht eingefallen“, erwiderte er verlegen. „Leider wußte Thora nichts davon und war natürlich empört, als sie erwachte und erfahren mußte, daß ich mit ihr auf einem idyllischen Planeten zu leben gedachte.“

Nun lächelte auch Rhodan.

„Es war immerhin ein amüsanter Gedanke“, gab er zu, um sofort wieder ernst zu werden. „Ich glaube, es wird Zeit, daß wir die Medikamente in Sicherheit bringen. So ganz traue ich den Aras noch nicht.“

Genau in dieser Sekunde entstand in dem Raum ein leises Summen.

Rhodan hob den Arm und drückte den Knopf des winzigen Funkgeräts ein, der im Armband saß.

Die Stimme Leutnant Bristals wiederholte aufgeregt: „Perry Rhodan – melden Sie sich! Perry Rhodan melden Sie sich! Dringend! Perry Rhodan, melden Sie . . .“

Rhodan drückte einen zweiten Knopf. „Hier Rhodan. Was ist los?“

Einen Augenblick war Schweigen, dann gellte Bristals Stimme: „Alarmstufe eins! Wir werden von einer Flotte angegriffen. Mehr als hundert Kampfschiffe der Springer haben Aralon eingekesselt. Wir erwarten Ihre Anweisungen . . .“

Rhodan war blaß geworden. Er warf Crest einen hastigen Blick zu, ehe er sagte: „Schutzschirme um TITAN und GANYMED legen. Kampf vermeiden, solange es geht. Wir sind in zehn Minuten dort. Aushalten!“

Bristal bestätigte. Der Empfänger verstummte.

Langsam drehte Rhodan sich um und sah die beiden Roboter an. Seine Stimme war ernst und seltsam kalt, als er sagte: „RK-999! Du gehst voran und machst den Weg zu den Liften frei. Bei Widerstand Lähmungswaffen einsetzen." Er drehte sich zu dem anderen Robot. „RK-935! Halte uns den Rücken frei. Jeder Angreifer ist zu paralysieren." Dann wandte er sich an Crest, Tiff und Sengu: „Ihr nehmt abwechselnd die Medikamentenkiste. Gucky, teleportiere nach oben und sorge dafür, daß Thora in Sicherheit gebracht wird. Wenn der Angriff der feindlichen Flotte bereits begonnen hat, warte mit ihr und den Robotern im Zentralgebäude. Am besten in der Halle, dort enden ja auch die Liftschächte." Er fügte ganz allgemein hinzu: „Also los, wir dürfen keine Zeit verlieren."

Noch während RK-999 rücksichtslos die Türfüllung durchbrach, entmaterialisierte Gucky.

Zehn Kilometer unter der Oberfläche von Aralon begann Rhodans Vorstoß in die Freiheit.

30.

Als man Themos in sein Büro trug – der Roboter Rhodans hinderte seine Leute nicht daran –, hatte er nur den einen Gedanken: Rache.

Doch dann erlitt er Rückschlag auf Rückschlag.

Hunderte von frisch eingelieferten Patienten zogen es vor, zu ihren Schiffen zurückzukehren, um auf anderen Welten Heilung zu finden. Die Zustände auf Aralon schienen ihnen zu unsicher.

Dann erfolgte der mißglückte Versuch seines Assistenten, Rhodan mit dem Lift umzubringen und schließlich wurden die beiden Gefangenen befreit.

Da zögerte Themos nicht länger. Er stellte die Direktverbindung mit dem Verwaltungsgebäude auf der anderen Seite des Raumfelds her und ließ sich mit dem Chefarzt des gesamten Sektors verbinden. In kurzen Worten schilderte er den Ernst der Lage und betonte, daß Rhodan im Besitz von Geheimnissen sei, die Aralons Existenz gefährdeten.

„Angeblich handelt er im Auftrag des Imperiums, aber das

erscheint zweifelhaft. Das Robotgehirn schenkt uns kaum Vertrauen, wie sollte es einem völlig Fremden vertrauen, der nicht einmal Angehöriger des Imperiums ist? Setzen Sie eine Springer-Kampfflotte ein! Bitten Sie um Unterstützung der Überschweren."

Das war viel verlangt.

Die sogenannten Überschweren waren die Polizeitruppe der Galaktischen Händler. Sie lebten vom Krieg. Manchmal stellten sie den Geleitschutz für wichtige Handelstransporte, aber genauso oft führten sie gegen Welten Krieg, die sich gegen die rigorosen Methoden der Springer aufzulehnen wagten. Schon früh von ihrem Volk abgesondert, lebten die Überschweren einst auf einem Planeten mit großer Schwerkraft. Sie waren annähernd zwei Meter groß und besaßen durchschnittlich einen Durchmesser von anderthalb Metern. So gewaltig wie ihre körperliche Erscheinung war auch ihre Kriegsmacht. Überall im Bereich des Imperiums standen ihre Flotten einsatzbereit.

Der Chefarzt zögerte. „Sie wissen, daß die Überschweren sehr teuer sind. Ihre Bezahlung ist nicht gerade bescheiden zu nennen. Ich weiß nicht, ob Ihre Sorge berechtigt ist. Vielleicht können Sie diesen – eh – Rhodan täuschen."

„Unmöglich!" fauchte Themos wütend, der seine Niederlage nur ungern zugab. „Wenn Sie noch eine halbe Stunde warten, sind wir erledigt. Wir können das Hospital schließen. Die Patienten fühlen sich nicht mehr sicher auf unserer Welt."

Der Entschluß kam mit überraschender Schnelligkeit. „Also gut, Themos. Ich werde mit dem Hypersender die Zentrale der Überschweren anrufen und darum bitten, daß man uns umgehend ein starkes Kontingent schickt. Sie tragen jedoch die Verantwortung, Themos. Davon kann ich Sie nicht freisprechen."

Themos schaltete das Visiphon ab, schreckte aber aus seinen Gedanken hoch, als der Summer ertönte.

Als er den Knopf drückte, erschien auf dem Schirm Rhodans Gesicht.

„Sie . . .?" stammelte er erschrocken.

„Wie Sie sehen", gab Rhodan zurück und verlangte, daß Thora, der letzte Trumpf in der Hand des Aras, freigelassen würde.

Lächelnd stimmte Themos zu.

31.

Der Überschwere Talamon hockte mit seinen dreizehn Zentern hinter den Kontrollen seines Schiffes TAL VI. Er stand im Dragolan-Sektor, etwa 47 Lichtjahre von Arkon entfernt, als die Hyperfunk-Anlage eine für ihn bestimmte Sendung empfing.

Sie kam aus dem Hauptquartier der Überschweren.

Talamon nickte zufrieden. „Das langweilige Warten ist zu Ende. Wird auch Zeit, daß wieder etwas passiert."

Der Funker meldete, daß die Verbindung hergestellt sei.

Sekunden später kam das Hauptquartier, das nicht etwa auf einem Planeten, sondern in einem riesigen Walzenschiff stationiert war.

„Talamon! Die Aras fordern bewaffnete Hilfe an. Planet Aralon, System Kesnar. Koordinaten bekannt. Zwei Schiffe, das eine arkonidischen Ursprungs, sind zu vernichten. Kommandant ein gewisser Perry Rhodan von Terra. Wieviel Einheiten haben Sie?"

„Einhundertacht."

„Das genügt. Gehen Sie sofort in Transition."

Noch ehe Talamon bestätigen konnte, schwieg das Hauptquartier.

Talamon gab den Kommandanten der anderen Schiffe seine Anweisungen und handelte sofort. Noch während die Flotte auf Geschwindigkeit ging, sann er ständig über den Namen „Perry Rhodan" nach.

Unbekannt war ihm der Name nicht. Irgendwo hatte er ihn schon gehört.

Von Topthor etwa?

Natürlich, Topthor. Irgendwo, mehr als dreißigtausend Lichtjahre von hier, war Topthor mit diesem Rhodan zusammengestoßen und hatte den kürzeren gezogen. Nun, das sollte ihm, Talamon nicht passieren. Sollte dieser Rhodan mal versuchen, gegen mehr als einhundert schwerbewaffnete Schiffe etwas auszurichten, mochte er nun von Terra oder aus der Hölle stammen.

Zehn Minuten nach Themos' Hilferuf materialisierte Talamons Flotte im System Kesnar, keine drei Lichtsekunden von Aralon entfernt. Sie trennte sich und schwenkte ein. Fünfzig schwere Einheiten riegelten den Hafen ab. In zwei Kilometern Höhe spannten sie ein undurchdringliches Netz über das riesige Raumfeld, an deren Rand die gigantische TITAN lag.

Talamon verspürte einen Druck in der Magengegend, als er die Riesenkugel erblickte. Ein so großes Schiff hatte er noch nie gesehen. Es mußte das letzte Produkt aus Arkons Waffenschmiede sein. Nun, vielleicht war der Brocken nicht so gefährlich, wie er aussah.

Das ließ sich feststellen.

Er schaltete den Telekom ein. „Regul, Sie nehmen zehn Ihrer Schiffe und starten einen Angriff auf die Kugel dort unten. Setzen Sie alle verfügbaren Strahler simultan ein, um die Schutzschirme zu durchbrechen. Vernichten Sie die Kugel, wenn Sie es schaffen. Sie greifen in einer Minute an! Ende!"

Regul bestätigte und formierte seine Einheiten zum Angriff.

Talamon saß hinter den Kontrollen der TAL VI und wartete ab.

Gucky materialisierte.

Drei, vier Aras sprangen erschrocken auseinander, als sie den Mausbiber plötzlich entstehen sahen. Einer von ihnen rannte mit wehendem Mantel auf eine Tür zu, aber er gelangte nur wenige Schritte weit. Er fühlte sich emporgehoben und segelte dann wie ein Torpedo in weiter Kurve durch die Halle, um mit einem langen Rutscher vor der Wand zu landen. Benommen blieb er liegen.

„Wo ist Themos?" fragte Gucky mit schriller Stimme und zeigte auf die beiden Aras, die still und heimlich verschwinden wollten. „Führt mich zu ihm – aber ein bißchen dalli, sonst mache ich Mondraketen aus euch. Die richtige Figur dazu habt ihr ja."

Die beiden zögerten, aber als ihre Mäntel sich selbständig machten und so kraftvoll die Freiheit suchten, daß sie zerrissen und als bessere Putzlumpen einige Loopings drehten und dann müde zu Boden flatterten, gaben sie es auf. Gehorsam drehten sie sich um und marschierten in einen Korridor hinein, an dessen Ende eine undurchsichtige Glastür war.

Gucky verjagte die beiden Aras mit einer Handbewegung und öffnete die Tür telekinetisch. Wie von Geisterhand bewegt schwang sie auf. Hinter seinem Tisch hockte Themos, von seinen strategischen Maßnahmen völlig erschöpft. Die Beule an der Stirn war auch nicht kleiner geworden.

Gucky schloß die Tür hinter sich. Eigentlich schloß sie sich scheinbar von selbst. Themos sah es entsetzt und ahnte, daß die Periode der Wunder noch nicht beendet war.

„Hast du Jammerfigur von einem Ara die Springer-Flotte zu Hilfe gerufen? Sprich, oder ich lasse dich wie eine rotierende Spirale bis zum Mittelpunkt von Aralon hinabsausen."

„Ich – ich . . ."

„Danke", Gucky nickte, „das genügt. Ich bin Telepath und kann deine schmutzigen Gedanken lesen. Du hast uns also verraten. Die Überschweren sind es, die du um Hilfe batest. Mann, das war ein unverzeihlicher Fehler von dir. Daß du rabiat bist, wußten wir bereits, aber daß du dazu auch noch vor Dummheit nicht aus den Augen gucken kannst – los! Komm mit!"

„Die Überschweren werden euch . . ."

„Die werden froh sein, wenn wir sie nicht ins Paradies schicken", unterbrach ihn Gucky, der sich kaum noch beherrschen konnte. „Du sollst mitkommen! Ich will dir etwas zeigen. Na, wird's bald?"

Themos erhob sich zögernd. Er war nicht neugierig auf das, was dieser kleine Teufel ihm zu zeigen gedachte. Bestimmt war es nichts Erfreuliches.

Gucky fing plötzlich Thoras Gedanken auf. Sie waren voller Panik. Draußen auf dem Landefeld war eine heftige Abwehrschlacht entbrannt, soviel konnte er aus dem Wirrwarr herauslesen. Die TITAN wurde angegriffen. In wilder Flucht hatte sich Thora in das Gebäude retten können, nachdem sie schon die halbe Strecke bis zum wartenden Schiff zurückgelegt hatte.

Guckys Wut stieg.

Rücksichtlos zwang er Themos unter telekinetische Kontrolle und ließ ihn zwei Meter über dem Boden vor sich her schweben. In der Halle angekommen, sah er gerade, wie Thora durch das Portal stürzte und sich erschöpft in einen Sessel warf. Sie schien vollkommen fertig zu sein. RK-940 folgte ihr mit noch glühenden Waffenarmen.

Themos landete unsanft direkt vor Thoras Füßen.

Die Arkonidin sah auf, erblickte zuerst Gucky und dann den Ara. Ihr Gesicht verzerrte sich. Themos erhielt einen Stoß in die Seite, der die fast vergessenen Schmerzen wieder wachrief, die sein erster Sturz von der Hallendecke hervorgerufen hatte. Er jammerte wehleidig vor sich hin. Der Roboter hob seinen rechten Waffenarm und richtete ihn auf den Verräter.

„Halt!“ rief Gucky. „Rhodan hat befohlen, niemand zu töten!“

„Themos hat den Tod verdient!“ rief Thora. Ihr Zorn war noch größer als der Guckys, was einiges besagen mochte. „Warum soll er verschont werden?“

„Rhodan muß das entscheiden, Thora“, zirpte der Mausbiber begütigend. „Der Bursche entkommt uns nicht.“

„Wo ist Rhodan überhaupt?“ fragte Thora. Erst jetzt schien sie sich seiner zu erinnern. „Weiß er, was geschehen ist?“

Gucky sah zu den Lifteingängen. „Eigentlich müßte er jeden Augenblick erscheinen – unterwegs ist er bereits mit Crest, Tiff und Sengu. Die beiden Roboter sollen nachkommen. Sie benutzen den kleinen Personenlift, weil der andere hinüber ist.“

Thora stand langsam auf und schritt auf den Lift zu. Es waren zwei Türen, die den Zutritt zu den Schächten versperrten.

„Das ist die falsche!“ rief Gucky, als Thora mit einem Knopfdruck eine Tür aufrollen ließ. Keine Kabine war zu sehen, sondern nur ein großes, schwarzes Loch. Der Schacht, der mehr als zehn Kilometer in die Tiefe führte. „Der kleine Lift ist es, wie ich schon sagte.“

Thora ließ die Tür geöffnet und wandte sich dem Personenlift zu. Auch hier wurde der Schacht sichtbar, aber aus ihm drang ein gleichmäßig surrendes Geräusch.

Die Kabine kam hoch.

Es dauerte noch zwei Minuten, dann hielt sie. Rhodan trat in die Halle, von seinen drei Begleitern gefolgt. Thoras Gesicht überzog sich mit einem Schimmer freudiger Erleichterung, als sie auf Rhodan zueilte und seine beiden Hände ergriff.

„Perry – ich bin so froh – ich . . .“

Rhodan gab den Druck der Hände zurück und wandte sich an Sengu. „Die Kiste mit den Medikamenten. Geben Sie sie RK-940.“

Gucky richtete sich vor Rhodan auf und wollte etwas sagen, als

Thora einen Schrei ausstieß. Sie hatte sich umgewandt, um wieder zu ihrem Sessel zurückzukehren, als ihr Themos einfiel.

Der Ara hatte mit Entsetzen gesehen, wie sein Todfeind unversehrt aus dem Lift stieg, gefolgt von den Gefangenen und dem Arkoniden. Seine letzten Kraftreserven zusammennehmend, sprang er auf, raste an Thora vorbei und sprang mit einem verzweifelten Satz in die Kabine. In der Flucht in das unterplanetarische Labyrinth sah er die einzige Möglichkeit, der Rache Rhodans zu entgehen.

In seiner Aufregung verwechselte er die beiden geöffneten Türen. Eine Sekunde zu spät erkannte er seinen Irrtum. Einen markerschütternden Schrei ausstoßend, stürzte er in den schwarzen Schacht hinab.

Rhodan eilte zum Lift und starrte in die bodenlose Tiefe, als könne er dem Verräter noch helfen, aber dann mochte er wohl einsehen, daß es für Themos nur eine einzige Hilfe gab.

„Gucky!" rief er scharf. „Hol ihn zurück, schnell!"

Der Mausbiber warf Thora einen schnellen Blick zu. Das Gesicht der Arkonidin, eben noch vor Überraschung verzerrt, war wieder glatt und ausdruckslos geworden.

„Gucky!" rief Rhodan in dringenderem Tonfall. „Hast du nicht gehört?"

Der Mausbiber watschelte zu Thora und sah auf deren Uhr.

„Themos fällt bereits dreißig Sekunden", stellte er sachlich fest. „Das sind bald fünftausend Meter. Niemand darf annehmen, daß er genau senkrecht gefallen ist. Er ist schon längst tot."

„Gucky!" Rhodans Stimme wurde schneidend. „Du tust sofort, was ich dir gesagt habe!"

„Vierzig Sekunden", gab der Mausbiber ungerührt zurück. „Das sind acht Kilometer. Perry, ich verweigere den Befehl! Themos ist ein gemeiner Verräter, der vom Schicksal selbst bestraft wurde. Niemand hat das Recht, dem Schicksal ins Handwerk zu pfuschen. Fünfzig Sekunden. Themos ist mit Sicherheit tot."

Rhodans Gesicht war fast weiß geworden. In seinen Augen blitzten Zorn und Ärger.

„Das war Befehlsverweigerung, Gucky! Wir sprechen uns noch, später." Er stockte, als hinter ihm ein Geräusch hörbar wurde, aber es war nur die Kabine des Lifts, die in die Tiefe glitt, um die Roboter abzuholen. Dann schien Rhodan den Vorfall vergessen zu haben. Ein

Druck stellte den Kontakt zur TITAN her. „Leutnant Bristal? Kurzer Lagebericht! Schnell!“

„Zehn Feindschiffe greifen an. Schutzschirme halten. Was soll geschehen?“

„Warten Sie. Ich bin in zehn Sekunden bei Ihnen. Schalten Sie den Hypersender ein.“ Zu Gucky gewandt, fuhr er fort: „Bring uns in die Zentrale der TITAN. Thora und Crest, Sie werden sofort abgeholt, Tiff und Sengu ebenfalls. Bis gleich.“

Gucky umschlang Rhodan mit seinen kurzen Armen und verschwand mit ihm von einer Sekunde zur anderen.

Talamon war mit seinem Schiff höher gestiegen, um einen besseren Überblick zu erhalten. Seinem Charakter entsprechend, erfüllte es ihn nicht mit maßloser Wut, als er die vergeblichen Angriffe seiner zehn Schiffe beobachtete. Im Gegenteil, er empfand so etwas wie Bewunderung für diesen Rhodan. An dem Burschen mußte etwas dran sein, und es wäre nicht auszudenken, was alles geschähe, wenn man ihn zum Freund hätte.

Doch dann entsann er sich seines Auftrags.

Rhodan war zu vernichten.

„Regul!“ brüllte er in den Telekom. „Ziehen Sie sich zurück! Es ist sinnlos, die Kugel mit nur zehn Schiffen anzugreifen! Erhielten Sie kein Abwehrfeuer?“

„Nicht einen Schuß“, kam es ein wenig ungläubig zurück. „Nur die Schutzschirme sind eingeschaltet und nicht zu durchbrechen.“

„Wir werden mit allen fünfzig Schiffen angreifen“, entschied Talamon. „Der Feuerkraft von fünfzig Schlachtkreuzern kann kein noch so energiereicher Schirm widerstehen. Wir beginnen unsere Aktion in genau zwei Minuten.“

In der Zentrale der TITAN konnte Rhodan sein Erstaunen nicht ganz unterdrücken, als er den plötzlichen Abzug der zehn Angreifer erkannte. Gucky materialisierte gerade mit Sengu, den er als letzten aus der weißen Halle geholt hatte. Erschöpft setzte er sich auf die Medikamentenkiste und murmelte: „Was nun?“

„Dreierlei“, antwortete Rhodan kurz. „Sengu, Sie begleiten Crest zur Krankenstation und nehmen die Kiste mit. Dr. Haggard erhält die erste Injektion, dann werden alle mit dem Gegenmittel geimpft. Zweitens wird Gucky sofort in das Hauptverwaltungsgebäude auf der gegenüberliegenden Seite des Landefelds springen und versuchen, den verantwortlichen Chef herzubringen. Es muß der Kerl sein, der mit Themos sprach und der die Springer alarmierte. Die dritte Aufgabe betrifft mich allein. Bristal, ist der Hypersender funkbereit?"

Gucky seufzte und entmaterialisierte im Sitzen.

Sengu nahm die Kiste unter den Arm und verließ zusammen mit Crest die Zentrale. Tiff übernahm mit Bristal den Kommandostand der TITAN. Rhodan und Thora gingen gemeinsam in den Funkraum.

Der große Bildschirm des Hyperkoms zeigte das majestätische Schauspiel der in Bereitschaft stehenden Robotflotte des Imperiums. Eine kurze Schaltung, dann wurde das Gesamtbild durch den Anblick eines Roboters ersetzt. Rhodan erkannte ihn an dem Schild auf der Brust.

„OR-775! Hier spricht Rhodan von Terra. Gehen Sie mit der gesamten Flotte sofort in Transition und riegeln Sie das System Kesnar hermetisch ab. Kein Angriff, nur Abwehr! Bestätigung!"

„Transition erfolgt in zehn Sekunden. Nur Abwehr, kein Angriff!"

Rhodan nickte. Das Bild wechselte. Wieder erschien die gesamte Flotte auf dem Schirm. Ein Spezial-Funkschiff mußte es übermitteln. Von einer Sekunde zur anderen zeigte der Schirm nur noch die zahllosen und kalt funkelnden Sonnen des Sternhaufens M-13.

Es war dieselbe Sekunde, die für Talamon das Ende aller Hoffnungen auf einen reichen Gewinn zerstörte.

Der Alarm raste durch sein Schiff. Abwehrschirme legten sich automatisch um alle Einheiten, die zum Angriff formiert über dem Landefeld standen und auf das Kommando warteten. Funkmeldungen eilten überlichtschnell hin und her, erreichten auch die Schiffe auf der anderen Seite des Planeten und am Rand des Systems.

Die erste Ahnung wurde zur Gewißheit.

Eine starke Kampfflotte der Arkoniden war erschienen – so stark, daß sie die Springer in wenigen Minuten in einen wirren Haufen schmelzender und abstürzender Schiffswracks verwandeln konnte.

Talamon erkannte das mit erstaunlicher Deutlichkeit und schaltete blitzschnell. Diese bewundernswerte Reaktionsfähigkeit hatte ihm schon mehr als nur einmal das Leben gerettet.

„Passiv verhalten!“ brüllte er in das Mikrophon seiner Nachrichtenanlage. „Kein Angriff! Abwarten! Ich werde verhandeln!“

Aus dem Funkraum schrie jemand: „Wir werden angerufen! Ein gewisser Rhodan von . . .“

„Zu mir legen!“ rief Talamon zurück. „Schnell!“

Es dauerte einige Sekunden, bis der Schirm direkt vor ihm aufglühte. Ein Gesicht erschien, und der Überschwere sah in die grauen Augen eines Wesens, das wie ein Arkonide aussah, aber mit Sicherheit keiner war.

„Sie sind der Kommandant der Überschweren?“ fragte der Mann in akzentfreiem Interkosmo. „Antworten Sie!“

„Ich bin Talamon“, erwiderte Talamon und lächelte säuerlich. „Sie mißverstehen meine Absichten . . .“

„Wenn Sie meinen, ich könnte sie mißverstehen, müssen sie sehr eindeutig sein“, gab Rhodan zurück. „Sie wissen, wer ich bin?“

„Perry Rhodan von Terra“, sagte der Überschwere nicht gerade begeistert. „Ihre Begegnung mit Topthor ist nicht unbekannt geblieben.“

„Um so erstaunlicher, daß Sie trotzdem versuchten, mich anzugreifen. Wer hat Sie gerufen?“

„Die Aras. Sie waren in Bedrängnis, und da war es unsere Pflicht, ihrem Ruf Folge zu leisten.“

„Wie hieß der Ara, der Sie rief?“

„Chefarzt Borat. Er leitet den Sektor Raumfeld und . . .“

„Borat also?“ Talamon sah, wie Rhodan sich zur Seite wandte und zu einem anderen Gesprächspartner sagte: „Sie sind Borat? Gut, wir unterhalten uns später.“ Und wieder zu Talamon blickend, fuhr er fort: „Was wissen Sie über die Aras und ihre Methoden, Talamon?“

Der Überschwere machte kein sehr geistreiches Gesicht. Offenbar wußte er mit der Frage nichts anzufangen. Er zuckte mit den massigen Schultern. „Was alle wissen. Sie heilen die Kranken und entwickeln die besten Medikamente. Sie besitzen keinerlei Bewaffnung und gelten als friedfertig. Um so unverständlicher erscheint es mir, wenn Sie . . .“

„Mehr wissen Sie also nicht? Gucky, spricht er die Wahrheit?“

Talamon sah zu seinem Erstaunen, wie ein merkwürdiges kleines Pelzwesen Rhodan zur Seite drängte und auf dem Bildschirm erschien.

Er blickte in ein Paar braune, gutmütige Augen, die ihn forschend ansahen. Dann nickte das Wesen und verschwand wieder. Rhodans Gesicht kehrte zurück. „Sie haben Glück, Talamon. Sie wissen in der Tat nichts von der wirklichen Tätigkeit der Aras. Das entschuldigt Sie. Ich will es Ihnen aber sagen, damit Sie das Imperium davon unterrichten können, was auf Aralon geschieht."

Die nächsten zehn Minuten waren für Talamon die überraschendsten seines ganzen Lebens. Schweigend hörte er zu, was Rhodan ihm berichtete. Das Lächeln aus seinem Gesicht verschwand und machte grimmiger Wut Platz.

Als Rhodan endete, schwieg Talamon lange. Dann fragte er: „Warum vernichten Sie Aralon nicht?"

Rhodans kurzes Lächeln war nicht gerade freundlich. „Habe ich Ihre Flotte vernichtet, als sie mich angriff? Nein, Vernichtung ist nicht die letzte oder beste Antwort auf ein Problem. Die Galaxis wird erfahren, wie die Aras zu ihrem Reichtum kamen. Ihr Geheimnis ist ab heute keines mehr. Wenn sie weiterbestehen wollen, müssen sie sich umstellen und ihr Wissen dem Allgemeinwohl zur Verfügung stellen. Wenn jedoch noch einmal irgendwo im Imperium die Bewohner einer Welt erkranken, und der Ursprung der Seuche ist auf Aralon zu finden, wird man andere Maßnahmen ergreifen."

Talamon nickte langsam. „Die Aras stammen von den Springern ab, das Handeln liegt ihnen im Blut – wie uns Überschweren auch. Wir leben vom Kampf, zugegeben, aber wir leben nicht von der Gemeinheit. Sie können jederzeit mit mir rechnen, Perry Rhodan, wenn die Gerechtigkeit zu schwach ist, sich zu verteidigen."

Über Rhodans Gesicht huschte ein Lächeln. „Danke, Talamon. Ich werde es nicht vergessen. Sammeln Sie Ihre Flotte und denken Sie künftig daran, was Sie mir versprachen. Auch die Springer sind nicht immer auf der Seite des Rechts. Ich fürchte, Sie werden bald vor Aufgaben gestellt werden, die Ihr Gewissen belasten."

„Sie haben mein Wort, Rhodan. Ich bin reich genug, gewisse Angebote meiner Kommandostellen ablehnen zu können, wenn sie mir nicht passen. Darf ich Ihnen noch meine Hyperfunk-Frequenz geben, auf der ich jederzeit zu erreichen bin?"

„Gern werde ich von Ihrem Angebot Gebrauch machen, falls es jemals notwendig sein sollte."

Talamon nickte. „Zählen Sie auf mich, Rhodan. Und wenn Sie jemals Ihren Heimatplaneten Terra in Gefahr wähnen, rufen Sie mich. Viel Glück, Rhodan!"

Er schaltete ab, ohne auf eine Antwort zu warten. In seinen Augen war ein nachdenklicher Schimmer.

Dann hieb er mit wuchtiger Bewegung den Hebel des Telekoms in Sendestellung.

„Flotte fertig zur Transition", sagte er mit etwas zittriger Stimme, in der Erleichterung und gleichzeitig Entschlossenheit mitschwang. „Koordinaten wie vorher . . ." Nach einigen Sekunden setzte er hinzu: „Auftrag erledigt."

Zehn Sekunden später verschwand die Flotte Talamons vom Himmel.

Rhodan starrte noch eine halbe Minute auf den leeren Bildschirm, ehe er sich umdrehte und Gucky ansah. „Nun, Kleiner. Was dachte er?"

Der Mausbiber grinste. Sein Nagezahn rutschte ein Stück vor und gab seinem ganzen Gesicht ein pfiffiges Aussehen. Das Fell im Nacken legte sich wieder glatt.

„Er ist sehr beeindruckt. Zuerst war es nur das maßlose Erstaunen über die Robot-Flotte. Damit hatte er niemals gerechnet. In seinen Augen sind die Arkoniden Schlafmützen und zu keiner Reaktion mehr fähig. Aber dann, als er die Wahrheit über die Aras erfuhr, veränderte sich seine Einstellung erstaunlich schnell – dieser Meinungsumschwung war aufrichtig. Wir haben in Talamon einen Freund gefunden. Es hat ihm auch imponiert, daß wir unsere Überlegenheit nicht ausnützten. Er verlor kein einziges Schiff. Rhodan, er bewundert dich."

„Danke, Gucky", erwiderte Rhodan. Er wandte sich an den Ara, der zitternd zwischen Tiff und Sengu stand. Dieser hatte anscheinend die merkwürdige Art des blitzschnellen Transports noch nicht ganz verdaut. „Sie hörten, was ich zu dem Überschweren sagte, Borat. Das war keine bloße Drohung. Aralon wird seine Produktion um die Hälfte einschränken müssen. In Zukunft werden keine Krankheitserreger mehr hergestellt, nur noch Medikamente. Alle durch Ihre Mittel erkrankten Wesen werden kostenlos behandelt. Zur Überwachung und Kontrolle lasse ich zweihundert Kampfroboter auf Aralon zurück.

Sie werden so programmiert, daß sie jede Verfehlung mit sofortiger Verhaftung des Schuldigen ahnden. Glauben Sie nur nicht, einen Roboter mit positronischem Gehirn täuschen zu können. Selbst dann, wenn Sie die Mittel besäßen, einen Roboter unschädlich zu machen, würde Ihnen das nichts nützen. Ihre gesamte Energie würde dazu verwendet, einen Hyperfunkspruch an das Robotgehirn von Arkon zu senden. Die Folgen wären unabsehbar."

Chefarzt Borat nickte eifrig. In seinen Augen standen nacktes Entsetzen und die Bereitwilligkeit, jetzt alles zu tun, was man von ihm verlangte. Trotzdem sagte er: „Ich kann nicht allein entscheiden. Der Rat der Ärzte muß seine Zustimmung geben und . . ."

„Es gibt keine andere Alternative. Jeder Kompromiß ist ausgeschlossen. Es war eben Ihr Fehler, mit dem Erreichten nicht zufrieden zu sein. Es ist gut, Sie können das Schiff verlassen und ungehindert in Ihr Büro zurückkehren. Ich erwarte die Entscheidung des Rates innerhalb von drei Stunden. Das ist Zeit genug. Leben Sie wohl – und bleiben Sie gesund, Borat. Tiff, bringen Sie ihn zur Luke."

Mit einem Lächeln sah er hinter dem Ara her, bis er verschwunden war. Dann wandte er sich an Gucky. „Nun zu dir, mein Freund. Du hast dich geweigert, einen Befehl auszuführen. Hast du eine Entschuldigung für dein Verhalten?"

Der Mausbiber rutschte förmlich in sich zusammen. Sein hilfesuchender Blick ging zu Thora, die Rhodan verlegen ansah. Eine leichte Röte färbte ihre Wangen.

„Es war meine Schuld, Perry. Ich bat ihn, Themos zu töten."

Rhodan blickte an ihr vorbei. „Sie haben ein Menschenleben auf dem Gewissen, Thora."

„Er war ein Verräter, Perry. Er hatte den Tod verdient."

„Können Menschen das entscheiden? Auch Borat hätte den Tod verdient, wenn wir so urteilen wollen – und Tausende mit ihm. Sie sehen aber, daß er uns lebendig mehr nützen kann. Auch Themos hätte künftig seine Vergehen wiedergutmachen können."

„Haben wir ihn getötet?" verteidigte sich Thora. „Er sprang in den Schacht, der uns als Todesfalle zugedacht war. Er selbst war es, der sich tötete. Wenn Gucky ihm nicht half, so war das höchstens eine Unterlassung, aber kein Mord."

„Also mildernde Umstände?" fragte Rhodan sarkastisch. Er

schüttelte den Kopf. „Bitte, Thora, versuchen Sie künftig nicht mehr, meine Entschlüsse derart zu ändern. Auf der anderen Seite kann ich Ihren Zorn verstehen. Sprechen wir also nicht mehr darüber.“ Er beugte sich zu Gucky hinab. „Dir laß es eine Lehre sein, Freundchen. Thora hat zwar mehr Geduld, dir in Mußestunden das Fell zu kraulen und dir in der Bordküche einige Mohrrüben zu erbetteln, aber das heißt noch lange nicht, daß meine Anordnungen ignoriert werden dürfen. Hast du das verstanden?“

Guckys treue Augen blickten noch treuer. Sein Nagezahn wagte den ersten Vorstoß zu einem Grinsen. Er nickte heftig mit dem Kopf. „Verstanden, Chef!“

Er lauschte in Richtung der Tür. Die Rüge schien er schon vergessen zu haben, denn er grinste voller Erwartung, als er quer durch die Zentrale watschelte und die Tür zur Seite gleiten ließ.

Etwas verdutzt über die unerwartete Maßnahme stolperte Bully über die Schwelle und sah auf Gucky herab, der als sein Busenfreund galt. Bullys rote Haarborsten lagen friedlich auf dem runden Schädel, das breite Gesicht strahlte Freude und Zufriedenheit aus. In den blauen Augen schimmerte so etwas wie verhaltene Trauer, die im krassen Gegensatz zur besagten Zufriedenheit stand. Bully mußte sich in einem seelischen Zwiespalt befinden.

„Hallo!“ machte er und winkte allgemein in die Luft hinein. „Da bin ich wieder. Ist inzwischen etwas passiert?“

Gucky schnaubte verächtlich. „Während wir die ganze Milchstraße retten, hast du im Bett gelegen, geschlafen und still vor dich hingegrinst. Man muß den Aras dankbar sein, daß sie uns für einige Zeit vor deinem ständigen Anblick bewahrten. Ausgerechnet ich habe das Medikament besorgen müssen, das dich erweckte.“

Bully machte ein Gesicht, als habe man ihn soeben dreimal zum Tode verurteilt. Ein Blick in das strahlende Gesicht des Mausbibers brachte sein Herz fast zum Schmelzen. Langsam wankte er zum nächsten Sessel. Mit einem Aufstöhnen sank er hinein und schloß die Augen. Die Umwelt schien für ihn nicht mehr zu existieren.

Gucky stemmte die Arme in die Hüften. Sein Nackenfell stand zu Berge. Er schüttelte fassungslos den Kopf. „Was er jetzt denkt, ist so charakterlos und gemein, daß man es nicht drucken könnte.“ Er richtete sich zur vollen Größe auf und watschelte zu Thora, die ihm die

Hand auf den Kopf legte und ihm zulächelte. „Er hat eine mordsmäßige Angst vor mir."

Aus dem Sessel, in dem Bully lag, kam erneut ein herzerweichendes Aufstöhnen.

Rhodan lachte und winkte Leutnant Bristal zu sich. „Wir warten auf eine Nachricht von Borat, dann starten wir. Veranlassen Sie, daß die Robot-Flotte wieder nach Arkon zurückkehrt und sich dort zu unserer weiteren Verfügung hält. Wir haben in den Aras einen Todfeind gewonnen, und ich weiß noch nicht, wie sich das auswirken wird. Vielleicht weiß der Regent eine Antwort darauf. Immerhin sind wir die ersten, die sich gegen zwei mächtige Völker auflehnten – gegen die Springer und nun gegen die Mediziner von Aralon."

Crest und Thora warfen sich einen Blick zu. Der Arkonide sagte: „Ihr Verhalten, Perry, wird Folgen haben. Man wird beginnen, sich Gedanken zu machen und die Frage zu stellen, wer Perry Rhodan von Terra ist. Sie sind ein neuer Faktor in der Politik des arkonidischen Reiches. Man wird lernen müssen, mit Ihnen zu rechnen."

Rhodan begegnete dem Blick Thoras und spürte, wie sein Puls schneller zu schlagen begann. Es war nicht nur Bewunderung und Freundschaft in ihren Augen, sondern auch Liebe. In dieser Sekunde wußte er, daß alle seine heimlichen Hoffnungen nicht vergeblich sein würden . . .

Leutnant Bristal trat ein und riß Rhodan aus seiner Stimmung. „Meldung von Borat, Sir. Der Rat der Ärzte von Aralon hat Ihr Ultimatum angenommen. Die zweihundert Roboter wurden ausgeschleust. Die TITAN und GANYMED sind startbereit. Ihre Befehle, Sir?"

Rhodan sah ihn an, als erwache er aus einem Traum. „Meine Befehle? Transition nach Arkon, was sonst? Tiff übernimmt das Kommando. Ich habe noch zu tun."

Bristal verschwand. Tiff kam Sekunden später herein und ließ sich in Rhodans Sessel nieder. Seine Kommandos klangen ruhig und gelassen. Die Zeit begann zu laufen. In zwei Minuten würden die beiden Schiffe in den klaren Himmel rasen und zehntausend verstörte und nachdenkliche Lebewesen zurücklassen, die auf allen Welten des Imperiums beheimatet waren – Intelligenzen, die es gewohnt waren, daß Arkon schlief. Nun hatten sie mit eigenen Augen gesehen, wie ein gewisser Perry Rhodan von Terra die trügerische Ruhe zerstörte, die allen Feinden der Arkoniden ein willkommener Anlaß gewesen war, eigene Herrschaftspläne zu entwickeln.

Sie alle würden sich zu fragen beginnen: Wer ist dieser Perry Rhodan? Wo liegt seine Heimatwelt Terra?

„Noch eine Minute bis zum Start", sagte Tiff sachlich. Rhodans Augen suchten erneut Thoras Blick.

Da rappelte sich Gucky auf, der bisher auf der Couch gehockt hatte. Er rutschte auf den Boden und watschelte unbeholfen zur Tür, die sich selbsttätig vor ihm öffnete und zur Seite glitt.

„Hier bin ich überflüssig", zwitscherte er und stieß einen grellen Pfiff aus, der sein Mißvergnügen zum Ausdruck brachte. „Möchte wissen, wer mich in Zukunft kraulen soll."

Sprach's, warf Thora einen vorwurfsvollen Blick zu, hoppelte in den Gang – und war verschwunden.

32.

Aralon, die „Giftküche" im Arkoniden-Imperium, gab sich nicht geschlagen.

Eine vieltausendjährige Entwicklung ist nur durch eine Katastrophe planetarischen Ausmaßes von heute auf morgen in andere Bahnen zu lenken, und die Aras dachten nicht daran, das beste Geschäft aufzugeben, nur weil es diesen Perry Rhodan gab.

Letztlich wollten sie *verdienen* und diese Gier, um jeden Preis ihr Geschäft zu machen, zeichnete sie als Springerabkömmlinge aus.

Plötzlich gab es erstmalig für sie eine Krankheit, die ihre Existenz bedrohte und deren Verlauf zum finanziellen Ruin führen mußte, wenn ihr nicht radikal Einhalt geboten wurde.

Diese „Krankheit" hieß Perry Rhodan.

Er hatte ihnen die erste Niederlage zugefügt, seitdem es Aras gab, die mit Krankheiten und Medikamenten ihr Geschäft betrieben. Die Aras wollten keine zweite Niederlage hinnehmen.

Chefinspektor Gegul, verantwortlich für die Sicherheit auf Aralon, schreckte aus seinen Gedanken auf, als seine Assistentin Arga Tasla fast lautlos eintrat und ihm schweigend eine Meldung vorlegte.

„Ortung der Strukturtaster: Zeit 8:78:03,1; Ortungsstelle 105; Kombinations-Ortung mit 103 und 106. Perry Rhodans Flotte um 8:75:03,1 hr aus 13,64 Grad nach Arkon transitiert."

„Arga!" Geguls Stimme vibrierte. Er starrte den Namen „Perry Rhodan" auf der Meldung bösartig an.

„Ja?" fragte sie von der Tür her.

„Rufen Sie Maelz und Borat an. Ich will sie in zehn Minuten hier sehen."

Maelz und Borat, zwei hochgewachsene Männer, blieben abwartend stehen, nachdem sie eingetreten waren.

„Setzen Sie sich doch", sagte Chefinspektor Gegul und wies mit einer laschen Handbewegung auf die leeren Sessel. Ohne Übergang kam er zum Thema. „Rhodan ist nach Arkon gesprungen. Die akute Gefahr ist im Augenblick vorüber. Daß Rhodan und das Robotgehirn Hand in Hand arbeiten, ist nun offenkundig. Wie sieht es bei uns aus? Nicht *ein* Schiff mit Kranken an Bord befindet sich noch auf Aralon. Und – meine Herren – ich prophezeie Ihnen, daß diese Katastrophe ihre Kreise ziehen wird bis an die Grenzen der Galaxis, wenn es uns nicht gelingt, diesen Rhodan zu vernichten."

„Wir haben keine Kampfraumer", warf Maelz ein.

„Wir brauchen auch keine!" rief Gegul. „Es gibt andere Mittel."

„Mit Erregern?" stammelte Borat.

„Mit welcher Krankheit?" fragte Maelz und reckte sich.

„Etwas anderes konnten Sie nicht fragen?" höhnte Gegul. „Weshalb kommt niemand auf die einzig richtige Idee?"

Maelz und Borat taten ihm nicht den Gefallen, auf die richtige Idee zu kommen. Beide hätten in diesem Augenblick sehr viel dafür gezahlt, wenn sie nur geahnt hätten, was der Chefinspektor im Sinn hatte.

„Natürlich", sagte Gegul nach einigen Sekunden vergeblichen Wartens, „auf das Einfachste kommt niemand."

Sich in der Großartigkeit seines Einfalls sonnend, spielte er den klugen Chef. Dann machte er Maelz und Borat Zeichen, zu ihm zu kommen und sprach erst, als sie vor seinem Schreibtisch standen.

„*Das*, meine Herren, ist mein Plan . . .", begann er.

Maelz und Borat lauschten atemlos.

Chefinspektor Geguls Idee war tatsächlich genial. Sie wurde vom Rat der Ärzte unterstützt.

Jetzt schon schien Perry Rhodans Untergang unabwendbar, und mit seinem Untergang auch der des Planeten, von dem er stammte.

Talamon, der Überschwere, lächelte freundlich den Kurier der Galaktischen Händler an. Der Mann war vor einer halben Stunde an Bord seines Flaggschiffs gekommen, um Talamons Ansicht zu sondieren.

Talamons Sippe stellte etwas dar. Er verfügte über rund zweihundert Kampfschiffe. Daß er sie noch besaß und noch lebte, verdankte er Perry Rhodan.

Der Kurier fragte ihn, was er von Perry Rhodan halte.

„Viel", erwiderte Talamon und setzte dabei sein Pokergesicht auf.

Diese Antwort hatte der Kurier am allerwenigsten erwartet. Er zeigte sich schockiert.

„Aber das kann doch nicht Ihre wahre Meinung sein, Talamon?"

Da bewegte Talamon seine dreizehn Zentner Lebendgewicht mit einer Leichtigkeit, die niemand ihm zugetraut hätte. Sein Pokergesicht verschwand, dafür wurde es jetzt drohend, und in seinem orgelnden Baß brüllte er den Kurier an, daß es in der Kabine dröhnte: „Wissen Sie, daß Ihre Frage eine Frechheit ist? Haben Sie schon vergessen, wie Perry Rhodan die Robot-Flotte von Arkon durch den Raum donnern ließ? Ich, Talamon, stand mit einem Großteil meiner Flotte vor der Vernichtung. Ist das nichts, Kurier? Wer so etwas fertiggebracht hat, der soll ein Nichts sein?"

Der Kurier wand sich wie ein Wurm.

Talamon sah darüber hinweg. Er ließ diesen Burschen schmoren. Der sollte auspacken und sagen, warum er sich in die Unkosten gestürzt hatte, um ihn, Talamon, zweitausend Lichtjahre von Arkon entfernt, persönlich aufzusuchen. Über Hyperfunk hätte er es billiger haben können.

„Ich komme von Siptar", sagte der Kurier.

„Der will wohl nie sterben?" knurrte Talamon und spielte damit darauf an, daß Siptar der Älteste aller Sippenchefs innerhalb der Springer war.

„Vorher war ich bei Vontran, Talamon."

„Und?" Der quadratisch gebaute Talamon wartete.

„Das Gerücht will nicht verstummen, daß dieser Perry Rhodan bei der Seuche des Vergessens auf Goszuls Planet, während die Patriarchen sich zu der Großen Versammlung eingefunden hatten, seine Hände im Spiel . . ."

Talamons hemmungsloses Gelächter verschloß dem Kurier augenblicklich den Mund. Dem Überschweren liefen die Tränen über die grünhäutigen Wangen.

Je länger Talamon lachte, um so verwirrter wurde der Kurier – und ärgerlicher, bis ihm die Sache zu dumm wurde, und er schrie: „Was gibt es denn da zu lachen?"

Schlagartig wurde Talamon ruhig.

„Stimmt", gab er dem nun überraschten Kurier recht, „hier gibt es nichts zu lachen. Die Seuche auf Goszuls Planet ist eine böse Sache gewesen, die sich aber letztlich als harmlos erwiesen hat. Aber sie Perry Rhodan in die Schuhe zu schieben! Als Sie mich fragten, was ich von Rhodan hielte, habe ich gesagt: ‚viel'. Das paßte Ihnen nicht, aber ob es Ihnen paßt oder nicht, es gibt keine andere Antwort darauf. Perry Rhodan ist ein Faktor, mit dem wir alle rechnen müssen. Dann sind Sie mit Ihren Gerüchten gekommen. Ich habe gelacht. Begreifen Sie, warum ich gelacht habe? Weil Sie mit Ihren dummen Gerüchten unbewußt zugegeben haben, daß auch die Springer *sehr viel* von Perry Rhodan halten. Na, stimmt's?"

„Dann sind wir uns ja einig", erwiderte der Kurier aalglatt.

Talamon starrte ihn verblüfft an.

„Junger Mann", sagte er dann nachdrücklich. „nun aber 'raus mit der Sprache, oder ich werde ungemütlich. Sie sind doch gekommen, um mich gegen Perry Rhodan einzuspannen? Ja? Nun, Kurier, dann packen Sie einmal beim alten Talamon alles aus, und ich höre zu."

Geräuschlos kamen die TITAN und die GANYMED aus dem Hyperraum in das normale Weltall zurück.

Der Transitionsschock verklang bei allen. Wie immer waren Perry

Rhodan und Bully die ersten, die die Sprungnachwirkungen abschüttelten.

Vor ihnen, vom riesenhaften Rundsichtschirm der TITAN hereingebracht, funkelten die Sonnen dieses Kugelsystems in unbeschreiblicher Pracht.

Mit 0,8 Licht flog die TITAN zusammen mit der GANYMED auf den äußeren Festungsgürtel zu, der Arkon I, II und III umgab und es zu einer unüberwindlichen Sternenburg machte.

Im gewaltigen Leib der TITAN, einem Meisterwerk arkonidischen Raumschiffbaus, vibrierten und summten Konverter, Transformatoren, Magnetfelder und Aggregate unvorstellbarer Dimensionen.

Das Hyperfunkgerät lief warm.

Der Zeitpunkt war gekommen, an dem Perry Rhodan mit dem Robotgehirn auf Arkon sprechen wollte.

Nach Abstrahlen des Erkennungszeichens bestätigte der Robotregent den Empfang. Das positronische Riesengehirn, keiner menschlichen Regung fähig, nur auf kalte Logik reagierend, wartete.

Rhodan erstattete dem Gehirn von Arkon Bericht. Kurz, präzise, sicher. Dabei sagte er nicht alles. Er war nicht bereit, dem Regenten mitzuteilen, daß die tatsächliche Besatzung der TITAN 1700 Mann betrug und daß es nicht acht Erkrankte, sondern über siebenhundert gegeben hatte.

Es kamen keine Rückfragen.

Im Lautsprecher des Hyperfunks rauschte es nur.

Der Robotregent wartete. Das Gehirn hatte Rhodans Bericht ausgewertet und herausgefunden, daß dieses Gespräch noch nicht zu Ende war.

Nach kurzer Pause fuhr Rhodan fort: „Ich bitte um die Genehmigung, mit der TITAN zu Terra zurückzukehren. Bei der Auseinandersetzung mit der Flotte des Überschweren Talamon hat sich herausgestellt, daß ich mit einer Sollstärke von siebenhundert Mann nicht auskomme. Um dieses Raumschiff zu einem Machtfaktor im Sinn seiner Konstrukteure werden zu lassen, ist eine Erhöhung der Mannschaft unbedingt erforderlich. Auf Terra finde ich die erforderliche Hilfe. Ich bitte, meine Gründe zu prüfen."

Drei Minuten lang rauschte es im Hyperfunk, dann kam die Antwort vom Robotgehirn.

„Urlaub genehmigt!“ plärrte es aus dem Lautsprecher.

Perry Rhodan drehte den Knopf und sah Bully an. Der lachte zufrieden.

„Den Blechladen hast du hübsch hereingelegt“, freute er sich. „Wenn der wüßte . . .“ Da stutzte Bully. Fragend sah er Perry an. „Freust du dich nicht, ihn überrumpelt zu haben?“

„Nein. Wir haben doch keinen Grund, uns zu freuen, Bully.“

Schwer klangen Rhodans Worte durch die Zentrale. Nachdenklich sah Bully den Freund an. Perry hatte recht mit seiner Aussage. Es gab keinen Grund, sich zu freuen.

Noch konnten sie nicht Arkon offiziell um Hilfe für die Erde bitten, da der Robotregent die Erde unweigerlich in das Imperium einverleiben würde. Daher waren sie auf sich selbst gestellt.

Durch die Auseinandersetzung mit den Aras war Terra abermals zum Mittelpunkt geworden. Die Aras waren auch Galaktische Händler, und die Galaktischen Händler waren und blieben eine der Erde drohende Gefahr.

Topthor, der Überschwere, kannte die Position des Solsystems, das Mammutgehirn auf Arkon kannte sie nicht.

Im Kugelsternhaufen M-13 kreuzten allein einige tausend Springer-Schiffe, jedes eine Festung für sich. Was hatte die Erde dieser Macht entgegenzustellen?

Nichts.

Es war Perry Rhodans Stärke, sich selbst nicht zu überschätzen. Und es war seine Sorge, daß die Springer in Kürze einen massierten Angriff gegen Terra flogen und diesen „Planeten der Unruhe“ in einem Atombrand vergehen ließen.

Aus diesem Grund wollte er zur Erde zurückfliegen. Sein Hinweis dem Robotgehirn gegenüber, die TITAN nicht ausreichend besetzt zu haben, hatte von Anfang an auf tönernen Füßen gestanden. Der Automat war zu klug, sich auf diese primitive Weise täuschen zu lassen. Er war bestrebt, durch die Sprünge der TITAN und GANYMED endlich die genauen Koordinaten der Erde zu erfahren. Was der Robotregent nicht wissen konnte, war, daß sowohl die TITAN als auch die GANYMED über den von den Galaktischen Händlern entwickelten Strukturkompensator verfügten und damit ein Anmessen ihrer Transitionen unmöglich machten.

Bully versuchte alle Sorgen abzuschütteln und sagte böse: „Dann wollen wir das Erforderliche tun, damit diese Sternzigeuner keinen Grund zur Freude bekommen. Fertigmachen zur ersten Transition, Perry?“

Perry Rhodan nickte nur.

33.

Der grünhäutige, massige Talamon grinste Perry Rhodan über den Bildschirm an.

Vor wenigen Minuten war über die Hyperfunk-Frequenz des Überschweren sein Anruf gekommen. Jetzt schob sich der gewaltige Schlachtraumer aus dem Dunkel des Weltraums langsam heran und glich seine Geschwindigkeit der der TITAN an.

„Ich komme hinüber, Perry Rhodan“, sagte Talamon nach der kurzen Begrüßung, dann zerflatterte sein Bild auf dem Schirm. Auf der TAL VI war die Verbindung gelöscht worden.

„Vorbereitungen zur Transition einstellen!“ rief Rhodan über Funk der GANYMED zu. „Aber alle Werte behalten ihre Gültigkeit.“

Dann blickte er Bully an. „Beordere John Marshall und Gucky her.“

Im selben Moment flimmerte dicht vor Rhodan die Luft, und daraus kam der Mausbiber zum Vorschein. Er ließ zufrieden grinsend seinen Nagezahn sehen und wollte es sich auf Perrys Schoß bequem machen.

„Gucky“, sagte Rhodan leicht vorwurfsvoll, „wir bekommen offiziellen Besuch.“

Gucky watschelte in die äußerste Ecke der Zentrale. Das Auftauchen des Überschweren, kurz bevor die TITAN und die GANYMED Kurs Erde in Transition gehen wollten, mußte einen schwerwiegenden Grund haben. Talamon war seit der Aralon-Aktion Perry Rhodans Freund geworden, aber ihre Freundschaft mußte noch bewiesen werden.

Kam er jetzt als Freund?

Rhodan verstand Crests sorgenvollen Blick. Sie dachten beide dasselbe. Darum sollten Gucky und John Marshall bei dieser Unterredung anwesend sein und mittels ihrer telepathischen Fähigkeiten Talamons Gedanken auf ihre Ehrlichkeit überprüfen.

„Ein schönes Schiff", lobte der Überschwere die TITAN und fügte hinzu, nachdem er sich in der Zentrale umgesehen hatte: „Nur wird es bald kein schönes Schiff mehr sein."

Damit ließ er die Katze aus dem Sack.

Perry Rhodan fing John Marshalls Nicken auf. Talamon verschwieg ihnen nichts. Er war in der lauteren Absicht gekommen, Perry Rhodan zu warnen.

„Ja", sagte Talamon leichthin und musterte Perry Rhodan gelassen. „Die Aras haben euch Rache geschworen. Vom geschäftlichen Standpunkt aus kann ich sie verstehen, aber seitdem ich weiß, daß diese Mediziner-Banditen uns die verschiedensten Pestsorten anhexen, nur damit sie uns anschließend ihre Medikamente gegen Wucherpreise verkaufen können, bin ich schlecht auf sie zu sprechen. Um es kurz zu machen: Aralon hat die kreuz und quer über die Galaxis verstreuten Ara-Sippen alarmiert. Krankheiten gibt es überall, und mit der Drohung an die Springer, ihnen keine Medikamente mehr zu verkaufen, sind die Galaktischen Händler erpreßt worden, Angriff auf Terra zu fliegen und aus dieser Welt eine Sonne zu machen."

„Fliegen sie schon Angriff?" fragte Perry Rhodan so ruhig, daß es den dreizehn Zentner schweren Talamon aus seinem Spezialsessel riß und er den Erdenmenschen anstarrte.

„Nun, Talamon, fliegen die Springer schon ihren Angriff?" wiederholte Rhodan seine Frage.

„Nein, denn so schnell kriechen auch die Springer nicht zu Kreuz. Ohne eine Patriarchen-Versammlung werden Aktionen dieses Formats nie gestartet. Aber so weit haben die Aras die Händler schon bekommen: Es wird in Kürze eine Patriarchen-Versammlung geben. Wo? Das weiß noch niemand. Das wußte auch der Kurier nicht, der mich aufsuchte, um meine Meinung zu erfragen. Machen Sie sich über den Plan der Aras keine Sorgen? Ich bin kein Prophet, wenn ich Ihnen versichere, daß die Mediziner die Springer zwingen werden, die Erde zu vernichten. Ich bin kein alter Schwätzer, Rhodan. Ich bin gekommen, um Ihnen und Ihrer Heimatwelt zu helfen."

Da sah Perry Rhodan, wie John Marshall die überall geläufige Fingerbewegung des Geldzählens machte.

„Was kostet mich Ihre Freundschaft, Talamon?" Perry Rhodan lachte.

„Herrliche Milchstraße", begeisterte sich der Überschwere, „wir beide sind die richtigen Partner. So schnell bin ich selbst noch nie mit Arkoniden auf den Kern der Sache gekommen."

Talamons Augen bewegten sich plötzlich wieselflink, sie pendelten hin und her und musterten Rhodan und Bully, diese beiden in ihrem Charakter und Aussehen so unterschiedlichen Menschen.

Nachdenklich sagte er: „Allmählich fange ich an zu begreifen, warum wir alle, die mit dem Arkon-Imperium zu tun haben, gegen euch den kürzeren ziehen. Doch unterhalten wir uns weiter über den Preis. Ich muß meiner Sippe ja hin und wieder auch etwas zu essen geben und zweihundert Kampfschiffe einsatzbereit halten; das kostet einiges. Das Risiko, das ich eingehe, berechne ich gar nicht . . ."

Ruhig entgegnete Rhodan: „Als ich der Robot-Kampfflotte von Arkon den Befehl gab, die Schiffe des Überschweren Talamon nicht in Gaswolken zu verwandeln, ging ich ein Risiko ein, das jeden astronomischen Wert überstieg. Talamon, habe ich von Ihnen dafür einen Preis verlangt?"

„Perry Rhodan", erwiderte Talamon vorwurfsvoll, „so spricht man doch nicht mit einem alten Mann."

„Nein?" fragte Rhodan immer noch mit Schärfe in der Stimme zurück. „Sind Sie sicher? Wir Menschen lieben es nämlich, die Wahrheit zu sagen, auch wenn sie manchmal schmerzt. Nennen Sie uns Ihren Preis, Talamon."

„Bei zeitlich unbeschränktem Einsatz mit voller Kampfstärke – das sind genau zweihundertachtzehn Schiffe, Rhodan – zehn Millionen."

„Was kostet eine Tonne Arkon-T-Stahl?" lautete Rhodans Frage.

„Arkon-T-Stahl? T-Stahl, aus dem die Raumschiffe gebaut werden?" Talamon war hellhörig geworden.

„Ja. Ich habe drei- bis vierhundert Millionen zu verkaufen."

„Wieviel?"

Perry Rhodan erhob sich. Im Moment betrachtete er es als günstig, die Verhandlungen abzubrechen. „Überlegen Sie mit Ihrer Sippe, ob mein Vorschlag ein für Sie interessantes Geschäft ist. Wenn ja, dann handeln wir einen Preis aus, und ich bekomme bei einer Mietzahlung von zehn Millionen für Ihren Einsatz zum Schutz Terras noch einige -zig Millionen von Ihnen, Talamon. Wann sehen wir uns wieder?"

Wenn Talamon von dieser Art der Verhandlungsführung beeindruckt war, verbarg er es gekonnt. Er blickte Rhodan und Bully ausdruckslos an.

„Sie wollen mich doch nicht etwa aufs Kreuz legen?" fragte er bedächtig.

Bully sah ihn beziehungsvoll an und erwiderte: „Das dürfte bei Ihrer Gewichtsklasse nicht so einfach sein."

Talamon überging die Bemerkung.

„Vierhundert Millionen Tonnen Arkon-T-Stahl sind eine Menge", meinte er gedehnt. „Ein so großes Geschäft ist – meines Wissens – auf diesem Sektor noch nie im Großen Imperium abgeschlossen worden."

„Dann wird es Zeit", sagte Rhodan. Fast hätte er dem Überschweren die Hand hingehalten, dann fiel sein Blick auf dessen Pranken und er überlegte es sich schnell anders.

Talamon lächelte flüchtig.

„Nun gut", sagte er. „Lassen Sie mich wissen, wann das Geschäft realisiert werden kann."

Wenig später stampfte er aus der Zentrale hinaus und kehrte an Bord seines Schiffes zurück.

„Was nun?" erkundigte sich Crest ungeduldig. „Machen wir obskure Geschäfte – oder kehren wir ins Solsystem zurück."

„Beides", eröffnete ihm Rhodan.

„Beides?" echote der Arkonide überrascht.

Rhodan nickte. „Ich werde Oberst Freyt mit der GANYMED zum Solsystem vorausschicken, damit er dort die Verteidigung der Erde organisiert. Wir hingegen bleiben mit der TITAN noch einige Zeit hier und machen unsere Geschäftchen."

Crest runzelte die Stirn.

„Das kann doch nur ein Bluff sein", sagte er unruhig. „*Vierhundet Millionen* Tonnen! Sie sollten einen potentiellen Verbündeten wie Talamon nicht so an der Nase herumführen."

„Wer sagt, daß ich das will?" Rhodan lächelte. „Wenn Talamon seinen Teil der Abmachung einhält, tue ich das auch."

„Aus Ihnen“, seufzte der alte Wissenschaftler, „werde ich niemals klug werden.“

Rhodan wandte sich den Kontrollen zu. Es wurde Zeit, daß er Freyt über Funk anrief und ihn mit der GANYMED ins Solsystem schickte.

34.

Topthor, Talamons Freund und Perry Rhodans erbittertster Gegner, wurde aus dem Schlaf gerissen. Tattoll stand neben seinem Lager.

„Herr, das Hauptquartier der Überschweren verlangt Sie zu sprechen“, sagte er erregt.

„Na und?“ grollte Topthor. „Wer mich zu sprechen wünscht, muß auch warten können. Sage dem Hauptquartier, daß ich käme.“

Er hatte es nicht besonders eilig, zum Hyperfunk zu kommen. Er dachte darüber nach, was die zentrale Vermittlungsstelle wohl von ihm wissen wollte. Daß es kein Einsatz-Auftrag war, der einige Millionen einbrachte, stand für ihn fest. Einsatz-Aufträge kamen immer mit höchster Dringlichkeitsstufe.

Langsam bewegte er sich der Zentrale zu. Das letzte Schott sprang automatisch auf. Von weitem sah er schon den Bildschirm leicht flackern: das typische Zeichen einer Hyperfunksendung.

Schnaufend ließ er sich in den Pilotensessel fallen.

„Topthor!“ rief er ins Mikrophon.

„Hauptquartier!“ klang es aus dem Mikrolautsprecher, und auf dem Schirm erschien das bekannte Gesicht von Sirger, dem Zweitältesten aus der Darfnur-Sippe.

„Nun sage schon, was es gibt, mein Sohn“, drängte der grünhäutige Riese unfreundlich.

„Unsere Meldung läuft über Zerhacker, Topthor.“

Der horchte auf. Wenn Zerhacker *und* Hyperfunk kombiniert wurden, dann war immer etwas Wichtiges im Spiel. Topthors Gesicht zeigte Spuren von Interesse.

Dann aber schwand sein Interesse sehr schnell. Das Hauptquartier gab Datum und Ort der Patriarchen-Versammlung bekannt.

„Und deshalb werde ich geweckt?“ knurrte der Alte.

Sirger im Hauptquartier der Überschweren fragte beiläufig zurück: „Sind Sie nicht mehr an Perry Rhodan interessiert, Herr?“

Wenn Topthor den Namen *eines* Gegners nie mehr vergessen konnte, dann hieß dieser Perry Rhodan.

„Was ist mit Rhodan?“ brüllte er ins Mikrophon, daß Sirger, einige tausend Lichtjahre entfernt, zusammenzuckte.

„Herr, wissen Sie denn nicht, was auf Aralon passiert ist?“ fragte Sirger erstaunt zurück. „Davon spricht doch die ganze Milchstraße.“

Das war übertrieben, denn Topthor wußte von nichts. „Woher soll ich das wissen, Sirger? Ich war mit meinen Schiffen achtundzwanzigtausend Lichtjahre tief in der Galaxis und hatte dort eine Kleinigkeit zu erledigen. Die Kleinigkeit hat mich sechs Schiffe gekostet.“

Was er zu erledigen hatte, sagte er nicht, aber Sirger konnte sich darauf einen Vers machen und berichtete in knappen Sätzen, wie übel Perry Rhodan den Aras mitgespielt hatte. Dabei fiel auch Talamons Name.

„Was?“ brüllte Topthor. „Talamon hat gekniffen? Du lügst!“

Sirger wollte sich nicht Lügner schimpfen lassen, darum formulierte er seine Antwort derart, daß Topthor zu schlucken begann. Er fragte ihn freundlich, wie er sich denn an Talamons Stelle verhalten hätte, wenn er sich plötzlich von Arkons Robot-Flotte umzingelt gesehen hätte?

„Arkon hat sich eingemischt? Der Robotregent?“ Topthor konnte es nicht fassen. „Du erzählst mir zu verdreht, Sirger. Ende der Sendung.“

Topthor schaltete ab, aber er schaltete den Hyperfunk nicht aus. „Stellt mir eine Blitzverbindung zu Talamon her.“

Aber die TAL VI, Talamons Flaggschiff, meldete sich nicht, nur ein Schiff seiner Flotte gab Antwort, aber niemand wollte wissen, wo der Sippen-Chef sich aufhielt.

Jetzt schaltete Topthor endgültig ab.

„Seltsam“, sagte er sich, „Talamon hinterläßt keine Nachricht, wo er zu finden ist und antwortet auch auf seiner Frequenz nicht. Da stimmt doch etwas nicht. Das ist doch gar nicht . . .“

Da holte sein Empfänger den nächsten Hyperfunkspruch herein. Wieder erschien Sirgers Gesicht auf dem Schirm.

„Herr, können Sie dem Hauptquartier sagen, wo wir Talamon, Ihren Freund, finden können?“

Topthor starrte den Schirm an.

Die wußten Talamon auch nicht zu finden? Seine Unruhe wuchs. Unablässig dachte er an Talamon *und* Perry Rhodan.

Er machte sich Sorgen um seinen Freund Talamon und Sorgen wegen Perry Rhodan.

Talamon kam von seiner dritten Besprechung mit Perry Rhodan zurück. Seine Achtung vor diesem Mann stieg fast ins Uferlose, und den eigenen Sippenangehörigen gegenüber machte er keinen Hehl daraus. Doch er erhielt nicht von allen Seiten Zustimmung, besonders Ocxal war gegen jede Verbindung mit Perry Rhodan.

„Wenn Cekztel dein Spiel durchschaut, Talamon, dann gibt es sehr bald keine Talamon-Sippe mehr“, warnte er.

Talamon hatte ein fröhliches Lächeln dafür übrig. „Darum darf Cekztel eben nichts erfahren.“ Dann hatte er dieses Thema schon vergessen. „Aber du brauchst dich nicht an dem Geschäft zu beteiligen, Ocxal. Ich habe mit Rhodan abgeschlossen.“

Ocxal wollte jedoch beteiligt sein. Es ging um eine fast unvorstellbare Menge Arkon-T-Stahlschrott, und für jeden Sippenangehörigen stand eine beträchtliche Summe in Aussicht, wenn das Geschäft realisiert wurde.

„Wo ist das Material denn zu holen?“ zeigte Ocxal mit dieser Frage sein Geschäftsinteresse an.

Talamon grinste sie der Reihe nach an. Er wartete auf ihre dummen Gesichter. Er hatte Rhodan auch dumm angestarrt, als dieser auf seine gleiche Frage gesagt hatte: „Auf *Honur.*“

„Wo? Auf Honur?“ In Gresjas Stimme schwang Entsetzen mit.

Talamon nickte.

„Sollen wir uns auch die Seuche holen? Diese Fröhlichkeitspest?“ fragte Ocxtal scharf.

„Ihr seid Trottel“, gab der alte Talamon zurück. „Bis heute habe ich die dicken Geschäfte hereingeholt und abgeschlossen. Ihr konntet hinterher immer Geld einstecken. Glaubt ihr, ich wäre schon verkalkt und hätte nicht an die Honur-Seuche gedacht? Rhodan hat sie aber auch nicht vergessen. Darum ging er kein Wagnis ein, mir zu verraten, wo der feine Schrott liegt. Wir können uns den Schiffsfriedhof auf diesem verbotenen Planeten nur ansehen. Für den Augenblick reicht es vollkommen. Wir machen Bestandsaufnahme, rechnen grob alles durch – und wenn ich Rhodan in der letzten Verhandlung richtig verstanden habe, dann brauchen wir an ihn nichts zu zahlen und haben nur unsere Finger von fünf großen Frachtschiffen und einem Arkon-Schlachtkreuzer zu lassen. Die will er für sich reservieren. Na, ihr Sippenbrüder, ist *das* kein Geschäft?" Talamon triumphierte. „Rhodan wird uns das Gegenmittel liefern, Ocxal. Hast du vergessen, daß er auf Aralon war und viele Leute seiner Besatzung erkrankt waren? Sind sie heute noch krank?"

Ocxal sah seinen Patriarchen nachdenklich an. Das jugendliche Feuer in Talamons Augen gefiel ihm nicht. Er mußte ihn bremsen, sonst führte er die gesamte Sippe ins Verderben. „Wenn Cekztel, der Chef aller Sippen, auch nur den leisesten Verdacht hegt, rottet er uns aus. Und wenn Topthor etwas ahnt, vergißt er, wessen Freund er ist. Er haßt Perry Rhodan mit seiner ganzen Kraft."

Talamons Gesicht erstarrte. „Damit keiner von euch auf den Gedanken kommt, Cekztel oder Topthor einen Wink zu geben, deshalb bleibt die Funkstille auf Empfang und Sendung nach wie vor bestehen."

Er erhob sich und ging in seine Kabine, dabei dachte er weniger an das große Geschäft als an Perry Rhodan.

Talamon begriff immer deutlicher, daß er in Rhodan den ehrlichsten aller Freunde gefunden hatte, wenn er selbst ehrlich blieb.

35.

In einer Blitzfahrt war die GANYMED zur Erde zurückgekehrt. Nach drei Sprüngen – unter dem Schutz des Strukturkompensators – war sie zum Schluß zwischen Erde und Mars im Normalraum herausgekommen.

Jetzt stand die gewaltige GANYMED fest auf ihren vier Heckflossen, reckte den Rumpf senkrecht dem Himmel entgegen und verschwand mit der Spitze in der dicht geschlossenen Wolkendecke, die über der Wüste Gobi lag.

Eine halbe Stunde nach Oberst Freyts Ankunft fand die erste Lagebesprechung statt.

„Major Nyssen, bis wann ist der neue Strukturkompensator auf Ihrer SOLAR SYSTEM eingebaut?"

So fing es an. Frage auf Frage stellte Freyt. Er verlangte präzise Antworten. Die Videoanlage lief sich fast heiß. Rückfragen an die Werften, Labors, Untersuchungsanstalten, Funksprüche um die ganze Erde zu den einzelnen Zulieferwerken.

Das war für die Erde das erste und einzige Zeichen, daß etwas in der Luft lag. Terrania machte nur dann von seinen globalen Rechten Gebrauch, wenn allerhöchste Gefahr bestand.

Alle Satelliten-Stationen hatten Alarmstufe 1. Vorbei war die Ruhe auf den Stützpunkten der einzelnen Planeten und Monde.

Ein Arkon-Film unterbrach für zehn Minuten die Lagebesprechung.

Zehn Minuten lang wurde fassungslosen Menschen die Arkon-Macht demonstriert. Der Arkon-Film hämmerte auf jeden gnadenlos ein.

Freyt sagte: „So gut oder so schlecht haben bis heute immer unsere Erfolgsaussichten ausgesehen, meine Herren. Gelingt es den Aras, die Galaktischen Händler für ihr Ziel einzuspannen, daß die Springer mit den Überschweren Angriff auf die Erde fliegen – und warum soll es den Aras nicht gelingen? –, dann gibt es in kürzester Zeit keine Erde mehr, sondern dieses System hat statt einer Sonne dann zwei. Liebäugeln Sie nicht mit Arkons Macht. Rhodan sieht darin die noch größere Gefahr für die Erde. Denn erfährt die Riesenpositronik unsere Position, dann rettet uns nichts mehr vor der Sklaverei unter einer Maschine. Wenn wir uns nicht selbst helfen können, sind wir verloren. Für morgen um dieselbe Zeit erwarte ich Ihre Vorschläge zur Lage."

36.

In Nullzeit drang die TITAN in den Hyperraum ein und verließ ihn im Thatrel-System. Kurze Zeit später landete Rhodan das Schiff mitten im Schiffsfriedhof des Planeten Honur. Es sollte eine genaue Aufstellung der hier zu bergenden Schätze gemacht und an Talamon gegeben werden.

Bully starrte auf den Bildschirm, auf dem sich die unzähligen Wracks abzeichneten.

„Hoffentlich versprechen wir uns von Talamons Hilfe nicht zu viel. Ich werde seit Tagen eine unheilvolle Ahnung nicht mehr los, daß wir mit offenen Augen einer Tatsache entgegenlaufen, die uns dann plötzlich einfach überrennt", sagte Perry Rhodan mehr zu sich selbst.

Da schaltete die Funkzentrale TITAN die Meldung zu Rhodans Kabine durch: „Patriarch Talamon ist mit seiner gesamten Flotte zum Gonom-System gestartet. Auf Laros, dem achtzehnten Mond des einzigen Planeten Gom, findet heute in drei Arkontagen die Versammlung der Springer und Überschweren statt. Ende des Rafferspruches. Die astronomischen Daten für das Gonom-System lauten . . ."

Rhodan schaltete ab. Elastisch sprang er auf.

Die Gefahr für die Erde war durch die in drei Arkontagen stattfindende Versammlung auf Mond Laros im Gonom-System in ihr akutes Stadium getreten.

Perry Rhodan war nicht bereit, diese Versammlung ungestört verlaufen zu lassen.

Sobald er seine Arbeit auf Honur beendet hatte, würde er ins Gonom-System starten.

37.

Lautlos verließ die TITAN den Hyperraum. Der Transitionsschock – ein ziehender Schmerz im Nacken und halbe Bewußtlosigkeit – wurde überall schnell überwunden. Auf dem großen Rundsichtschirm funkelte das Sonnensystem Gonom.

Die letzten Sprungkontrollen kamen aus vielen Abteilungen des 1500 Meter durchmessenden Kugelraumers. Die wichtigste Kontrolle, ob der Strukturkompensator das Eintauchen der TITAN in den Hyperraum und sein Verlassen verheimlicht hatte, wurde in einem knappen: „Alles okay, Sir!“ als durchgeführt zur Zentrale gemeldet.

Zwanzig Lichtstunden von der kleinen roten Zwergsonne Gonom entfernt, war die TITAN wieder im Kugelhaufen M-13 rematerialisiert.

Gonom war 68 Lichtjahre von Arkon entfernt und besaß nur einen Planeten. Dieser hieß laut Arkon-Sternenkatalog Gom.

Auf dem Rundsichtschirm leuchtete die rote Zwergsonne Gonom und ließ den saturngroßen Planeten mit seinen vielen Monden im Rotlicht schwach funkeln.

Der Strukturtaster der TITAN ortete aus dem Hyperraum kommende Springerschiffe und Raumer der Überschweren. Alle nahmen Kurs auf den 18. Mond Laros.

Laros stand in Opposition. Rhodan wartete auf eine verschlüsselte Nachricht von Talamon.

Auf Topthors Flaggschiff sprach der Hyperkom-Empfänger an. Zufällig befand sich der alte Überschwere in der Zentrale. Er drehte sich um, erkannte, daß die Sendung auf Talamons Frequenz hereinkam und brüllte los, als Talamons lachendes Gesicht auf dem Schirm klar wurde: „Bei allen Göttern, Talamon, *wo* hast du denn mit deinen Schiffen gesteckt? Die halbe Milchstraße sucht dich!“

Talamons Lachen veränderte sich in ein verschmitztes Grinsen. „Topthor, ich schalte den Zerhacker dazwischen, Kennwort: Obsian."

Im selben Moment wurde Topthor hellhörig. Er blickte sich in der Zentrale um.

„Hinaus mit euch!" befahl er seinen Sippenangehörigen.

Kaum hatte der letzte die Zentrale des Schlachtschiffes verlassen, als er am Zusatzgerät zum Hyperkom einige Schaltungen vornahm, unter Zugrundelegung des Kennworts Obsian.

Klar kam jetzt Talamons Bericht durch. Topthor lauschte interessiert, was sein bester Freund ihm zu berichten hatte. Daß Talamon sich trotz zerhackter Hyperkom-Sendung vorsichtig ausdrückte und oft nur Andeutungen machte, nahm er ihm nicht übel.

„Kann ich mich nicht an dem Geschäft beteiligen, Talamon?" bohrte Topthor vorsichtig die Goldquelle an, von der Talamon in Umschreibungen gesprochen hatte.

„Deswegen rufe ich dich ja an, Alter. Du mußt nur hundert Millionen in bar haben, um das Fünffache in einem Monat verdient zu haben."

Da verging dem alten Topthor jedes Lachen. „Hundert Millionen? Du machst keine faulen Witze? Woher soll ich diese Riesensumme nehmen?"

Der Überschwere Topthor war als Tiefstapler überall bekannt. Er zählte mit seiner Sippe zu den Nabobs im Kugelhaufen M-13. Hundert Millionen konnte er aus dem linken Ärmel schütteln, aber der kluge, listige Alte tat alles gern, nur kein Geld ausgeben.

Talamon bedrängte ihn nicht. „Ich bin in achtzehn Stunden gelandet. Überlege es dir bis dahin, ob du in mein Geschäft einsteigen willst oder nicht, sonst mache ich es mit einem anderen, alter Freund."

Talamon hütete sich, auch nur ein Wort über den Arkon-T-Stahl auf Honur zu sagen. Nun griff er auf seine konstruierte Ausrede zurück: „Topthor, ich habe nicht aus Bequemlichkeit die Anrufe, die mich erreichten, unbeantwortet gelassen. Uns braucht jetzt gerade trotz Zerhacker jemand abgehört zu haben – und hätte ich eure Suchrufe nur einmal beantwortet, dann wüßte der Schnüffler in wenigen Stunden, *wo* ich mit meiner Flotte gesteckt habe. Topthor, ich habe *das* Geschäft des Lebens an der Hand. Alter, überlege es dir. Du hast achtzehn Stunden Zeit dazu. Ende, Topthor."

Talamons Bild verschwand auf dem Schirm. Topthor starrte nachdenklich vor sich hin.

Hundert Millionen riskieren, um dafür fünfhundert Millionen wieder hereinzubekommen – keinen Schuß dabei abgeben, keinen Schlachtraumer aufs Spiel setzen . . .

Topthor erhob sich. „Natürlich beteilige ich mich an dem Geschäft. Verdammt, jetzt paßt mir aber die Versammlung hier gar nicht mehr. Fünfhundert Millionen in einem Monat verdienen und einmal nicht die Haut zu Markt tragen zu müssen? Liebe Aras, ihr ward mir bei eurem letzten Besuch etwas *zu* freundlich. Ich werde euch kräftig enttäuschen. Ich bin *nicht* euer Einpeitscher. Ihr müßt schon selbst sehen, wie ihr die alten Hohlköpfe herumkriegt. Ich habe etwas Wichtigeres zu tun – die kleine Summe von fünfhundert Millionen zu verdienen. Verbotene Planeten und schrumpfende Sonnen! Darüber könnte ich sogar Perry Rhodan vergessen. Wenn ich nur wüßte, woraus Talamons Riesengeschäft besteht“, murmelte er vor sich hin.

Perry Rhodan hatte Talamons Hyperkomsendung abgehört. Sie war zugleich für ihn das verabredete Zeichen, daß Talamons kleinstes Raumschiff in einer Stunde eintraf, um die Mutanten mit einer Gazelle an Bord zu nehmen.

Bully verließ den Sitz.

„Ich mache mich fertig“, sagte er zufrieden. „Die Mutanten sind schon informiert.“

38.

Laros, der 18. Mond des Planeten Gom, war eine Sauerstoff-Welt und im Durchmesser wie in seiner Schwerkraft fast erdähnlich.

Zwei große Ozeane trennten die flachen Kontinente voneinander. Nur acht Großstädte gab es auf Laros; für arkonidische Maßstäbe Städte ohne Bedeutung. Sie waren mit ihren Krankenhaus-Trakten auch nur die Tarnkappe, mit der die Aras ihre unterirdischen Forschungsstätten verbargen. Viel intensiver als auf Aralon war der Mond Laros zu einem einzigen Höhlensystem ausgebaut worden, und mehr als drei Millionen Ara-Mediziner betrieben unter der harmlos aussehenden Oberfläche Experimente, die unter keinen Umständen in der Galaxis bekannt werden durften.

Talamon war mit seinem Flaggschiff TAL VI auf Laros gelandet.

Topthor hatte dafür gesorgt, daß der Freund das Schiff neben seinem Raumer zu Boden bringen konnte.

Talamon hatte keine Ahnung, was seine Gäste hier auf Laros wollten – weder Perry Rhodan hatte ihm darüber etwas verraten noch dieser Reginald Bull, und die Mutanten, die schweigend hinter ihm saßen, reagierten nicht einmal auf Fragen.

Am allerwenigsten konnte Talamon begreifen, was dieses junge Mädchen unter den erwachsenen Wesen von der Erde zu suchen hatte. Immer wieder streifte sein Blick Betty Toufry, und Talamon, selbst Vater von einem Dutzend Töchtern und Söhnen, hatte dann immer väterliche Milde in seinen Augen.

Im Gegensatz dazu war ihm der doppelköpfige Iwan Goratschin nicht ganz geheuer, wie auch der dunkelhäutige Ras Tschubai, der ihn immer wieder ob seiner Hautfarbe schockierte.

Kaum hatte Talamon die Antriebsaggregate abgeschaltet, als von der Zentrale die Nachricht durchkam: „Patriarch Topthor möchte Sie besuchen."

Wenige Minuten später saß Topthor Talamon gegenüber. Er musterte den Freund scharf.

Talamon sah krank aus. Lau war Topthor von seinem Freund begrüßt worden. Aber er war ja nicht gekommen, um Stunden zu verreden, sondern mehr über dieses Riesengeschäft zu erfahren.

Als guter Geschäftsmann versuchte er erst einmal, Talamon aufzutauen.

„Cekztel kommt heute auch noch, Freund", gab er preis.

Cekztel war der Chef aller Sippen der Überschweren.

„So?" sagte Talamon ohne Interesse.

Topthor versuchte es von der anderen Seite. „Diesmal ist Rhodan mitsamt seiner Erde erledigt."

„Meinst du?" fragte Talamon zurück.

Da platzte Topthor heraus: „Denkst du nur noch an das Riesengeschäft?"

„An was?"

Topthor hatte noch nie besonders viel Humor besessen, doch jetzt war er völlig humorlos. Krachend ließ er seine Faust auf den Tisch donnern. „Jetzt sag' aber endlich, was mit dir los ist, Alter. An dein großes Geschäft denkst du nicht. Daß Cekztel kommt, ist dir egal. Und daß wir Rhodan und seine Erde bald nicht mehr zu fürchten haben, kümmert dich nicht. Talamon, sind wir beide noch Freunde?"

„Hätte ich dich sonst als Partner an meinem Geschäft beteiligt?" wich Talamon aus.

„Das ist keine Antwort auf meine Frage, Alter", donnerte der gerissene Fuchs. „Du hast Sorgen? Ja? Ich auch. Mir machen die Aras Kopfschmerzen."

Da leuchtete es in Talamons Augen auf. Er wußte, daß Topthor mit ihm kein falsches Spiel trieb. „Dann magst du sie so gut leiden wie ich, Topthor. Da ist mir dieser Perry Rhodan hundertmal lieber . . ."

Sofort fragte Topthor: „Hast du an Rhodan einen Narren gefressen? Du schimpfst nicht über ihn. Das ist doch sonst nicht deine Art?"

„Topthor, schimpft man über ein Wesen, das die Macht besaß, mich zu töten und diese Macht doch nicht benutzte? Deshalb gibt es noch die Talamon-Sippe, Topthor."

Abrupt erhob sich Topthor.

Nachdenklich und lange sah er den Freund an. Der hielt seinem Blick stand. Zwei Wesen, beide über ein Dutzend Zentner schwer, alt, klug und gerissen, in vielen blutigen Raumschlachten hart geworden, nickten sich zu.

Schwer sagte Topthor: „Wenn ich mich nicht irre, dann lebe auch ich deshalb noch, weil Rhodan in einer Schlacht darauf verzichtete, mich und meine Schiffe zur Gaswolke zu machen, aber, nein, Talamon, das muß ich erst einmal überschlafen. Jetzt fängt dieser Rhodan auch noch an, mir von einer Seite her Sorgen zu machen, wo ich nie Sorgen vermutet habe. Die morgige Versammlung gefällt mir nicht. Springen bei dem Geschäft für mich tatsächlich fünfhundert Millionen heraus, Talamon?"

„Wenigstens", erwiderte dieser und sah den anderen durchdringend an. „Was auch passiert, Topthor, mir *mußt* du vertrauen, aber halte den Mund. Stell dann, wenn etwas passiert ist, auch keine Fragen an mich. Ich kann das Geschäft auch ohne dich machen. Ich habe es aus freien Stücken zum Teil an dich abgetreten, denn wenn etwas schiefgeht, Topthor, dann möchte ich, daß *einer* mir die Treue hält."

„Deswegen hättest du keine vierhundert Millionen Gewinn zu verschenken brauchen, Talamon", sagte Topthor ruhig.

39.

Die eigentümliche Starre löste sich von John Marshalls Gesicht und verschwand. Mit einer Handbewegung, die Erschöpfung widerspiegelte, wischte er sich über die Stirn, fuhr mit gespreizten Fingern durch sein dunkles Haar und reckte sich.

Mit beredtem Blick sah er Reginald Bull an.

„Und?" fragte dieser.

John Marshall blieb sitzen. Er lächelte dünn. „Topthor ist der einzige, der die Position unseres Sonnensystems und der Erde kennt."

Bully befand sich mit seinem Mutanten-Kommando immer noch in Talamons Privatkabine. Daß der gerissene Fuchs Topthor im Augenblick diesem Schiff seinen Besuch abstattete, war ihnen bekannt. Marshall hatte sich diese Gelegenheit nicht entgehen lassen und kraft seiner telepathischen Fähigkeiten die Unterhaltung zwischen Talamon und Topthor „mitgelesen" – sich in ihre Gedanken eingeschaltet und damit Topthors wertvollstes Geheimnis entdeckt.

Bully starrte John Marshall unentwegt an. Also hat er die Positionsdaten nicht weitergegeben, schoß es Bully durch den Kopf.

Wieder gab Marshall ein Teil von Topthors Geheimnis preis. „Die astronautischen Daten der Erde schlummern im Speicher-Sektor seines Raumschiffs. Topthor hat die ganze Geschichte nach allen Seiten hin abgesichert."

Reginald Bull, mit Perry Rhodan der einzige, der die höchste Stufe arkonidischer Schulung in einem Hypno-Verfahren durchlaufen hatte, ließ jetzt John Marshall sämtliche Angaben machen.

Mit ausdruckslosem Gesicht lauschte er. Er durchdachte das Problem, *wie* die Mutanten an Topthors Bord-Rechengehirn herankommen, die Sicherungen umgehen und den Speicher-Sektor erreichen könnten.

Als Topthor seinem Freund das Geheimnis verraten hatte, über die Position der Erde sämtliche Unterlagen zu besitzen, hatte er gleichzeitig mit tiefer Befriedigung an einen Teil der Sicherheitsmaßnahmen gedacht, die er getroffen hatte, um das gespeicherte Wissen vor unbefugtem Zugriff zu schützen.

„Da fehlt noch etwas, Marshall", machte Reginald Bull den australischen Telepathen aufmerksam. „Diese letzte Absicherung, die Geschichte mit der Ultra-Sperre widerspricht sich, wenn es nicht einen Zusatz gibt, der dieses Schutzsystem umpolt. Topthor *muß* an diesen Zusatz gedacht haben. Überlegen Sie, Marshall."

Bully drängte nicht. Die Mutanten verhielten sich so, als wären sie nicht anwesend. Kitai Ishibashi, der japanische Arzt und Psychologe, ein starker Suggestor, war auch nur bedingt anwesend. Mittels seiner Fähigkeit befand er sich bei Topthor, der die TAL VI inzwischen wieder verlassen hatte und im Augenblick auf sein Flaggschiff zuging, wobei er über Perry Rhodan nachdachte.

Bully wandte sich erneut an Marshall. „Marshall, können Sie sich jetzt entsinnen, welches Zusatzgerät von Topthor verwendet wurde, um damit die Ultra-Sperre an seinem Speicher-Sektor umzupolen?"

Dieses Problem hatte Vorrang vor allen anderen. Ihre eigene Sicherheit war unbedeutend. Sie mußten an Topthors Bord-Positronik herankommen, um die astronautischen Daten daraus zu entfernen.

Das Warnsystem in Bullys Gehirn meldete sich. Er hatte in seinen Überlegungen einen Fehler begangen.

Eine durch Ultra-Sperre gesicherte Positronik ließ nicht zu, daß einmal gespeichertes Wissen entfernt wurde. Eine sogenannte Löschung gab es nicht. Nur Berichtigungen waren möglich, aber es mußten tatsächlich Berichtigungen sein, sonst nahm das Gehirn die Daten nicht an und beließ die alten Werte in der Speicherung.

„Ich hab's!" rief Marshall und riß damit Reginald Bull aus seinen Überlegungen.

„Was?" fragte Bully.

„Ich weiß jetzt, an welches Zusatzgerät zur Ultra-Sperre der alte Topthor gedacht hat . . .“

Trotz Marshalls Erläuterung kam Bully nicht mehr mit. Er blickte den Späher Wuriu Sengu an.

Wuriu Sengu verstand Reginald Bulls stumme Aufforderung.

Er konzentrierte sich, hatte gleichzeitig einen Block auf dem Knie liegen, in der Hand den Stift – und dann sah er das Schema in dem Teil von Topthors Bord-Positronik, das Bully sich in eigener Gedankenarbeit nicht klar genug vorstellen konnte.

Knapp zehn Minuten dauerte es, dann überreichte Sengu Bully das Schaltschema der Ultra-Sperre und des Zusatzgeräts.

Ein Blick auf das Schema genügte, um Bully die Sicherungsanlage klarzumachen.

„Gut“, sagte er auf englisch. „Wir verlegen unser Hauptquartier wieder zur Gazelle zurück. Ich komme nach. Ich muß vorher noch mit der TITAN sprechen. Marshall, was halten Sie von der Beteigeuze?“

Der Australier lachte still. Er hatte Bullys Gedanken lesen können. Seine Antwort lautete: „Ich glaube, Rhodan wird sie auch ganz nett finden.“

„Morgen ist die Versammlung . . .“ Der uralte Siptar sah erwartungsvoll zu Cekztel hinüber.

Dessen faltiges Gesicht wurde grimmig. Sein Blick pendelte zwischen den beiden Springer-Patriarchen hin und her. „*Ohne* euch Händler werden wir Überschweren nicht die Erde angreifen. Fliegt ihr mit – alle, deren Schiffe gut bewaffnet sind, dann sind wir auch dabei. Sonst . . .“

Wenn eine Stimme Gewicht hatte, dann war es die Cekztels. Er war der Chef aller Patriarchen der Überschweren. Niemand wußte, wieviel Schlachtraumer er befehligte. Wahrscheinlich wußte Cekztel es selbst nicht, aber ein Schlachtraumer der Überschweren war, bemessen an seiner Bewaffnung, so stark wie fünfzig gut bestückte Springer-Schiffe.

Siptar, dessen dunkle Augen vom Alter noch nicht getrübt waren und der wegen seiner Klugheit und Beherrschung berühmt war, fragte gelassen: „Ist das als Drohung zu verstehen, Cekztel?“

Der lachte laut, schlug mit der Faust auf den Tisch und donnerte: „Als Erpressung, Siptar. Glaubt ihr Springer, wir wären Narren? Wer wie Perry Rhodan es fertigbringt, dem Imperium das größte Schlachtschiff zu rauben und dann trotzdem mit dem Robotgehirn auf Arkon zusammenarbeitet, der ist in meinen Augen *kein* Nichts. Und weil keiner weiß, über welche Riesenflotte Rhodan im Sektor Terra verfügt, darum fliegen wir Überschwere nur dann Angriff, wenn uns die Flotten der Galaktischen Händler begleiten. Nun – ist meine Bedingung immer noch eine Erpressung oder nur angewandte Logik?"

„Wie wirst du morgen abstimmen, Cekztel?" fragte der uralte, gerissene Siptar.

In Cekztels Augen blitzte es. „Ob ich morgen für einen Angriff auf Terra spreche oder dagegen, ist völlig belanglos. Auf *eure* Entscheidung kommt es an. Wenn ihr bereit seid, auch etwas zu wagen, dann habt ihr uns nicht vergeblich um Hilfe gerufen."

Vontran glaubte daraus eine geldliche Forderung der Überschweren herauszuhören. Er wollte Cekztel mit einer knappen Frage festnageln.

Der Überschwere lehnte sich gemächlich zurück, dann fragte er mit verstecktem Lachen: „Ihr glaubt wirklich, wir würden diesen Einsatz *umsonst* fliegen? Habt ihr Händler schon einmal etwas verkauft und keine Bezahlung dafür genommen? Freunde, ihr werdet witzig. Unsere Hilfe kostet einige hundert Millionen – und wenn ich dazu bedenke, daß nur Topthor die Position der Erde kennt und Topthor auch ein Überschwerer ist, dann müßtet ihr eigentlich das Doppelte bezahlen."

„Cekztel", fauchte Siptar, „das ist doch nicht dein Ernst?"

Kalt erwiderte dieser: „Wenn es um Geld geht, mache ich nie Späße. Spart das Geld. Dreht Perry Rhodan ohne unsere Hilfe den Hals um. Gut, ich werde Topthor sagen, er soll euch die Daten liefern. Fliegt ab zur Erde. Greift Rhodan dort an. Viel Vergnügen dabei, ihr Krämerseelen."

Vierhundert Kilometer über Laros stand Talamons große Flotte in Warteposition. Sein kleinstes Kampfschiff war von den Patriarchen nach Laros heruntergerufen worden, hatte die Kontrolle der Ara-Ärzte über sich ergehen lassen und war vor einer Stunde wieder abgeflogen.

Dieses Hin- und Herfliegen hatte nichts anderes als den Sinn, den starken Funkverkehr der TAL VI zu begründen. Da er über Talamons eigene Frequenz lief, hörte Perry Rhodan automatisch mit und mußte über den Klartext unbedingt stutzig werden.

Der Überschwere betrat die Gazelle und lachte verschmitzt, als er Bully die auf Folie gestanzte Nachricht überbrachte, daß der kleine Schlachtraumer wieder bei der über Laros in Warteposition stehenden Flotte angekommen sei.

Bully interessierte sich nicht für den Klartext. Er wußte, daß dieser Text Perrys Werk war und eine verborgene Nachricht enthielt. Die Bord-Positronik der Gazelle nahm sich diesen Text vor. Bully stellte den Dechiffrierschlüssel ein, und dann machte das Rechengehirn aus der Alltagsmeldung astronautische Daten. Demnach war die Erde ein Planet im Orionsektor – ein Trabant der Riesensonne Beteigeuze – dritter Planet dieses Sonnenungeheuers – und dadurch um 272 Lichtjahre von seiner tatsächlichen Position verschoben. Vom Kugelsternhaufen M-13 aus betrachtet, hatte sich die Lage der Erde um 272 Lichtjahre näher an M-13 herangeschoben.

„Ich möchte das Stück nicht zu Fuß laufen", brummte Bully vor sich hin und übersah, daß Talamon ihn schon wieder verlassen hatte.

John Marshall tauchte aus dem Hintergrund auf.

„Sir", meldete er, „Talamon wird uns weder warnen, daß Topthor die Position der Erde kennt, noch uns an ihn verraten, und wenn er bei seiner vorhin gefaßten Meinung bleibt, dann wird er auch das dicke Geschäft mit dem Arkon-Schrott auf Honur nicht mit uns machen. Auf der einen Seite fühlt er sich Topthor verpflichtet und auf der anderen Seite uns."

Hastig winkte Bully ab. „Schärfen Sie Ihren Kollegen ein, daß niemand dem Überschweren gegenüber auch nur die geringste Andeutung macht, *was* wir alles wissen. Sind Sie in der Lage, sich vorzustellen, was dann eintreten könnte?"

„Ja, Sir. Dann wird Talamon zu uns kommen und uns sagen, er wäre auf dem Weg zu Topthor, um ihn in Kenntnis zu setzen, daß wir im Besitz seines Geheimnisses sind . . ."

„Und damit Topthor seine besondere Freude daran hat", fiel Bully mit grimmigem Lachen ein, „schicken Sie mir einmal Tako Kakuta und Ras Tschubai her. Die sollen aus Topthors Geheimnis eine Seifenblase machen."

Wuriu Sengu hatte Tako Kakuta und Ras Tschubai das verabredete Zeichen gegeben. Mit seiner PSI-Kraft überblickte er Topthors Zentrale.

Sie war leer.

Hinter Sengu flimmerte an zwei Stellen die Luft, und in diesem Flimmern verschwanden die beiden Teleporter.

Sengu sah fast im selben Augenblick, wie sie sich in der Kommandostelle des alten Überschweren hinter dem wuchtigen Gehäuse der Funkanlage versteckten.

Als letzte Sicherung hatte Bully den Telekineten Tama Yokida in Reserve. Bis auf den Zentimeter genau war die Distanz zwischen Gazelle und Topthors Zentrale ausgemessen worden. Yokida hatte eine Skizze auf dem Schoß liegen. Sie zeigte, wie die Kommandostelle mit ihren Aggregaten aufgeteilt war und wie groß die Entfernung zu jedem einzelnen wichtigen Teil war.

Tama Yokida hatte einzugreifen, wenn Roboter auftauchen sollten, und kraft seines Willens mußte er sie dann derartig „behandeln", daß sie zu Schrott wurden.

Wenig später lief die Positronik in der Zentrale von Topthors Schiff an.

Tako Kakuta hatte sie eingeschaltet, wurde jetzt aber unsicher, welche Einstellung er vorzunehmen hatte.

In der Zentrale der Gazelle sagte Marshall zu Bully: „Kakuta wagt nicht, am Speicher-Sektor den t-Impuls einzuschalten. Er zögert immer noch und . . ."

Für Zwischenfälle dieser Art hatte Bully sämtliche Gegenmaßnahmen vorbereitet. Kitai Ishibashi mußte jetzt eingreifen.

„Nehmen Sie sich Kakuta vor", sagte Bully. „Hier", er deutete auf seine chronologische Schaltserie, „hier ist er hängengeblieben. Machen Sie schnell, Ishibashi."

Als Kakuta den t-Impuls am Speicher-Sektor des Rechengehirns nun ohne Zögern einschaltete, ahnte er nicht, daß Kitai Ishibashi ihm aus drei Kilometern Entfernung den Befehl dazu gegeben hatte.

Nun ging alles sehr schnell. Die Koordinaten des Solsystems, die sich in der Positronik befanden, wurden von den Mutanten „korrigiert". Danach war die Erde nicht mehr der dritte Planet der Sonne Sol, sondern ein Trabant der Sonne Beteigeuze im Orion-Sektor.

Zweifellos hatte Topthor bisher niemals Gelegenheit gehabt, die Koordinaten der Erde anhand von Bezugspunkten zu überprüfen. Das bedeutete, daß bei einem Angriff der Springer auf das Solsystem die Koordinaten aus der Speicher-Positronik direkt in die Autopiloten der Schiffe gespeist würden.

Wann immer die Galaktischen Händler etwas gegen die Erde unternehmen wollten – sie würden ein falsches Ziel anvisieren.

Allerdings erhob sich die Frage, ob sie nicht spätestens dann, wenn sie im Orion-Sektor ankamen, bemerken würden, daß irgend etwas an den von Topthors beschafften Daten nicht stimmte.

Als die Mutanten an Bord der Gazelle zurückkehrten, klopfte Bully ihnen erleichtert auf die Schultern.

„Ich denke, daß wir einen großen Schritt weitergekommen sind", stellte er zufrieden fest. „Es wird nicht mehr lange dauern, dann können wir mit der TITAN der ins Solsystem zurückgekehrten GANYMED folgen."

Die Gesichter der Männer wurden nachdenklich. Ihnen wurde bewußt, wie lange sie nun schon weitab von der Erde operierten.

„Trotzdem werden wir eines Tages wieder hierher zurückkehren", fuhr Bully fort. „Perry Rhodan wird es nicht dulden, daß ein Roboter über zahlreiche zivilisierte Völker des Großen Imperiums herrscht."

„Haben wir nicht genügend eigene Probleme?" fragte Tschubai kritisch.

„Zweifellos", gab Bully zu. „Aber da wir nun einmal in den erlauchten Kreis raumfahrender Zivilisationen eingetreten sind, können wir uns auch nicht der damit verbundenen Verantwortung entziehen."

„Und was geschieht nun?" wollte Tschubai wissen.

Bully lächelte.

„Ich glaube", sagte er, „wir sollten die Versammlung der Patriarchen noch ein bißchen heimsuchen."

40.

Die Versammlung der Patriarchen stand kurz vor dem Abschluß. Die Vernichtung der Erde stand fest. Es wurde nur noch über den Preis gefeilscht, den die Überschweren von den Springern für ihren Einsatz forderten.

In diesem Augenblick war Cekztel, der Chef aller Patriarchen der Überschweren, mit einer lauten Verwünschung aufgestanden und hatte erklärt: „Die Überschweren fliegen *keinen* Angriff gegen Rhodan und die Erde. Mir ist dieses Feilschen um achtzig Millionen mehr als zuwider."

Weder Cekztel, noch Siptar, Vontran und alle anderen ahnten, daß Perry Rhodans Mutanten ihr Letztes hergaben, um diese Versammlung zu einem Exempel der Uneinigkeit werden zu lassen.

Die beiden Teleporter Tako Kakuta und Ras Tschubai hatten in der Morgendämmerung mit Teleportersprüngen Bully, Tama Yokida, John Marshall und noch einige Mutanten in der Versammlungshalle in sicheren Verstecken untergebracht.

Das Abstimmungsergebnis hatten sie nicht mehr beeinflussen können. Wider alle Erwartung war sofort nach Eröffnung der Zusamnenkunft darüber beschlossen worden, und die dreißig Patriarchen, die *gegen* den Plan stimmten, Rhodan und seine Erde zu vernichten, waren in der Mehrheit untergegangen.

Doch als Cekztel seine Forderung stellte, sah es schon anders aus.

Ishibashi hatte sich den größten Teil der Arbeit aufgeladen. Beinahe reihenweise suggerierte er den Galaktischen Händlern, Cekztels Forderung abzulehnen.

Aus einer schwachen Mehrheit, den Überschweren den geforderten Preis zu zahlen, wurden immer mehr Stimmen laut, die „Schiebung" schrien und das Abstimmungsergebnis in Zweifel zogen.

Während John Marshall und Kitai Ishibashi kurz vor dem Zusammenbruch standen, immer wieder von Betty Toufry unterstützt, die nach Bullys Plan erst im allerletzten Teil mit ihrer vollen telepathischen Kraft eingreifen sollte, stand der Überschwere Cekztel plötzlich auf und schickte sich an, die Versammlung zu verlassen.

Von seinem Versteck aus sah Bully ihm händereibend nach.

Zwar hatten die Mutanten und er den Beschluß der Springer, die Erde anzugreifen, nicht rückgängig machen können. Aber sie hatten den Händlern falsche Koordinaten untergeschoben und außerdem für Uneinigkeit und Verwirrung gesorgt. Alle diese Vorkehrungen gaben Terra eine Verschnaufpause, die gut genutzt werden mußte.

Als Bully und die Mutanten in die Gazelle, die noch immer in einem Hangar von Talamons Schiff stand, zurückkehrten, hatten sie außerdem dafür gesorgt, daß den Aras ihr Stützpunkt auf Laros nicht mehr lange zur Verfügung stehen würde. Um den verbrecherischen Experimenten der Mediziner ein Ende zu machen, hatte Bully mit Hilfe der Mutanten eine Arkon-Bombe versteckt. Die Bombe würde den Mond völlig zerstören, dabei aber allen hier lebenden Wesen Gelegenheit geben, vorher in den Weltraum zu fliehen. Der Verlust dieses Stützpunkts würde die Aras hart treffen. Bully hoffte, daß sie so schnell keinen Ersatz dafür finden und ihre teuflischen Versuche mit Krankheitserregern aufgeben würden.

„Wann kehren wir zur TITAN zurück?“ drang Ishibashis Stimme in Bullys Gedanken.

Der untersetzte Terraner blickte die anderen an.

„Es wäre unfair, mit einem unüberlegten Start den Verdacht auf Talamon zu lenken“, erwiderte er. „Wir müssen auf einen günstigen Augenblick warten, so daß wir erst geortet werden, wenn wir bereits gestartet sind.“

„Diese Rücksichtnahme hat Talamon wirklich verdient“, stimmte John Marshall zu. Er lächelte. „Zumal, wenn man bedenkt, daß ihm ein gutes Geschäft durch die Lappen gegangen ist.“

„Dessen bin ich noch nicht so sicher“, meinte Bully. „Er hat von uns das Gegenmittel für die Nonus-Pest bekommen. Wenn er den Mut zum Risiko hat, kann er seinen Schatz heben.“

Eine knappe Stunde später ergab sich eine Gelegenheit für einen unbemerkten Start. Erst als die Gazelle in die oberen Schichten der Atmosphäre von Laros vorstieß, bewiesen Funksignale, daß man sie entdeckt hatte.

Bully lachte humorlos.

„Sie werden sich den Kopf darüber zerbrechen, wo wir die ganze Zeit über gesteckt haben", sagte er.

Bull und seine Gefährten hatten, als die TITAN das Gonom-System endgültig verließ, einen fünfzehnstündigen, erfrischenden Tiefschlaf hinter sich.

Als Bull zum Kommandostand gerufen wurde, war er überrascht, als er sah, daß dort alle Posten besetzt waren. Rhodan sah ihm vom Pilotensessel aus ernst entgegen.

„Genug geschlafen, Dicker?" wollte er wissen.

„Na, hör mal!" protestierte Bully. „Schließlich habe ich dafür auf Laros auch die Augen fast ununterbrochen offen gehabt."

Rhodan nickte. „Gut. Hauptsache ist, du bist wieder auf dem Damm. Wie ist das: Du bist sicher, daß die Springer die Fehlprogrammierung von Topthors Positronik nicht bemerkt und demnach auch nicht rückgängig gemacht haben?"

Bull runzelte die Stirn.

„So sicher, wie ein Mensch sein kann", antwortete er. „Warum?"

„Weil", sagte Rhodan ernst, ohne Bully dabei anzusehen, „Talamon vor ein paar Augenblicken auf Hyperkom-Richtstrahl gemeldet hat, daß der Angriff auf die Erde unmittelbar bevorsteht. Wenn sie unter der Erde immer noch das verstehen, was ihr in Topthors Positronik programmiert habt, ist alles in Ordnung. Aber wir können unserer Sache nicht sicher genug sein. Wir kehren zur Erde zurück – und zwar auf dem schnellsten Weg."

Bulls Gesicht wurde plötzlich freundlicher. Die Falten auf der Stirn verschwanden, die Augen weiteten sich, und der Mund verzog sich zu begeistertem Lächeln. „Perry! Zur *Erde!* Weißt du noch, wie hoch das Empire State Building ist und wie grün die Wiesen am Goshun-See . . ."

Beiboot „Space-Jet"

Allgemeines:

Diskusförmiges Aufklärungs- und Einsatz-Raumschiff ca. 30 bis 55 m im Durchmesser und 18 bis 20 m Höhe je nach Baureihe, überlichtschnell, 3 bis 4 Mann Mindestbesatzung.

Technische Daten:

1. Ringwulst mit je 18 vertikalen und horizontalen Schubdüsen
2. Transformkanone
3. Ausfahrbare Richtstrahla tenne für Ortung und Peilu
4. Kuppeldach aus Panzertro lon
5. Zentrale mit Positronik; Inst mententisch mit Bildsch men, Funk- und Ortungsge te und Halbraumspürer
6. Hyperfunksende- und -em

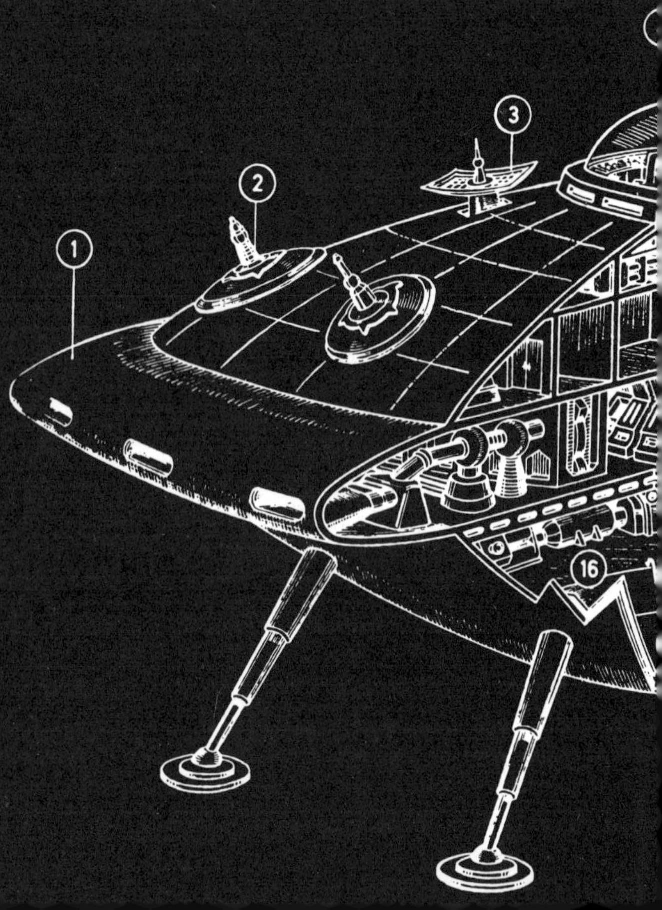